安徽省高等学校“十三五”省级规划教材

对口招生大学系列

规|划|教|材

经济应用数学

（一）

微积分

主　编◎余宏杰

副主编◎潘　花　朱红旗　解大鹏

编　委◎（按姓氏笔画排序）

王　颖　朱红旗　朱　洪　齐　雪

余宏杰　张家昕　郭竹梅　解大鹏

潘　花

北京师范大学出版集团

BEIJING NORMAL UNIVERSITY PUBLISHING GROUP

安徽大学出版社

图书在版编目(CIP)数据
经济应用数学. 一,微积分/余宏杰主编. —合肥:安徽大学出版社,2019.8
对口招生大学系列规划教材
ISBN 978-7-5664-1901-9

Ⅰ. ①经… Ⅱ. ①余… Ⅲ. ①经济数学—高等学校—教材②微积分—高等学校—教材 Ⅳ. ①F224.0②O172

中国版本图书馆 CIP 数据核字(2019)第 147593 号

经济应用数学(一) 微积分 余宏杰 主编

出版发行:北京师范大学出版集团
安 徽 大 学 出 版 社
(安徽省合肥市肥西路 3 号 邮编 230039)
www.bnupg.com.cn
www.ahupress.com.cn
印 刷:合肥远东印务有限责任公司
经 销:全国新华书店
开 本:170mm×240mm
印 张:26
字 数:530 千字
版 次:2019 年 8 月第 1 版
印 次:2019 年 8 月第 1 次印刷
定 价:65.00 元
ISBN 978-7-5664-1901-9

策划编辑:刘中飞 杨 洁 张明举
责任编辑:张明举
责任印制:赵明炎
装帧设计:李 军
美术编辑:李 军

编审委员会名单

（按姓氏笔画排序）

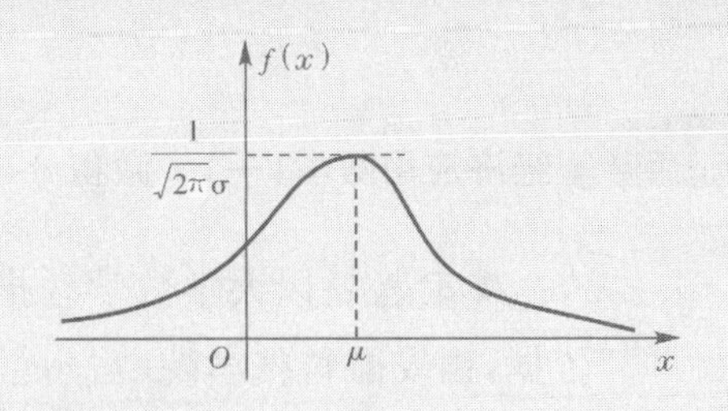

总 序

2014 年 6 月，国务院印发《国务院关于加快发展现代职业教育的决定》，提出引导一批普通本科高校向应用技术型高校转型，并明确了地方院校要“重点举办本科职业教育”. 2019 年中共中央、国务院印发《中国教育现代化 2035》，明确提出推进中等职业教育和普通高中教育协调发展，持续推动地方本科高等学校转型发展. 地方本科院校转型发展，培养应用型人才，是国家对高等教育做出的战略调整，是我国本世纪中叶以前完成优良人力资源积累并实现跨越式发展的重大举措.

安徽省应用型本科高校面向中职毕业生对口招生已经实施多年. 在培养对口招生本科生过程中，各高校普遍感到这类学生具有明显不同于普高生的特点，学校必须改革原有的针对普高生的培养模式，特别是课程体系. 2017 年 12 月，由安徽省教育厅指导、安徽省应用型本科高校联盟主办的对口招生专业通识教育课程教学改革研讨会在安徽科技学院举行，会议围绕对口招生专业大学英语、高等数学课程教学改革、课程标准研制、教材建设等议题，开展专题报告和深入研讨. 会议决定，由安徽科技学院、宿州学院牵头，联盟各高校协作，研制出台对口招生专业高等数学课程标准，且组织对口招生专业高等数学课程教材的编写工作，并成立对口招生专业高等数学教材编审委员会.

本套教材以大学数学教指委颁布的最新高等数学课程教学基本要求为依据,由安徽科技学院、宿州学院、巢湖学院、阜阳师范大学、蚌埠学院、黄山学院等高校教师协作编写.本套教材共6册,包括《工程应用数学(一) 微积分》《工程应用数学(二) 线性代数》《工程应用数学(三) 概率论与数理统计》《经济应用数学(一) 微积分》《经济应用数学(二) 线性代数》和《经济应用数学(三) 概率论与数理统计》.2018年,本套教材通过安徽省应用型本科高校联盟对口招生专业高等数学教材编审委员会的立项与审定,且被安徽省教育厅评为安徽省高等学校“十三五”省级规划教材(项目名称:应用数学,项目编号:2017ghjc177)(皖教秘高〔2018〕43号).

本套教材按照本科教学要求,参照中职数学教学知识点,注重中职教育与本科教育的良好衔接,结合对口招生本科生的基本素质、学习习惯与信息化教学趋势,编写老师充分吸收国内现有的工程类应用数学以及经济管理类应用数学教材的长处,对传统的教学内容和结构进行了整合.本套教材具有如下特色:

1.注重数学素养的养成.本套教材体现了几何观念与代数方法之间的联系,从具体概念抽象出公理化的方法以及严谨的逻辑推证、巧妙的归纳综合等,对于强化学生的数学训练,培养学生的逻辑推理和抽象思维能力、空间直观和想象能力,以及对数学素养的养成等方面具有重要的作用.

2.注重基本概念的把握.为了帮助学生理解学习,编者力求从一些比较简单的实际问题出发,引出基本概念.在教学理念上不强调严密论证与研究过程,而要求学生理解基本概念并加以应用.

3.注重运算能力的训练.本套教材剔除了一些单纯技巧性和难度较大的习题,配有较大比例的计算题,目的是让学生在理解基本概念的基础上掌握一些解题方法,熟悉计算过程,从而提高运算能力.

4.注重应用能力的培养.每章内容都有相关知识点的实际应用题,以培养学生应用数学方法解决实际问题的意识,掌握解决问题的方法,提高解决问题的能力.

5.注重学习兴趣的激发.例题和习题注意与专业背景相结合,增添实用性和趣味性的应用案例.每章内容后面都有相关的数学文化拓展阅读,一方面是对所学知识进行补充,另一方面是提高学生的学习兴趣.

本套教材适用于对口招生本科层次的学生，可以作为应用型本、专科学生的教学用书，亦可供工程技术以及经济管理人员参考选用.

安徽省应用型本科高校联盟2009年就出台了《高校联盟教学资源共建共享若干意见》，安徽省教育厅李和平厅长多次强调“要解决好课程建设与培养目标适切性问题，要加强应用型课程建设”，储常连副厅长反复要求向应用型转型要落实到课程层面. 这套教材的面世，是安徽省应用型本科高校联盟落实安徽省教育厅要求，深化转型发展的具体行动，也是安徽省应用型本科高校联盟的物化成果之一.

针对培养对口招生本科人才，编写教材还是首次尝试，不尽如意之处在所难免，但有安徽省应用型本科高校联盟的支持，有联盟高校共建共享的机制，只要联盟高校在使用中及时总结，不断完善，一定能将这套教材打造成为应用型教材的精品，在向应用型高校的转型发展、从“形似”到“神似”上，不仅讲好“安徽故事”，而且拿出“安徽方案”.

编审委员会
2019年3月

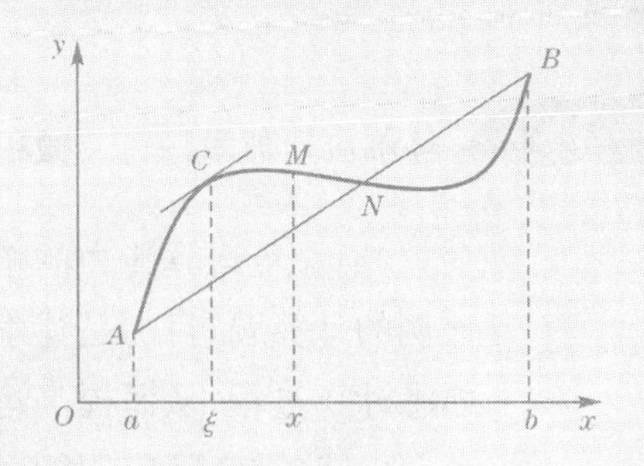

前言

微积分是经济管理类专业的一门理论基础课,其方法在经济分析中的应用可以让经济管理类学生初步认识和掌握一些基本数量经济分析方法,这对学生在后续学习经济管理类专业课程时具有重大意义.

目前,国内高校在对口本科生培养过程中普遍缺乏合适的微积分教材.本教材以培养对口本科生为目标,以数学教指委公布的最新高等数学课程教学基本要求为依据,参照中职数学教学知识点,把中职教育与本科教育良好衔接作为主要编写任务.

基于当前应用型教学改革的导向,在本教材的编写过程中,注重基础知识的讲述和基本能力的训练.本着重应用、求创新的宗旨,加强学生应用数学知识和方法解决经济学问题的能力培养,突出数学的基本思想和应用背景,尽量用数学概念、理论、方法去解释、说明经济学中的相关概念、理论.同时,考虑到对口本科生往往专业技能水平较强,文化基础课水平较弱,因此,编写过程中在保证知识体系完整的前提下着重注意降低内容难度.

本教材有如下特色:

(1)注重突出基本概念的实际背景.微积分的一些基本概念十分抽象,为帮助学生理解学习,对某些合适的主题,从几何学或经济学的实际例子出发,引出微积分的基本概念.

(2)注重适当降低部分要求.考虑到对口学生的实际水平,适当降低对解题技巧的要求,从简处理一些公式的推导,简化一些定理的证明.

(3)注重运算能力的培养.本教材每章节出现的例题和习题中,都有较大比例的计算题,目的是让学生在弄清基本概念的基础上掌握一些解题方法,熟悉计算过程,从而提高运算能力.

(4)注重实际应用能力的培养.每章内容中,都有相关知识点的实际应用题,以培养学生用数学方法解决实际问题的意识和提高解决问题的能力.

(5)注重激发学生的学习兴趣.每章内容后面都有关于数学家的相关阅读,一方面是对所学知识的一个补充,另一方面是激发学生学习兴趣.

本教材共8章,主要内容有极限与连续、导数与微分、导数的应用、不定积分、定积分及其应用、多元函数微积分、微分方程和无穷级数.本教材由安徽科技学院余宏杰担任主编,由安徽科技学院潘花、淮南师范学院朱红旗、合肥师范学院解大鹏担任副主编。

由于编者水平有限,加之时间仓促,本教材难免有错漏不足之处,敬请广大读者批评指正.

编　者

2019年5月

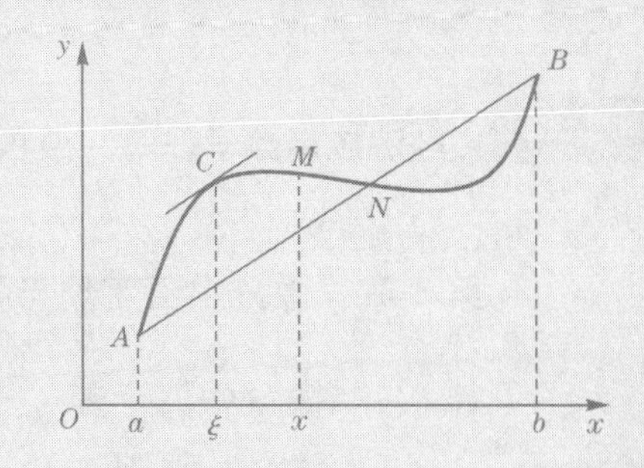

目 录

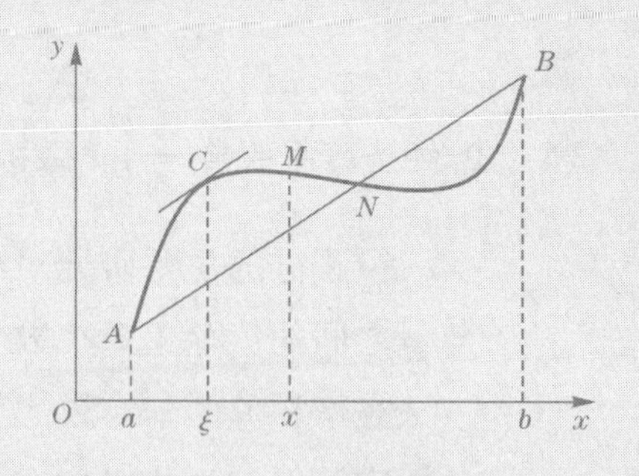

第1章 函数、极限与连续

【学习目标】

↳在中学已有函数知识的基础上，进一步加深对函数概念的理解.

↳了解函数的有界性，单调性，周期性，奇偶性.

↳理解复合函数及分段函数的概念，了解反函数、隐函数概念.

↳了解简单初等函数的性质及其图形.

↳掌握建立简单应用问题的函数关系式.

↳掌握常用的经济函数.

↳理解数列极限与函数极限的概念. 理解函数的左、右极限概念及极限存在和左、右极限的关系. 了解极限的$\varepsilon - N$、$\varepsilon - \delta$定义.

↳熟练掌握极限的有理运算法则，掌握用变量替换求某些简单复合函数的极限.

↳了解极限的性质(唯一性、有界性、保号性)和极限存在的两个准则，并掌握用夹逼准则求极限的方法.

↳了解无穷小、无穷大、高阶无穷小和等价无穷小的概念，理解经济问题中的极限问题. 掌握用等价无穷小求极限.

↳理解函数在一点连续和在一区间连续的概念，了解函数间断点的概念，会判别函数间断点的类型.

↳掌握初等函数的连续性和闭区间上连续函数的介值定理与最大值、最小值定理.

微积分的主要研究对象是定义在实数域上的函数,函数是现实世界中量与量之间的依存关系在数学中的反映.极限是微积分中最基本的概念,极限方法是微积分的基本思想方法,它是微积分学的理论基础和研究工具.微积分学中其他的一些概念,如连续、导数、定积分等等,都是用极限来描述的,极限是贯穿微积分课程各知识环节的主线.

自然界中许多现象不仅是运动变化的,而且其运动变化的过程大多是连绵不断的,比如气温的变化、动植物的生长等,这些连绵不断发展变化的现象在量的相依关系方面的反映就是函数的连续性.

本章将在中学已学过的函数知识的基础上,进一步复习和加深有关函数的概念;从极限的概念入手,描述性地介绍数列极限和函数极限的概念,给出数列、函数极限的一些重要性质和运算法则,常见函数极限的求解方法;讨论函数的连续性,并在此基础上介绍闭区间上连续函数的一些主要性质.

§1.1 函 数

1.1.1 集合的概念及其运算

1. 集合的概念

自从德国数学家乔治·康托(Georg Cantor,1845—1918)在19世纪末创立集合论以来,集合论的概念和方法已经渗透到数学的各个分支,成为现代数学的基础和语言.一般地,我们将具有某种确定性质的对象或事物的全体叫作一个**集合**(set),简称集.组成集合的各个对象或事物称为该集合的**元素**(element).例如,某大学一年级学生的全体组成一个集合,其中的每一个学生为该集合的一个元素;一条直线上所有的点组成一个集合,该直线上的每一个点是该集合的元素,等等.

通常用**大写字母** $A,B,C,\cdots$ 表示集合;用小写字母 $a,b,c,\cdots$ 表示集合的元素.若 a 是集合 A 的元素,则称 a 属于 A,记作 $a \in A$;若 a 不是集合 A 的元素,则称 a 不属于 A,记作 $a \notin A$.

一个集合一旦给定,则对于任何对象或事物都能够被判定它是否属于这个给定的集合.

含有有限个元素的集合称为**有限集**；含有无限个元素的集合称为**无限集**；不含任何元素的集合称为**空集**，记作 $\varnothing$. 例如，某大学一年级学生的全体组成的集合是有限集；全体实数组成的集合是无限集；方程 $x^2+1=0$ 的实根组成的集合是空集.

集合一般有两种表示方法. 一种是**列举法**，即将集合的元素按任意顺序一一列举出来，写在一个花括号{ }内. 例如，由 1,3,5,6,8 所组成的集合，可以表示为{1,3,5,6,8}或{1,6,5,8,3}. 用列举法表示集合时，必须列出集合中的所有元素，不能遗漏和重复. 另一种是**描述法**，即用集合中的元素所具有的性质来描述，记作

$$\{x \mid x \text{ 具有性质 } p(x)\}.$$

例如，$A=\{(x,y) \mid x^2+y^2=1, x\in \mathbf{R}, y\in \mathbf{R}\}$ 表示 xOy 平面单位圆周上点的集合；$\{x \mid x^2-9=0\}$ 表示方程 $x^2-9=0$ 的实数根所组成的集合.

习惯上，全体自然数的集合记为 $\mathbf{N}$，全体正整数的集合记为 $\mathbf{N}^+$，全体整数的集合记为 $\mathbf{Z}$，全体有理数的集合记为 $\mathbf{Q}$，全体实数的集合记为 $\mathbf{R}$.

对于两个集合 A 和 B，若集合 A 中的每一个元素都是集合 B 中的元素，则称 A 是 B 的**子集**(subset)，记作 $A\subseteq B$ 或 $B\supseteq A$，读作“A 包含于 B”或“B 包含 A”. 显然，任何集合都是自身的子集；规定空集 $\varnothing$ 是任何集合的子集.

若集合 A 与集合 B 互为子集，$A\subseteq B$ 且 $B\subseteq A$，A 与 B 相等，记作 $A=B$.

2. 集合的运算

集合的运算主要有并、交、差三种.

设 A,B 是两个集合，由所有属于 A 或属于 B 的元素组成的集合称为 A 与 B 的并(如图 1.1.1)，记作 $A\cup B$，即

$$A\cup B=\{x \mid x\in A \text{ 或 } x\in B\}.$$

由所有既属于 A 又属于 B 的元素组成的集合称为 A 与 B 的交(如图 1.1.2)，记作 $A\cap B$，即

$$A\cap B=\{x \mid x\in A \text{ 且 } x\in B\}.$$

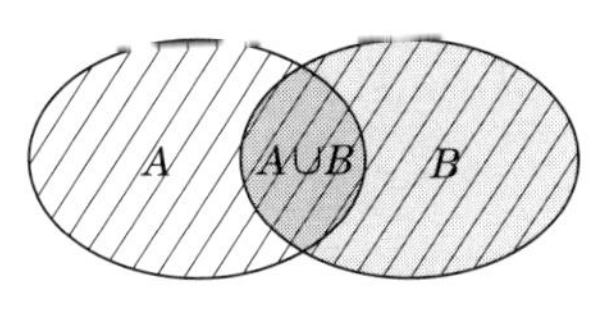

图 1.1.1

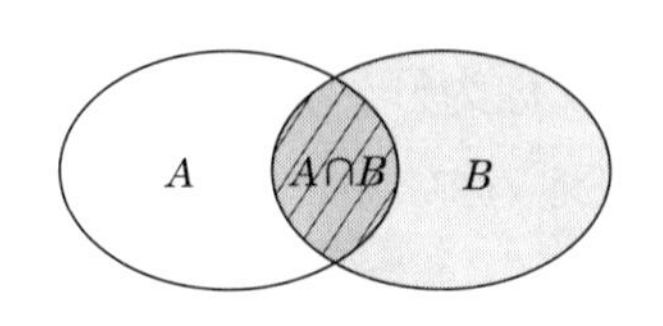

图 1.1.2

由所有属于 A 但不属于 B 的元素组成的集合称为 A 与 B 的差(如图 1.1.3),记作 $A\backslash B$,即

$$A\backslash B=\{x|x\in A \text{ 且 } x\notin B\}.$$

在本课程中所用到的集合主要是数集,即元素都是数的集合.如果没有特别声明,以后提到的数均为实数.

通常在一个大的集合 U 中讨论一个问题,所研究的其他集合 A 都是 U 的子集,称集合 U 为全集,并把差 $U\backslash A$ 称为 A 的余集或补集(如图 1.1.4),记作 C_UA 或 A^C.

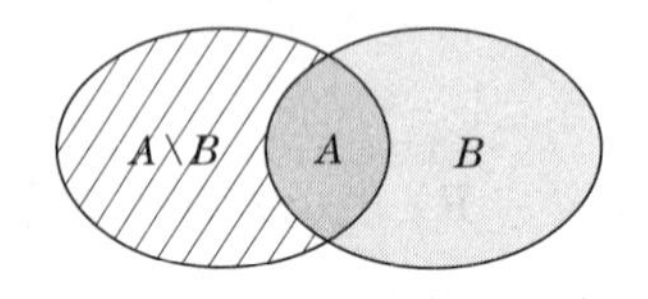

图 1.1.3

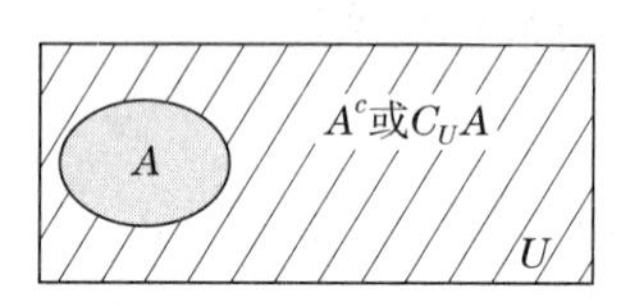

图 1.1.4

集合的并、交、余运算满足如下运算律:

(1)交换律:$A\cup B=B\cup A, A\cap B=B\cap A$.

(2)结合律:$(A\cup B)\cup C=A\cup(B\cup C),(A\cap B)\cap C=A\cap(B\cap C)$.

(3)分配律:$A\cup(B\cap C)=(A\cup B)\cap(A\cup C), A\cap(B\cup C)=(A\cap B)\cup(A\cap C)$.

(4)对偶律:$\overline{A\cup B}=\overline{A}\cap\overline{B},\overline{A\cap B}=\overline{A}\cup\overline{B}$.

1.1.2 区间和邻域

1. 区间

区间(interval)是微积分课程中最常用的一类数集,常用区间表示一个变量的变化范围.

设 a 和 b 都是实数,将满足不等式 $a<x<b$ 的所有实数组成的数集称为**开区间**(open interval),如图 1.1.5 所示,记作 (a,b). 即

$$(a,b)=\{x\mid a<x<b\},$$

a 和 b 称为开区间 (a,b) 的**端点**,这里 $a\notin(a,b)$ 且 $b\notin(a,b)$.

类似地,称数集

$$[a,b]=\{x|a\leqslant x\leqslant b\}$$

为**闭区间**(closed interval),如图 1.1.6 所示,a 和 b 也称为闭区间 $[a,b]$ 的

端点，这里 $a \in [a,b]$ 且 $b \in [a,b]$.

图 1.1.5　　　　图 1.1.6

称数集

$$[a,b)=\{x \mid a \leqslant x < b\} \text{ 和 } (a,b]=\{x \mid a < x \leqslant b\}$$

为**半开半闭区间**，如图 1.1.7、1.1.8 所示.

图 1.1.7　　　　图 1.1.8

以上这些区间都称为**有限区间**. 数 $b-a$ 称为这些**区间的长度**. 此外还有**无限区间**（如图 1.1.9 至图 1.1.12 所示）:

$$(-\infty,b]=\{x \mid -\infty < x \leqslant b\},(-\infty,b)=\{x \mid -\infty < x < b\},$$

$$[a,+\infty)=\{x \mid a \leqslant x < +\infty\},(a,+\infty)=\{x \mid a < x < +\infty\},$$

$$(-\infty,+\infty)=\{x \mid -\infty < x < +\infty\}=\mathbf{R}.$$

图 1.1.9　　图 1.1.10　　图 1.1.11　　图 1.1.12

注意：这里的 $-\infty$（读作"负无穷大"）、$+\infty$（读作"正无穷大"）以及 ∞（读作"无穷大"）只是一种记号，既不能把它们视为实数，也不能对它们进行运算.

2. 邻域

邻域是微积分研究中一个与区间有关的重要概念.

设 x_0 是一个给定的实数，δ 是某一正数，称数集：

$$\{x \mid x_0-\delta < x < x_0+\delta\}$$

为点 x_0 的 **δ 邻域**，记作 $U(x_0,\delta)$. 点 x_0 称为**邻域的中心**，δ 称为**邻域的半径**（如图 1.1.13）.

称 $U(x_0,\delta) \backslash \{x_0\}$ 为 x_0 的**去心 δ 邻域**（如图 1.1.14），记作 $\mathring{U}(x_0,\delta)$. 即

$$\mathring{U}(x_0,\delta)=\{x \mid 0 < |x-x_0| < \delta\}$$

图 1.1.13　　图 1.1.14

当不需要指出邻域的半径时,常用 $U(x_0)$ 和 $\mathring{U}(x_0)$ 分别表示 x_0 的邻域和 x_0 的去心邻域.

1.1.3 函数

1. 函数的概念

在同一个问题中,往往同时有几个变量,这些变量的变化也不是孤立的,而是相互联系并遵循着一定的变化规律,下面的两个例子就属于这种情形.

例 1.1.1 (利润问题)某商品每件的成本为 9 元,W 为销售单价,若公司已经售出该商品 89 件,问该公司可获得多少利润?

解 根据题意,可以得出利润 L 和销售价 W 之间的关系为:

$$L = 89(W-9),(W>0).$$

当销售价 W 在区间 $(0,+\infty)$ 内任意取定一个数值时,由上式就可以唯一确定利润 L 的相应数值.

例 1.1.2 (用料最省问题)一农户要在院子里用围墙围一个面积为 $169\ \mathrm{m}^2$ 的矩形地块用于存放杂物,问该地块的长和宽取多大尺寸时用料最省?

解 设矩形地块的长为 x m,周长为 C m,则该地块的宽为 $\frac{169}{x}$ m,周长与地块的长之间的关系为:

$$C = 2x + 2\cdot\frac{169}{x}(x>0).$$

要使所围地块的用料最省,就是要使该地块的周长最小.

根据均值不等式,有

$$C = 2x + 2\cdot\frac{169}{x} \geqslant 2\sqrt{2x\cdot 2\cdot\frac{169}{x}} = 52(\mathrm{m}).$$

可知周长 C 的最小值为 52 m,且在 $2x = 2\cdot\frac{169}{x}$,即 $x=13$ 时取得,因此矩形地块的长和宽均为 13 m 时用料最省.

上面两个实际问题的解决都是首先给出相关变量之间的相依关系，这种相依关系给出了一种对应法则. 根据这种对应法则，当其中的一个变量在其变化范围内任意取定一个数值时，另一个变量就有确定的值与之对应，两个变量间的这种对应关系就是函数概念的实质.

定义 1.1.1　设 x 和 y 是两个变量，D 是一个给定的非空实数集. 若存在某种对应法则 f，对于每一个 $x \in D$，按照对应法则 f，都有唯一确定的 $y \in R$ 与之对应，则称对应法则 f 是从 D 到 R 的一个一元函数，简称**函数**(function)，记为

$$f: D \rightarrow R.$$

数 x 对应的数 y 称为函数 f 在点 x 的函数值，记作 $y = f(x)$. x 称为**自变量**，y 称为**因变量**. 数集 D 称为函数 f 的**定义域**(domain)，记为 D_f. 全体函数值的集合 $\{y \mid y = f(x), x \in D_f\}$ 称为函数 f 的**值域**(range)，记为

$$R_f = \{y \mid y = f(x), x \in D_f\}.$$

函数 $y = f(x)$ 中表示对应法则的记号 f 也可以用其他字母来表示，如 φ、h、g 或 F、G、ψ 等.

关于函数定义的几点说明：

(1)函数的实质是指定义域 D 上的对应法则 f，即确定函数的要素是定义域 D 和对应法则 f. 如果两个函数的定义域和对应法则均相同，则认为这两个函数是相同的，而与自变量和因变量用什么字母表示无关.

(2)对于任一 $x \in D$，按照对应法则 f，在实数集 R 中存在唯一一个数 y 与之对应，这种对应称为由 D 到 R 中的单值对应. 不要求对不同的 x 有不同的 y 与之对应，即不同的 x 可能对应相同的 y.

(3)从函数的定义来说，给定一个函数一定要指出函数的定义域，但常常并不明确指出函数 $y = f(x)$ 的定义域，这时认为函数的定义域是自明的. 在数学中，有时不考虑函数的实际意义，仅抽象地研究数学式子表达的函数. 这时约定：定义域是使函数 $y = f(x)$ 有意义的实数 x 的集合 $D_f = \{x \mid f(x) \in R\}$，即自变量 x 的最大取值范围，此定义域称为该函数的自然定义域.

而有实际意义的函数，它的定义域要受实际意义的约束. 例如的上述例

1.1.1，利润 L 作为销售价 W 的函数，销售价必须大于 0，所以定义域为 $W>0$ 或 $W\in(0,+\infty)$.

(4)在函数的定义中，并没有要求对应法则必须用一个公式来表达. 也就是说，变量之间有没有函数关系，在于有没有对应法则，而不在于有没有公式，所以表示函数的方法是不唯一的. 通常用于表达函数的方法主要有解析法(或称公式法)、图示法、表格法.

设函数 $y=f(x)$，$x\in D$，坐标平面上的点集 $G(f)=\{(x,y)\mid x\in D,\ y=f(x)\}$ 称为函数 f 的图像. 函数 $y=f(x)$ 的图像通常是一条平面曲线，所以通常把函数 $y=f(x)$ 称为平面曲线 $y=f(x)$，或简称为曲线 $y=f(x)$.

例 1.1.3 求函数 $y=\sqrt{4-x^2}+\dfrac{1}{\sqrt{x-1}}$ 的定义域.

解 要使解析式有意义，必须满足 $\begin{cases}4-x^2\geqslant 0,\\ x-1>0,\end{cases}$ 即 $\begin{cases}|x|\leqslant 2,\\ x>1.\end{cases}$

由此得 $1<x\leqslant 2$.

因此该函数的定义域为 $D=(1,2]$.

2. 分段函数

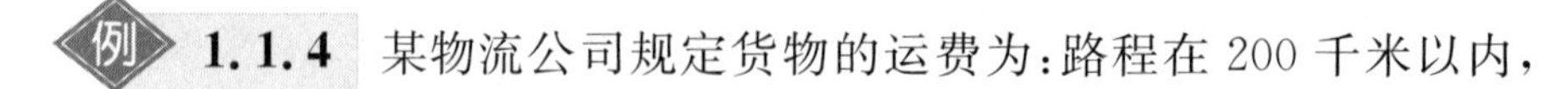

例 1.1.4 某物流公司规定货物的运费为：路程在 200 千米以内，每千米 m 元；路程超过 200 千米后，超过部分每千米 $\dfrac{2m}{3}$ 元，试建立总运费 F 与路程 s 之间的函数关系.

解 根据题意可得函数关系为

$$F=F(s)=\begin{cases}ms, 0<s\leqslant 200,\\ 200m+\dfrac{2}{3}m(s-200), s>200.\end{cases}$$

在本例中，当自变量 s 在定义域 $(0,+\infty)$ 内的两个不同区间 $(0,200]$ 和 $(200,+\infty)$ 时，分别用两个不同的解析式表示函数 F. 像这样的函数就是分段函数.

一般地，用解析法表示函数时，在定义域的不同部分，对应法则由不同的式子来表示的函数，称为**分段函数**. 应注意，分段函数不能理解为几个不同的函数，而只是用几个解析式合起来表示一个函数. 求分段函数的函数值时，要注意自变量的范围，应把自变量的值带入所对应的式子中去计算.

下面介绍几个常见的分段函数.

例 1.1.5 绝对值函数

$$y=|x|=\begin{cases}x, & x\geqslant 0,\\ -x, & x<0,\end{cases}$$

的定义域 $D=(-\infty,+\infty)$，值域为 $[0,+\infty)$，它的图像如图 1.1.15 所示.

例 1.1.6 符号函数

$$y=\operatorname{sgn}x=\begin{cases}-1, & x<0,\\ 0, & x=0,\\ 1, & x>0,\end{cases}$$

的定义域 $D=(-\infty,+\infty)$，值域为 $\{1,0,-1\}$，它的图像如图 1.1.16 所示.

图 1.1.15　　图 1.1.16

例 1.1.7 取整函数 $y=[x]$，其中 x 为任一实数，$[x]$ 表示不超过 x 的最大整数. 例如，$\left[-\frac{3}{5}\right]=-1$，$\left[\frac{5}{8}\right]=0$，$[\sqrt{6}]=2$.

函数 $y=[x]$ 的定义域为 $D=(-\infty,+\infty)$，值域为 $\mathbf{Z}$，它的图像如图 1.1.17 所示.

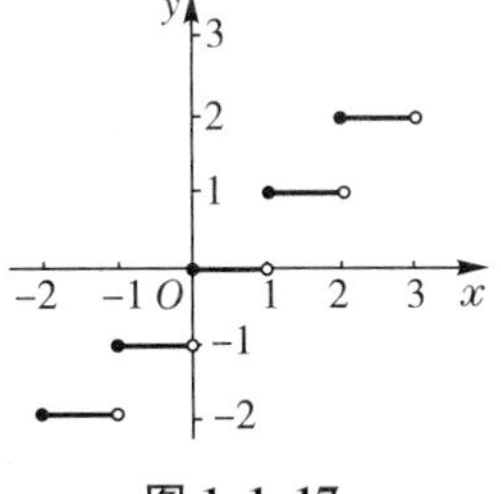

图 1.1.17

前面所举例子的共同特点是函数形式均为 $y=f(x)$，即因变量 y 单独放在等式的一边，而等式的另一边是只含有自变量 x 的表达式，这种表示形式的函数称为**显函数**.

例 1.1.8 设变量 x 和 y 满足方程 $xy=\mathrm{e}^y$，显然，对于任一 $x\in\mathbf{R}$，通过方程 $xy=\mathrm{e}^y$，对应唯一一个 y，则由该方程确定了 x 与 y 之间的一种函数关系，这种表示形式的函数称为**隐函数**.

隐函数是相对显函数而言的，只是表现形式不同.

3. 函数的几种特性

(1)函数的有界性.

定义 1.1.2 设函数 $f(x)$ 在数集 D 上有定义,若 $\exists M \in \mathbf{R}$,对 $\forall x \in D$,有 $f(x) \leqslant M$,则称函数 $f(x)$ 在 D 上**有上界**,M 为函数 $f(x)$ 的一个上界;否则,称函数 $f(x)$ 在 D 上无上界.

符号"$\forall$"表示"对任意给定的"或"对每一个",符号"$\exists$"表示"存在"或"可以找到".

显然,若函数 $f(x)$ 在数集 D 上有上界,则它必有无限多个上界. 数集 D 不一定是函数 $f(x)$ 的定义域 D_f,但总有 $D \subseteq D_f$.

定义 1.1.3 设函数 $f(x)$ 在数集 D 上有定义,若 $\exists m \in \mathbf{R}$,对 $\forall x \in D$,有 $f(x) \geqslant m$,则称函数 $f(x)$ 在 D 上**有下界**,m 为函数 $f(x)$ 的一个下界;否则,称函数 $f(x)$ 在 D 上无下界.

定义 1.1.4 设函数 $f(x)$ 在数集 D 上有定义,若 $\exists M \in \mathbf{R}$,对 $\forall x \in D$,有 $|f(x)| \leqslant M$,则称函数 $f(x)$ 在 D 上**有界**,如图 1.1.18 所示;否则,称函数 $f(x)$ 在 D 上无界.

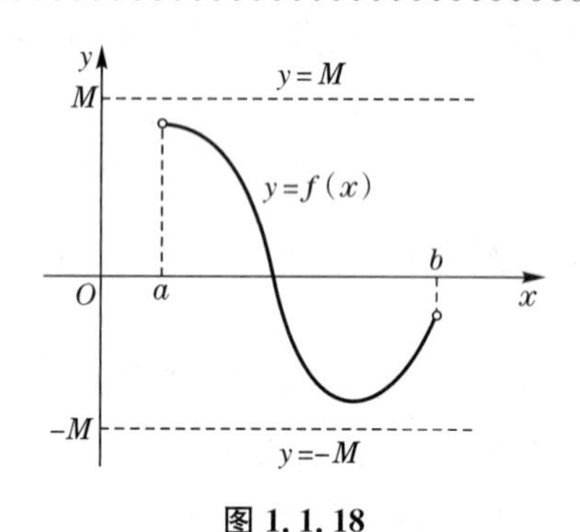

图 1.1.18

由定义知,函数 $f(x)$ 在数集 D 上无界 $\Leftrightarrow \forall M > 0, \exists x_0 \in D$,有 $|f(x_0)| > M$.

例如,函数 $y = \sin x$ 与 $y = \cos x$ 在其定义域 R 上有界;函数 $y = \frac{1}{x}$ 在 $(0,1)$ 内无上界,但有下界.

容易证明,函数 $f(x)$ 在数集 D 上有界 $\Leftrightarrow$ 函数 $f(x)$ 在数集 D 上既有上

界又有下界.

(2)函数的单调性.

定义 1.1.5　设函数 $f(x)$ 在数集 D 上有定义. 若 $\forall x_1, x_2 \in D$，且 $x_1 < x_2$，有

$$f(x_1) \leqslant f(x_2)\ (f(x_1) \geqslant f(x_2)),$$

则称函数 $f(x)$ 在数集 D 上**单调增加(单调减少)**. 若有严格不等式成立，

$$f(x_1) < f(x_2)\ (f(x_1) > f(x_2)),$$

则称函数 $y = f(x)$ 在数集 D 上**严格单调增加(严格单调减少)**.

函数 $f(x)$ 在 D 上单调增加和单调减少，统称为函数 $f(x)$ 在 D 上单调；严格单调增加和严格单调减少统称为严格单调. 如图 1.1.19 所示.

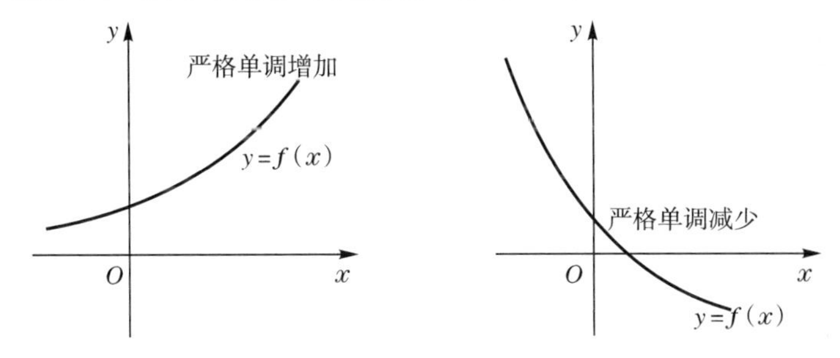

图 1.1.19

由定义可以看出，函数 $f(x)$ 在 D 上的单调性，不仅与函数 $f(x)$ 本身的结构有关，而且与所给的数集 D 有关. 例如，函数 $f(x) = x^2$ 在其定义域 $(-\infty, +\infty)$ 上不具有单调性，但在 $(0, +\infty)$ 上严格单调增加，在 $(-\infty, 0]$ 上严格单调减少.

(3)函数的奇偶性.

定义 1.1.6　设函数 $f(x)$ 的定义域 D_f 关于原点对称，即 $\forall x \in D_f$，有 $-x \in D_f$. 若 $\forall x \in D_f$，有 $f(-x) = -f(x)$ 成立，则称函数 $f(x)$ 是**奇函数**；若 $\forall x \in D_f$，有 $f(-x) = f(x)$ 成立，则称 $f(x)$ 是**偶函数**.

从几何上看，奇函数的图像关于坐标原点对称，偶函数的图像关于 y 轴对称，如图 1.1.20 所示.

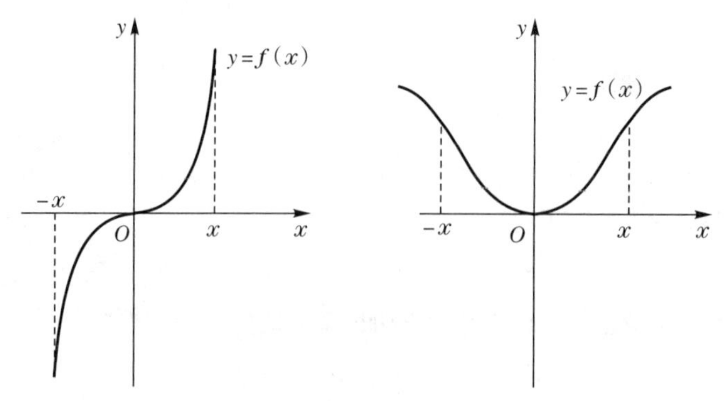

图 1.1.20

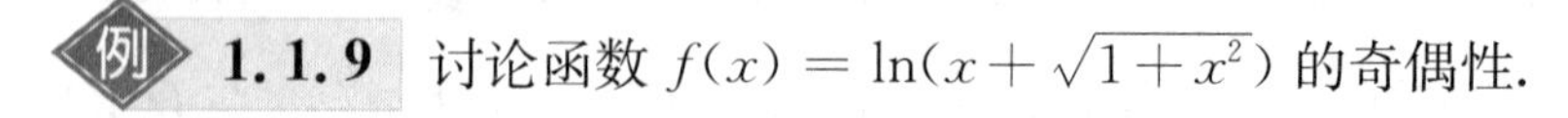

例 1.1.9 讨论函数 $f(x)=\ln(x+\sqrt{1+x^2})$ 的奇偶性.

解 函数 $f(x)$ 的定义域 $(-\infty,+\infty)$ 是对称区间,因为

$$f(-x)=\ln(-x+\sqrt{1+x^2})=\ln\frac{1}{x+\sqrt{1+x^2}}$$

$$=-\ln(x+\sqrt{1+x^2})=-f(x).$$

所以 $f(x)$ 是 $(-\infty,+\infty)$ 上的奇函数.

(4)函数的周期性.

设函数 $f(x)$ 的定义域为 D_f,若 $\exists T>0,\forall x\in D_f$,有 $x\pm T\in D_f$,且 $f(x\pm T)=f(x)$,则称 $f(x)$ 为**周期函数**.满足上述等式的最小正数 T 称为函数的最小正周期.

从几何上看,周期函数的值每隔一个周期都是相同的.所以描绘周期函数的图像时,只要作出一个周期的图像,然后将此图像一个周期一个周期向左、右平移,即得整个函数的图像.

例如,函数 $f(x)=\sin x$ 的周期为 2π;$f(x)=\tan x$ 的周期是 π.

注意:并不是每一个周期函数都有最小正周期.

4. 反函数与复合函数

(1)反函数.

定义 1.1.7 设函数 $y=f(x)$ 的定义域为 D. 对 $\forall x_1,x_2\in D$,当 $x_1\neq x_2$ 时,有 $f(x_1)\neq f(x_2)$,则称函数 $y=f(x)$ 是一一对应的.

由定义知,D 与 $f(D)$ 之间的一一对应函数 $f(x)$,使 D 中不同的 x 对应

$f(D)$ 中不同的 y，即 $\forall y \in f(D)$，有唯一一个 $x \in D$，使得 $f(x) = y$.

定义 1.1.8　设函数 $y = f(x), x \in D$ 是 D 与 $f(D)$ 之间的一一对应，即 $\forall y \in f(D)$，有唯一一个 $x \in D$，使得 $f(x) = y$. 由对应法则 f 就确定了从 $f(D)$ 到 D 的一种新的对应法则即 f^{-1}，称 f^{-1} 为函数 f 的**反函数**，记作

$$x = f^{-1}(y) \in D, y \in f(D).$$

函数 $y = f(x)$ 与 $x = f^{-1}(y)$ 互为反函数.

$$D_{f^{-1}} = f(D), f^{-1}(D_{f^{-1}}) = D.$$

从几何上看，函数 $y = f(x)$ 与其反函数 $x = f^{-1}(y)$ 的图像是相同的. 所不同的仅仅是 $y = f(x)$ 的自变量是 x，而 $x = f^{-1}(y)$ 的自变量是 y，这样观察反函数的曲线时，就要沿着 y 轴去看. 若我们将函数 $y = f(x)$ 的反函数记为 $y - f^{-1}(x)$，$y - f(x)$ 与 $y = f^{-1}(x)$ 的图像关于直线 $y = x$ 对称. 因为若点 $P(a,b)$ 在函数 $y = f(x)$ 的图像上，由反函数的定义知，点 $Q(b,a)$ 必在其反函数 $y = f^{-1}(x)$ 的图像上，如图 1.1.21 所示. 而点 $P(a,b)$ 与点 $Q(b,a)$ 关于直线 $y = x$ 对称.

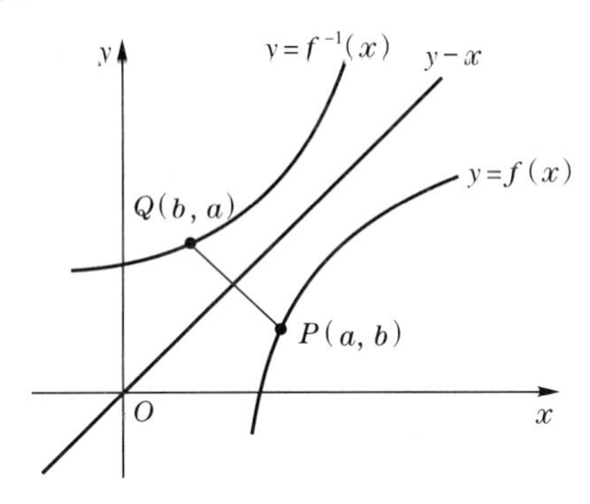

图 1.1.21

任给一个函数 $y = f(x)$，如何判断它是否存在反函数呢？

定理 1.1.1　若函数 $y = f(x)$ 在数集 D 上严格单调增加(严格单调减少)，则函数 $y = f(x)$ 存在反函数，且反函数 $x = f^{-1}(y)$ 在 $f(D)$ 上也严格单调增加(严格单调减少).

例 1.1.10 求 $y=4x-1$ 的反函数.

解 所给函数在 **R** 上严格单调增加,所以存在反函数. 由 $y=4x-1$, 得 $x=\frac{1}{4}(y+1)$, 故其反函数为

$$y=\frac{1}{4}(x+1).$$

(2)复合函数.

定义 1.1.9 设函数 $y=f(u)$ 的定义域为 D_f, 而函数 $u=\varphi(x)$ 的定义域为 D_φ, 且其值域 $R_\varphi \subseteq D_f$, 则由下式确定的函数

$$y=f[\varphi(x)],\ x\in D_\varphi$$

称为由函数 $u=\varphi(x)$ 与 $y=f(u)$ 构成的复合函数,它的定义域为 D_φ. 其中 x 为自变量, y 为因变量,变量 u 称为中间变量.

函数 φ 与 f 构成的复合函数,即按"先 φ 后 f"的次序复合的函数,通常记为 $f\circ\varphi$, 即

$$(f\circ\varphi)(x)=f[\varphi(x)].$$

注意: φ 与 f 能构成复合函数 $f\circ\varphi$ 的条件是:函数 φ 的值域 R_φ 必须包含于函数 f 的定义域 D_f, 即 $R_\varphi \subseteq D_f$. 否则不能构成复合函数.

例如函数 $y=\ln u$ 与 $u=x-\sqrt{x^2+1}$ 就不能进行复合,因为 $u=x-\sqrt{x^2+1}$ 的值域为 $u<0$, 而 $y=\ln u$ 的定义域是 $u>0$, 所以不能构成复合函数.

求函数的复合函数的运算,称为函数的复合运算.

由复合函数的定义,不难将复合函数的概念推广到任意有限个函数复合而成的复合函数.

如 $y=f(u)$, $u=g(v)$, $v=h(x)$ 若满足能够复合的条件,则可以构成复合函数 $y=f\{g[h(x)]\}$.

例 1.1.11 设 $y=\sqrt{u}$, $u=1-x^2$, 求它们复合而成的复合函数.

解 将 $u=1-x^2$ 带入 $y=\sqrt{u}$, 即得复合函数 $y=\sqrt{1-x^2}$, 其定义域为 $[-1,1]$.

在实际应用中，一方面不仅能够将若干个简单函数复合构成一个复合函数；另一方面，还要会把一个复合函数分解为若干个简单函数，这样更便于对函数进行研究.

如复合函数 $y=\sin(x^3+4)$ 可分解为 $y=\sin u, u=x^3+4$；复合函数 $y=e^{\sqrt{1+x^2}}$ 可分解为 $y=e^u, u=\sqrt{v}, v=1+x^2$.

5. 函数的四则运算

设函数 $f(x)$ 和 $g(x)$ 的定义域分别为 D_f 和 D_g，若 $D=D_f\cap D_g\neq\varnothing$，则可以定义函数 $f(x)$ 与 $g(x)$ 的下列运算：

和(差) $f\pm g$：$(f\pm g)(x)=f(x)\pm g(x), x\in D$；

积 $f\cdot g$：$(f\cdot g)(x)=f(x)\cdot g(x), x\in D$；

商 $\frac{f}{g}$：$(\frac{f}{g})(x)=\frac{f(x)}{g(x)}, x\in D\backslash\{x\mid g(x)=0, x\in D\}$.

若 $D_f\cap D_g=\varnothing$，函数 $f(x)$ 和 $g(x)$ 的四则运算无意义. 函数的四则运算是产生函数的一种方法.

6. 初等函数

(1)基本初等函数.

在初等数学中已经学习过幂函数、指数函数、对数函数、三角函数、反三角函数，这五类函数统称为基本初等函数. 它们是研究各种函数的基础，下面再对这几类函数做简单介绍.

①幂函数.

函数

$$y=x^{\mu}\ (\mu\text{ 是常数})$$

称为**幂函数**.

幂函数 $y=x^{\mu}$ 的定义域随 μ 的不同而不同，但无论 μ 为何值，函数在 $(0,+\infty)$ 内总是有定义的.

当 $\mu>0$ 时，$y=x^{\mu}$ 在 $[0,+\infty)$ 上是单调增加的，其图像过点 $(0,0)$ 及点 $(1,1)$，图 1.1.22 列出了 $\mu=\frac{1}{2}, \mu=1, \mu-2$ 时幂函数在第一象限的图像.

当 $\mu<0$ 时，$y=x^{\mu}$ 在 $(0,+\infty)$ 上是单调减少的，其图像通过点 $(1,1)$，图 1.1.23 列出了 $\mu=-\frac{1}{2}, \mu=-1, \mu=-2$ 时幂函数在第一象限的图像.

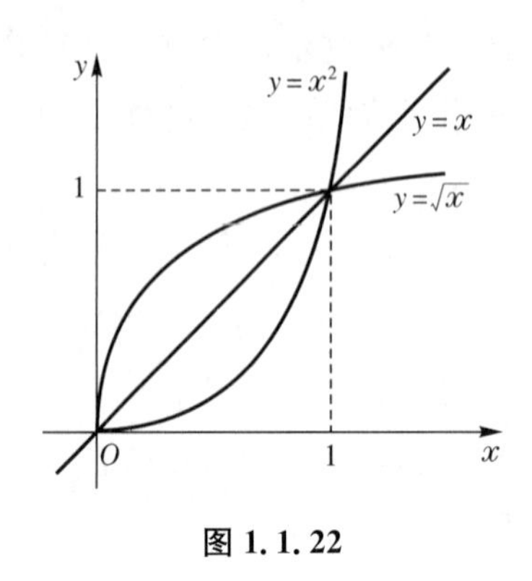

图 1.1.22

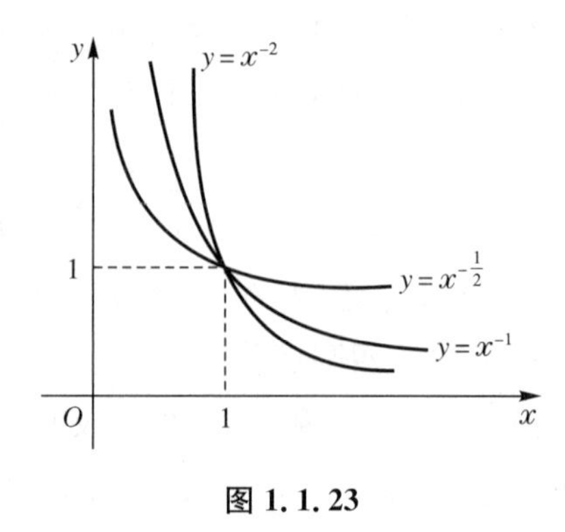

图 1.1.23

②指数函数.

函数

$$y=a^x(a\text{ 是常数且 }a>0,a\neq 1)$$

称为指数函数.

指数函数 $y=a^x$ 的定义域是 $(-\infty,+\infty)$，图像通过点 $(0,1)$，且总在 x 轴上方.

当 $a>1$ 时，$y=a^x$ 是单调增加的；当 $0<a<1$ 时，$y=a^x$ 是单调减少的，如图 1.1.24 所示.

以常数 $\mathrm{e}=2.71828182\cdots$ 为底的指数函数

$$y=\mathrm{e}^x$$

是实际问题中常用的指数函数.

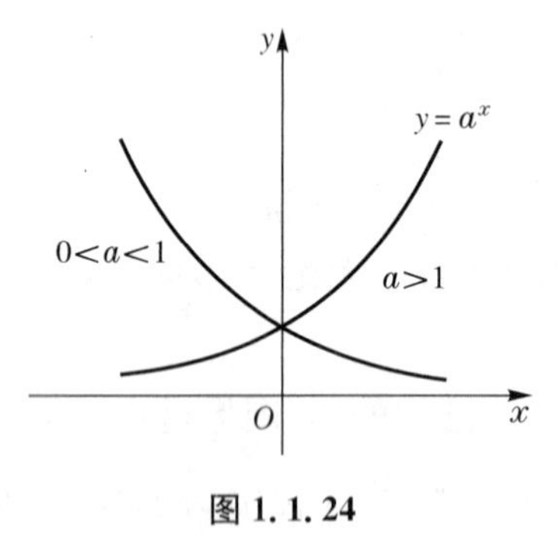

图 1.1.24

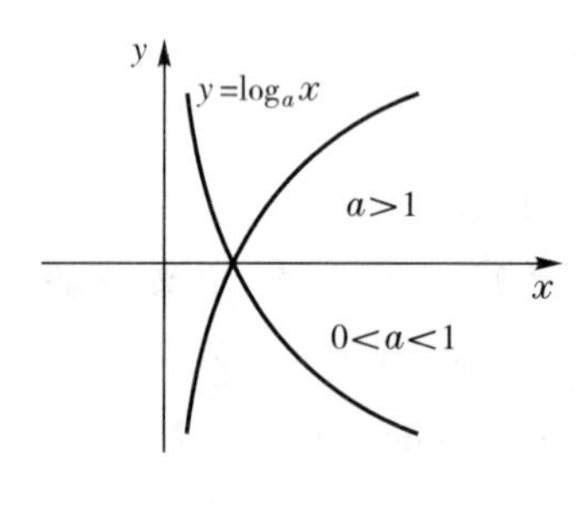

图 1.1.25

③对数函数.

指数函数 $y=a^x$ 的反函数，记作

$$y=\log_a x(a\text{ 是常数且 }a>0,a\neq 1)$$

称为**对数函数**.

对数函数 $y=\log_a x$ 的定义域为 $(0,+\infty)$，图像过点 $(1,0)$. 当 $a>1$ 时，$y=\log_a x$ 单调增加；当 $0<a<1$ 时，$y=\log_a x$ 单调减少，如图 1.1.25 所示.

科学技术中常用以 e 为底的对数函数

$$y=\log_e x,$$

它被称为**自然对数**，简记作

$$y=\ln x.$$

④三角函数.

常用的三角函数有：正弦函数 $y=\sin x$；余弦函数 $y=\cos x$；

正切函数 $y=\tan x$；余切函数 $y=\cot x$.

其中自变量以弧度作单位来表示.

它们的图形如图 1.1.26，图 1.1.27，图 1.1.28 和图 1.1.29 所示，分别称为**正弦曲线**，**余弦曲线**，**正切曲线**和**余切曲线**.

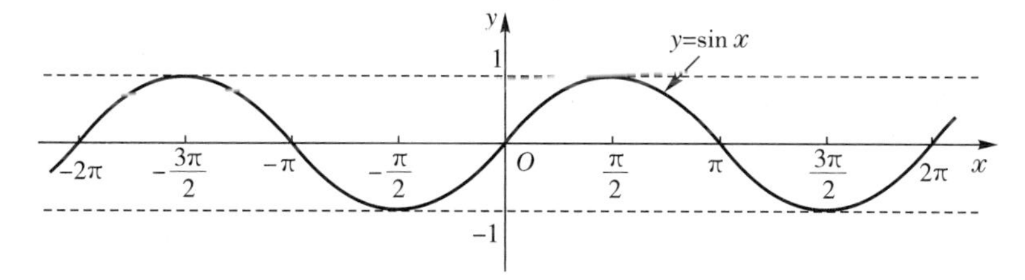

图 1.1.26

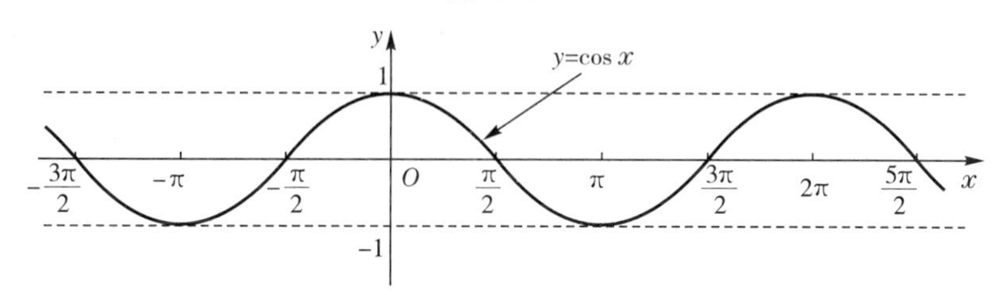

图 1.1.27

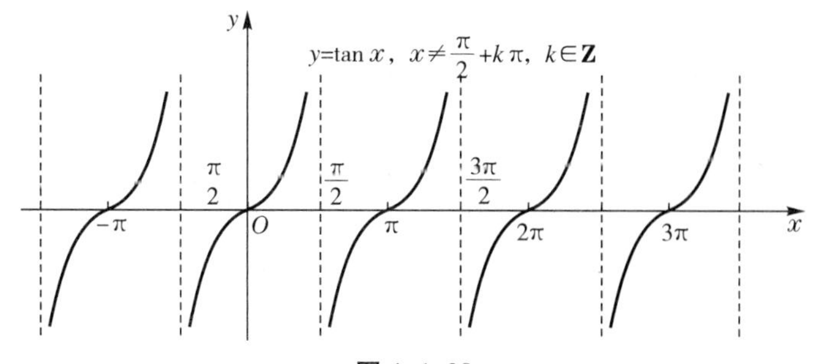

图 1.1.28

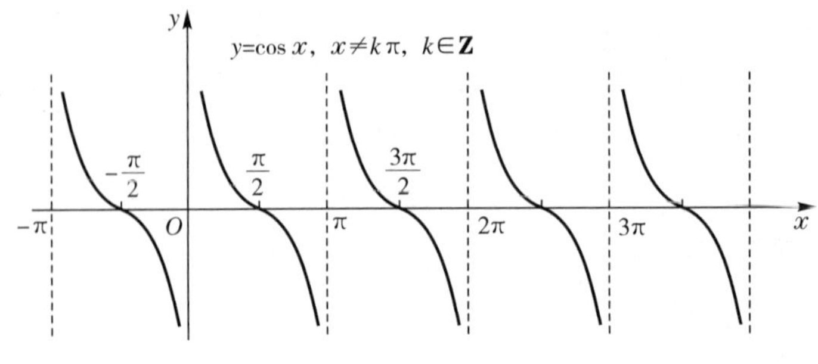

图 1.1.29

正弦函数和余弦函数都是以 2π 为周期的周期函数,它们的定义域都为 $(-\infty,+\infty)$,值域都为 $[-1,1]$. 正弦函数是奇函数,余弦函数是偶函数.

正切函数 $y=\tan x=\dfrac{\sin x}{\cos x}$ 的定义域为

$$D=\left\{x \,\middle|\, x\in \mathbf{R}, x\neq k\pi+\frac{\pi}{2}, k=0,\pm 1,\pm 2,\cdots\right\}.$$

余切函数 $y=\cot x=\dfrac{\cos x}{\sin x}$ 的定义域为

$$D=\{x \mid x\in \mathbf{R}, x\neq k\pi, k=0,\pm 1,\pm 2,\cdots\}.$$

正切函数和余切函数的值域都是 $(-\infty,+\infty)$,且它们都是以 π 为周期的函数,它们都是奇函数.

另外,常用的三角函数还有**正割函数 $y=\sec x$** 和**余割函数 $y=\csc x$**. 即

$$\sec x=\frac{1}{\cos x};\quad \csc x=\frac{1}{\sin x}.$$

它们都是以 2π 为周期的周期函数,且在开区间 $\left(0,\dfrac{\pi}{2}\right)$ 内都是无界函数,总有 $\sec x\geqslant 1$ 及 $\csc x\geqslant 1$.

常用的和差化积公式:

(1) $\sin\alpha+\sin\beta=2\sin\left(\dfrac{\alpha+\beta}{2}\right)\cos\left(\dfrac{\alpha-\beta}{2}\right)$;

(2) $\sin\alpha-\sin\beta=2\cos\left(\dfrac{\alpha+\beta}{2}\right)\sin\left(\dfrac{\alpha-\beta}{2}\right)$;

(3) $\cos\alpha+\cos\beta=2\cos\left(\dfrac{\alpha+\beta}{2}\right)\cos\left(\dfrac{\alpha-\beta}{2}\right)$;

(4) $\cos\alpha-\cos\beta=-2\sin\left(\dfrac{\alpha+\beta}{2}\right)\sin\left(\dfrac{\alpha-\beta}{2}\right)$.

积化和差公式：

(1) $\sin\alpha\sin\beta = -\frac{1}{2}[\cos(\alpha+\beta)-\cos(\alpha-\beta)]$；

(2) $\cos\alpha\cos\beta = \frac{1}{2}[\cos(\alpha+\beta)-\cos(\alpha-\beta)]$；

(3) $\sin\alpha\cos\beta = \frac{1}{2}[\sin(\alpha+\beta)+\sin(\alpha-\beta)]$；

(4) $\cos\alpha\sin\beta = \frac{1}{2}[\sin(\alpha+\beta)-\sin(\alpha-\beta)]$.

常用三角函数关系式：

(1) $\sin^2\alpha+\cos^2\alpha=1$；

(2) $1+\tan^2\alpha=\sec^2\alpha$；

(3) $1+\cot^2\alpha=\csc^2\alpha$.

⑤反三角函数.

常用的反三角函数有：

反正弦函数 $y=\arcsin x$；**反余弦函数** $y=\arccos x$；

反正切函数 $y=\arctan x$；**反余切函数** $y=\text{arccot}\, x$.

以上函数的图形如图 1.1.30、图 1.1.31、图 1.1.32、图 1.1.33 所示.

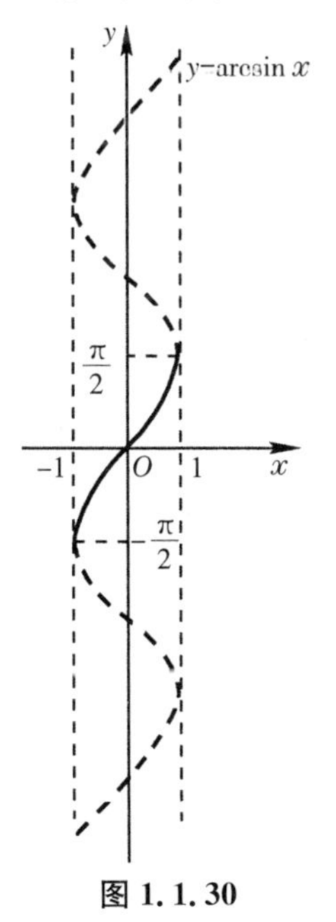

图 1.1.30

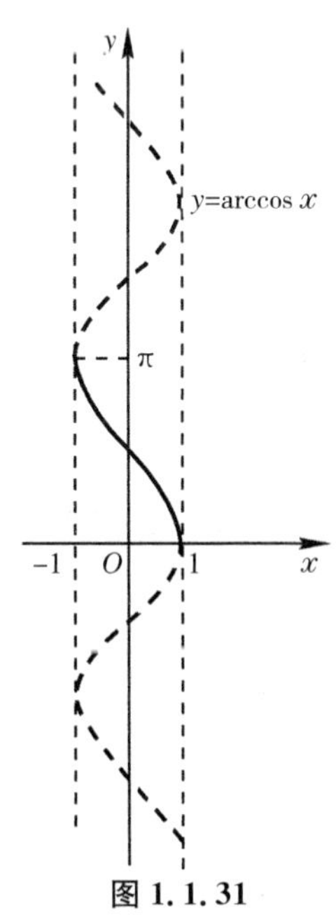

图 1.1.31

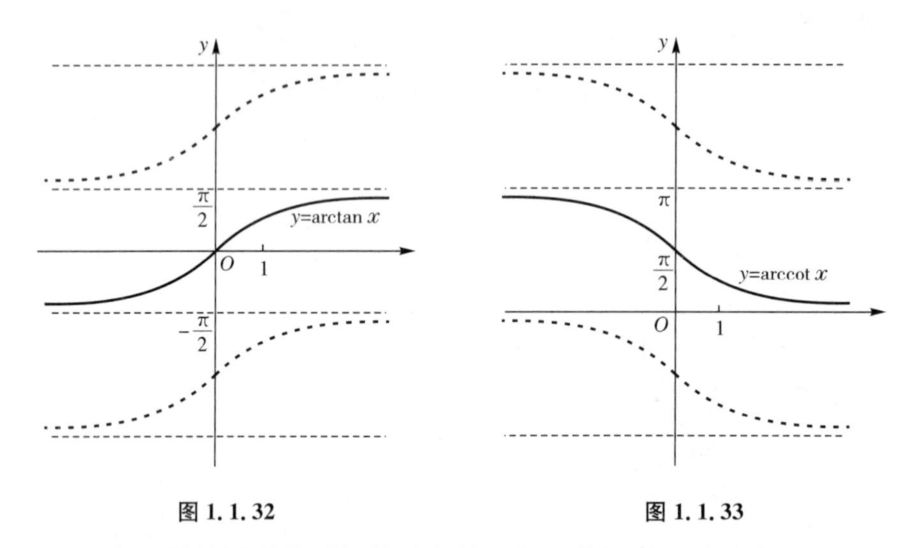

图 1.1.32　　　　图 1.1.33

反三角函数的图形分别与其对应的三角函数的图形关于直线 $y=x$ 对称. 由于三角函数是周期函数,对于值域内的每个值 y, 定义域总有无数个值 x 与之对应,所以反三角函数都是多值函数,可以取这些函数的一个单值分支,称为主值,记为

$$y=\arcsin x, y\in\left[-\frac{\pi}{2},\frac{\pi}{2}\right];$$

$$y=\arccos x, y\in[0,\pi];$$

$$y=\arctan x, y\in\left(-\frac{\pi}{2},\frac{\pi}{2}\right);$$

$$y=\operatorname{arccot} x, y\in(0,\pi).$$

在图 1.1.30、图 1.1.31、图 1.1.32、图 1.1.33 中实线部分即为主值的图形.

这样单值函数 $y=\arcsin x$ 及 $y=\arccos x$ 的定义域都是闭区间 $[-1,1]$, 值域分别为闭区间 $\left[-\frac{\pi}{2},\frac{\pi}{2}\right]$ 及 $[0,\pi]$. 在 $[-1,1]$ 上,反正弦函数 $y=\arcsin x$ 是单调增加的, $y=\arccos x$ 是单调减少的.

$y=\arctan x$ 和 $y=\operatorname{arccot} x$ 的定义域都是区间 $(-\infty,+\infty)$, 值域分别是开区间 $\left(-\frac{\pi}{2},\frac{\pi}{2}\right)$ 和 $(0,\pi)$. 在区间 $(-\infty,+\infty)$ 内, $y=\arctan x$ 是单调增加的, $y=\operatorname{arccot} x$ 是单调减少的.

(2)初等函数.

定义 1.1.10　由常数和基本初等函数经有限次四则运算和有限次复合运算而构成的并且可以用一个式子表示的函数,称为**初等函数**.

例如,$y=\dfrac{\sin x}{x^2+1}+\ln(x+\cos x)$,$y=\arctan\sqrt{1+x^2}$,$y=\sqrt{\lg(x+1)-a^x}$,$y=2x^6+\arcsin(e^{x^2+1})$都是初等函数. 微积分所讨论的函数大多数都是初等函数.

在初等函数的定义中,明确指出是用一个式子表示的函数. 若一个函数必须用几个式子表示(如分段函数)时,例如

$$y=\begin{cases} x^5-6x, & -5<x<3, \\ \sin 2x+1, & 3<x<8, \end{cases}$$

就不是初等函数,即为非初等函数.

习题 1.1

1. 求下列函数的定义域.

(1)$y=\sqrt{2-|x|}$;　(2)$y=\ln\ln x$.

2. 确定下列函数的奇偶性.

(1)$f(x)=\sqrt{x}$;　(2)$f(x)=a^x+a^{-x}(a>0,a\neq 1)$.

3. 求函数 $y=e^x+1$ 的反函数.

4. 设 $f(x)=\arctan x$,求 $f(0)$,$f(-1)$,$f(x^2-1)$.

5. 设 $f(\sin x)=2-\cos 2x$,求 $f(\cos x)$.

6. 指出下列函数的复合过程.

(1)$y=\cos x^2$;　(2)$y=\sin^5 x$;　(3)$y=\sin^2\left(2x+\dfrac{\pi}{4}\right)$;　(4)$y=e^{\cos 3x}$.

§1.2　经济中常用的函数

在社会经济活动中,存在着许多经济变量,如价格、产量、成本、收益、利润、投资、消费等. 对经济问题研究的过程中,一个经济变量往往是与多种因

素相关的，当我们用数学方法来研究经济变量间的数量关系时，经常是找出其中的主要因素，而将其他一些次要因素或忽略不计，或假定为常量. 这样可以使问题简化为只含一个自变量的函数关系. 下面，我们介绍经济活动中的几个常用的经济函数.

1.2.1 需求函数与供给函数

1. 需求函数

在一定的价格条件下，消费者愿意购买并有支付能力购买的某种商品的数量称为该商品的需求量. 商品的需求量一般受该商品的价格、购买者的收入及其他商品价格等因素的影响. 一般来说，一种商品的市场需求量 Q_d 与该商品的价格 P 密切相关：价格上升需求量减少，价格下降需求量增加. 如果不考虑其他因素对需求量的影响，就可将市场需求量 Q_d 看成是价格 P 的函数，称为需求函数，记为

$$Q_d = f_d(P)\ (\text{或 } Q = Q(P)).$$

需求函数一般是价格的减函数.

根据统计数据，常用下面这些简单的初等函数来近似表示需求函数：

线性函数 $Q_d = -aP + b$，其中 a,b 为常数，且 $a > 0$；

幂函数 $Q_d = kP^{-a}$，其中 $k > 0, a > 0$；

指数函数 $Q_d = ae^{-bP}$，其中 $a,b > 0$.

2. 供给函数

在一定的价格条件下，生产者愿意出售并且有可供出售的某种商品的数量称为该商品的供给量. 供给量一般与商品的价格、生产中的投入成本、技术状况、卖者对其他商品和劳务价格的预测等因素有关. 影响供给量的主要因素也是商品的价格. 价格上涨，刺激生产者增加供给；价格下跌则供给量减少. 若不考虑其他因素对供给量的影响，则可将供给量 Q_s 也看成价格 P 的函数，称为供给函数，记为

$$Q_s = Q_s(P)$$

通常，供给函数是价格 P 的增函数，即随着价格的上升，供给量增加.

根据统计数据，常用下面这些简单的初等函数来近似表示供给函数：

线性函数 $Q_s = aP + b$，其中 $a > 0$；

幂函数 $Q_s = kP^a$，其中 $k > 0, a > 0$；

指数函数 $Q_s = a e^{bP}$，其中 $a, b > 0$.

如图 1.2.1 所示，在同一坐标系内作出需求函数 Q_d 和供给函数 Q_s 的图像（分别称之为需求曲线和供给曲线），则它们的交点 (P_0, Q_0) 称为供需均衡点，Q_0 称为市场均衡交易量，P_0 称为均衡价格. 价格低于均衡价格则供不应求，价格高于均衡价格则供大于求. 因此在市场调节下，商品价格始终在均衡价格附近上下波动.

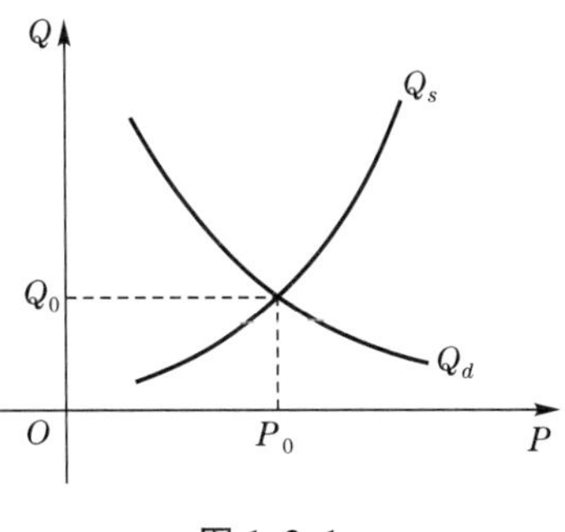

图 1.2.1

1.2.1　(1)已知某种农产品的收购价为每千克 10 元时，每天能收购 1000 千克；若收购价格每千克提高 0.2 元，则每天收购量可增加 100 千克. 求农产品的线性供给函数.

(2)已知该种农产品的销售价为每千克 11 元时，每天能销售 900 千克；若销售价每千克降低 0.5 元，则每天销售量可增加 200 千克. 求农产品的线性需求函数.

(3)求该种农产品的均衡价格和市场均衡交易量.

解　(1)设线性供给函数为

$$Q_s = aP + b.$$

其中，Q_s 是收购量（即供给量），P 为收购价格.

由已知条件，得

$$\begin{cases} 1000 = 10a + b, \\ 1000 + 100 = (10 + 0.2)a + b, \end{cases}$$

解得 $a = 500, b = -4000$.

因此，所求农产品的线性供给函数为

$$Q_s = 500P - 4000.$$

(2)设线性需求函数为

$$Q_d = -aP + b.$$

其中，Q_d 是销售量（即需求量），P 为收购价格.

由已知条件,得

$$\begin{cases}900=-11a+b,\\900+200=-(11-0.5)a+b,\end{cases}$$

解得 $a=400, b=-5300$.

因此,所求农产品的线性供给函数为

$$Q_d=-400P+5300.$$

(3)由供需均衡条件 $Q_d=Q_s$,得

$$-400P+5300=500P-4000,$$

解得均衡价格 $P_0=\dfrac{93}{9}\approx 10.33$ (元/千克);相应的市场均衡交易量为

$Q_0=\dfrac{10500}{9}\approx 1167$ (千克).

1.2.2 成本函数、收益函数与利润函数

1. 总成本函数与平均成本函数

总成本是指生产一定数量的产品所耗费的经济资源或费用的总和. 根据成本与产量的关系,一般总成本可分为固定成本与可变成本两部分. 固定成本是指与产量 Q 无关的成本,如厂房、设备维修费与折旧费、企业管理费等,称为固定成本,用 C_0 表示. 可变成本随产量 Q 的变化而变化,如原材料费、动力费、劳动者工资等,记作 $C_1(Q)$. 所以,总成本 C 与产量 Q 的函数关系为

$$C(Q)=C_0+C_1(Q).$$

总成本与总产量的比值称为平均成本函数,记为 $\overline{C}(Q)=\dfrac{C(Q)}{Q}$.

1.2.2 设某产品的成本函数是线性函数,已知产量为 0 时,成本为 100 元;产量为 100 时,成本为 400 元,求该产品的成本函数.

解 设产品的产量为 x,由于成本函数是线性函数,则成本函数

$$C(x)=a+bx.$$

由已知条件可得 $a=100, b=3$.

因此所求成本函数为 $C(x)=100+3x, x\in[0,+\infty)$.

2. 收益函数

总收益是指生产者出售一定数量的产品所得到的全部收入. 收益与产

品的价格及销售数量有关. 当产品的单位售价为 P，销售量为 Q 时，总收益函数为

$$R = PQ.$$

例 1.2.3 已知某商品的需求函数为 $Q = 100 - 4P$，试将总收益 R 分别表示为价格 P 及需求量 Q 的函数.

解 由 $Q = 100 - 4P$ 可得，$P = \frac{1}{4}(100 - Q)$，于是总收益为

$$R(P) = PQ = P(100 - 4P)100P - 4P^2$$

$$R(Q) = PQ = \frac{1}{4}(100 - Q)Q = 25Q - \frac{1}{4}Q^2$$

3. 利润函数

生产并销售 Q 单位产品获得的收益减去生产成本就是利润，用 L 表示，即

$$L(Q) = R(Q) - C(Q).$$

显然，当 $L > 0$ 时，生产者盈利；当 $L < 0$ 时，生产者亏损；当 $L = 0$ 时，不亏不盈，此时的产量 Q 为“保本点”或“盈亏分界点”.

例 1.2.4 已知某产品的价格为 P，需求函数为 $Q = 50 - 5P$，成本函数为 $C = 50 + 2Q$，求产量 Q 为多少时利润 L 最大？最大利润是多少？

解 因为 $Q = 50 - 5P$，则 $P = 10 - \frac{Q}{5}$，于是总收益为

$$R = PQ = 10Q - \frac{Q^2}{5}$$

因此利润函数为

$$L = R - C = 8Q - \frac{Q^2}{5} - 50 = -\frac{1}{5}(Q - 20)^2 + 30$$

因此，当 $Q - 20$ 时取得最大利润，最大利润为 30.

习题 1.2

1. 设销售商品的总收入是销售量 x 的二次函数,已知 $x=0,2,4$ 时,总收入分别是 0,6,8,试确定总收入函数 $R(x)$.
2. 设某商品的总成本函数为线性函数,已知产量为零时的成本为 100 元,产量为 100 时的成本为 400 元,试求:
   (1)总成本函数和固定成本;
   (2)产量为 200 时的总成本和平均成本.
3. 某商品的需求函数为 $Q_d = 75-2P$,供给函数 $Q_s = 3P-25$,其中 P 为价格(单位:元),求
   (1)市场均衡价格和均衡交易量;
   (2)如果每销售一件商品,政府收税 1 元,求此时的均衡价格和均衡交易量.
4. 某厂生产 MP3 播放器,每台售价 110 元,固定成本为 7500 元,可变成本为每台 60 元.
   (1)要卖多少台 MP3 播放器,厂家才可保本;
   (2)若卖掉 100 台,厂家盈利或亏损多少元?
   (3)要获得 1250 元利润,需要卖多少台?

§1.3 数列的极限

微积分以联系和运动的观点来理解和刻画现实世界的数量关系,应用无限逼近的方法来研究问题.这种方法称为极限方法.

1.3.1 数列的概念

1.数列

一般地,将一些数按照一定的顺序排成一列,这样一列数就称为一个数列.数列中的数可以是有限多个,称为有限数列;也可以是无限多个,称为无限数列.中学讨论的一般是有限数列,我们以后研究的通常是无限数列.

定义 1.3.1 设 $x_n = f(n)$ 是一个以正整数集为定义域的函数,将其函数值 x_n 按自变量 n 的大小顺序排成一列

$$x_1, x_2, x_3, \cdots, x_n, \cdots$$

称为一个数列.数列中的每一个数叫作数列的项,第 n 项 x_n 叫作数列的一般项或通项.数列也可表示为 $\{x_n\}$ 或 $x_n = f(n)$.

在几何上，数列 $\{x_n\}$ 可看作数轴上的一个动点，它依次取数轴上的点 $x_1,x_2,x_3,\cdots,x_n,\cdots$，如图 1.3.1 所示.

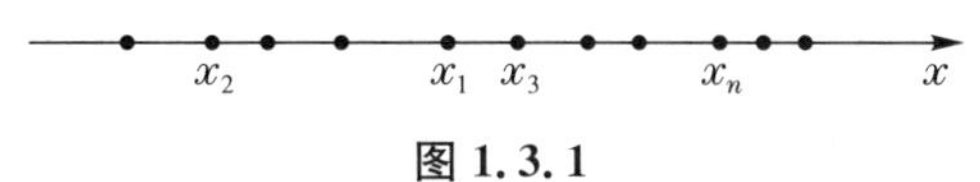

图 1.3.1

注意：并非每一个数列都有通项公式，如数列 1.2，1.21，1.212，1.213，…，就不能写出它的通项公式.

2. 等差数列

定义 1.3.2　若一个数列从第二项起，每一项与它的前一项的差都等于同一个常数，这个数列就叫作等差数列，这个常数叫作等差数列的公差，公差通常用字母 d 表示. 例如数列 $1,3,5,7,\cdots,2n-1,\cdots$ 就是等差数列，公差为 2.

如果已知第一项和公差，则等差数列 $\{a_n\}$ 的通项公式可表示为

$$a_n=a_1+(n-1)d.$$

等差数列的前 n 项和公式为

$$S_n=a_1+a_2+\cdots+a_n=\frac{n(a_1+a_n)}{2}=na_1+\frac{n(n-1)d}{2}.$$

3. 等比数列

定义 1.3.3　如果一个数列从第二项起，每一项与它前一项的比都等于同一个常数，这个数列叫作等比数列，这个常数叫作等比数列的公比，公比通常用字母 q 表示. 例如数列 $1,\frac{1}{2},\frac{1}{4},\cdots,\frac{1}{2^{n+1}},\cdots$ 就是等比数列，公比为 $\frac{1}{2}$.

等比数列 $\{a_n\}$ 的通项公式可表示为

$$a_n=a_1q^{n-1}.$$

等比数列的前 n 项和公式为

$$S_n=a_1+a_2+\cdots+a_n=\frac{a_1(1-q^n)}{1-q}=\frac{a_1-a_nq}{1-q},(q\neq1).$$

当 $q=1$ 时，$S_n=na_1$.

4. 数列的单调性与有界性

由于数列 $\{x_n\}$ 是定义在正整数集上的函数,所以可以像对待函数一样,讨论其单调性和有界性.

定义 1.3.4 如果数列 $\{x_n\}$ 满足

$$x_1 \leqslant x_2 \leqslant x_3 \leqslant \cdots \leqslant x_n \leqslant \cdots,$$

则称 $\{x_n\}$ 是单调增加数列. 如果

$$x_1 \geqslant x_2 \geqslant x_3 \geqslant \cdots \geqslant x_n \geqslant \cdots,$$

则称 $\{x_n\}$ 是单调减少数列. 若上述不等式中等号都不成立,则称 $\{x_n\}$ 是严格单调增加数列或严格单调减少数列. 单调增加数列和单调减少数列统称为单调数列.

定义 1.3.5 如果 $\exists M>0$, 使得对一切 $x_n, n=1,2,3,\cdots$ 都有 $|x_n| \leqslant M$, 则称数列 $\{x_n\}$ 有界,如图 1.3.2 所示;否则,称 $\{x_n\}$ 无界.

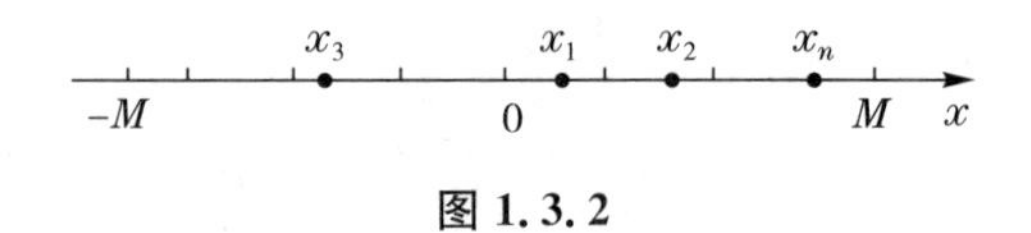

图 1.3.2

例如 $\{(-1)^n\}$ 是有界数列,而 $\{2^n\}$ 是无界数列.

1.3.2 数列的极限

我国魏晋时期的数学家刘徽,曾试图从圆内接正多边形出发来计算半径等于单位长度的圆的面积. 他从圆内接正六边形开始,每次把边数加倍,直觉地意识到边数越多,内接正多边形的面积越接近于圆的面积,如图 1.3.3 所示. 这样利用无限逼近的方法,在无限过程中由圆的内接正多边形的面积数列求出圆的面积,这就是极限的基本思想.

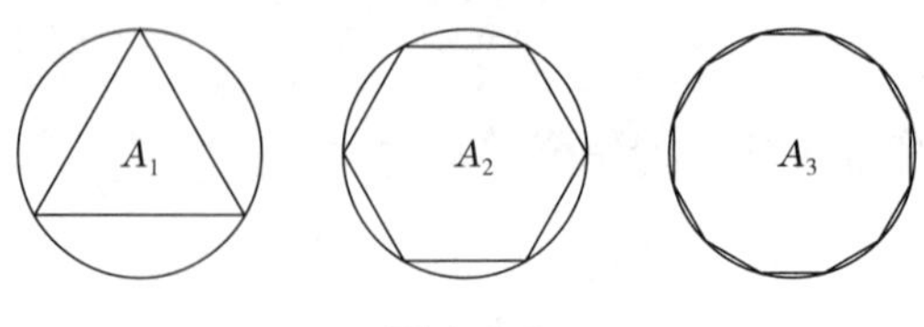

图 1.3.3

他曾正确地计算出圆内接正 3072 边形的面积,从而得到十分精确的圆

周率 π 的结果 $\pi\approx 3.1416$. 他的算法用现代数学来表达，就是

$$A\approx 6\times 2^{n-1}\times\frac{1}{2}R^2\sin\frac{2\pi}{6\times 2^{n-1}}$$

其中 A 为半径等于 R 的圆的面积，$6\times 2^{n-1}$ 为正多边形的边数.

然而，刘徽在其所著的《九章算术注》中曾说："割之弥细，所失弥少，割之又割，以至于不可割，则与圆周合体而无所失矣."这个结论却是不正确的. 首先，按他的做法确实可以作出无穷多个正多边形，因此应该是永远地"可割"而非"不可割"；其次，无论边数如何增加，毕竟还是多边形，绝不会"与圆周合体而无所失矣". 究其原因，是在他那个时代还未找到克服"有限"与"无限"这对矛盾的工具. 因此他只能设想最后总有一个边数很多的正多边形与圆"合体"，而把无限变化过程作为有限过程处理了.

从上面的例子可以看出，圆的面积是客观存在的，但用初等数学知识是难以圆满地完成计算工作的. 因此，不得不用一套完整的理论和方法来确定它的真实值.

1. 数列极限的直观定义（定性描述）

在理论研究或实践探索中，经常需要判断数列 $\{x_n\}$ 当 n 趋于无限大时，通项 x_n 的变化趋势. 例如数列 $\left\{\frac{n-1}{n}\right\}$，当 n 无限增大时，通项 x_n 越来越接近于 1，并且想让它有多接近它就会有多接近. 我们重点研究具有这一特点的数列.

定义 1.3.6　若对于数列 $\{x_n\}$，当项数 n 无限增大时，它的项 x_n 无限趋近于某一个常数 a，则称当 n 趋于无穷大时，数列 $\{x_n\}$ 以 a 为极限，或称数列 $\{x_n\}$ 收敛于 a，记作

$$\lim_{n\to\infty}x_n=a \text{ 或 } x_n\to a(n\to\infty).$$

其中 $n\to\infty$ 表示 n 无限增大（lim 是极限 limit 的缩写）. 此时，数列 $\{x_n\}$ 称为收敛数列.

若 $n\to\infty$ 时，数列 $\{x_n\}$ 不以任何固定常数为极限，则称数列 $\{x_n\}$ 发散. 这时，数列 $\{x_n\}$ 称为发散数列.

数列的收敛或发散的性质统称为数列的敛散性.

数列 $\left\{\frac{n-1}{n}\right\}$ 是收敛数列,记为 $\lim\limits_{n\to\infty}\frac{n-1}{n}=1$.

2. 数列极限的精确性定义(定量描述)

给出的数列极限概念,是用自然语言作出的定性描述. 但数学不能停留在定性描述的阶段,必须用形式化的数学语言表达理想化的定量描述.

关于数列极限的定量描述,刚接触会感觉有一定的困难,这是因为对数学语言不习惯造成的. 然而数列极限的定量描述是数学语言的经典代表之一. 学习这一内容,会使我们领悟、欣赏数学语言的简洁性、精确性和科学性,从而增进对数学语言的理解.

为了精确地给出数列极限的定义,下面通过深入分析"无限接近"的数学含义,逐步由数列极限的定性描述过渡到定量描述.

(1)"数列的项 x_n 无限趋近于 a "的含义是"数列的项 x_n 与 a 的差的绝对值(即距离)无限变小".

例如数列 $\left\{\frac{n-1}{n}\right\}$ 以 1 为极限, x_n 与 1 的差的绝对值 $\left|\frac{n-1}{n}-1\right|=\left|\frac{-1}{n}\right|=\frac{1}{n}$, 随着 n 无限增大, $\frac{1}{n}$ 无限变小. 但这样并没有使问题发生本质的变化,因为"距离无限变小"依然是一种直观描述.

(2)为摆脱"距离无限变小"的直观描述,我们运用比较的思想方法来定量刻画"距离无限变小",即事先给定无论怎样小的正数,总能在数列中找到某一项,使这一项后面的各项与 a 的"距离"总保持比事先给定的数还小.

不妨设事先给定很小的数 $\frac{1}{10}$, 第 10 项以后的各项与 1 的距离都比 $\frac{1}{10}$ 小. 这里的第 10 项是怎样找到的呢? 如何进行推广?

设第 n 项与 1 的距离比 $\frac{1}{10}$ 小. 即 $\left|\frac{n-1}{n}-1\right|=\frac{1}{n}<\frac{1}{10}$, 解得 $n>10$. 所以第 10 项以后的各项(从第 11 项开始),与 1 的距离都比 $\frac{1}{10}$ 小.

为了讨论任意的情形,需要用到代数学的基本思想,用字母代表数.

(3)把"事先给定无论怎样小的正数"改进为"事先任意给定一个无论怎样小的正数 ε ".

对数列 $\left\{\frac{n-1}{n}\right\}$，任意给定一个无论怎样小的正数 ε，“距离”能不能保持比 ε 还要小呢？如果能的话，就要找出是从哪个项以后可以达到要求，即找到这个项数. 我们还是通过解不等式来找这个项数.

设第 n 项与 1 的距离比 ε 小. 即 $\left|\frac{n-1}{n}-1\right|=\frac{1}{n}<\varepsilon$，解得 $n>\frac{1}{\varepsilon}$. 所以只要 $n>\frac{1}{\varepsilon}$ 的项都满足要求，即 $\frac{1}{\varepsilon}$ 就是满足条件的项数，通常用 N 表示. 由于 ε 的任意性，不等式 $\left|\frac{n-1}{n}-1\right|<\varepsilon$ 就表示 $\frac{n-1}{n}$ 与 1 的距离可以任意小了(要多么小就可以多么小). 因此，$\frac{n-1}{n}$ 无限地趋近与 1，就是 $\left|\frac{n-1}{n}-1\right|$ 小于任意给定的正数 ε.

经过上面三步的分析，下面就可以给出数列极限的精确性定义了.

定义 1.3.7　如果对于任意给定的正数 ε (不论它多么小)，在数列 $\{x_n\}$ 中，总存在一项 x_N，使得这一项以后的所有项 x_n ($n>N$)与常数 a 之差的绝对值 $|x_n-a|$ 都小于正数 ε，则称常数 a 是数列 $\{x_n\}$ 的极限.

即：对 $\forall\varepsilon>0$，$\exists N>0$，当 $n>N$ 时，恒有 $|x_n-a|<\varepsilon$，则称常数 a 是数列 $\{x_n\}$ 的极限. 记作 $\lim\limits_{n\to\infty}x_n=a$.

此定义称为数列极限的“ $\varepsilon-N$ ”语言.

3. 数列极限的几何解释

因为不等式 $|x_n-a|<\varepsilon$，与不等式 $a-\varepsilon<x_n<a+\varepsilon$ 等价，所以 $\lim\limits_{n\to\infty}x_n=a$ 的几何意义是：对于任意给定的正数 ε，总存在一个正整数 N，使得对 $n>N$ 的一切点 x_n，都落在以 a 为中心，长度为 2ε 的开区间 $(a-\varepsilon,a+\varepsilon)$ 内，而在 $(a-\varepsilon,a+\varepsilon)$ 外只含有数列 $\{x_n\}$ 的有限项，如图 1.3.4 所示.

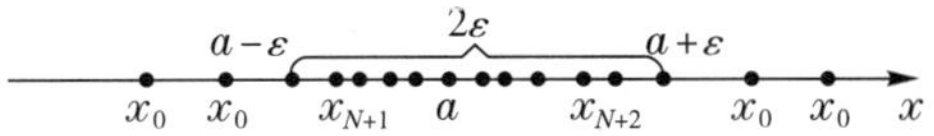

图 1.3.4

关于数列极限的“ $\varepsilon-N$ ”定义的几点说明：

(1)关于 ε. 在定义中，ε 是任意给定的正数，所以 ε 具有两种特性：任意性和相对的固定性. 具体地说，一方面，正数 ε 具有绝对的任意性，这样才能有 $\{x_n\}$ 无限趋于 $a \Leftrightarrow |x_n - a| < \varepsilon(n > N)$，它规定出数列的整体变化趋势；另一方面，正数 ε 又具有相对的固定性，即一旦给出，它就是暂时固定的. 这样就可以从 $|x_n - a| < \varepsilon$ 推断出数列 $\{x_n\}$ 无限趋近于 a 的渐近过程的不同阶段.

显然，ε 的绝对任意性是通过无限多个相对固定的 ε 表现出来的.

(2)关于 N. 在定义中只要求存在 N，当 $n > N$ 时，有 $|x_n - a| < \varepsilon$. 至于找到的 N 是不是最小的无关紧要，即与 N 的大小无关. 显然，$\forall \varepsilon > 0$，如果 N 满足要求的话，那么比 N 大的任意一个正整数也满足要求，即 $\forall \varepsilon > 0$，N 如果存在的话，就有无穷多个.

(3)从定义可以看出，“当 $n > N$ 时，恒有 $|x_n - a| < \varepsilon$”的意思是从第 $N+1$ 项开始，以后的各项都满足 $|x_n - a| < \varepsilon$. 至于第 $N+1$ 项前面的项(即第 1 项，第 2 项，…，第 N 项)是否满足此式则不必考虑. 可见，一个数列是否存在极限只与其后面的无穷多项有关，而与它前面的有限项无关. 因此，在讨论数列极限的时候，添加、去掉或改变它的有限个项的数值，对数列的收敛性和极限都不会产生影响.

数列极限的定义并未直接提供求数列的极限的方法，但利用它可以证明一个数列是否以某个常数为极限.

1.3.3 收敛数列的性质

下面介绍几个常用的定理，证明从略.

定理 1.3.1(极限的唯一性) 若数列 $\{x_n\}$ 收敛，则它的极限唯一.

定理 1.3.2(收敛数列的有界性) 若数列 $\{x_n\}$ 收敛，则数列 $\{x_n\}$ 一定有界.

注意：数列有界是数列收敛的必要条件，但不是充分条件.

定理 1.3.3(收敛数列的保号性) 若 $\lim\limits_{n \to \infty} x_n = a$，且 $a > 0$(或 $a < 0$)，则存在正整数 N，使当 $n > N$ 时，有 $x_n > 0$(或 $x_n < 0$).

推论 若数列 $\{x_n\}$ 从某项起有 $x_n \geqslant 0$(或 $x_n \leqslant 0$)，且 $\lim\limits_{n\to\infty} x_n = a$，则有 $a \geqslant 0$(或 $a \leqslant 0$).

在数列 $\{x_n\}$ 中任意抽取无限多项并保持这些项在原数列 $\{x_n\}$ 中的先后次序，这样得到的一个数列称为原数列 $\{x_n\}$ 的子数列(或子列).

设在数列 $\{x_n\}$ 中，第一次抽取 x_{n_1}，第二次在 x_{n_1} 后抽取 x_{n_2}，第三次在 x_{n_2} 后抽取 x_{n_3}，…，这样无休止地抽取下去，得到一个数列

$$x_{n_1}, x_{n_2}, x_{n_3}, \cdots, x_{n_k}, \cdots,$$

这个数列 $\{x_{n_k}\}$ 就是数列 $\{x_n\}$ 的一个子数列.

注意:在子数列 $\{x_{n_k}\}$ 中，一般项 x_{n_k} 是第 k 项，而 x_{n_k} 在原数列 $\{x_n\}$ 中却是第 n_k 项. 显然，$n_k \geqslant k$.

特别地，数列本身也可以说是它自己的子数列.

定理 1.3.4(收敛数列与其子数列间的关系) 若数列 $\{x_n\}$ 收敛于 a，那么它的任一子数列也收敛，且极限也是 a.

由该定理可得结论:若数列 $\{x_n\}$ 存在某一个子数列发散，或存在两个子数列不收敛于同一极限，则数列 $\{x_n\}$ 发散. 应用它很容易判断某些数列是否发散.

例如，数列 $\{n^{(-1)^n}\}$ 是发散的，因为它的一个子数列 $\{2k^{(-1)^{2k}}\} = \{2k\}$ 发散.

又如，数列 $\{(-1)^n\}$ 是发散的，因为它有一个子数列 $\{(-1)^{2k}\} = \{1\}$ 收敛于 1，有一个子数列 $\{(-1)^{2k+1}\} = \{-1\}$ 收敛于 -1.

习题 1.3

1. 判断下列说法是否正确?
   (1)有界数列一定收敛;
   (2)单调数列一定收敛;
   (3)发散数列一定是无界数列.
2. 观察下列数列的变化趋势，判别哪些数列存在极限，若存在，写出它们的极限.
   (1) $a_n = (-1)^n \dfrac{n-1}{n}$; (2) $a_n = \tan \dfrac{1}{n}$; (3) $a_n = \dfrac{3}{2^n}$;
   (4) $a_n = \left(-\dfrac{3}{2}\right)^n$; (5) $a_n = (-1)^n n$; (6) $a_n = \dfrac{n-1}{n+1}$.

§1.4 函数的极限

数列是一种特殊类型的函数,即自变量是离散变量的函数: $a_n = f(n)$, $n \in \mathbf{N}^+$, 因此,数列极限讨论的是自变量 n 只取自然数而无限增大时,对应的函数值 $f(n)$ 的变化趋势,即数列极限是一类特殊的函数极限. 本节将介绍一般的函数极限,由于函数自变量的变化过程不同,函数的极限就表现为不同的形式. 主要有两种情形:一种是自变量 x 的绝对值 $|x|$ 无限增大(记为 $x \to \infty$)时,函数 $f(x)$ 的极限;另一种是自变量 x 无限接近于有限值 x_0(记为 $x \to x_0$)时,函数 $f(x)$ 的极限.

1.4.1 函数极限的概念

1. 当自变量趋于无穷大($x\to\infty$)时函数 $f(x)$的极限

(1)当 $x \to +\infty$ 时函数 $f(x)$ 的极限.

如图 1.4.1 所示,函数 $f(x) = \dfrac{k}{x}$,$x \in (0, +\infty)$. 显然,当自变量 x 无限增大时,对应的函数值 $f(x)$ 无限趋近于 0,即当 $x \to +\infty$ 时,函数 $f(x) \to 0$. 类似于数列极限的“$\varepsilon - N$”定义,将“无限增大”、“无限趋近”定量刻画可得,数 0 是函数 $f(x) = \dfrac{k}{x}$ 当 $x \to +\infty$ 时的极限.

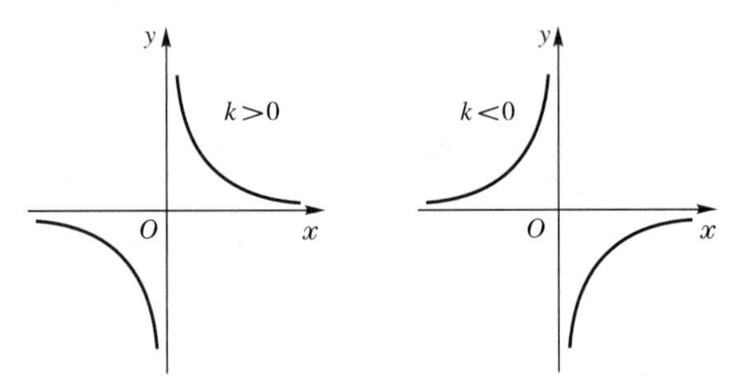

图 1.4.1

下面给出当自变量趋于正无穷大时,函数极限的定义.

定义 1.4.1　设函数 $f(x)$ 在区间 $(a,+\infty)$ 有定义,若存在常数 A,当自变量无限增大时,如果函数 $f(x)$ 无限趋近于这个常数 A,则 A 称为函数 $f(x)$ 当 $x\to+\infty$ 时的极限,记作

$$\lim_{x\to+\infty} f(x)=A \text{ 或 } f(x)\to A(x\to+\infty).$$

如果这样的常数 A 不存在,则称当 $x\to+\infty$ 时,函数 $f(x)$ 的极限不存在.

类似数列极限,我们也可以用"$\varepsilon-X$"语言,严格地给出当 $x\to+\infty$ 时函数极限的定义.

定义 1.4.2　设函数 $f(x)$ 在区间 $(a,+\infty)$ 有定义,若存在常数 A,对于任意给定的正数 ε(不论它多么小),总存在正数 X,使得当 $x>X$ 时,有 $|f(x)-A|<\varepsilon$,则称当 $x\to+\infty$ 时,函数 $f(x)$ 以 A 为极限,记作

$$\lim_{x\to+\infty} f(x)=A.$$

例 1.4.1　根据图像考察函数极限 $\lim\limits_{x\to+\infty} a^x$.

解　如图 1.4.2 所示,当 x 无限增大时,$y=a^x(0<a<1)$ 无限趋近于 0,所以 $\lim\limits_{x\to+\infty} a^x=0(0<a<1)$. 当 $a>1$ 时,$y=a^x$ 不能无限趋近于某个确定的常数 A,如图 1.4.2 所示. 因此 $\lim\limits_{x\to+\infty} a^x$ 不存在$(a>1)$.

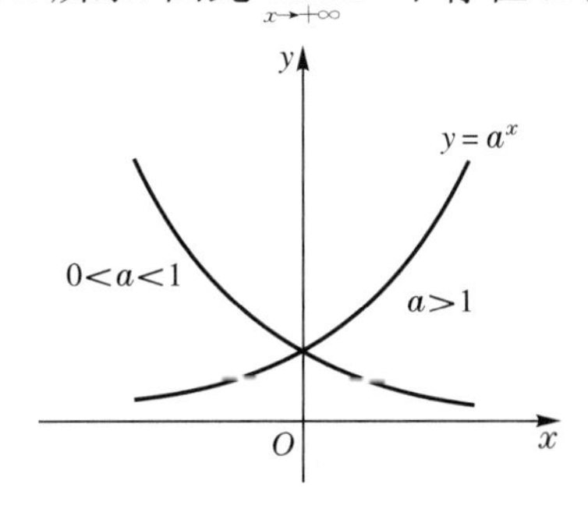

图 1.4.2

(2)当 $x\to-\infty$ 时函数 $f(x)$ 的极限.

由图 1.4.2 可知,当 x 无限减小时, $y=a^x(a>1)$ 无限趋近于 0,下面给出当自变量趋于负无穷大时,函数极限的定义.

定义 1.4.3 设函数 $f(x)$ 在区间 $(-\infty,b)$ 有定义,若存在常数 A,当自变量无限减小时,如果函数 $f(x)$ 无限趋近于这个常数 A,则 A 称为函数 $f(x)$ 当 $x\to-\infty$ 时的极限,记作

$$\lim_{x\to-\infty}f(x)=A \text{ 或 } f(x)\to A(x\to-\infty).$$

如果这样的常数 A 不存在,则称当 $x\to-\infty$ 时,函数 $f(x)$ 的极限不存在.

类似数列极限,我们也可以用" $\varepsilon-X$ "语言,严格地给出当 $x\to-\infty$ 时函数极限的定义.

定义 1.4.4 设函数 $f(x)$ 在区间 $(-\infty,b)$ 有定义,若存在常数 A,对于任意给定的正数 ε (不论它多么小),总存在正数 X,使得当 $x<-X$ 时,有 $|f(x)-A|<\varepsilon$,则称当 $x\to-\infty$ 时,函数 $f(x)$ 以 A 为极限,记作

$$\lim_{x\to-\infty}f(x)=A.$$

例 1.4.2 求 $\lim\limits_{x\to-\infty}\left(1+\dfrac{1}{x^2}\right)$.

解 因为当 $x\to-\infty$ 时, $\dfrac{1}{x^2}\to 0$,所以 $\lim\limits_{x\to-\infty}\left(1+\dfrac{1}{x^2}\right)=1$.

(3)当 $x\to\infty$ 时函数 $f(x)$ 的极限.

定义 1.4.5 如果当 $|x|$ 无限增大时,函数 $f(x)$ 无限趋近于一个常数 A,则称当 $x\to\infty$ 时函数 $f(x)$ 以 A 为极限,记作

$$\lim_{x\to\infty}f(x)=A \text{ 或 } f(x)\to A(x\to\infty).$$

如果这样的常数 A 不存在,则称当 $x\to\infty$ 时,函数 $f(x)$ 的极限不存在.

定义 1.4.6　设函数 $f(x)$ 在区间 $(-\infty,+\infty)$ 有定义，若存在常数 A，对于任意给定的正数 ε（不论它多么小），总存在正数 X，使得当 $|x|>X$ 时，有 $|f(x)-A|<\varepsilon$，则称当 $x\to\infty$ 时，函数 $f(x)$ 以 A 为极限，记作

$$\lim_{x\to\infty}f(x)=A.$$

由定义 1.4.6 知，$x\to\infty$ 包含 $x\to+\infty$ 和 $x\to-\infty$ 两种情况，∞ 常称为不定号无穷大.

定义 1.4.6 的几何意义如图 1.4.3 所示. 对于任意给定的 $\varepsilon>0$，以 $y=A$ 为对称轴、以两直线 $y=A\pm\varepsilon$ 为边界的带形区域，在 x 轴上总存在一点 $X>0$，当 $|x|>X$ 时，相应的函数 $f(x)$ 的图形落入这个带形区域之内.

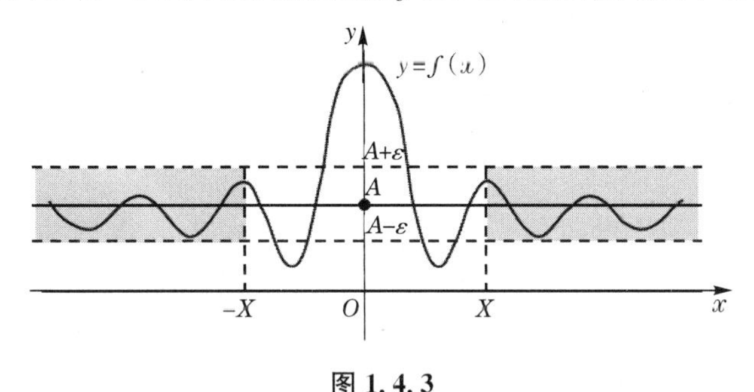

图 1.4.3

定理 1.4.1　$\lim\limits_{x\to\infty}f(x)=A$ 成立的充分必要条件是

$$\lim_{x\to+\infty}f(x)=\lim_{x\to-\infty}f(x)=A.$$

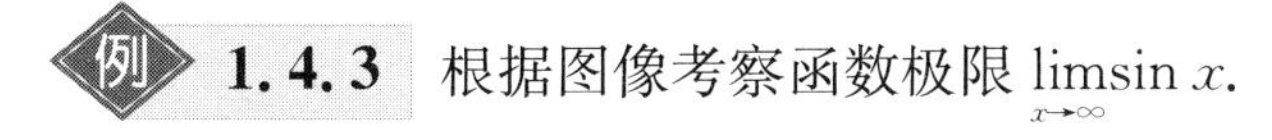

例 1.4.3　根据图像考察函数极限 $\lim\limits_{x\to\infty}\sin x$.

解　由图 1.4.4 可知，当 $x\to\infty$ 时，$y=\sin x$ 在 -1 和 1 之间不断地上下摆动，不可能无限趋近于某一个常数，所以 $\lim\limits_{x\to\infty}\sin x$ 不存在.

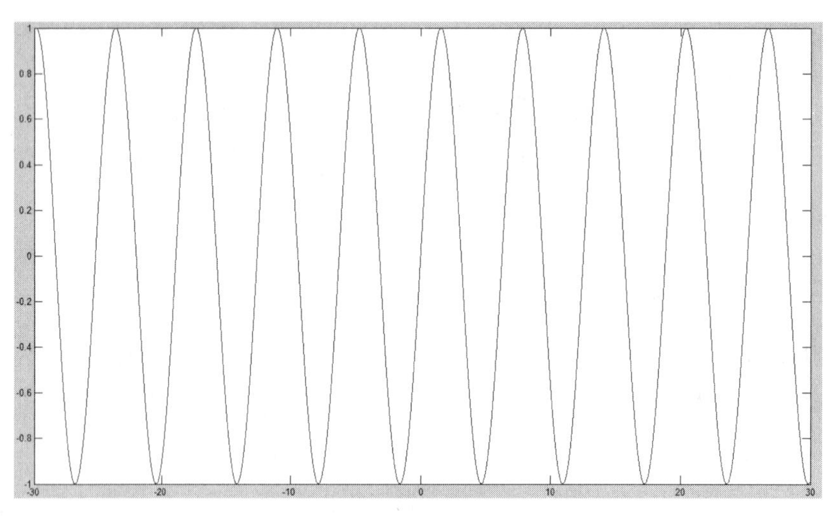

图 1.4.4

2. 当自变量趋于有限值($x \to x_0$)时函数 $f(x)$ 的极限

自变量趋于有限值时的函数极限是函数极限中非常重要和关键的极限类型,后续的连续函数和导数等概念其实都是通过这种类型的极限来定义的.

(1)概念.

定义 1.4.7 设函数 $f(x)$ 在点 x_0 的某去心邻域内有定义,如果 x 趋于 x_0(但 $x \neq x_0$)时,函数 $f(x)$ 趋于一个常数 A,称当 $x \to x_0$ 时函数 $f(x)$ 以 A 为极限,记作

$$\lim_{x \to x_0} f(x) = A \text{ 或 } f(x) \to A(x \to x_0).$$

如果这样的常数 A 不存在,则称当 $x \to x_0$ 时,函数 $f(x)$ 的极限不存在.

类似函数当自变量 $x \to \infty$ 时的极限定义,我们也可以用"$\varepsilon - \delta$"语言,严格地给出当 $x \to x_0$ 时函数极限的定义.

定义 1.4.8 设函数 $f(x)$ 在点 x_0 的某去心邻域内有定义. 如果存在常数 A,对于任意给定的正数 ε(不论它多么小),总存在正数 δ,使得当 $0 < |x - x_0| < \delta$ 时,对应的函数值 $f(x)$ 都满足 $|f(x) - A| < \varepsilon$,那么常数 A 就叫作函数 $f(x)$ 当 $x \to x_0$ 时的极限. 记作 $\lim\limits_{x \to x_0} f(x) = A$.

定义中 $0<|x-x_0|$ 表示 $x\neq x_0$，所以 $x\to x_0$ 时 $f(x)$ 有没有极限，与 $f(x)$ 在点 x_0 是否有定义并无关系.

(2)几何意义.

定义 1.4.8 的几何意义如图 1.4.5 所示. 对于任意给定的 $\varepsilon>0$，以 $y=A$ 为对称轴，以两直线 $y=A\pm\varepsilon$ 为边界的带形区域，在 x 轴上总存在一个以 x_0 为中心、以 δ 为半径的去心邻域 $\mathring{U}(x_0,\delta)$，当点 x 位于这个去心邻域内时，相应的函数 $f(x)$ 的图形就位于这个带形区域之内.

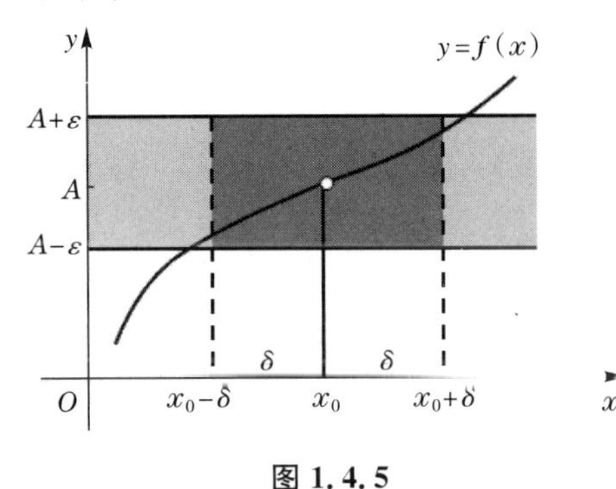

图 1.4.5

3. 单侧极限

前面介绍了 $x\to x_0$ 时函数 $f(x)$ 的极限，x 是既从 x_0 的左侧也从 x_0 的右侧趋于 x_0 的. 但有时我们还需要知道 x 仅从 x_0 的左侧（$x<x_0$）或仅从 x_0 的右侧（$x>x_0$）趋于 x_0 时，函数 $f(x)$ 的变化趋势. 因此，就需要引入左极限和右极限的概念.

定义 1.4.9　设函数 $f(x)$ 在点 x_0 右侧的某个邻域（点 x_0 可以除外）内有定义，如果当 $x>x_0$ 且趋于 x_0 时，函数 $f(x)$ 趋于一个常数 A，称当 $x\to x_0$ 时，函数 $f(x)$ 的右极限是 A，记作

$$\lim_{x\to x_0^+}f(x)=A，或\ f(x)\to A(x\to x_0^+).$$

设函数 $f(x)$ 在点 x_0 左侧的某个邻域（点 x_0 可以除外）内有定义，如果当 $x<x_0$ 且趋于 x_0 时，函数 $f(x)$ 趋于一个常数 A，称当 $x\to x_0$ 时，函数 $f(x)$ 的左极限是 A，记作

$$\lim_{x\to x_0^-}f(x)=A，或\ f(x)\to A(x\to x_0^-).$$

左极限和右极限统称为单侧极限. 根据左极限和右极限的定义,可得下列定理.

> **定理 1.4.2** 函数 $f(x)$ 在点 x_0 有极限并等于 A 的充分必要条件是 $f(x)$ 在点 x_0 的左、右极限都存在且都等于 A, 即
>
> $$\lim_{x\to x_0} f(x) = A \Leftrightarrow \lim_{x\to x_0^+} f(x) = \lim_{x\to x_0^-} f(x) = A.$$

这个定理是我们判断分段函数在分段点的极限是否存在的一个非常重要的工具.

例 1.4.4 设 $f(x)=\begin{cases} x+2, & x\geqslant 1, \\ 3x, & x<1, \end{cases}$ 试判断 $\lim\limits_{x\to 1} f(x)$ 是否存在.

解 因为 $\lim\limits_{x\to 1^-} f(x)=\lim\limits_{x\to 1^-} 3x=3$, $\lim\limits_{x\to 1^+} f(x)=\lim\limits_{x\to 1^+}(x+2)=3$, 因为左、右极限存在且相等,所以 $\lim\limits_{x\to 1} f(x)$ 存在,且 $\lim\limits_{x\to 1} f(x)=3$.

例 1.4.5 证明函数 $f(x)=\begin{cases} x-1, & x<0, \\ 0, & x=0, \\ x+1, & x>0, \end{cases}$ 当 $x\to 0$ 时, $f(x)$ 的极限不存在.

证明 因为 $\lim\limits_{x\to 0^-} f(x)=\lim\limits_{x\to 0^-}(x-1)=-1$, $\lim\limits_{x\to 0^+} f(x)=\lim\limits_{x\to 0^+}(x+1)=1$, 左极限和右极限尽管都存在,但它们不相等,所以当 $x\to 0$ 时, $f(x)$ 的极限不存在. 如图 1.4.6 所示.

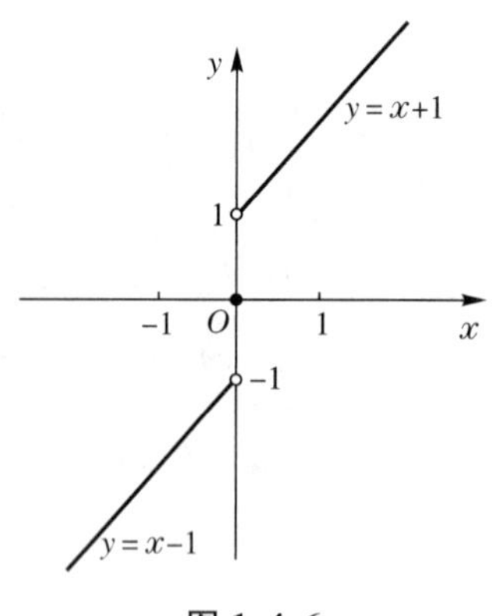

图 1.4.6

例 1.4.6　判断 $\lim\limits_{x\to 0} \mathrm{e}^{\frac{1}{x}}$ 是否存在.

解　当 $x\to 0^+$ 时，$\dfrac{1}{x}\to+\infty$，$\mathrm{e}^{\frac{1}{x}}\to+\infty$，即 $\lim\limits_{x\to 0}\mathrm{e}^{\frac{1}{x}}=+\infty$，所以 $\lim\limits_{x\to 0}\mathrm{e}^{\frac{1}{x}}$ 不存在.

1.4.2　函数极限的性质

与收敛数列的性质相比较，可得函数极限的一些相应的性质. 它们都可以根据函数极限的定义，运用类似于证明收敛数列性质的方法加以证明. 由于函数极限的定义按自变量的变化过程不同有不同的形式，下面仅以 $\lim\limits_{x\to x_0} f(x)$ 这种形式为代表给出关于函数极限性质的一些定理. 至于其他形式的极限的性质，只要相应地做一些修改即可得出.

定理 1.4.3（唯一性）　若极限 $\lim\limits_{x\to x_0} f(x)$ 存在，则极限值唯一.

定理 1.4.4（局部有界性）　若极限 $\lim\limits_{x\to x_0} f(x)$ 存在，则在点 x_0 的某去心邻域内，函数 $f(x)$ 有界.

定理指出，函数 $f(x)$ 只是在点 x_0 的某去心邻域内有界，而在整个定义域上不一定有界，所以称之为局部有界性.

注意：定理 1.4.4 的逆命题不成立，即一个函数在某点的任意小的去心邻域内有界，也不一定在该点存在极限. 如函数 $f(x)=\sin\dfrac{1}{x}$ 在 $x=0$ 的任意小的去心邻域内有界，但 $\lim\limits_{x\to 0}\sin\dfrac{1}{x}$ 不存在.

定理 1.4.5（局部保号性）　若 $\lim\limits_{x\to x_0} f(x)=A$，且 $A>0$（或 $A<0$），则在点 x_0 的某去心邻域内，有 $f(x)>0$（或 $f(x)<0$）.

推论　若在点 x_0 的某去心邻域内 $f(x)\geqslant 0$（或 $f(x)\leqslant 0$），且 $\lim\limits_{x\to x_0} f(x)=A$，则 $A\geqslant 0$（或 $A\leqslant 0$）.

习题 1.4

1. 判断下列说法是否正确?

(1)如果函数 $f(x)$ 在点 x_0 处无定义,那么 $f(x)$ 在 x_0 处极限一定不存在;

(2)如果 $\lim\limits_{x \to x_0^+} f(x)$ 和 $\lim\limits_{x \to x_0^-} f(x)$ 都存在,那么 $\lim\limits_{x \to x_0} f(x)$ 一定存在.

2. 观察下列函数在自变量的变化趋势下是否存在极限,若存在,写出它们的极限.

(1) $\dfrac{x^2-x}{x-1}(x \to 1)$; (2) $\dfrac{x^2-x}{x-1}(x \to \infty)$;

(3) $\dfrac{x}{x-1}(x \to 1)$; (4) $\dfrac{x}{x-1}(x \to \infty)$;

(5) $\arctan x(x \to +\infty)$; (6) $\cos x - 1(x \to \infty)$.

3. 讨论函数 $f(x) = \begin{cases} x+1, & x<0, \\ x^2, & 0 \leqslant x < 1, \\ 1, & x \geqslant 1, \end{cases}$ 当 $x \to 0$ 时的极限.

§1.5 无穷小与无穷大

1.5.1 无穷小

1. 无穷小的定义

有些函数在自变量的某个变化过程中,其绝对值可以无限地趋近与 0,也就是以 0 为极限,例如 $\lim\limits_{x \to 0} x^2 = 0, \lim\limits_{x \to \infty} \dfrac{1}{x} = 0$, 等等,这样的函数我们称之为无穷小.

在微积分中,无穷小是一个非常重要的概念. 许多变化状态较复杂的变量的研究常常可归结为相应的无穷小的研究.

定义 1.5.1 若函数 $f(x)$ 在自变量 x 的某个变化过程中以零为极限,则称这个变化过程中 $f(x)$ 为无穷小,通常我们用 α, β, γ 来表示无穷小.

例如,当 $x \to 0$ 时, $\sin x, x^2, e^x - 1$ 都是无穷小.

注意：

(1)自变量的变化过程包括：$x\to\infty$，$x\to+\infty$，$x\to-\infty$，$x\to x_0$，$x\to x_0^-$，$x\to x_0^+$.

(2)一个函数 $f(x)$ 是无穷小，是与自变量 x 的变化过程紧密联系的，因此必须明确指出自变量 x 的变化过程，如 $x\to\infty$ 时，$\frac{1}{x}$ 是无穷小，但当 $x\to 1$ 时，$\frac{1}{x}$ 就不是无穷小了.

(3)无穷小不是一个数，而是一个特殊的函数(极限为 0)，不能把绝对值很小的数与无穷小混淆，如 2×10^{-1000000} 很小，但它不是无穷小.

(4)常数 0 是唯一可以看作无穷小的常数.

2. 无穷小的性质

性质 1.5.1 有限个无穷小的代数和仍为无穷小.

性质 1.5.2 有界函数与无穷小的乘积仍为无穷小.

性质 1.5.3 常数乘以无穷小仍为无穷小.

性质 1.5.4 有限个无穷小的乘积仍为无穷小.

例 1.5.1 求 $\lim\limits_{x\to0} x\sin\frac{1}{x}$.

解 因为 $\left|\sin\frac{1}{x}\right|\leqslant 1$，所以 $\sin\frac{1}{x}$ 是有界函数，而 $\lim\limits_{x\to0} x=0$，即 x 是在 $x\to0$ 时的无穷小，所以由性质 1.5.2 知 $\lim\limits_{x\to0} x\sin\frac{1}{x}=0$.

求 $\lim\limits_{x\to\infty} x^{-2}\arctan x$.

解 因为 $|\arctan x|\leqslant\frac{\pi}{2}$，所以 $\arctan x$ 是有界函数，而 $\lim\limits_{x\to\infty} x^{-2}=0$，即 x^{-2} 是当 $x\to\infty$ 时的无穷小，所以 $\lim\limits_{x\to\infty} x^{-2}\arctan x=0$.

3. 无穷小与函数极限的关系

定理 1.5.1 在自变量的同一变化过程 $x\to\infty$ (或 $x\to x_0$)中，$\lim\limits_{x\to\infty} f(x)=A$ 的充分必要条件是 $f(x)$ 可以表示为 A 与一个无穷小之和，即 $f(x)=A+\alpha$，其中 $\lim\limits_{x\to\infty}\alpha=0$ (或 $\lim\limits_{x\to x_0}\alpha=0$).

例如：$\lim\limits_{x\to 1}(x^2+2)=3 \Leftrightarrow x^2+2=3+\alpha$，且 $\lim\limits_{x\to 1}\alpha=0$.

1.5.2 无穷大

1. 无穷大的定义

定义 1.5.2 若对任意给定的 $M>0$（无论多么大），总存在 $\delta>0$（$X>0$），当 $0<|x-x_0|<\delta$（或 $|x|>X$）时，有 $|f(x)|>M$，则称 $f(x)$ 是 $x\to x_0$（或 $x\to\infty$）时的无穷大，记作 $\lim\limits_{x\to x_0}f(x)=\infty$（或 $\lim\limits_{x\to\infty}f(x)=\infty$）.

由定义 1.5.2 可知，若当 $x\to x_0$ 时，$f(x)$ 是无穷大，则对于不论多么大的正数 M，只要 x 充分靠近 x_0，其对应的函数值的绝对值 $|f(x)|$ 就会比 M 还大. 这就验证了当 $x\to x_0$ 时，$|f(x)|$ 可无限增大的性质（$x\to\infty$ 时，$f(x)\to\infty$ 的情形类似）.

若当 $x\in \mathring{U}(x_0)$ 时，$f(x)>0$（或 $f(x)<0$）且 $f(x)\to\infty$（当 $x\to x_0$ 时），则称 $f(x)$ 是 $x\to x_0$ 时的正（或负）无穷大，记作 $\lim\limits_{x\to x_0}f(x)=+\infty(-\infty)$.

若当 $|x|>X>0$ 时，$f(x)>0$（或 $f(x)<0$）且 $f(x)\to\infty$（当 $x\to\infty$ 时），则称 $f(x)$ 是 $x\to\infty$ 时的正（或负）无穷大，记作 $\lim\limits_{x\to\infty}f(x)=+\infty(-\infty)$.

如 $\dfrac{1}{x}$（$x\to 0$）、$\ln x$（$x\to 0^+$）、5^x（$x\to+\infty$）、n^2（$n\to\infty$）等都是无穷大，记为 $\lim\limits_{x\to 0}\dfrac{1}{x}=\infty$、$\lim\limits_{x\to 0^+}\ln x=-\infty$、$\lim\limits_{x\to+\infty}5^x=+\infty$、$\lim\limits_{n\to\infty}n^2=+\infty$.

注意：

(1)一个函数 $f(x)$ 是否是无穷大，是与自变量 x 的变化过程紧密联系的，因此必须指明自变量 x 的变化过程；

(2)不能把绝对值很大的数说成是无穷大.

例 1.5.3 试从函数图形判断下列极限：

(1) $\lim\limits_{x\to+\infty}e^x$，　(2) $\lim\limits_{x\to-\infty}e^x$，　(3) $\lim\limits_{x\to\infty}e^x$.

解 根据指数函数的图像可知，在 x 轴左侧，$y=e^x$ 的图像与 x 轴无限接近，由极限的几何意义知 $\lim\limits_{x\to-\infty}e^x=0$. 当 $x\to+\infty$ 时，对应的函数值 e^x 越来越大，大于任意给定的正数 M，所以 $\lim\limits_{x\to+\infty} e^x = +\infty$. 因此 $\lim\limits_{x\to\infty} e^x$ 不存在.

2. 无穷大与无穷小的关系

在例 1.5.3 中可以发现一个有趣的现象：当 $a>1$ 时，$\lim\limits_{x\to+\infty} a^x = +\infty$，而 $\lim\limits_{x\to+\infty}\frac{1}{a^x} = \lim\limits_{x\to+\infty}\left(\frac{1}{a}\right)^x = 0$（其中 $0<\frac{1}{a}<1$）. 当 $a>1$ 时，$\lim\limits_{x\to-\infty} a^x = 0$，而 $\lim\limits_{x\to-\infty}\frac{1}{a^x} = \lim\limits_{x\to-\infty}\left(\frac{1}{a}\right)^x = +\infty$（其中 $0<\frac{1}{a}<1$）. 换言之，无穷大的倒数是无穷小；非零的无穷小的倒数是无穷大. 这种现象并不是偶然的，具体地有下述定理.

定理 1.5.2　在自变量的同一变化过程 $x\to\infty$（或 $x\to x_0$）中，若 $f(x)$ 是无穷大，则 $\frac{1}{f(x)}$ 是无穷小；反之，若 $f(x)$ 是无穷小，且 $f(x)\neq 0$，则 $\frac{1}{f(x)}$ 是无穷大.

因此，关于无穷大的问题可通过倒数变换，转化为无穷小的问题来解决，反之亦然.

比如，由于 $\lim\limits_{x\to 0} 2x^3 = 0$，所以 $\lim\limits_{x\to 0}\frac{1}{2x^3} = \infty$；由于 $\lim\limits_{x\to\frac{\pi}{2}}\cos x = 0$，所以 $\lim\limits_{x\to\frac{\pi}{2}}\frac{1}{\cos x} = \infty$，等等.

例 1.5.4　求 $\lim\limits_{x\to\infty}\frac{\sin x}{x}$.

解　因为 $|\sin x|\leqslant 1$，所以 $\sin x$ 是有界函数，因 $x\to\infty$，即 x 是无穷大，因此 $\frac{1}{x}$ 是 $x\to\infty$ 时的无穷小，即 $\lim\limits_{x\to\infty}\frac{1}{x}=0$，所以由有界函数与无穷小的乘积仍为无穷小的性质可知 $\lim\limits_{x\to 0} x\sin\frac{1}{x} = 0$.

3. 无穷大的性质

性质 1.5.5　有限个正无穷大之和仍为正无穷大；有限个负无穷大之和仍为负无穷大.

注意：两个无穷大的和或差（即代数和）均不一定为无穷大. 例如当 $x\to 0$ 时，

$f(x)=\frac{1}{x}$ 和 $g(x)=-\frac{1}{x}$ 都是无穷大,但其和 $f(x)+g(x)=\frac{1}{x}+(-\frac{1}{x})=0$,不是无穷大.

性质 1.5.6 有界函数与无穷大之和仍为无穷大.

特别地,无穷大与常数 C 之和仍为无穷大.

注意:有界函数与无穷大的乘积不一定是无穷大. 例如 $f(x)=x\sin x$,因 $|\sin x|\leqslant 1$,所以 $\sin x$ 是有界函数. 当 $x=2k\pi$ 时,$k\to\infty$ 时,$x\to\infty$,而 $\sin x=0$,故当 $x=2k\pi\to\infty$ 时,$x\sin x\to 0$,故 $f(x)=x\sin x$ 不是 $x\to\infty$ 时的无穷大.

性质 1.5.7 非零常数 C 与无穷大的乘积仍为无穷大.

性质 1.5.8 有限个无穷大的乘积仍为无穷大.

习题 1.5

1. 指出下列函数在相应的自变量的趋向下是无穷大,还是无穷小.

(1)$2^{-x}\,(x\to+\infty)$; (2)$e^{x}\,(x\to-\infty)$;

(3)$\lg x\,(x\to 1)$; (4)$\frac{x^4-4}{x+1}\,(x\to-1)$.

2. 判断下列命题是否正确:

(1)有界函数与无穷小之积为无穷小;

(2)有界函数与无穷大之积为无穷大;

(3)有限个无穷小之和为无穷小;

(4)有限个无穷大之和为无穷大;

(5) $y=x\sin x$ 在 $(-\infty,+\infty)$ 内无界,但 $\lim\limits_{x\to\infty}x\sin x\neq\infty$;

(6)无穷大的倒数都是无穷小;

(7)无穷小的倒数都是无穷大;

(8)无穷小是一个很小的数;

(9)无穷大是一个很大的数.

3. 计算下列极限.

(1) $\lim\limits_{x\to-1}\frac{x^2+5x+6}{x^2-3x-4}$; (2) $\lim\limits_{x\to\infty}\frac{x^2+2x-5}{x^3+x+5}$; (3) $\lim\limits_{x\to 0}x^2\sin\frac{1}{x}$; (4) $\lim\limits_{x\to\infty}\frac{\arctan x}{x}$.

§ 1.6　极限的运算法则与两个重要极限

1.6.1　极限的运算法则

1. 极限的四则运算法则

下面我们以 $x \to \Delta$ 表示前面学过的函数极限的六种形式中的任何一个.

定理 1.6.1　若 $\lim\limits_{x \to \Delta} f(x) = A, \lim\limits_{x \to \Delta} g(x) = B$,则

(1) $\lim\limits_{x \to \Delta}[f(x) \pm g(x)] = \lim\limits_{x \to \Delta} f(x) \pm \lim\limits_{x \to \Delta} g(x) = A \pm B$;

(2) $\lim\limits_{x \to \Delta}[f(x)g(x)] = \lim\limits_{x \to \Delta} f(x) \cdot \lim\limits_{x \to \Delta} g(x) = A \cdot B$;

(3) 当 $\lim\limits_{x \to \Delta} g(x) = B \neq 0$ 时,$\lim\limits_{x \to \Delta} \dfrac{f(x)}{g(x)} = \dfrac{\lim\limits_{x \to \Delta} f(x)}{\lim\limits_{x \to \Delta} g(x)} = \dfrac{A}{B}$.

上述运算法则,不难推广到有限多个函数的代数和及乘积的情形.

推论　设 $\lim\limits_{x \to \Delta} f(x)$ 存在,C 为常数,n 为正整数,则有:

(1) $\lim\limits_{x \to \Delta}[C \cdot f(x)] = C \cdot \lim\limits_{x \to \Delta} f(x)$;

(2) $\lim\limits_{x \to \Delta}[f(x)]^n = [\lim\limits_{x \to \Delta} f(x)]^n$.

利用函数极限的四则运算法则,我们可以从已知的简单函数极限出发,计算较复杂函数的极限. 因为数列是一种特殊的函数,故求数列的极限时也可以运用数列极限的四则运算法则.

定理 1.6.2　如果 $\lim\limits_{n \to \infty} x_n = a, \lim\limits_{n \to \infty} y_n = b$, 则

(1) $\lim\limits_{n \to \infty}(x_n \pm y_n) = a \pm b$;

(2) $\lim\limits_{n \to \infty}(x_n \cdot y_n) = a \cdot b$;

(3) $\lim\limits_{n \to \infty} \dfrac{x_n}{y_n} = \dfrac{a}{b}(b \neq 0)$.

特别地,如果 C 是常数,则 $\lim\limits_{n \to \infty}(Cx_n) = \lim\limits_{n \to \infty} C \cdot \lim\limits_{n \to \infty} x_n = Ca$.

在利用极限的四则运算法则求极限时,我们还要注意以下两点:

(1)要求每个参与运算的函数本身的极限是存在的.

(2)求商的极限时,还要求分母的极限不为零.

例 1.6.1 求 $\lim\limits_{x\to1}(x^2-2x+3)$.

解
$$\begin{aligned}\lim_{x\to1}(x^2-2x+3)&=\lim_{x\to1}x^2-\lim_{x\to1}2x+\lim_{x\to1}3\\&=(\lim_{x\to1}x)^2-2\lim_{x\to1}x+3\\&=1^2-2\times1+3=2.\end{aligned}$$

例 1.6.2 求 $\lim\limits_{x\to0}\dfrac{2x^2-3x+1}{x+2}$.

解 因为 $\lim\limits_{x\to0}(x+2)=2\neq0$,则由商的运算法则有

$$\lim_{x\to0}\frac{2x^2-3x+1}{x+2}=\frac{\lim\limits_{x\to0}(2x^2-3x+1)}{\lim\limits_{x\to0}(x+2)}=\frac{1}{2}.$$

由例 1.6.1、例 1.6.2 可以看出,当 $x\to x_0$ 时,多项式函数的极限以及分母极限不为零的有理分式函数的极限,恰好是函数在 x_0 处的函数值.一般地,

(1)设多项式函数 $f(x)=a_0x^n+a_1x^{n-1}+\cdots+a_n$,则 $\lim\limits_{x\to x_0}f(x)=f(x_0)$.

(2)设有理分式函数 $\dfrac{P(x)}{Q(x)}$,其中 $P(x)$,$Q(x)$ 都是多项式,若 $\lim\limits_{x\to x_0}Q(x)=Q(x_0)\neq0$,则

$$\lim_{x\to x_0}\frac{P(x)}{Q(x)}=\frac{P(x_0)}{Q(x_0)}.$$

例 1.6.3 求 $\lim\limits_{x\to3}\dfrac{x^2-4x+3}{x^2-9}$.

解 因为 $\lim\limits_{x\to3}(x^2-9)=0$,所以不能直接利用定理 1.6.1 求此函数的极限.但分子分母有公因式 $(x-3)$,而当 $x\to3$ 时,$x\neq3$,因此可以约去分子分母中的公因式 $(x-3)$,于是有

$$\lim_{x\to3}\frac{x^2-4x+3}{x^2-9}=\lim_{x\to3}\frac{(x-3)(x-1)}{(x-3)(x+3)}=\lim_{x\to3}\frac{(x-1)}{(x+3)}=\frac{1}{3}.$$

例 1.6.4 求下列数列的极限:

(1) $\lim\limits_{n\to\infty}(2+\dfrac{1}{2^n})\cdot\dfrac{1}{n}$; (2) $\lim\limits_{n\to\infty}\dfrac{\sqrt{n^2+a^2}}{n}$; (3) $\lim\limits_{n\to\infty}\dfrac{3n+1}{2n+1}$;

(4) $\lim\limits_{n\to\infty}\dfrac{1+2+\cdots+n}{n^2}$；(5) $\lim\limits_{n\to\infty}(\sqrt{n+1}-\sqrt{n})$.

分析　第1小题满足极限的四则运算法则，可以直接利用运算法则计算，第2、3小题的分子和分母的极限都不存在，不能直接运用极限运算法则，需要先进行恒等变形，将分子分母同除以它们中 n **的最高次幂**，符合条件后再利用运算法则，这种求极限的方法称为“**同除法**”. 第4小题是无穷多项和的极限，不能直接运用极限的四则运算法则，要先求和，再求极限. 第5小题不能直接利用收敛数列差的极限运算法则，因为两项本身的极限都不存在，需要先将分子有理化，再运用法则计算，这种求极限的方法称为“**有理化方法**”.

解　(1) $\lim\limits_{n\to\infty}(2+\dfrac{1}{2^n})\cdot\dfrac{1}{n}=\lim\limits_{n\to\infty}(2+\dfrac{1}{2^n})\cdot\lim\limits_{n\to\infty}\dfrac{1}{n}$

$$=\left(\lim_{n\to\infty}2+\lim_{n\to\infty}\frac{1}{2^n}\right)\cdot\lim_{n\to\infty}\frac{1}{n}=(2+0)\times 0=0.$$

(2) $\lim\limits_{n\to\infty}\dfrac{\sqrt{n^2+a^2}}{n}=\lim\limits_{n\to\infty}\dfrac{\sqrt{1+\dfrac{a^2}{n^2}}}{1}=\dfrac{\sqrt{1+0}}{1}=1.$

(3) $\lim\limits_{n\to\infty}\dfrac{3n+1}{2n+1}=\lim\limits_{n\to\infty}\dfrac{3+\dfrac{1}{n}}{2+\dfrac{1}{n}}=\dfrac{3+0}{2+0}=\dfrac{3}{2}.$

(4) $\lim\limits_{n\to\infty}\dfrac{1+2+\cdots+n}{n^2}=\lim\limits_{n\to\infty}\dfrac{n(n+1)}{2n^2}=\lim\limits_{n\to\infty}\dfrac{1+\dfrac{1}{n}}{2}=\dfrac{1}{2}.$

(5) $\lim\limits_{n\to\infty}(\sqrt{n+1}-\sqrt{n})=\lim\limits_{n\to\infty}\dfrac{(\sqrt{n+1}-\sqrt{n})(\sqrt{n+1}+\sqrt{n})}{(\sqrt{n+1}+\sqrt{n})}$

$$=\lim_{n\to\infty}\frac{\dfrac{1}{\sqrt{n}}}{\dfrac{\sqrt{n+1}+\sqrt{n}}{\sqrt{n}}}=\lim_{n\to\infty}\frac{\sqrt{\dfrac{1}{n}}}{\sqrt{1+\dfrac{1}{n}}+1}=0.$$

例 1.6.5　求 $\lim\limits_{x\to 1}\dfrac{2x-1}{x-1}$.

解　由于极限 $\lim\limits_{x\to 1}\dfrac{x-1}{2x-1}=0$，即当 $x\to 1$ 时，$\dfrac{x-1}{2x-1}$ 是无穷小，根据无穷大与无穷小的关系得 $\dfrac{2x-1}{x-1}$ 是 $x\to 1$ 时的无穷大，因此 $\lim\limits_{x\to 1}\dfrac{2x-1}{x-1}=\infty$，即极

限不存在.

例 1.6.6 求 $\lim\limits_{x\to\infty}\dfrac{2x^2-x+3}{x^3+2x+2}$.

解 注意到当 $x\to\infty$ 时,分子、分母的极限均不存在,所以,不能用商的运算法则,但我们可以进行适当变形予以求解.分子、分母同除以它们的最高次幂 x^3,有

$$\lim_{x\to\infty}\frac{2x^2-x+3}{x^3+2x+2}=\lim_{x\to\infty}\frac{\dfrac{2}{x}-\dfrac{1}{x^2}+\dfrac{3}{x^3}}{1+\dfrac{2}{x^2}+\dfrac{2}{x^3}}=\frac{\lim\limits_{x\to\infty}\left(\dfrac{2}{x}-\dfrac{1}{x^2}+\dfrac{3}{x^3}\right)}{\lim\limits_{x\to\infty}\left(1+\dfrac{2}{x^2}+\dfrac{2}{x^3}\right)}=0.$$

一般地,当 $x\to\infty$ 时,有理分式 ($a_0\neq 0,b_0\neq 0$) 的极限有如下结论:

$$\lim_{x\to\infty}\frac{a_0x^n+a_1x^{n-1}+\cdots+a_n}{b_0x^m+b_1x^{m-1}+\cdots+b_m}=\begin{cases}0, & n<m,\\ \dfrac{a_0}{b_0}, & n=m,\\ \infty, & n>m.\end{cases}$$

例 1.6.7 求 $\lim\limits_{x\to1}\left(\dfrac{1}{1-x}-\dfrac{3}{1-x^3}\right)$.

解 当 $x\to1$ 时,$\dfrac{1}{1-x}$、$\dfrac{3}{1-x^3}$ 都趋于无穷大,不能直接用极限的四则运算法则.需要先进行通分,再进行适当变形予以求解.故有:

$$\lim_{x\to1}\left(\frac{1}{1-x}-\frac{3}{1-x^3}\right)=\lim_{x\to1}\frac{x^2+x+1-3}{(1-x)(x^2+x+1)}=\lim_{x\to1}\frac{(x-1)(x+2)}{(1-x)(x^2+x+1)}$$

$$=\lim_{x\to1}\frac{-(x+2)}{x^2+x+1}=\frac{-3}{3}=-1.$$

2. 复合函数极限的运算法则

定理 1.6.3(复合函数的极限运算法则) 设函数 $y=f[g(x)]$ 是由 $y=f(u)$ 与 $u=g(x)$ 复合而成,$y=f[g(x)]$ 在点 x_0 的某去心邻域内有定义,若 $\lim\limits_{x\to x_0}g(x)=u_0$,$\lim\limits_{u\to u_0}f(u)=A$,且 $\exists\,\delta_0>0$,当 $x\in\mathring{U}(x_0,\delta_0)$ 时,有 $g(x)\neq u_0$,则

$$\lim_{x\to x_0}f[g(x)]=\lim_{u\to u_0}f(u)=A.$$

注意:定理1.6.3中把 $\lim\limits_{x \to x_0} g(x) = u_0$ 换成 $\lim\limits_{x \to x_0} g(x) = \infty$ 或 $\lim\limits_{x \to \infty} g(x) = \infty$，而把 $\lim\limits_{u \to u_0} f(u) = A$ 换成 $\lim\limits_{u \to \infty} f(u) = A$，可得类似的定理.

定理1.6.3表明，若 $f(u)$ 与 $g(x)$ 满足该定理的条件，可以作代换 $u = g(x)$，把求 $\lim\limits_{x \to x_0} f[g(x)]$ 化为求 $\lim\limits_{u \to u_0} f(u)$. 这种换元求极限的方法，我们经常会用到.

例 1.6.8　求 $\lim\limits_{x \to 4} \sqrt{\dfrac{x-4}{x^2-16}}$.

解　根据定理1.6.3可得：

$$\lim_{x \to 4} \sqrt{\frac{x-4}{x^2-16}} = \sqrt{\lim_{x \to 4} \frac{x-4}{x^2-16}} = \sqrt{\lim_{x \to 4} \frac{1}{x+4}} = \sqrt{\frac{1}{8}} = \frac{\sqrt{2}}{4}.$$

1.6.2　极限存在准则

由定理1.6.1、定理1.6.2及定理1.6.3可知，极限的运算法则是以参与运算的函数极限存在为前提条件的. 一个函数的极限是否存在，除了直接根据定义判别外，还有一些便于使用的判别方法. 下面介绍判别极限存在的两个准则，并利用这两个准则给出两个十分重要的极限.

准则Ⅰ(夹逼准则)　若数列 $\{x_n\}$, $\{y_n\}$, $\{z_n\}$ 满足：

(1) $x_n \leqslant y_n \leqslant z_n$ (当 n 大于某正整数 N 时)；

(2) $\lim\limits_{n \to \infty} x_n = \lim\limits_{n \to \infty} z_n = a$，

则 $\lim\limits_{n \to \infty} y_n = a$.

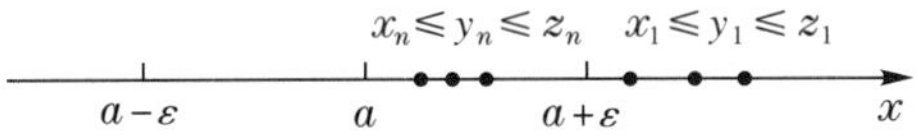

$x_n \leqslant y_n \leqslant z_n$　$x_1 \leqslant y_1 \leqslant z_1$

$a-\varepsilon$　a　$a+\varepsilon$　x

图 1.6.1

如图1.6.1，从几何意义上看，这一结论是明显的.

准则Ⅰ的重要性在于不仅提供了一个判断数列极限存在的方法，也提供了一个求极限的方法，常能帮助我们解决一些较为困难的求极限的问题. 应用准则Ⅰ的关键是，对于给定的数列 $\{y_n\}$，找到合适的数列 $\{x_n\}$, $\{z_n\}$.

例 1.6.9　求 $\lim\limits_{n \to \infty} \left(\dfrac{n}{n^2+1} + \dfrac{n}{n^2+2} + \cdots + \dfrac{n}{n^2+n} \right)$.

解　记 $y_n = \dfrac{n}{n^2+1} + \dfrac{n}{n^2+2} + \cdots + \dfrac{n}{n^2+n}$，则 $\dfrac{n^2}{n^2+n} \leqslant y_n \leqslant \dfrac{n^2}{n^2+1}$，又

$\lim\limits_{n\to\infty}\dfrac{n^2}{n^2+n}=\lim\limits_{n\to\infty}\dfrac{1}{1+\dfrac{1}{n}}=1$，$\lim\limits_{n\to\infty}\dfrac{n^2}{n^2+1}=\lim\limits_{n\to\infty}\dfrac{1}{1+\dfrac{1}{n^2}}=1$，由准则Ⅰ易知

$\lim\limits_{n\to\infty}\left(\dfrac{n}{n^2+1}+\dfrac{n}{n^2+2}+\cdots+\dfrac{n}{n^2+n}\right)=1.$

对于函数极限,有类似的判别准则.

准则Ⅰ′(夹逼准则) 若函数 $f(x),g(x),h(x)$ 满足:

(1)当 $x\in\mathring{U}(x_0)$ 时,有 $g(x)\leqslant f(x)\leqslant h(x)$;

(2) $\lim\limits_{x\to x_0}g(x)=\lim\limits_{x\to x_0}h(x)=A$,

则 $\lim\limits_{x\to x_0}f(x)=A$.

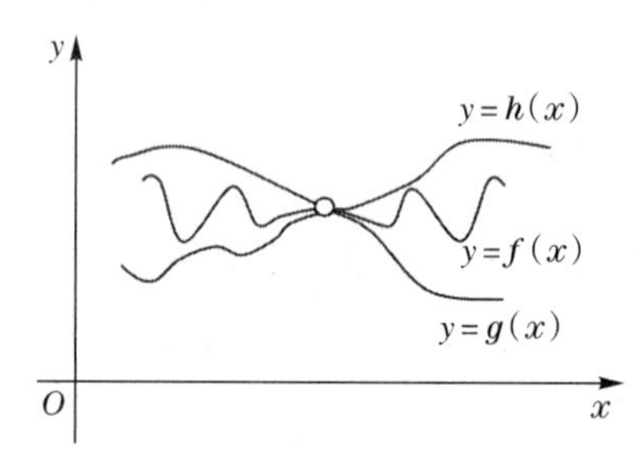

图 1.6.2

如图 1.6.2 所示,结论显然成立. 对于自变量的其他变化过程的函数极限的情形,也有类似的结论.

准则Ⅱ(单调有界准则) 如果数列 $\{x_n\}$ 有界且单调,则 $\lim\limits_{n\to\infty}x_n$ 一定存在,即数列 $\{x_n\}$ 单调有界必有极限.

准则Ⅱ常叙述为:单调增加且有上界的数列必有极限,如图 1.6.3 所示;单调减少有下界的数列必有极限.

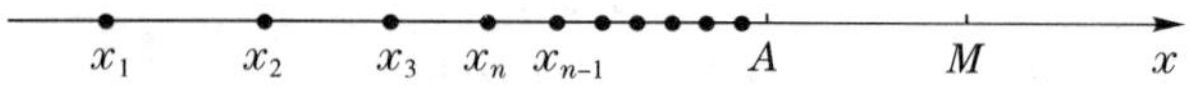

$x_1\quad x_2\quad x_3\quad x_n\quad x_{n-1}\quad A\quad M\quad x$

图 1.6.3

由于数列的前有限项对其收敛性没有影响,所以准则Ⅱ对于那种从某一项开始才变单调的数列也保持有效.

例 1.6.10 设 $a>0,x_1=\sqrt{a},x_n=\sqrt{a+x_{n-1}},n=2,3,\cdots$,证明数列 $\{x_n\}$ 极限存在,并求其极限.

证 因为 $\sqrt{a}<\sqrt{a+\sqrt{a}}$,所以 $x_1<x_2$;假设 $x_{n-1}<x_n$,则 $a+x_{n-1}<a+x_n$,

从而$\sqrt{a+x_{n-1}}<\sqrt{a+x_n}$，即有 $x_n<x_{n+1}$. 所以数列$\{x_n\}$是单调增加数列.

当 $n=1$ 时，$x_1=\sqrt{a}<\sqrt{a}+1$；假设 $x_n<\sqrt{a}+1$，则 $x_{n+1}=\sqrt{a+x_n}$ $<\sqrt{a+\sqrt{a}+1}<\sqrt{a+2\sqrt{a}+1}=\sqrt{a}+1$，即数列$\{x_n\}$有上界. 由准则Ⅱ知，当 $n\to\infty$ 时$\{x_n\}$的极限一定存在.

设 $\lim\limits_{n\to\infty}x_n=b$，由 $x_{n+1}=\sqrt{a+x_n}$，得$\lim\limits_{n\to\infty}x_{n+1}=\lim\limits_{n\to\infty}\sqrt{a+x_n}$，即$b=\sqrt{a+b}$. 解得 $b=\dfrac{1+\sqrt{1+4a}}{2}$.

1.6.3　两个重要极限

1. 第一个重要极限$\lim\limits_{x\to 0}\dfrac{\sin x}{x}=1$（$x$ 要取弧度单位）

下面我们用夹逼定理来证明第一个重要极限 $\lim\limits_{x\to 0}\dfrac{\sin x}{x}-1$.

证　因为 $\dfrac{\sin(-x)}{-x}=\dfrac{-\sin x}{-x}=\dfrac{\sin x}{x}$，由此可见，当 x 改变符号时，$\dfrac{\sin x}{x}$ 的值不变，因此仅讨论 $x\to 0^+$ 的情形即可.

因为 $x\to 0^+$，可设 $x\in(0,\dfrac{\pi}{2})$. 如图 1.6.4 所示，其中，$\overset{\frown}{EAB}$ 为单位圆弧，且

$$OA=OB=1,\angle AOB=x.$$

则 $OC=\cos x$，$AC=\sin x$，$DB=\tan x$，又 $\triangle AOC$ 的面积<扇形 OAB 的面积< $\triangle DOB$ 的面积，

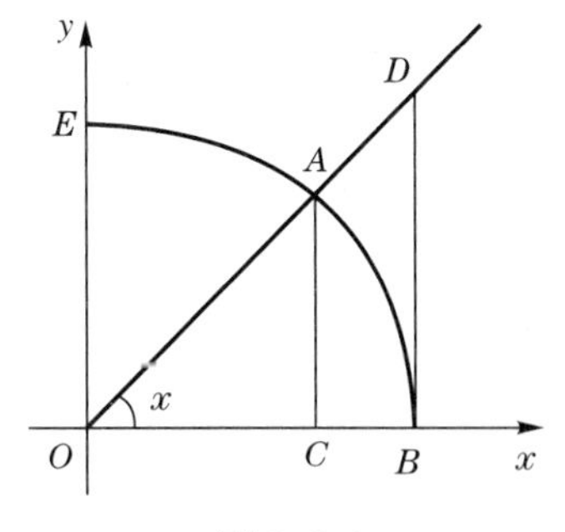

图 1.6.4

即 $\cos x\cdot\sin x<x<\tan x$.

因为 $x \in (0, \frac{\pi}{2})$，故 $\sin x > 0, \cos x > 0$，故上式可写为

$$\cos x < \frac{x}{\sin x} < \frac{1}{\cos x}.$$

由 $\lim\limits_{x \to 0} \cos x = 1, \lim\limits_{x \to 0} \frac{1}{\cos x} = 1$，运用夹逼定理得

$$\lim_{x \to 0^+} \frac{\sin x}{x} = 1.$$

综上所述，得

$$\lim_{x \to 0} \frac{\sin x}{x} = 1.$$

注意：

(1)第一个重要极限是一个分子、分母都趋于零的极限，即 $\frac{0}{0}$ 型的极限；

(2)一般地，若在某一极限过程中，如 $x \to x_0$ 时，$\lim\limits_{x \to x_0} h(x) = 0$，则在该极限过程中有 $\lim\limits_{x \to x_0} \frac{\sin h(x)}{h(x)} = 1$，或记为 $\lim\limits_{h(x) \to 0} \frac{\sin h(x)}{h(x)} = 1$.

例 1.6.11 证明 $\lim\limits_{x \to 0} \frac{\tan x}{x} = 1$.

证 $\lim\limits_{x \to 0} \frac{\tan x}{x} = \lim\limits_{x \to 0} \frac{\sin x}{x} \cdot \frac{1}{\cos x} = \lim\limits_{x \to 0} \frac{\sin x}{x} \cdot \lim\limits_{x \to 0} \frac{1}{\cos x} = 1.$

例 1.6.12 求 $\lim\limits_{x \to 0} \frac{1 - \cos x}{x^2}$.

解 $\lim\limits_{x \to 0} \frac{1 - \cos x}{x^2} = \lim\limits_{x \to 0} \frac{2\left(\sin \frac{x}{2}\right)^2}{x^2} = \frac{1}{2} \lim\limits_{x \to 0} \left(\frac{\sin \frac{x}{2}}{\frac{x}{2}}\right)^2 = \frac{1}{2}.$

例 1.6.13 求 $\lim\limits_{x \to 0} \frac{\tan x - \sin x}{x^3}$.

解
$$\lim_{x \to 0} \frac{\tan x - \sin x}{x^3} = \lim_{x \to 0} \frac{\sin x(1 - \cos x)}{x^3 \cos x}$$
$$= \lim_{x \to 0} \frac{\sin x}{x} \cdot \frac{1 - \cos x}{x^2} \cdot \frac{1}{\cos x} = \frac{1}{2}.$$

例 1.6.14　求 $\lim\limits_{x\to\infty}(\frac{1}{x}\sin x+x\sin\frac{1}{x})$.

解　因为

$$\lim_{x\to\infty}\frac{1}{x}\sin x=0\ (\ |\sin x|\leqslant 1\ ),$$

$$\lim_{x\to\infty}x\sin\frac{1}{x}=\lim_{x\to\infty}\frac{\sin\frac{1}{x}}{\frac{1}{x}}=1,$$

所以

$$\lim_{x\to\infty}\left(\frac{1}{x}\sin x+x\sin\frac{1}{x}\right)=1.$$

2. 第二个重要极限 $\lim\limits_{x\to\infty}\left(1+\frac{1}{x}\right)^x=\mathrm{e}$（e=2.718281828459…是无理数）

利用准则Ⅱ可以证明 $\lim\limits_{x\to\infty}\left(1+\frac{1}{x}\right)^x=\mathrm{e}$，证明过程略.

第二个重要极限的其他两种形式：

(1) $\lim\limits_{n\to\infty}\left(1+\frac{1}{n}\right)^n=\mathrm{e}$. (2) $\lim\limits_{x\to 0}(1+x)^{\frac{1}{x}}=\mathrm{e}$.

注意：第二个重要极限的特点为：

(1)被求极限的函数是幂指函数，底数中函数的表达式具有“1＋无穷小”的形式；

(2)指数中的函数是无穷大，且与底数中的无穷小是互为倒数的关系；

(3)极限形式为 1^∞ 型.

(4) $\lim\limits_{\Delta\to\infty}(1+\frac{1}{\Delta})^\Delta=\mathrm{e}$（Δ 表示同一变量）.

(5) $\lim\limits_{\Delta\to 0}(1+\Delta)^{\frac{1}{\Delta}}=\mathrm{e}$（Δ 表示同一变量）.

在利用上述公式求极限时，常常用到以下指数运算公式：

(1) $a^{xy}=(a^x)^y=(a^{kx})^{\frac{y}{k}}$，其中 $k\neq 0$；

(2) $a^x=a^{x+k-k}=a^{x+k}\cdot a^{-k}$.

例 1.6.15　求 $\lim\limits_{x\to\infty}\left(1+\frac{k}{x}\right)^x$ $(k\neq 0)$.

解　$\lim\limits_{x\to\infty}\left(1+\frac{k}{x}\right)^x=\lim\limits_{x\to\infty}\left[\left(1+\frac{k}{x}\right)^{\frac{x}{k}}\right]^k$，当 $x\to\infty$ 时，$\frac{k}{x}\to 0$，令 $\frac{k}{x}=t$，

则

$$\lim_{x\to\infty}\left[\left(1+\frac{k}{x}\right)^{\frac{x}{k}}\right]^{k}=\lim_{t\to 0}[(1+t)^{\frac{1}{t}}]^{k}=\mathrm{e}^{k}.$$

故 $\lim\limits_{x\to\infty}(1+\frac{k}{x})^{x}=\mathrm{e}^{k}$.

例 1.6.16 求 $\lim\limits_{x\to\infty}\left(\frac{x+1}{x+2}\right)^{x}$.

解 $\lim\limits_{x\to\infty}\left(\frac{x+1}{x+2}\right)^{x}=\lim\limits_{x\to\infty}\left(1+\frac{-1}{x+2}\right)^{x}=\lim\limits_{x\to\infty}\left(1+\frac{-1}{x+2}\right)^{x+2-2}$

$$=\lim_{x\to\infty}\left(1+\frac{-1}{x+2}\right)^{x+2}\cdot\lim_{x\to\infty}\left(1+\frac{-1}{x+2}\right)^{-2}=\mathrm{e}^{-1}.$$

例 1.6.17 求 $\lim\limits_{x\to 0}\frac{\ln(1+x)}{x}$.

解 $\lim\limits_{x\to 0}\frac{\ln(1+x)}{x}=\lim\limits_{x\to 0}\ln(1+x)^{\frac{1}{x}}=\ln\mathrm{e}=1.$

例 1.6.18 求 $\lim\limits_{x\to 0}\frac{\mathrm{e}^{x}-1}{x}$.

解 令 $u=\mathrm{e}^{x}-1$，则 $x=\ln(1+u)$，当 $x\to 0$ 时，$u\to 0$，故

$$\lim_{x\to 0}\frac{\mathrm{e}^{x}-1}{x}=\lim_{u\to 0}\frac{u}{\ln(1+u)}=\lim_{u\to 0}\frac{1}{\frac{\ln(1+u)}{u}}=1.$$

例 1.6.19 求 $\lim\limits_{x\to\infty}\left(1-\frac{3}{8x}\right)^{x}$.

解 $\lim\limits_{x\to\infty}\left(1-\frac{3}{8x}\right)^{x}=\lim\limits_{x\to\infty}\left(1+\frac{3}{-8x}\right)^{\frac{-8x}{3}\cdot\frac{3}{-8}}=\lim\limits_{x\to\infty}\left[\left(1+\frac{3}{-8x}\right)^{\frac{-8x}{3}}\right]^{\frac{-3}{8}}=\mathrm{e}^{-\frac{3}{8}}.$

习题 1.6

1. 计算下列极限.

(1) $\lim\limits_{x\to 2}\frac{x+2}{x-1}$;　　(2) $\lim\limits_{x\to 3}\frac{x^{2}-9}{x^{4}+x^{2}+1}$;　　(3) $\lim\limits_{x\to -2}\frac{x^{2}-4}{x+2}$;

(4) $\lim\limits_{x\to 5}\frac{x^{2}-6x+5}{x-5}$;　　(5) $\lim\limits_{x\to 1}\frac{x^{2}-2x+1}{x^{3}-x}$;　　(6) $\lim\limits_{x\to 1}\frac{x^{m}-1}{x^{n}-1}$;

(7) $\lim\limits_{x\to 0}\dfrac{\tan kx}{x}$；　(8) $\lim\limits_{x\to 0}\dfrac{\sin x^2}{\sin^2 x}$；　(9) $\lim\limits_{x\to 0}\dfrac{1-\cos 2x}{x\sin x}$；

(10) $\lim\limits_{x\to 0^+}\dfrac{2x}{\sqrt{1-\cos x}}$；　(11) $\lim\limits_{x\to -1}\dfrac{\sin(x^2-1)}{x+1}$；　(12) $\lim\limits_{x\to 0}\dfrac{\arcsin x}{x}$；

(13) $\lim\limits_{x\to\infty}\left(1-\dfrac{4}{x}\right)^{2x}$；　(14) $\lim\limits_{x\to\infty}\left(\dfrac{x}{1+x}\right)^{x+2}$；　(15) $\lim\limits_{x\to -2}(2x^2-5x+3)$；

(16) $\lim\limits_{x\to 0}(2-\dfrac{3}{x-1})$.

2. 利用极限存在准则计算 $\lim\limits_{n\to\infty} n\left(\dfrac{1}{n^2+\pi}+\dfrac{1}{n^2+2\pi}+\cdots+\dfrac{1}{n^2+n\pi}\right)$.

§ 1.7　无穷小的比较与极限在经济学中的应用

1.7.1　无穷小的比较

我们知道，在同一极限过程中，两个无穷小的和、差、积仍然是无穷小. 但是，关于两个无穷小的商可能会出现不同的情形. 当 $x\to 0$ 时，$x, 5x, x^2, x^6$ 都是无穷小，即 $x\to 0$ 时，它们都趋于零. 显然，x^2, x^6 趋于零的快慢不一样，差别比较大. 那么，对于任意两个无穷小，该如何比较它们趋于零的快慢呢？为此，要建立一个比较的准则.

定义 1.7.1　设 α 和 β 都是当 $x\to x_0$（或 $x\to\infty$）时的无穷小，

(1)若 $\lim\limits_{x\to x_0}\dfrac{\beta}{\alpha}=0$，则称 β 是比 α **高阶的无穷小**，记为 $\beta=o(\alpha)$；

(2)若 $\lim\limits_{x\to x_0}\dfrac{\beta}{\alpha}=\infty$，则称 β 是比 α **低阶的无穷小**；

(3)若 $\lim\limits_{x\to x_0}\dfrac{\beta}{\alpha}=C\neq 0$，则称 α 与 β 为**同阶无穷小**；

(4)若 $\lim\limits_{x\to x_0}\dfrac{\beta}{\alpha}=1$，则称 α 与 β 为**等价无穷小**，记为 $\alpha\sim\beta$.

因 $\lim\limits_{x\to 0}\dfrac{x^2}{2x}=0$，$\lim\limits_{x\to 0}\dfrac{x}{x^2}=\infty$，$\lim\limits_{x\to 0}\dfrac{x}{2x}=\dfrac{1}{2}$，$\lim\limits_{x\to 0}\dfrac{\sin x}{x}=1$，故当 $x\to 0$ 时，x^2 是比 $2x$ 高阶的无穷小，x 是比 x^2 低阶的无穷小，x 和 $2x$ 是同阶的无穷小，x 与 $\sin x$ 是等价无穷小.

定理 1.7.1 如果 $\alpha\sim\beta,\beta\sim\gamma$, 则 $\alpha\sim\gamma$.

在这里,我们列出一些必须记住的常用的一些等价无穷小,当 $x\to 0$ 时,

$$x\sim\sin x\sim\arcsin x\sim\tan x\sim\arctan x\sim\ln(1+x)\sim e^x-1,$$

$$1-\cos x\sim\frac{x^2}{2},\sqrt[n]{1+x}-1\sim\frac{x}{n}.$$

若在某一极限过程中,$\varphi(x)\to 0$, 则有如下的等价关系(m,n 为正整数, $a>0$ 且 $a\neq 1$):

$$1-\cos\varphi(x)\sim\frac{\varphi^2(x)}{2},\ \sqrt[n]{1+\varphi(x)}-1\sim\frac{\varphi(x)}{n},\ e^{\varphi(x)}-1\sim\varphi(x),$$

$$\ln[1+\varphi(x)]\sim\varphi(x),\sin\varphi(x)\sim\varphi(x),\arcsin\varphi(x)\sim\varphi(x),$$

$$\arctan\varphi(x)\sim\varphi(x),\tan\varphi(x)\sim\varphi(x),a^{\varphi(x)}-1\sim\varphi(x)\ln a,$$

$$[1+\varphi(x)]^n-1\sim n\varphi(x).$$

关于等价无穷小,有如下一个重要性质.

定理 1.7.2 设当 $x\to x_0$ (或 $x\to\infty$)时,$\alpha\sim\beta,z$ 是该极限过程中的第三个变量. 若 $\lim\limits_{x\to x_0}\beta z=A$ (或 ∞)时,则 $\lim\limits_{x\to x_0}\alpha z=\lim\limits_{x\to x_0}\beta z$.

证 设 $\lim\limits_{x\to x_0}\beta z=A$, 则

$$\lim_{x\to x_0}\alpha z=\lim_{x\to x_0}\frac{\alpha}{\beta}\cdot\beta z=\lim_{x\to x_0}\frac{\alpha}{\beta}\cdot\lim_{x\to x_0}\beta z=A.$$

设 $\lim\limits_{x\to x_0}\beta z=\infty$, 则 $\lim\limits_{x\to x_0}\frac{1}{\beta z}=0$, 此时, $\lim\limits_{x\to x_0}\frac{1}{\alpha z}=0$, 故 $\lim\limits_{x\to x_0}\alpha z=\infty$.

综上所述, $\lim\limits_{x\to x_0}\alpha z=\lim\limits_{x\to x_0}\beta z$.

定理 1.7.3(无穷小等价替换定理) 如果 $\alpha\sim\alpha',\beta\sim\beta'$, 且 $\lim\limits_{x\to\infty}\frac{\alpha'}{\beta'}$ 存在(或为 ∞),则 $\lim\limits_{x\to\infty}\frac{\alpha}{\beta}=\lim\limits_{x\to\infty}\frac{\alpha'}{\beta'}$.

证 设 $\lim\limits_{x\to\infty}\frac{\alpha'}{\beta'}=A$. 因为 $\alpha\sim\alpha',\beta\sim\beta'$, 故 $\lim\limits_{x\to\infty}\frac{\alpha}{\alpha'}=\lim\limits_{x\to\infty}\frac{\beta}{\beta'}=1$,

又 $\lim\limits_{x\to\infty}\frac{\alpha'}{\beta'}=A$,

则

$$\lim_{x\to\infty}\frac{\alpha}{\beta}=\lim_{x\to\infty}\left(\frac{\alpha}{\alpha'}\cdot\frac{\alpha'}{\beta'}\cdot\frac{\beta'}{\beta}\right)=\lim_{x\to\infty}\frac{\alpha}{\alpha'}\cdot\lim_{x\to\infty}\frac{\alpha'}{\beta'}\cdot\lim_{x\to\infty}\frac{\beta'}{\beta}=\lim_{x\to\infty}\frac{\alpha'}{\beta'}=A.$$

设 $\lim\limits_{x\to\infty}\frac{\alpha'}{\beta'}=\infty$,则$\lim\limits_{x\to\infty}\frac{\beta'}{\alpha'}=0$,于是$\lim\limits_{x\to\infty}\frac{\beta}{\alpha}=\lim\limits_{x\to\infty}\frac{\beta'}{\alpha'}=0$,因此$\lim\limits_{x\to\infty}\frac{\alpha}{\beta}=\infty$.

综上所述,$\lim\limits_{x\to\infty}\frac{\alpha}{\beta}=\lim\limits_{x\to\infty}\frac{\alpha'}{\beta'}$.

这个定理表明,求两个无穷小之比的极限时,分子、分母都可以用与之等价的无穷小来代替.

1.7.2　利用无穷小等价替换求极限

利用无穷小等价替换定理,在求两个无穷小之比或之积的极限时,分子及分母都可以用与之等价的无穷小来代替.若分子或分母为若干个因子的乘积,则可对其中的任意一个或几个无穷小因子作等价无穷小代换,使有些极限的计算变得简单.但对分子或分母中用"+"、"−"号连接的各部分,不能随便进行等价无穷小的替换(如例 1.7.3).

例 1.7.1　求 $\lim\limits_{x\to 0}\frac{\tan 5x}{\sin 3x}$.

解　当 $x\to 0$ 时,$\tan 5x\sim 5x$,$\sin 3x\sim 3x$,所以$\lim\limits_{x\to 0}\frac{\tan 5x}{\sin 3x}=\lim\limits_{x\to 0}\frac{5x}{3x}=\frac{5}{3}$.

例 1.7.2　求 $\lim\limits_{x\to 0}\frac{\sin x}{x^3+3x}$.

解　当 $x\to 0$时,$\sin x\sim x$,所以$\lim\limits_{x\to 0}\frac{\sin x}{x^3+3x}=\lim\limits_{x\to 0}\frac{x}{x^3+3x}=\lim\limits_{x\to 0}\frac{1}{x^2+3}=\frac{1}{3}$.

例 1.7.3　求 $\lim\limits_{x\to 0}\frac{\tan x-\sin x}{\sin^3 x}$.

解

$$\lim_{x\to 0}\frac{\tan x-\sin x}{\sin^3 x}=\lim_{x\to 0}\frac{\sin x(1-\cos x)}{\sin^3 x}\cdot\frac{1}{\cos x}=\lim_{x\to 0}\frac{1-\cos x}{x^2}$$

$$=\lim_{x\to 0}\frac{\frac{1}{2}x^2}{x^2}=\frac{1}{2}.$$

例 1.7.4 求 $\lim\limits_{x\to 0}\dfrac{\ln(1+x^2)}{x^2}$.

解 $\lim\limits_{x\to 0}\dfrac{\ln(1+x^2)}{x^2}=\lim\limits_{x\to 0}\dfrac{x^2}{x^2}=1.$

例 1.7.5 求 $\lim\limits_{x\to 0}\dfrac{\sqrt{1+x^2}-1}{2\sin^2 x}$.

解 当 $x\to 0$ 时,$x^2\to 0$,故 $\sqrt{1+x^2}-1\sim\dfrac{x^2}{2}$,$\sin^2 x=\sin x\cdot\sin x\sim x^2$,

根据定理 1.7.3 得 $\lim\limits_{x\to 0}\dfrac{\sqrt{1+x^2}-1}{2\sin^2 x}=\lim\limits_{x\to 0}\dfrac{\frac{x^2}{2}}{2x^2}=\dfrac{1}{4}$.

例 1.7.6 求 $\lim\limits_{x\to 0}\dfrac{(e^{3x}-1)\tan 2x}{\arcsin x}$.

解 当 $x\to 0$ 时,$e^{3x}-1\sim 3x$,$\tan 2x\sim 2x$,$\arcsin x\sim x$,所以

$$\lim_{x\to 0}\frac{(e^{3x}-1)\tan 2x}{\arcsin x}=\lim_{x\to 0}\frac{3x\cdot 2x}{x}=0.$$

1.7.3 极限在经济学中的应用

极限概念在经济学研究中的运用非常广泛.对于在一定时期内反复多次进行或长期逐渐发展的经济过程,研究其经济变量的影响因素与变化规律时,一般都会用到极限方法.

极限方法体现着无限逼近的思想,对于经济问题来说无限逼近是相对的.由于对经济量的估算并不要求绝对精确,达到基本可靠就能满足要求,所以在求其极限的过程中,只要逼近次数足够多,偏差小到一定的程度即可在数学上作为逼近次数无限大来处理.

1. 单利及其本利和

设现值(本金)为 PV_0,年利率为 r,则一年后得利息 $PV_0 r$,本利和为 $PV_0+PV_0 r=PV_0(1+r)$,n 年后所得利息为 $nPV_0 r$,本利和为

$$PV_n=PV_0+nPV_0 r=PV_0(1+nr).$$

这就是单利的本利和计算公式.

我国银行的定期存款实行的就是单利计息的方法.

2. 连续复利

设有一笔存款,现值(本金)为 PV_0,年利率为 r,按复利计算,若一年计

息次数 n 无限增加，且利息计息的时间间隔无限缩短(也叫立即结算、立即变现)，即计息次数 $n \to \infty$，求 t 年后的未来值(本利和) FV_t. 这就是连续复利问题.

当现值(本金)为 PV_0，年利率为 r 时，如果一年计息次数 n 按复利计算，则 t 年后的未来值(本利和) FV_t 为：

$$FV_t = PV_0\left(1+\frac{r}{n}\right)^{nt},$$

若按照连续复利计算，即一年计息次数 $n \to \infty$，则 t 年后的未来值(本利和) FV_t 为：

$$FV_t = \lim_{n\to\infty} PV_0\left(1+\frac{r}{n}\right)^{nt} = PV_0 e^{rt}.$$

例 1.7.7 一银行推出两种储蓄产品，一种是年利率 5.2% 的一年期普通产品，另一种是年利率 5% 按连续复利计息的 年期产品，请问选择哪种产品合适?

解 设初始本金为 x 元，则第一种一年期普通产品的本利和为

$$x(x+r) = x(1+5.2\%) = 1.052x;$$

第二种一年期连续复利产品的本利和为

$$xe^r = xe^{0.05} = 1.0513x.$$

经计算比较，第一种普通产品本利和更多，所以应该选第一种普通产品.

从上面例子可以看出，连续复利与单利的本利和相差不大，两连续复利的计算公式相对简单，特别是在估算时(非精确计算)经济学家们经常用它，下面的例 1.7.8 就是一个连续复利应用的例子.

3. 连续复利下的现值

由前面可知，若投资现值为 K 元，设年利率为 r，按连续复利计息，则 n 年后的未来值(本利和)为 Ke^{nr} 元，即 K 元现值 n 年后未来值为 Ke^{nr}. 反过来说，就是 n 年后未来值 Ke^{nr} 的现值为 K 元. 那么已知 n 年后未来值 K，其现值为多少元?

设其现值为 PV_0，则 n 年后未来值为 $PV_0 e^{nr}$，所以有 $PV_0 e^{nr} = K$，解得 $PV_0 = Ke^{-nr}$. 即 n 年后未来值 K 的现值为 Ke^{-nr}，也就是说，n 年后的 K 元相当于现在的 Ke^{-nr} 元(r 为年利率，按连续复利计算).

例 1.7.8 假设某酿酒厂生产了一定量的酒，若在现时出售，售价为 P 元，但若把它存储一段时间再卖，就可以高价出售. 已知酒的价值 V 是时间的函数，即 $V=Pe^{\sqrt{t}}$，当 $t=0$（现时出售），有 $V=P$，现假设酒的存储费用为零，为了使利润达到最大，该酒厂应在什么时候出售这些酒(设年利率为 $r=20\%$)？

解 为方便，我们按连续复利处理，这是一个求最值的问题. 因为不同时间的酒的价值 V 难以比较，通常把不同时间的酒的价值 V 都转换成现值 $(t=0)$，然后再求其最大值.

t 年后的未来值 $V=Pe^{\sqrt{t}}$ 的现值为

$$V_0=Pe^{\sqrt{t}}e^{-tr}=Pe^{\sqrt{t}-tr},$$

下面求 V_0 的最大值，因为

$$V_0=Pe^{\sqrt{t}-tr}=Pe^{-\frac{1}{r}(t-r\sqrt{t})}=Pe^{-\frac{1}{r}\left(\sqrt{t}-\frac{1}{2r}\right)^2+\frac{1}{4r^2}},$$

所以当 $\sqrt{t}=\dfrac{1}{2r}$，即 $t=\dfrac{1}{4r^2}$ 时，V_0 最大，最大值为 $Pe^{\frac{1}{4r^2}}$.

又 $r=20\%$，所以 $t=\dfrac{25}{4}$，最大值为 $Pe^{\frac{25}{4}}$.

因此，该酒厂在 $\dfrac{25}{4}$ 年后出售这些酒获利最大，最大利润为 $Pe^{\frac{25}{4}}$.

在现实世界中，有很多事物都是属于这种类型，而且是立即产生立即计算，即 $n\to\infty$. 如物体的冷却、镭的衰变、细胞的繁殖、树木的生长等，都需要应用下面的极限：

$$\lim_{n\to\infty}PV_0\left(1+\frac{r}{n}\right)^{nt}=PV_0e^{rt}.$$

这个式子反映了现实世界中一些事物生长或消失的数量规律. 因此，它是一个不仅在数学理论上，而且在实际应用中都是很有用的极限.

4. 人口增长模型

现在考虑人口增长问题，设 A_0 为基数，r 为年平均纯增长率，即 $r=$ 年平均出生率 $-$ 年平均死亡率，则 n 年后人口总数 A_n 为：

$$\lim_{t\to\infty}A_0\left(1+\frac{r}{t}\right)^{nt}=A_0e^{nr}.$$

习题 1.7

1. 试比较下列各对无穷小的阶.

(1) 当 $x \to 0$ 时，x^3+30x^2 与 x^2；

(2) 当 $x \to 1$ 时，$1-\sqrt{x}$ 与 $1-x$；

(3) 当 $x \to \infty$ 时，$\frac{1}{x}$ 与 $\frac{1}{x^2}$；

(4) 当 $x \to 0$ 时，x 与 $x\cos x$.

2. 利用等价无穷小替换求下列极限：

(1) $\lim\limits_{x\to 0}\frac{\sin ax}{\tan bx}\ (b\neq 0)$；

(2) $\lim\limits_{x\to 0}\frac{1-\cos kx}{x^2}$；

(3) $\lim\limits_{x\to \infty}\frac{\sin x}{x^2}$；

(4) $\lim\limits_{x\to 0}\frac{1-\cos x}{\tan 2x^2}$；

(5) $\lim\limits_{x\to 0}\frac{\arctan x}{\arcsin x}$；

(6) $\lim\limits_{x\to \infty}x\sin\frac{1}{x}$；

(7) $\lim\limits_{x\to 0}\frac{\arcsin x}{\frac{1}{x^2}}$；

(8) $\lim\limits_{x\to 0}\frac{\tan x-\sin x}{x}$.

3. 已知年利率为 6%，如果按单利和连续复利两种计息方式.

(1) 现有 20000 元进行投资，问第 5 年末的本利和各为多少？

(2) 要想第 5 年末得到本息和 20000 元，问现在各需要存入多少？

§1.8　函数的连续性

自然界中的许多现象，不仅是运动变化的，而且其运动变化的过程往往是连绵不断的，如空气的流动、气温的变化、体温计中水银柱高度的变化、动植物的生长等. 这些连绵不断发展变化的现象在量的相依关系方面的反映就是函数的连续性，它是微积分的又一重要概念. 具有连续性的函数称为连续函数，连续函数是刻画变量连续变化的数学模型.

1.8.1　函数连续性的概念

1. 增量

定义 1.8.1　设变量 t 从它的初值 t_0 变到终值 t_1，则终值与初值之差 t_1-t_0 称为变量 x 的增量或改变量，记作 Δt，即 $\Delta t=t_1-t_0$.

注意:记号 Δt 并不表示两个量的乘积,而是一个整体. 增量 Δt 可以是正的、负的,也可以是零.

对于函数 $y=f(x)$,当自变量 x 从 x_0 改变到 $x_0+\Delta x$ 时,函数值相应地由 $f(x_0)$ 改变到 $f(x_0+\Delta x)$,记 $\Delta y=f(x_0+\Delta x)-f(x_0)$. 称 Δx 为自变量的增量,Δy 为函数的增量,如图 1.8.1 所示.

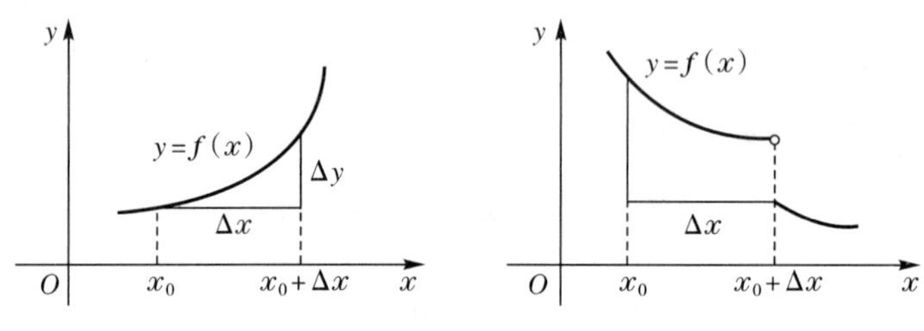

图 1.8.1

1.8.1 设函数 $y=5x^2$,当自变量 x 从 x_0 改变到 $x_0+\Delta x$ 时,求函数的相应增量.

解 根据函数增量的定义知,

$$\Delta y=5(x_0+\Delta x)^2-5x_0^{\ 2}=10x_0\Delta x+5(\Delta x)^2.$$

2. 函数的点连续的定义

对于函数 $y=\dfrac{x^2-1}{x-1}$,$\lim\limits_{x\to 1}\dfrac{x^2-1}{x-1}=\lim\limits_{x\to 1}\dfrac{(x-1)(x+1)}{x-1}=\lim\limits_{x\to 1}(x+1)=2$,但是函数 $y=\dfrac{x^2-1}{x-1}$ 在 $x=1$ 时无定义. 函数 $y=\dfrac{x^2-1}{x-1}$ 的图像如图 1.8.2 所示,从图像上看,该直线在点 $x=1$ 处是"断"的. 而对于函数 $y=x+1$,它的图像如图 1.8.3 所示,由图可知该直线在点 $x=1$ 处是"不断"的,即"连续".

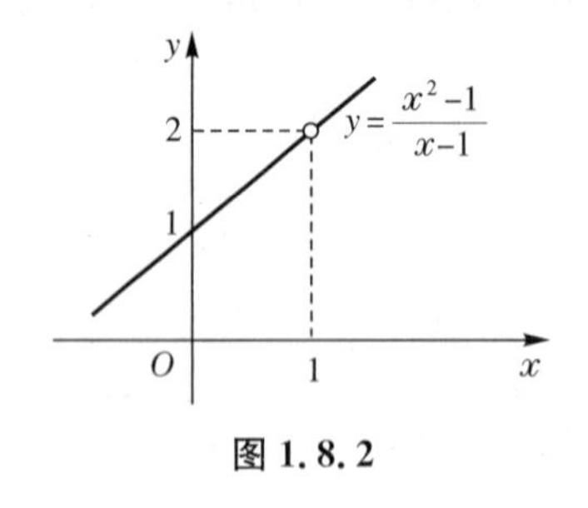

图 1.8.2

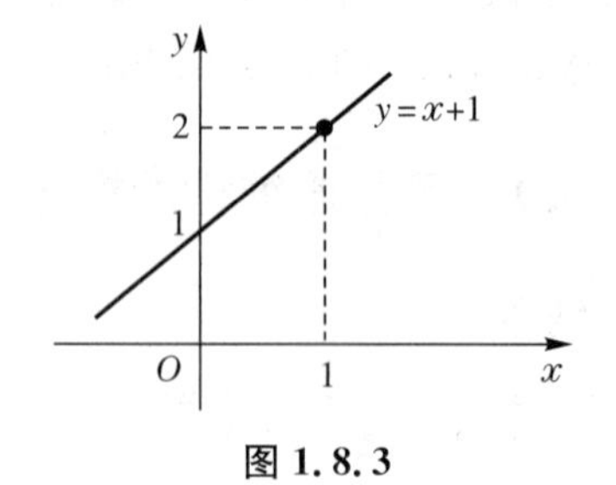

图 1.8.3

定义 1.8.2　设函数 $y=f(x)$ 在点 x_0 某邻域内有定义,当 $\Delta x\to 0$ 时,若 $\Delta y\to 0$,即

$$\lim_{\Delta x\to 0}\Delta y=\lim_{\Delta x\to 0}[f(x_0+\Delta x)-f(x_0)]=0,$$

则称函数 $y=f(x)$ 在点 x_0 处连续.

由定义 1.8.2 可知,函数在一点连续的本质特征是:当自变量变化很小时,函数值变化也很小.

令 $x=x_0+\Delta x$,则当 $\Delta x\to 0$ 时,$x\to x_0$,则

$$\lim_{\Delta x\to 0}\Delta y=\lim_{\Delta x\to 0}[f(x_0+\Delta x)-f(x_0)]=\lim_{x\to x_0}[f(x)-f(x_0)],$$

由 $\Delta y\to 0$ 时,即 $f(x)-f(x_0)\to 0$,即 $f(x)\to f(x_0)$. 由此可得函数 $y=f(x)$ 在 x_0 处连续的另一个定义.

定义 1.8.3　设函数 $y=f(x)$ 在点 x_0 的某邻域 $U(x_0)$ 内有定义,若 $\lim\limits_{x\to x_0}f(x)=f(x_0)$,则称函数 $y=f(x)$ 在点 x_0 处连续,x_0 称为函数 $y=f(x)$ 的连续点.

由定义式 $\lim\limits_{x\to x_0}f(x)=f(x_0)$ 可知,$f(x)$ 在点 x_0 连续必须同时满足以下三个条件:

(1)函数 $f(x)$ 在点 x_0 有定义;

(2) $\lim\limits_{x\to x_0}f(x)$ 存在;

(3) $\lim\limits_{x\to x_0}f(x)=f(x_0)$.

例 1.8.2　证明函数 $f(x)=3x^2-1$ 在 $x=1$ 处连续.

证　因为 $f(1)=3\times 1^2-1=2$,且

$$\lim_{x\to 1}f(x)=\lim_{x\to 1}(3x^2-1)=2=f(1).$$

故函数 $f(x)=3x^2-1$ 在 $x=1$ 处连续.

例 1.8.3　证明函数 $f(x)=|x|$ 在 $x=0$ 处连续.

证　因为 $f(x)=|x|$ 在 $x=0$ 的邻域内有定义,且

$$f(0)=0,\lim_{x\to 0}f(x)=\lim_{x\to 0}|x|=\lim_{x\to 0}\sqrt{x^2}=0=f(1).$$

故函数 $f(x)=|x|$ 在 $x=0$ 处连续.

3. 左连续和右连续

与左极限、右极限类似，有时只需从 x_0 的左侧或右侧来考虑函数 $y=f(x)$ 在点 x_0 处的连续性，这就是函数 $y=f(x)$ 在点 x_0 处的左连续和右连续. 下面给出具体定义.

定义 1.8.4 若函数 $y=f(x)$ 当 $x \to x_0^-$ 时的左极限存在，且等于函数值 $f(x_0)$，即

$$\lim_{x\to x_0^-} f(x) = f(x_0)$$

则称函数 $y=f(x)$ 在点 x_0 处左连续.

类似地，若函数 $y=f(x)$ 当 $x \to x_0^+$ 时的右极限存在，且等于函数值 $f(x_0)$，即

$$\lim_{x\to x_0^+} f(x) = f(x_0)$$

则称函数 $y=f(x)$ 在点 x_0 处右连续.

函数在点 x_0 处的左、右连续统称为函数的单侧连续.

由函数 $f(x)$ 在点 x_0 处连续、左连续和右连续的定义，可得如下结论：

定理 1.8.1 函数 $f(x)$ 在点 x_0 处连续的充分必要条件是函数 $f(x)$ 在点 x_0 处即左连续又右连续. 即

$$\lim_{x\to x_0} f(x) = f(x_0) \Leftrightarrow \lim_{x\to x_0^-} f(x) = \lim_{x\to x_0^+} f(x) = f(x_0).$$

例 1.8.4 讨论函数 $f(x)=\begin{cases} x^2+1, x \geqslant 1, \\ 3x-1, x<1 \end{cases}$ 在点 $x=1$ 处连续性.

解 $f(x)$ 在点 $x=1$ 的邻域内有定义，$f(1)=1^2+1=2$，且

$$\lim_{x\to 1^-} f(x) = \lim_{x\to 1^-}(3x-1) = 2 = f(1),$$

$$\lim_{x\to 1^+} f(x) = \lim_{x\to 1^+}(x^2+1) = 2 = f(1),$$

因此 $\lim\limits_{x\to 1^-} f(x) = \lim\limits_{x\to 1^+} f(x) = f(1)$，故函数 $f(x)$ 在 $x=1$ 处连续.

例 1.8.5 当 a 为何值时，函数 $f(x)=\begin{cases} e^{2x}, x \geqslant 0, \\ a+5x^3, x<0 \end{cases}$ 在点 $x=0$ 处连续.

解　由于 $f(0)=e^0=1$，且

$$\lim_{x\to 0^-}f(x)=\lim_{x\to 0^-}(a+5x^3)=a,$$

$$\lim_{x\to 0^+}f(x)=\lim_{x\to 0^+}e^{2x}=1,$$

要使函数 $f(x)$ 在点 $x=0$ 处连续，由定理 1.8.1 知，$\lim\limits_{x\to 0^-}f(x)=\lim\limits_{x\to 0^+}f(x)=a=f(0)=1$，故当 $a=1$ 时，函数 $f(x)$ 在点 $x=0$ 处连续.

4. 函数的区间连续性

> **定义 1.8.5**　若函数 $y=f(x)$ 在开区间 (a,b) 内的每一点都连续，则称函数 $y=f(x)$ 在开区间 (a,b) 内连续，记为 $f(x)\in C(a,b)$. 若函数 $y=f(x)$ 在开区间 (a,b) 内连续，且在左端点 $x=a$ 处右连续，在右端点 $x=b$ 处左连续，则称 $f(x)$ 在闭区间 $[a,b]$ 上连续，记作 $f(x)\in C[a,b]$.

根据函数在一点处连续的定义，即可讨论函数在指定点处的连续性. 若指定点是函数有定义的区间内的任意一点，则可讨论函数在其有定义的区间内的连续性. 下面通过实例来讨论一些函数的连续性.

例 1.8.6　讨论有理分式函数 $f(x)=\dfrac{P(x)}{Q(x)}$ 的连续性，其中 $P(x)$，$Q(x)$ 都是 x 的多项式.

解　设 x_0 是 $f(x)$ 的定义域内的任意一点，且 $Q(x_0)\neq 0$，由极限的四则运算法则可知

$$\lim_{x\to x_0}f(x)=\lim_{x\to x_0}\frac{P(x)}{Q(x)}=\frac{P(x_0)}{Q(x_0)}=f(x_0).$$

由定义 1.8.5 知，有理分式函数 $f(x)$ 在点 x_0 处是连续的，又因为点 x_0 是 $f(x)$ 的定义域内的任意一点，所以有理分式函数在其定义域内的每一个点处都是连续的.

例 1.8.7　讨论函数 $f(x)=\begin{cases}x+1, x\leqslant 0,\\ x^2, x>0\end{cases}$ 在定义域内的连续性.

解　由定义式可知 $f(x)$ 的定义域为 $(-\infty,+\infty)$.

当 $x\in(-\infty,0]$ 时，$f(x)=x+1$ 是 x 的一次多项式；当 $x\in(0,+\infty)$

时，$f(x)=x^2$ 是 x 的二次多项式.因此 $f(x)$ 在定义区间 $(-\infty,0]$ 和 $(0,+\infty)$ 内连续.

在分段点 $x=0$ 处，函数的左、右极限分别为：

$$\lim_{x\to 0^-}f(x)=\lim_{x\to 0^-}(x+1)=1,$$

$$\lim_{x\to 0^+}f(x)=\lim_{x\to 0^+}x^2=0.$$

由于 $\lim\limits_{x\to 0^-}f(x)\neq\lim\limits_{x\to 0^+}f(x)$，所以 $\lim\limits_{x\to 0}f(x)$ 不存在，所以 $f(x)$ 在点 $x=0$ 处不连续(如图 1.8.4).

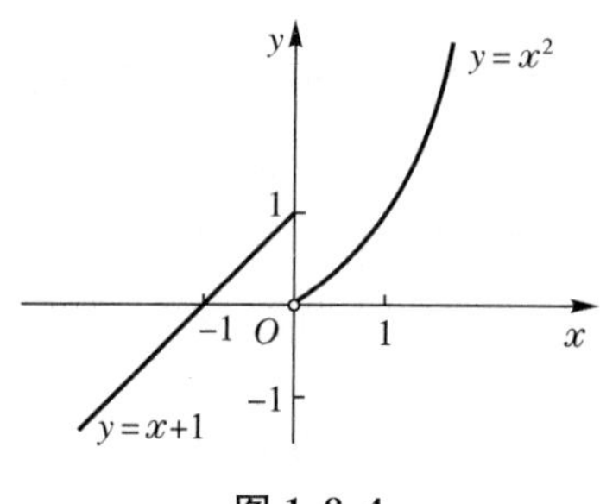

图 1.8.4

1.8.2 函数的间断点及其分类

1. 函数的间断点

> **定义 1.8.6** 若函数 $f(x)$ 在点 x_0 的某去心邻域 $\mathring{U}(x_0)$ 内有定义，但在点 x_0 处不连续，则称 $f(x)$ 在点 x_0 处间断，点 x_0 称为函数 $f(x)$ 的间断点.

由函数在某点连续的定义可知，如果 $f(x)$ 在点 x_0 处有下列情形之一，则点 x_0 是 $f(x)$ 的一个间断点：

(1) $f(x)$ 在点 x_0 没有定义，即无定义的点，肯定是函数的间断点；

(2) $f(x_0)$ 虽然有定义，但 $\lim\limits_{x\to x_0}f(x)$ 不存在，即极限不存在的点，一定是函数的间断点；

(3) $f(x_0)$ 有定义，且 $\lim\limits_{x\to x_0}f(x)$ 存在，但 $\lim\limits_{x\to x_0}f(x)\neq f(x_0)$，即极限虽存在，但不等于该点的函数值的点，也是函数的间断点.

例如，函数 $y = \tan x$ 在点 $x - k\pi + \frac{\pi}{2}$ 处没有定义，故 $x = k\pi + \frac{\pi}{2}$ 是该函数的间断点.

2. 间断点的分类

根据函数产生间断点的三种不同情况，一般可将常见的函数间断点分为两类.

(1)第一类间断点.

若点 x_0 为函数 $f(x)$ 的一个间断点，且 $f(x)$ 在 x_0 处的**左、右极限都存在**，则称点 x_0 为函数 $f(x)$ 的**第一类间断点**.

在第一类间断点中，有以下两种情形.

① $\lim\limits_{x \to x_0^-} f(x) = \lim\limits_{x \to x_0^+} f(x) \neq f(x_0)$（或 $f(x)$ 在点 x_0 处无定义），则称点 x_0 为函数 $f(x)$ 的**可去间断点**. 只要重新定义 $f(x_0)$（或补充定义 $f(x_0)$ 的值），令 $f(x_0) = \lim\limits_{x \to x_0^-} f(x) = \lim\limits_{x \to x_0^+} f(x)$，则函数 $f(x)$ 在点 x_0 处连续.

例 1.8.8 讨论函数 $f(x) = \begin{cases} 2\sqrt{x}, & 0 \leqslant x < 1, \\ 1, & x = 1, \\ 1 + x, & x > 1 \end{cases}$ 在点 $x = 1$ 处的连续性.

解 由丁 $\lim\limits_{x \to 1^-} f(x) = \lim\limits_{x \to 1^-} 2\sqrt{x} = 2$，$\lim\limits_{x \to 1^+} f(x) = \lim\limits_{x \to 1^+} (1 + x) = 2$，而 $f(1) = 1$，故 $\lim\limits_{x \to 1} f(x) = 2 \neq f(1)$，故 $x = 1$ 为函数 $f(x)$ 的可去间断点. 若修改函数 $f(x)$ 在 $x = 1$ 的定义，令 $f(1) = 2$，则函数

$$f(x) = \begin{cases} 2\sqrt{x}, & 0 \leqslant x < 1, \\ 2, & x = 1, \\ 1 + x, & x > 1 \end{cases}$$

在点 $x = 1$ 处连续(见图 1.8.5).

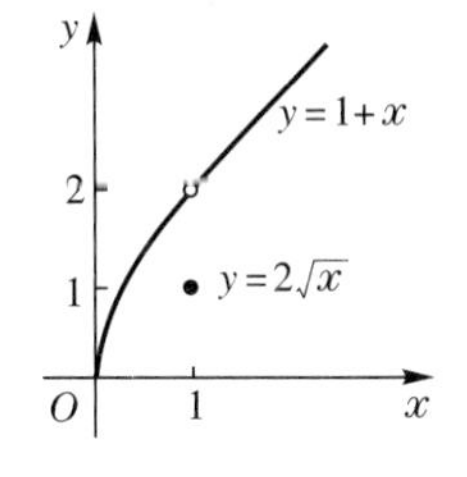

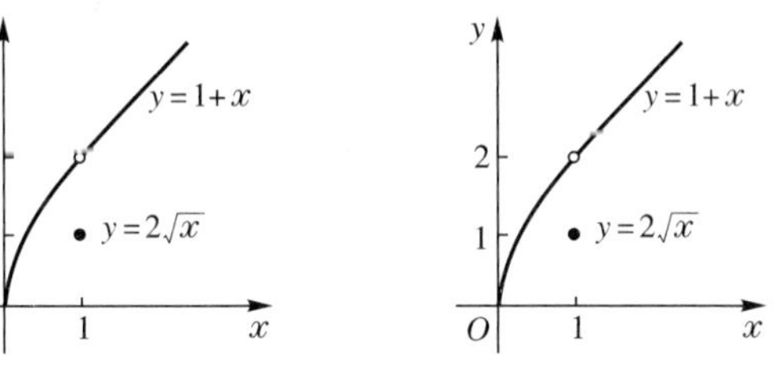

图 1.8.5

② $\lim\limits_{x \to x_0^-} f(x) \neq \lim\limits_{x \to x_0^+} f(x)$，则称点 x_0 为函数 $f(x)$ 的**跳跃间断点**.

例 1.8.9 讨论函数 $f(x)=\begin{cases}\arctan\dfrac{1}{x}, & x \neq 0, \\ 0, & x=0,\end{cases}$ 在点 $x=0$ 处的连续性.

解 由于 $\lim\limits_{x \to 0^+} f(x)=\lim\limits_{x \to 0^+}\arctan\dfrac{1}{x}=\dfrac{\pi}{2}$，$\lim\limits_{x \to 0^-} f(x)=\lim\limits_{x \to 0^-}\arctan\dfrac{1}{x}=-\dfrac{\pi}{2}$，因为 $\lim\limits_{x \to 0^+} f(x) \neq \lim\limits_{x \to 0^-} f(x)$，故 $x=0$ 为函数 $f(x)$ 的跳跃间断点. 此时不论如何改变函数在点 $x=0$ 处的函数值，均不能使函数在这点连续(见图 1.8.6).

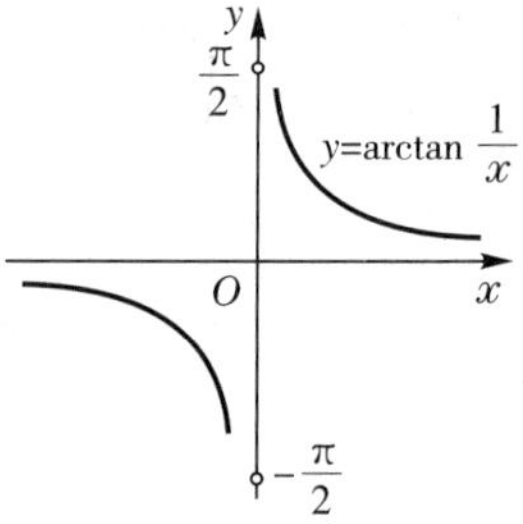

图 1.8.6

(2)第二类间断点.

若点 x_0 为函数 $f(x)$ 的一个间断点，且 $f(x)$ 在 x_0 处的**左、右极限至少有一个不存在**，则称点 x_0 为函数 $f(x)$ 的**第二类间断点**.

在第二类间断点中，也有以下两种情形.

①若 $\lim\limits_{x \to x_0^-} f(x)$、$\lim\limits_{x \to x_0^+} f(x)$ 中至少有一个为 ∞，则称 x_0 为函数 $f(x)$ 的**无穷间断点**.

例 1.8.10 讨论函数 $f(x)=\begin{cases}\dfrac{1}{x}, & x \neq 0, \\ 0, & x=0\end{cases}$ 在点 $x=0$ 处的连续性.

解 由于 $\lim\limits_{x \to 0} f(x)=\lim\limits_{x \to 0}\dfrac{1}{x}=\infty$，故 $x=0$ 为函数 $f(x)$ 的无穷间断点(见图 1.8.7).

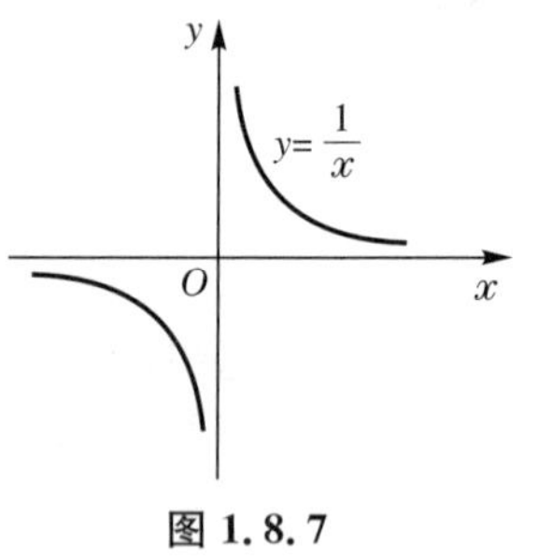

图 1.8.7

②当 $x \to x_0$ 时，函数 $f(x)$ 的值不断地往复振荡，而没有确定的极限，则称 x_0 为函数 $f(x)$ 的**振荡间断点**.

例 1.8.11 讨论函数 $f(x)=\begin{cases}\sin\dfrac{1}{x}, & x \neq 0, \\ 0, & x=0\end{cases}$ 在 $x=0$ 处的连续性.

解 由于 $\lim\limits_{x \to 0} f(x)=\lim\limits_{x \to 0}\sin\dfrac{1}{x}$ 不存在，随着 x 趋近于零，函数值在 -1

与 1 之间来回振荡，故 $x=0$ 为函数 $f(x)$ 的振荡间断点(见图 1.8.8).

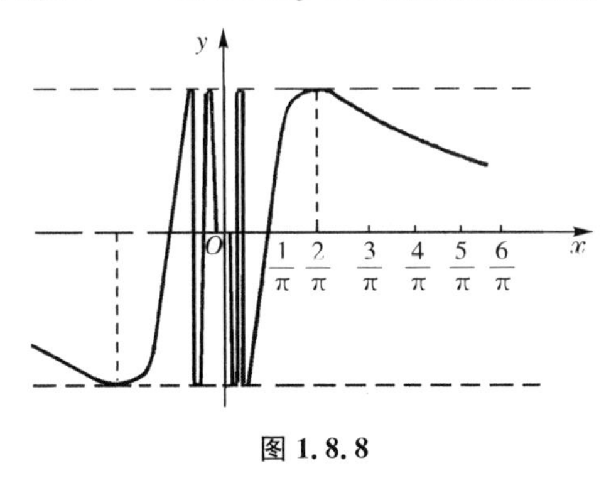

图 1.8.8

1.8.3　初等函数的连续性

1. 连续函数的运算法则

由于函数的连续性是通过极限来定义的，所以利用极限的四则运算法则，可以得到下列连续函数的四则运算性质.

定理 1.8.2　两个连续函数的和、差、积、商(分母不为 0)仍是连续函数.

定理 1.8.3　单调连续函数的反函数仍是单调连续函数.

定理 1.8.4　连续函数的复合函数仍是连续函数. 即设函数 $y=f(u)$ 在点 u_0 处连续，又函数 $u=\varphi(x)$ 在点 x_0 处续，且 $u_0=\varphi(x_0)$，则复合函数 $y=f[\varphi(x)]$ 在点 x_0 处连续.

故　$$\lim_{x\to x_0} f[\varphi(x)]=f[\varphi(x_0)]=f[\lim_{x\to x_0}\varphi(x)].$$

由此进一步可得，**复合函数求极限法则**：若 $u=\varphi(x)$ 在点 x_0 处的极限存在，又 $y=f(u)$ 在相应的极限值点 u_0 ($\lim\limits_{x\to x_0}\varphi(x)=u_0$)处连续，则极限符号与函数符号可以交换次序.

2. 初等函数的连续性

利用连续函数的定义与上述定理可得出如下结论：

(1)**基本初等函数在其定义域内都是连续的.**

(2)**一切初等函数在其定义区间内都是连续的.** 所谓定义区间，就是包含在定义域内的区间.

因此,在求初等函数在其定义区间内某点处的极限时,只需求函数在该点的函数值即可.

例 1.8.12 求 $\lim\limits_{x\to 1}\dfrac{x^2+\ln(4-3x)}{\arctan x}$.

解 初等函数 $f(x)=\dfrac{x^2+\ln(4-3x)}{\arctan x}$ 在 $x=1$ 的某邻域内有定义,所以

$$\lim_{x\to 1}\frac{x^2+\ln(4-3x)}{\arctan x}=\frac{1+\ln(4-3)}{\arctan 1}=\frac{4}{\pi}.$$

例 1.8.13 求 $\lim\limits_{x\to 0}\dfrac{4x^2-1}{2x^2-3x+5}$.

解 $\lim\limits_{x\to 0}\dfrac{4x^2-1}{2x^2-3x+5}=\dfrac{4\times 0-1}{2\times 0-3\times 0+5}=-\dfrac{1}{5}$

例 1.8.14 求下列极限:

(1) $\lim\limits_{x\to\frac{\pi}{2}}\ln\sin x$; (2) $\lim\limits_{x\to 2}\dfrac{\sqrt{2+x}-2}{x-2}$;

(3) $\lim\limits_{x\to 0}\dfrac{\log_a(1+x)}{x}\ (a>0,a\neq 1)$; (4) $\lim\limits_{x\to 0}\dfrac{e^x-1}{x}$.

解 (1)因为 $x=\dfrac{\pi}{2}$ 是函数 $y=\ln\sin x$ 定义区间 $(0,\pi)$ 内的一个点,所以

$$\lim_{x\to\frac{\pi}{2}}\ln\sin x=\ln\sin\left(\frac{\pi}{2}\right)=0.$$

(2)因为 $x=2$ 不是函数 $\dfrac{\sqrt{2+x}-2}{x-2}$ 定义域 $[-2,2)\cup(2,+\infty)$ 内的点,自然不能将 $x=2$ 代入函数计算.

当 $x\neq 2$ 时,我们先作变形,再求其极限:

$$\begin{aligned}\lim_{x\to 2}\frac{\sqrt{2+x}-2}{x-2}&=\lim_{x\to 2}\frac{(\sqrt{2+x}-2)(\sqrt{2+x}+2)}{(x-2)(\sqrt{2+x}+2)}\\&=\lim_{x\to 2}\frac{x-2}{(x-2)(\sqrt{2+x}+2)}\\&=\lim_{x\to 2}\frac{1}{\sqrt{2+x}+2}=\frac{1}{\sqrt{2+2}+2}=\frac{1}{4}.\end{aligned}$$

(3) $\lim\limits_{x\to 0}\dfrac{\log_a(1+x)}{x}=\lim\limits_{x\to 0}\log_a(1+x)^{\frac{1}{x}}=\log_a[\lim\limits_{x\to 0}(1+x)^{\frac{1}{x}}]$

$$=\log_a \mathrm{e}=\frac{1}{\ln a}.$$

(4)令 $\mathrm{e}^x-1=t$,则 $x=\ln(1+t)$,且当 $x\to 0$ 时,$t\to 0$. 由上题得

$$\lim_{x\to 0}\frac{\mathrm{e}^x-1}{x}=\lim_{t\to 0}\frac{t}{\ln(1+t)}=\lim_{t\to 0}\frac{1}{\dfrac{\ln(1+t)}{t}}=\frac{1}{\ln \mathrm{e}}=1.$$

下面讨论幂指函数的连续性和幂指函数的极限.

称形如 $y=[f(x)]^{g(x)}$ 的函数为幂指函数,其中 $f(x)>0$.

根据对数恒等式,当 $y>0$ 时,$y=\mathrm{e}^{\ln y}$,有 $[f(x)]^{g(x)}=\mathrm{e}^{g(x)\cdot\ln f(x)}$,此式说明幂指函数可看作是由 $y=\mathrm{e}^u$ 和 $u=g(x)\cdot\ln f(x)$ 复合而成. 由于 $y=\mathrm{e}^u$ 连续,故当 $g(x)$ 和 $f(x)$ 都连续时,$u=g(x)\cdot\ln f(x)$ 也连续,进而 $[f(x)]^{g(x)}=\mathrm{e}^{g(x)\cdot\ln f(x)}$ 连续. 即,若 $\lim\limits_{x\to x_0}f(x)=f(x_0)$,$\lim\limits_{x\to x_0}g(x)=g(x_0)$,则 $\lim\limits_{x\to x_0}[f(x)]^{g(x)}=[f(x_0)]^{g(x_0)}$,其中 $f(x_0)>0$.

上述结论可推广到更一般的情形,下面的结论对自变量的其他五种变化趋势也成立.

若 $\lim\limits_{x\to x_0}f(x)=A>0$,$\lim\limits_{x\to x_0}g(x)=B$(存在),则

$$\lim_{x\to x_0}[f(x)]^{g(x)}=\lim_{x\to x_0}\mathrm{e}^{g(x)\cdot\ln f(x)}=\mathrm{e}^{\lim\limits_{x\to x_0}[g(x)\cdot\ln f(x)]}=\mathrm{e}^{B\cdot\ln A}=A^B,$$

其中 $f(x)>0$.

例 1.8.15 求 $\lim\limits_{x\to 0}(2x+9)^{7x}$.

解 $\lim\limits_{x\to 0}(2x+9)^{7x}=(0+9)^0=1$.

习题 1.8

1. 判断下列说法是否正确.

(1)若函数 $f(x)$ 在 x_0 处有定义,且 $\lim\limits_{x\to x_0}f(x)=A$,则 $f(x)$ 在 x_0 处连续;

(2)若函数 $f(x)$ 在 x_0 处连续,则 $\lim\limits_{x\to x_0}f(x)$ 必存在;

(3)若函数 $f(x)$ 在 $(-\infty,+\infty)$ 内连续,则它在闭区间 $[a,b]$ 上一定连续;

(4)初等函数在其定义域内一定连续.

2. 求函数 $f(x)=\dfrac{x^3+3x^2}{x^2+x-6}$ 的连续区间,并求 $\lim\limits_{x\to 0}f(x)$,$\lim\limits_{x\to -3}f(x)$.

3. 设函数 $f(x)=\begin{cases} e^x, & x<0 \\ a+x, & x\geqslant 0 \end{cases}$ 在 $(-\infty,+\infty)$ 内连续,求 a 的值.

4. 函数 $f(x)$ 在指定点处是否连续,若不连续,指出是哪一类间断点.

(1) $f(x)=\begin{cases} x+\dfrac{1}{x}, & x\neq 0, \\ 0, & x=0; \end{cases}$　　(2) $f(x)=\dfrac{2^{\frac{1}{x}}-1}{2^{\frac{1}{x}}+1}$, $x=0$.

§1.9 闭区间上连续函数的性质

闭区间上连续的函数具有一些特殊的性质,这些性质在理论和应用上都有重要意义.这些性质从几何上看是比较明显的,它们的证明涉及严密的实数理论,已超出本书的范围,故略去.我们只借助几何来理解.这些性质在后面的学习中经常会用到,故要熟练掌握.

1.9.1 最大值和最小值定理

我们首先介绍最大值和最小值的概念.最大值与最小值问题在微积分理论中占有重要地位,在微积分创立过程中起到了重要的作用,是微积分应用的主要内容.

定义 1.9.1 设函数 $y=f(x)$ 在区间 I 上有定义,如果存在点 $x_0\in I$,若对每一个 $x\in I$,都有

$$f(x_0)\geqslant f(x)\ (\text{或 } f(x_0)\leqslant f(x)),$$

则称 $f(x_0)$ 为函数 $y=f(x)$ 在区间 I 上的**最大值(或最小值)**,记为

$$f(x_0)=\max_{x\in I}f(x)\ (\text{或 } f(x_0)=\min_{x\in I}f(x)).$$

x_0 **称为函数 $f(x)$ 在区间 I 上的最大值点(或最小值点).**

一般说来,在一个区间上连续的函数,在该区间上不一定存在最大值或最小值.但是,如果函数在一个闭区间上连续,那么它必定在该闭区间上取得最大值和最小值.

定理 1.9.1 若函数 $y=f(x)$ 在闭区间 $[a,b]$ 上连续,则它一定在闭区间 $[a,b]$ 上取得最大值和最小值.

从几何直观上看(如图 1.9.1),因为闭区间上的连续函数的图像是包括两个端点的一条不间断的曲线,因此它必定有最高点 $(\xi_1, f(\xi_1))$ 和最低点 $(\xi_2, f(\xi_2))$,即

$$f(\xi_1)=\max_{x\in[a,b]} f(x), f(\xi_2)=\min_{x\in[a,b]} f(x).$$

即对任意 $x\in[a,b]$,有 $f(\xi_2)\leqslant f(x)\leqslant f(\xi_1)$. 若取 $M=\max\{|f(\xi_1)|, |f(\xi_2)|\}$ 则有 $|f(x)|\leqslant M$,从而有下述结论.

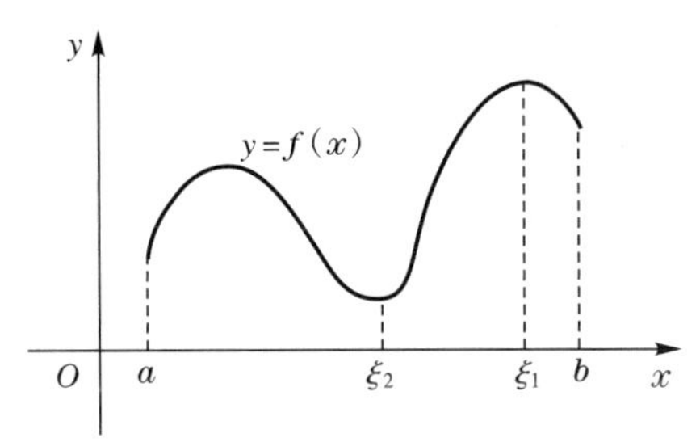

图 1.9.1

推论　若函数 $y=f(x)$ 在闭区间 $[a,b]$ 上连续,则 $f(x)$ 在 $[a,b]$ 上有界.

注意:(1)若区间是开区间,定理不一定成立(如图 1.9.2).

例如函数 $y=\tan x$ 在区间 $\left(-\frac{\pi}{2},\frac{\pi}{2}\right)$ 内连续,但 $y=\tan x$ 在 $\left(-\frac{\pi}{2},\frac{\pi}{2}\right)$ 内取不到最大值与最小值.

(2)若函数在区间内不连续,定理不一定成立(如图 1.9.3).

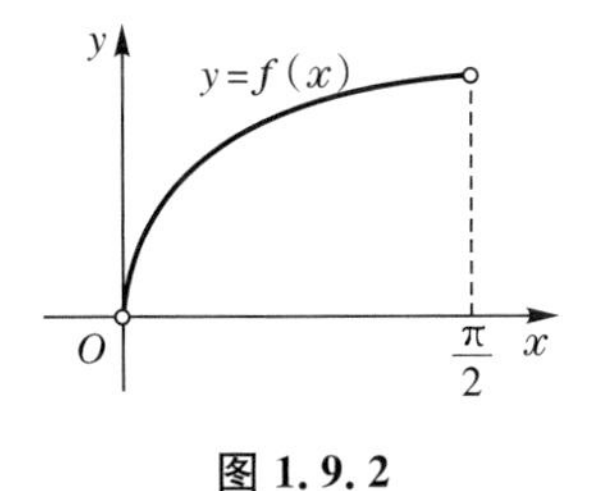

图 1.9.2

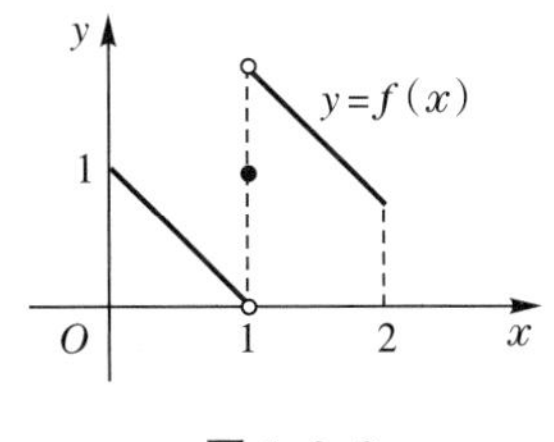

图 1.9.3

1.9.2　零点定理

定理 1.9.2(零点定理)　若函数 $y=f(x)$ 在闭区间 $[a,b]$ 上连续,且 $f(a)\cdot f(b)<0$,则至少存在一点 $x_0\in(a,b)$,使 $f(x_0)=0$.

定理 1.9.2 的几何意义十分明显. 若函数 $y=f(x)$ 在闭区间 $[a,b]$ 上连续,且 $f(a)$ 与 $f(b)$ 不同号,则函数 $y=f(x)$ 对应的曲线至少穿过 x 轴一次(见图 1.9.4).

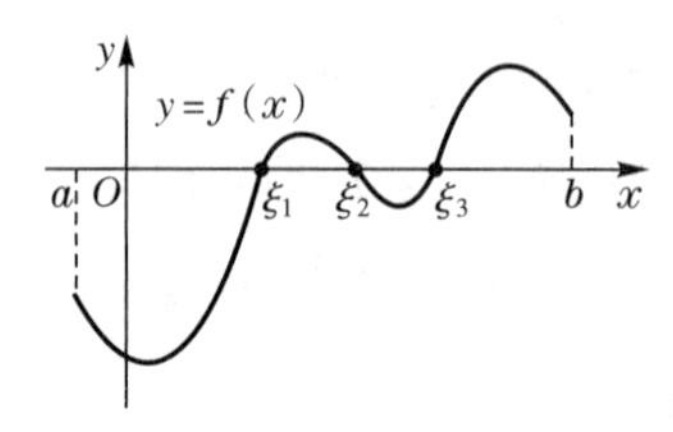

图 1.9.4

零点定理说明,若 $f(x)$ 在闭区间 $[a,b]$ 满足条件,则方程 $f(x)=0$ 在 (a,b) 内至少存在一个实根,所以定理 1.9.2 也叫**根的存在定理**. 因此,可以利用零点定理证明一个方程根的存在性及判断根的所在范围.

例 1.9.1 证明方程 $x^5-3x=1$ 在 $x=1$ 与 $x=2$ 之间至少有一根.

证 令 $f(x)=x^5-3x-1, x\in[1,2]$, 则 $f(x)$ 在闭区间 $[1,2]$ 上连续,且 $f(1)=-3, f(2)=25$, 即 $f(1)\cdot f(2)<0$, 故由零点定理知,至少存在一点 $x_0\in(1,2)$, 使得 $f(x_0)=0$, 即方程 $x^5-3x=1$ 在 $x=1$ 与 $x=2$ 之间至少有一根.

例 1.9.2 证明方程 $\ln(1+e^x)=2x$ 至少有一个小于 1 的正根.

证 设 $f(x)=\ln(1+e^x)-2x$, 显然 $f(x)$ 在闭区间 $[0,1]$ 上连续,又

$$f(0)=\ln 2>0, f(1)=\ln(1+e)-2=\ln(1+e)-\ln e^2<0,$$

由零点定理知,至少存在一点 $x_0\in(0,1)$, 使 $f(x_0)=0$. 即方程 $\ln(1+e^x)=2x$ 至少有一个小于 1 的正根.

例 1.9.3 证明方程 $x=a\sin x+b(a>0,b>0)$ 至少有一个不超过 $a+b$ 的正根.

证 设 $f(x)=x-a\sin x-b, x\in[0,a+b]$, 则 $f(x)$ 在闭区间 $[0,a+b]$ 上连续,而

$$f(0)=0-a\sin 0-b=-b<0,$$

$$f(a+b)=a+b-a\sin(a+b)-b=a[1-\sin(a+b)]\geqslant 0.$$

(i)若 $f(a+b)=0$, 则 $x_0=a+b$ 就是原方程的根.

(ii) 如果 $f(a+b)>0$，则由零点定理，至少存在一点 $x_0{}'\in(0,a+b)$，使得 $f(x_0{}')=0$.

综上所述，方程 $x=a\sin x+b(a>0,b>0)$ 至少有一个不超过 $a+b$ 的正根.

1.9.3　介值定理

由零点定理并运用坐标平移的方法，可以得到介值定理.

> **定理 1.9.3(介值定理)**　如果 $f(x)$ 在 $[a,b]$ 上连续，且在该区间的两端点取不同函数值，即 $f(a)\neq f(b)$，则不论 u 是介于 $f(a)$ 与 $f(b)$ 之间的怎样一个数，即 $f(a)<u<f(b)$ 或 $f(b)<u<f(a)$，在开区间 (a,b) 内至少有一个点 ξ，使得 $f(\xi)=u$.

定理 1.9.3 的几何意义为：若 $y=f(x)$ 在闭区间 $[a,b]$ 上连续，c 为介于 $f(a)$ 与 $f(b)$ 之间的数，则直线 $y=c$ 与曲线 $y=f(x)$ 至少相交一次(如图 1.9.5).

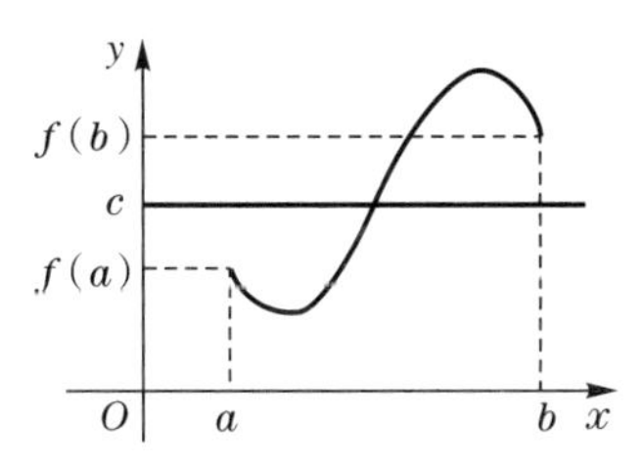

图 1.9.5

由介值定理我们可得出下面的推论.

推论　若函数 $y=f(x)$ 在闭区间 $[a,b]$ 上连续，$M=\max\limits_{x\in[a,b]}f(x)$，$m=\min\limits_{x\in[a,b]}f(x)$，则 $f(x)$ 必取得介于 M 与 m 之间的任何值，如图 1.9.6 所示.

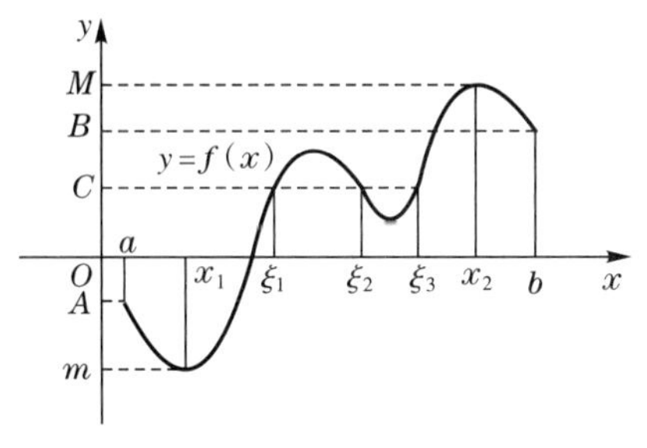

图 1.9.6

例 1.9.4 设 $f(x)$ 在闭区间 $[a,b]$ 上连续，$a<x_1<x_2<\cdots<x_n<b$，证明至少存在一点 $x_0\in[x_1,x_n]$，使得

$$f(x_0)=\frac{f(x_1)+f(x_2)+\cdots+f(x_n)}{n}.$$

证 因为 $f(x)$ 在闭区间 $[a,b]$ 上连续，所以 $f(x)$ 在闭区间 $[x_1,x_n]$ 上有最大值和最小值存在. 设 $M=\max\limits_{x\in[x_1,x_n]}f(x)$，$m=\min\limits_{x\in[x_1,x_n]}f(x)$，则

$$m\leqslant f(x_i)\leqslant M, i=1,2,\cdots,n.$$

从而

$$m\leqslant\frac{f(x_1)+f(x_2)+\cdots+f(x_n)}{n}\leqslant M.$$

由介值定理的推论，至少存在一点 $x_0\in[x_1,x_n]$，使

$$f(x_0)=\frac{f(x_1)+f(x_2)+\cdots+f(x_n)}{n}.$$

应该注意，这 3 个定理的共同条件“$f(x)$ 在闭区间 $[a,b]$ 上连续”不能减弱. 将区间 $[a,b]$ 换成 (a,b)，或去掉“连续”的条件，定理的结论都不一定成立. 比如，$f(x)=\begin{cases}x, & x\neq 0,\\ 1, & x=0\end{cases}$ 在 $[-1,1]$ 上有定义，仅在 $x=0$ 处不连续，虽然 $f(-1)\cdot f(1)<0$，但不存在 $x_0\in(-1,1)$，使 $f(x_0)=0$.

习题 1.9

1. 求下列极限：

(1) $\lim\limits_{x\to 0}\sqrt{x^2-2x+1}$； (2) $\lim\limits_{x\to 1}(2^{-\frac{1}{x}}+1)$；

(3) $\lim\limits_{x\to\frac{\pi}{4}}\frac{\sin 2x}{5\cos(\pi-x)}$； (4) $\lim\limits_{x\to\frac{\pi}{4}}\ln\sin 2x$.

2. 证明方程 $x^4+x=1$ 至少有一个根介于 0 和 1 之间.

3. 证明方程 $\sin x+x+1=0$ 在 $\left(-\frac{\pi}{2},\frac{\pi}{2}\right)$ 内至少有一个实根.

相关阅读

笛卡尔

笛卡尔 Descartes，Ren'e(1596～1650)，近代数学的奠基人.

笛卡尔，欧洲文艺复兴以来，第一个为争取和捍卫理性权利而奋斗的人.

1647年深秋的一个夜晚，在巴黎近郊，两辆马车疾驰而过.马车在教堂的门前停下.身佩利剑的士兵押着一个瘦小的老头儿走进教堂.他就是近代数学奠基人、伟大的哲学家和数学家笛卡尔.由于他在著作中宣传科学，触犯了神权，因此遭到了当时教会的残酷迫害.

教堂里，烛光照射在圣母玛丽亚的塑像上.塑像前是审判席.被告席上的笛卡尔开始接受天主教会法庭对他的宣判："笛卡尔散布异端邪说，违背教规，亵渎上帝.为纯洁教义，荡涤谬误，本庭宣判笛卡尔所著之书全为禁书，并由本人当庭焚毁."笛卡尔想申辩，但士兵立即把他从被告席上拉下来，推到火盆旁，笛卡尔用颤抖的手拿起一本本凝结了他毕生心血的著作，无可奈何地投入火中.

笛卡尔1596年生于法国.8岁入读一所著名的教会学校.主要课程是神学和教会的哲学，也学数学.他勤于思考，学习努力，成绩优异.20岁时，他在普瓦界大学获法学学位.之后去巴黎当了律师.出于对数学的兴趣，他独自研究了两年数学.17世纪初的欧洲处于教会势力的控制下.但科学的发展已经开始显示出一些和教义离经背道的倾向.笛卡尔和其他一些不满法兰西政治状态的青年人一起去荷兰从军体验军旅生活.

说起笛卡尔投身数学，多少有一些偶然性.有一次部队开进荷兰南部的一个城市，笛卡尔在街上散步，看见用当地的佛来米语书写的公开征解的几道数学难题.许多人在此招贴前议论纷纷，他旁边一位中年人用法语替他翻译了这几道数学难题的内容.第二天，聪明的笛卡尔兴冲冲地把解答交给了那位中年人.中年人看了笛卡尔的解答十分惊讶.巧妙的解题方法，准确无误的计算，充分显露了他的数学才华.原来这位中年人就是当时有名的数学家贝克曼教授.笛卡尔以前读过他的著作,但是一直没有机会认识他.从此,笛卡尔在贝克曼的指导下开始了对数学的深入研究.所以有人说,贝克曼"把一个业已离开科学的心灵,带回到正确、完美的成功之路".1621年笛卡尔离开军营遍游欧洲各国.1625年回到巴黎从事科学工作.为综合知识深入研究,1628年变卖家产,定居荷兰潜心著述达20年.

几何学曾在古希腊有过较高的发展,欧几里得、阿基米德、阿波罗尼都对圆锥曲线作过深入研究.但古希腊的几何学只是一种静态的几何,它既没有把曲线看成一种动点的轨迹,更没有给出它的一般表示方法.文艺复兴运动以后,哥白尼的日心说得到证实,开普勒发现了行星运动的三大定律,伽利略又证明了炮弹等抛物体的弹道是抛物线,这就使几乎被人们忘记的阿波罗尼曾研究过的圆锥曲线重新引起人们的重视.人们意识到圆锥曲线不仅仅是依附在圆锥上的静态曲线,而且是与自然界的物体运动有密切联系的曲线.要计算行星运行的椭圆轨道、求出炮弹飞行所走过的抛物线,单纯靠几何方法已无能为力.古希腊数学家的几何学已不能给出解决这些问题的有效方法.要想反映这类运动的轨迹及其性质,就必须从观点到方法都要有一个新的变革,建立一种在运动观点上的几何学.

古希腊数学过于重视几何学的研究,却忽视了代数方法.代数方法在东方(中国、印度、阿拉伯)虽有高度发展,但缺少论证几何学的研究.后来,东方高度发展的代数传入欧洲,特别是文艺复兴运动使欧洲数学在古希腊几何和东方代数的基础上有了巨大的发展.

笛卡尔在数学上的杰出贡献就在于将代数和几何巧妙地联系在一起,从而创造了解析几何这门学科.

1619年在多瑙河的军营里,笛卡尔用大部分时间思考着他在数学中的新想法:能不能用代数中的计算过程来代替几何中的证明呢?要这样做就必须找到一座能连接(或说融合)几何与代数的桥梁——使几何图形数值化.笛卡尔用两条互相垂直且交于原点的数轴作为基准,将平面上的点位置确定下来,这就是后人所说的笛卡尔坐标系.笛卡尔坐标系的建立,为用代数方法研究几何架设了桥梁.它使几何中的点 p 与一个有序实数偶 (x,y) 构成了一一对应关系.坐标系里点的坐标按某种规则连续变化,那么,平面上的曲线就可以用方程来表示.笛卡尔坐标系的建立,把过去并列的两个代数方法统一起来,从而使传统的数学有了一个新的突破.

1650年2月11日笛卡尔在斯德哥尔摩病逝.由于教会的阻止,仅有几个友人为其送葬.其著作在他死后也被教会列为禁书.可是,这位对科学作出巨大贡献的学者却受到广大科学家和革命者的敬仰和怀念.法国大革命之后,笛卡尔的骨灰和遗物被送进法国历史博物馆.1819年其骨灰被移入圣日耳曼圣心堂中.墓碑上镌刻着:

笛卡尔,欧洲文艺复兴以来,

第一个为争取和捍卫理性权利而奋斗的人.

复习题 1

1. 选择题:

(1)下列极限存在的是(　　).

A. $\lim\limits_{x\to\infty}\dfrac{x(x+1)}{x^2}$;　B. $\lim\limits_{x\to 0}\dfrac{1}{2^x-1}$;　C. $\lim\limits_{x\to 0}e^{\frac{1}{x}}$;　D. $\lim\limits_{x\to+\infty}\sqrt{\dfrac{x^2+1}{x}}$.

(2)下列变量在给定变化过程中不是无穷小量的为(　　).

A. $2^{-x}-1\ (x\to 0)$;　B. $\dfrac{\sin x}{x}(x\to 0)$;

C. $\dfrac{x}{\sqrt{x^3-3x+1}}(x\to+\infty)$;　D. $\dfrac{1}{e^x}(x\to+\infty)$.

(3)下列变量在给定变化过程中不是无穷大量的为(　　).

A. $\dfrac{x^2}{\sqrt{x^3+1}}(x\to+\infty)$;　B. $\ln x(x\to 0^+)$;

C. $e^{-\frac{1}{x}}(x\to 0^-)$;　D. $\dfrac{x-3}{\sqrt{x^2-5x+6}}(x\to 3^+)$.

(4)当 $x\to 0$ 时,与 x 不是等价无穷小的是(　　).

A. $\sin x$;　B. $\ln(1+x)$;

C. $x^2(1+x)$;　D. $\sqrt{1+x}-\sqrt{1-x}$.

(5)设函数 $f(x)=\begin{cases}(1+kx)^{\frac{m}{x}}, & x\neq 0,\\ b, & x=0\end{cases}$(其中 k,m 均为不等于零的常数)在 $x=0$ 处连续,则 $b=$(　　).

A. e^m;　B. e^k;　C. $e^{\frac{m}{k}}$;　D. e^{km}.

2. 求函数 $y=\ln\sqrt{5-x}+\arcsin\dfrac{3-2x}{5}$ 的定义域.

3. 判别下列函数的奇偶性.

(1) $f(x)=\ln\dfrac{1}{\sqrt{x^2+1}+x}$；　(2) $f(x)=\begin{cases}x-1, & x<0,\\ 0, & x=0,\\ x+1, & x>0.\end{cases}$

4. 求下列函数的反函数.

(1) $y=\dfrac{1-\sqrt{1+2x}}{1+\sqrt{2x+1}}$；　(2) $y=\dfrac{e^x-e^{-x}}{2}$.

5. 求下列函数的定义域,并将这些复合函数分解成简单函数.

(1) $y=\sqrt{5-x}$　(2) $y=(1+\ln x)^3$；　(3) $y=\sqrt{\ln\sqrt{x}}$；

(4) $y=\ln(\arcsin x^3)$　(5) $y=e^{\sqrt{1+x}}$；　(6) $y=\arctan^2(1+x)$.

6. 求下列数列的极限.

(1) $\lim\limits_{n\to\infty}\dfrac{5n^2-1}{8n^2+n}$；　(2) $\lim\limits_{n\to\infty}2^n\cdot\sin\dfrac{\pi x}{2^n}(x\neq 0)$；

(3) $\lim\limits_{n\to\infty}\left(\dfrac{n+3}{1+n}\right)^n$；　(4) $\lim\limits_{n\to\infty}\left(\dfrac{1}{n^2+1}+\dfrac{2}{n^2+2}+\cdots+\dfrac{n}{n^2+n}\right)$.

7. 求下列函数的极限.

(1) $\lim\limits_{x\to 0}\dfrac{x^2-2}{4x^2+x+3}$；　(2) $\lim\limits_{x\to 1}\dfrac{x-1}{\sqrt{x}-1}$；　(3) $\lim\limits_{x\to 4}\dfrac{x^2-6x+8}{x^2-5x+4}$；

(4) $\lim\limits_{x\to 0}\dfrac{\sqrt{x^2+4}-2}{x}$；　(5) $\lim\limits_{x\to\infty}(2-\dfrac{1}{x})(5+\dfrac{1}{x})$；　(6) $\lim\limits_{x\to\infty}\dfrac{\sin x}{x}$；

(7) $\lim\limits_{x\to 0}\dfrac{\sin 2x}{\tan 3x}$；　(8) $\lim\limits_{x\to 0}\dfrac{1-\cos 2x}{x\sin x}$；　(9) $\lim\limits_{x\to 0}(1+3x)^{\frac{1}{x}}$；

(10) $\lim\limits_{x\to\infty}\left(\dfrac{1+x}{x}\right)^{2x}$；　(11) $\lim\limits_{x\to 0}\dfrac{\sin 3x}{\ln(1+2x)}$；　(12) $\lim\limits_{x\to 0}\left(\dfrac{1-x}{1+x}\right)^{\frac{1}{x}}$.

8. 讨论函数 $f(x)=\begin{cases}1/x^2, & x<0,\\ 0, & x=0,\\ x^2-2x, & 0<x\leqslant 2,\\ 3x-6, & x>2,\end{cases}$ 在 $x=0$,$x=2$ 处的连续性,如间断,判断间断点的类型.

9. 求下列函数的间断点,并判别间断点的类型.

(1) $y=\dfrac{x^3-1}{x^2-1}$；　(2) $y=\dfrac{\sin x}{x}$；　(3) $y=(1+x)^{\frac{1}{x}}$.

10. 证明方程 $x^4-4x=1$ 至少有一个根介于 1 和 2 之间.

11. 某商场某品牌洗衣机每台售价为 1200 元,每月可销售 500 台,如果每台售价为 1000 元,每月可增销 200 台,求该洗衣机的线性需求函数,并将销售收入 R 表示成销售量 x 的函数.

12. 某企业生产的一种产品，如果每只以1.75元出售，生产的产品可全部卖掉，企业的最大生产能力为5000只，每天的固定成本是2000元，每只产品的可变成本是0.5元，试确定每天的生产量至少要达到多少时，才可以盈利.

扫一扫，获取参考答案

第2章 导数与微分

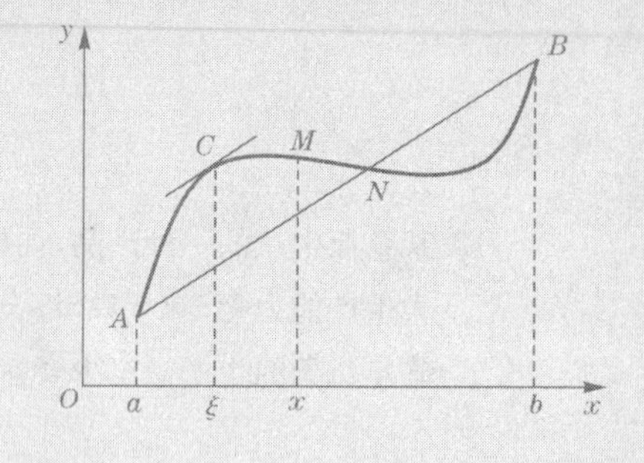

【学习目标】

↳理解导数的概念、几何意义、物理意义及可导与连续的关系.

↳理解掌握求导的四则运算、反函数的导数、隐函数的导数、对数求导法及参变量函数的导数.

↳熟练掌握复合函数的求导法则.

↳掌握高阶导数的求法.

↳理解微分的概念、几何意义及其与导数的关系.

↳掌握微分运算法则及一阶微分形式不变性.

↳掌握微分在近似计算中的应用.

↳理解导数的经济意义(含边际与弹性的概念).

在第1章中已经系统地介绍了函数的极限和连续性.有了这些基础知识后,则可以学习微分学了.微分学是微积分学的重要组成部分,它的基本概念是导数与微分.导数与微分在生产生活及其他学科中都有广泛的应用.本章主要介绍导数和微分的概念、计算方法及其在实际问题中的一些简单应用.

§2.1 导数的概念

微分学是微积分的重要组成部分,主要讨论导数和微分的概念以及它们的计算方法.在中学我们学过导数的概念,现在简单回顾一下.

2.1.1　导数概念的产生

曲线的切线问题是导数概念的产生背景之一. 如图 2.1.1 建立直角坐标系,函数 $y=f(x)$ 的图形为曲线,我们发现,当点 $P_n(x_n,f(x_n))$ 沿着曲线无限接近点 $P(x_0,f(x_0))$ 时,割线 PP_n 趋近于确定的位置,这个确定位置的直线 PT 称为曲线在点 P 处的切线. 割线 PP_n 的斜率是 $k_n=\dfrac{f(x_n)-f(x_0)}{x_n-x_0}$,当点 P_n 沿着曲线无限接近点 P 时, k_n 无限趋近于切线 PT 的斜率 k, 即

$$k=\lim_{x_n\to x_0}\frac{f(x_n)-f(x_0)}{x_n-x_0}. \qquad (2.1.1)$$

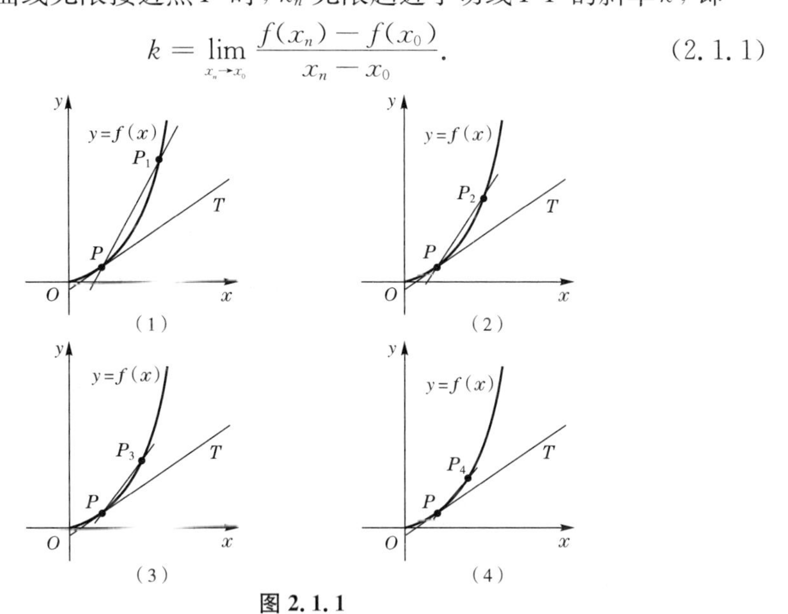

图 2.1.1

2.1.2　导数的定义

1. 导数的定义

定义 2.1.1　设函数 $y=f(x)$ 在点 x_0 的某个邻域内有定义,当自变量 x 在 x_0 处取得增量 Δx(点 $x_0+\Delta x$ 仍在该邻域内)时,相应地函数 y 取得增量 $\Delta y=f(x_0+\Delta x)-f(x_0)$;当 $\Delta x\to 0$ 时,如果 Δy 与 Δx 之比的极限存在,则称函数 $y=f(x)$ 在点 x_0 处可导,并称这个极限为函数 $y=f(x)$ 在点 x_0 处的导数,记为 $f'(x_0)$,即

$$f'(x_0)=\lim_{\Delta x\to 0}\frac{\Delta y}{\Delta x}=\lim_{\Delta x\to 0}\frac{f(x_0+\Delta x)-f(x_0)}{\Delta x}. \qquad (2.1.2)$$

或记为 $y'|_{x=x_0}$, $\dfrac{\mathrm{d}y}{\mathrm{d}x}\Big|_{x=x_0}$, $\dfrac{\mathrm{d}f(x)}{\mathrm{d}x}\Big|_{x=x_0}$.

函数 $y=f(x)$ 在点 x_0 处可导有时也说成 $y=f(x)$ 在点 x_0 具有导数或导数存在.

导数的定义也可取不同的形式,常见的有:

$$f'(x_0)=\lim_{h\to 0}\frac{f(x_0+h)-f(x_0)}{h}, \tag{2.1.3}$$

$$f'(x_0)=\lim_{x\to x_0}\frac{f(x)-f(x_0)}{x-x_0}. \tag{2.1.4}$$

在实际中,需要讨论有不同意义的变量的变化"快慢"问题,在数学上就是所谓函数的变化率问题.导数概念就是函数变化率这一概念的精确描述.

2. 导函数的定义

定义 2.1.2 如果函数 $y=f(x)$ 在开区间 I 内的每点处都可导,就称函数 $y=f(x)$ 在开区间 I 内可导.对任意 $x\in I$ 都对应着 $y=f(x)$ 的一个确定的导数值,这样就构成了一个新的函数,这个函数叫作函数 $y=f(x)$ 的导函数,记作:

$$y',f'(x),\frac{\mathrm{d}y}{\mathrm{d}x},\frac{\mathrm{d}f(x)}{\mathrm{d}x}. \tag{2.1.5}$$

由式(2.1.3)得:

$$f'(x)=\lim_{h\to 0}\frac{f(x+h)-f(x)}{h}. \tag{2.1.6}$$

导函数 $f'(x)$ 简称导数,而 $f'(x_0)$ 是 $f(x)$ 在 x_0 处的导数或导数 $f'(x)$ 在点 $x=x_0$ 处的值.

注意:函数 $f(x)$ 在点 x_0 处的导数 $f'(x_0)$ 就是先求导函数 $f'(x)$ 再把 $x=x_0$ 代入,这也是求函数在点 x_0 处的导数的方法之一.

在经济学中,常称导数 $f'(x)$ 为 $f(x)$ 的边际函数.在点 $x=x_0$ 处的值 $f'(x_0)$ 称为 $f(x)$ 在点 $x=x_0$ 处的边际函数值.

例 2.1.1 求函数 $f(x)=x^n(n\in\mathbf{N}^+)$ 在 $x=a$ 处的导数.

解 $f'(a)=\lim\limits_{x\to a}\frac{f(x)-f(a)}{x-a}=\lim\limits_{x\to a}\frac{x^n-a^n}{x-a}$

$=\lim\limits_{x\to a}(x^{n-1}+ax^{n-2}+\cdots+a^{n-1})=na^{n-1}$.

将 a 换成 x 得:$f'(x)=nx^{n-1}$ 即 $(x^n)'=nx^{n-1}$.

一般地,有幂函数 $y = x^u$(u 为常数)的导数公式:$(x^u)' = ux^{u-1}$.

2.1.2　求函数 $f(x) = \sin x$ 的导数.

解　$$f'(x) = \lim_{h \to 0} \frac{f(x+h) - f(x)}{h} = \lim_{h \to 0} \frac{\sin(x+h) - \sin x}{h}$$

$$= \lim_{h \to 0} \frac{1}{h} \cdot 2\cos\left(x + \frac{h}{2}\right) \sin \frac{h}{2}$$

$$= \lim_{h \to 0} \cos\left(x + \frac{h}{2}\right) \cdot \frac{\sin \frac{h}{2}}{\frac{h}{2}} = \cos x.$$

正弦函数的导数是余弦函数. 同理可证 $(\cos x)' = -\sin x$.

2.1.3　求函数 $f(x) = \log_a x$,($a > 0, a \neq 1$) 的导数.

解　$$f'(x) = \lim_{h \to 0} \frac{f(x+h) - f(x)}{h} = \lim_{h \to 0} \frac{\log_a(x+h) - \log_a x}{h}$$

$$= \lim_{h \to 0} \frac{1}{h} \log_a \left(\frac{x+h}{x}\right) = \frac{1}{x} \lim_{h \to 0} \frac{x}{h} \log_a \left(1 + \frac{h}{x}\right)$$

$$= \frac{1}{x} \lim_{h \to 0} \log_a \left(1 + \frac{h}{x}\right)^{\frac{x}{h}} = \frac{1}{x} \log_a e = \frac{1}{x \ln a}.$$

即

$$(\log_a x)' = \frac{1}{x \ln a}.$$

特殊地,$(\ln x)' = \dfrac{1}{x}$.

2.1.4　求函数 $f(x) = |x|$ 在 $x = 0$ 处的导数.

解　$$\because f'(0) = \lim_{x \to 0} \frac{f(x) - f(0)}{x - 0} = \lim_{x \to 0} \frac{|x|}{x},$$

$$\therefore \lim_{x \to 0^+} \frac{|x|}{x} = \lim_{x \to 0^+} \frac{x}{x} = 1, \lim_{x \to 0^-} \frac{|x|}{x} = \lim_{x \to 0^-} \frac{x}{-x} = -1.$$

所以 $\lim\limits_{x \to 0} \dfrac{|x|}{x}$ 不存在. 即函数 $f(x) = |x|$ 在 $x = 0$ 处不可导.

注意:分段函数在分段点处的导数要用定义求.

3. 单侧导数

根据函数 $f(x)$ 在点 x_0 处的导数 $f'(x_0)$ 的定义，

$$f'(x_0)=\lim_{h\to 0}\frac{f(x_0+h)-f(x_0)}{h},$$

把点 x_0 处的极限换成点 x_0 处的左、右极限得左、右导数的定义.

定义 2.1.3 左导数的定义：

$$f'_{-}(x_0)=\lim_{h\to 0^-}\frac{f(x_0+h)-f(x_0)}{h}, \tag{2.1.7}$$

定义 2.1.4 右导数的定义：

$$f'_{+}(x_0)=\lim_{h\to 0^+}\frac{f(x_0+h)-f(x_0)}{h}. \tag{2.1.8}$$

因为极限存在的充分必要条件是左、右极限都存在且相等，所以函数在点 x_0 处可导的充分必要条件是左导数和右导数都存在且相等.

若函数 $f(x)$ 在开区间 (a,b) 内可导，及 $f'_{+}(a)$ 和 $f'_{-}(b)$ 都存在，那么我们就说 $f(x)$ 在闭区间 $[a,b]$ 上可导.

4. 导数的几何意义

由切线问题的讨论知，函数 $y=f(x)$ 在点 x_0 处的导数 $f'(x_0)$ 在几何上表示曲线 $y=f(x)$ 在点 $P(x_0,f(x_0))$ 处的切线的斜率，即：

$$f'(x_0)=k=\lim_{h\to 0}\frac{f(x_0+h)-f(x_0)}{h}=\tan\alpha.$$

其中 α 是切线的倾斜角.

注意：

(1)如果 $f'(x_0)=\infty$，则曲线 $y=f(x)$ 在点 $P(x_0,f(x_0))$ 处有垂直于 x 轴的切线 $x=x_0$；

(2)如果 $f'(x_0)=0$，则曲线 $y=f(x)$ 在点 $P(x_0,f(x_0))$ 处有平行于 x 轴的切线 $y=f(x_0)$.

由直线的点斜式方程知曲线在点 $P(x_0,f(x_0))$ 处的切线方程为：

$$y-y_0=f'(x_0)(x-x_0). \tag{2.1.9}$$

曲线在点 $P(x_0,f(x_0))$ 处的法线方程为：

$$y-y_0=-\frac{1}{f'(x_0)}(x-x_0). \tag{2.1.10}$$

例 2.1.5　求曲线 $y=\frac{1}{x}$ 在点 $\left(\frac{1}{2},2\right)$ 处的切线的斜率,并写出在该点处的切线方程和法线方程.

解　根据导数的几何意义,得切线的斜率为:

$$k_1=y'\bigg|_{x=\frac{1}{2}}=-\frac{1}{x^2}\bigg|_{x=\frac{1}{2}}=-4,$$

切线方程为:

$$y-2=-4\left(x-\frac{1}{2}\right),$$

$$4x+y-4=0.$$

法线的斜率为:

$$k_2=-\frac{1}{k_1}=\frac{1}{4},$$

法线方程为:

$$y-2=\frac{1}{4}\left(x-\frac{1}{2}\right),$$

即

$$2x-8y+15=0.$$

5. 可导与连续的关系

设函数 $y=f(x)$ 在点 x_0 处可导,即 $\lim\limits_{\Delta x\to 0}\frac{\Delta y}{\Delta x}=f'(x_0)$ 存在. 则

$$\lim_{\Delta x\to 0}\Delta y=\lim_{\Delta x\to 0}\frac{\Delta y}{\Delta x}\cdot\Delta x=\lim_{\Delta x\to 0}\frac{\Delta y}{\Delta x}\cdot\lim_{\Delta x\to 0}\Delta x=f'(x_0)\cdot 0=0.$$

这就是说,函数 $y=f(x)$ 在点 x_0 处是连续的. 所以,如果函数 $y=f(x)$ 在点 x 处可导,则函数在该点必连续.

另一方面,一个函数在某点连续却不一定在该点处可导. 如函数 $f(x)=|x|$ 在区间 $(-\infty,+\infty)$ 内连续,但在点 $x=0$ 处不可导.

习题 2.1

1. 求下列函数的导数:

(1) $y=\frac{1}{x^2}$;　(2) $y=\sqrt[3]{x^2}$;　(3) $y=x^3\sqrt[5]{x}$;　(4) $y=\frac{1}{\sqrt{x}}$.

2. 已知物体的运动规律为 $s=t^3$(m)，求这物体在 $t=2$ s 时的速度.

3. 求曲线 $y=\sin x$ 在具有下列横坐标的各点处切线的斜率：$x=\dfrac{2}{3}\pi, x=\pi$.

4. 求曲线 $y=e^x$ 在点 (0,1) 处的切线方程.

5. 讨论下列函数在 $x=0$ 处的连续性与可导性：

(1) $y=|\sin x|$；　(2) $y=\begin{cases} x^2\sin\dfrac{1}{x}, & x\neq 0, \\ 0, & x=0. \end{cases}$

6. 设函数 $f(x)=\begin{cases} x^2, & x\leqslant 1, \\ ax+b, & x>1, \end{cases}$ 为了使函数 $f(x)$ 在 $x=1$ 处连续且可导，a,b 应取什么值?

7. 已知 $f(x)=\begin{cases} x^2, & x\geqslant 0, \\ -x, & x<0, \end{cases}$ 求 $f'_+(0)$ 及 $f'_-(0)$，又 $f'(0)$ 是否存在?

8. 证明：双曲线 $xy=a^2$ 上任一点处的切线与两坐标轴构成的三角形的面积都等于 $2a^2$.

9. 为了比较不同液体的酸性，化学家利用了 pH 值，pH 值由液体中氢离子的浓度 x 决定：pH$=-\lg x$，求当 pH 为 2 时对氢离子的浓度的变化率.

§2.2 函数的求导法则

2.2.1 导数的四则运算法则

定理 2.2.1 如果函数 $u=u(x)$ 及 $v=v(x)$ 都在点 x 处有导数，那么它们的和、差、积、商（除分母为零的点外）都在点 x 处有导数，且

(1) $[u(x)\pm v(x)]'=u'(x)\pm v'(x)$；

(2) $[u(x)v(x)]'=u'(x)v(x)+u(x)v'(x)$；

(3) $\left[\dfrac{u(x)}{v(x)}\right]'=\dfrac{u'(x)v(x)-u(x)v'(x)}{v^2(x)},(v(x)\neq 0)$.

仅证(1).

证
$$[u(x)\pm v(x)]'=\lim_{\Delta x\to 0}\frac{[u(x+\Delta x)\pm v(x+\Delta x)]-[u(x)\pm v(x)]}{\Delta x}$$
$$=\lim_{\Delta x\to 0}\frac{u(x+\Delta x)-u(x)}{\Delta x}\pm\lim_{\Delta x\to 0}\frac{v(x+\Delta x)-v(x)}{\Delta x}$$
$$=u'(x)\pm v'(x).$$

定理 2.2.1 中的法则的(1)、(2)能推广到任意有限个导函数的情形. 三个函数的情况为:

$(u+v-w)'=u'+v'-w'$;

$(uvw)'=[(uv)w]'=(uv)'w+(uv)w'=u'vw+uv'w+uvw'$.

在(2)中,如果 $u=C$(C 为常数),则 $(Cu)'=Cu'$.

在(3)中,如果 $u=1$,则 $\left(\frac{1}{v}\right)'=-\frac{v'}{v^2}$,特殊地 $\left(\frac{1}{x}\right)'=-\frac{1}{x^2}$.

例 2.2.1 已知 $f(x)=x^3+4\cos x-\sin\frac{\pi}{2}$,求 $f'(x)$ 及 $f'\left(\frac{\pi}{2}\right)$.

解 $f'(x)=3x^2-4\sin x, f'\left(\frac{\pi}{2}\right)=\frac{3}{4}\pi^2-4$.

例 2.2.2 已知 $y=\sec x$,求 y'.

解 $$y'=(\sec x)'=\left(\frac{1}{\cos x}\right)'=\frac{(1)'\cos x-1\cdot(\cos x)'}{\cos^2 x}=\frac{\sin x}{\cos^2 x}$$
$$=\sec x\tan x.$$

例 2.2.3 已知 $y=\tan x$,求 y'.

解 $$y'=(\tan x)'=\left(\frac{\sin x}{\cos x}\right)'=\frac{(\sin x)'\cos x-\sin x\cdot(\cos x)'}{\cos^2 x}$$
$$=\frac{\cos^2 x+\sin^2 x}{\cos^2 x}=\frac{1}{\cos^2 x}=\sec^2 x.$$

2.2.2 复合函数求导法则(链式法则)

定理 2.2.2 如果 $y=f(u)$ 而 $u=g(x)$ 且 $f(u)$ 及 $g(x)$ 可导,那么复合函数 $y=f[g(x)]$ 的导数为:

$$\frac{dy}{dx}=\frac{dy}{du}\cdot\frac{du}{dx}.$$

即 $y'(x)=f'(u)\cdot g'(x)$.

应用复合函数求导法则时,最关键的是要分析所给函数由哪些函数复合而成,如果所给函数能分解成比较简单的函数,而这些简单函数的导数我们已经会求,那么应用复合函数求导法则"由外向内,逐层求导"就可以求所给函数的导数了.

例 2.2.4 已知 $y=\sin x^3$,求 $\frac{\mathrm{d}y}{\mathrm{d}x}$.

解 函数看成 $y=\sin u, u=x^3$ 复合而成,因此

$$\frac{\mathrm{d}y}{\mathrm{d}x}=\frac{\mathrm{d}y}{\mathrm{d}u}\cdot\frac{\mathrm{d}u}{\mathrm{d}x}=\sin u\cdot 3x^2=3x^2\sin x^3.$$

熟悉后可不写出中间变量.

例 2.2.5 已知 $y=\sqrt[3]{1-2x^2}$,求 $\frac{\mathrm{d}y}{\mathrm{d}x}$.

解 $$\frac{\mathrm{d}y}{\mathrm{d}x}=[(1-2x^2)^{\frac{1}{3}}]'=\frac{1}{3}(1-2x^2)^{-\frac{2}{3}}\cdot(1-2x^2)'$$

$$=\frac{-4x}{3\sqrt[3]{(1-2x^2)^2}}.$$

例 2.2.6 已知 $y=\ln(x+\sqrt{x^2+a^2})$,求 $\frac{\mathrm{d}y}{\mathrm{d}x}$.

解 $$\frac{\mathrm{d}y}{\mathrm{d}x}=\frac{1}{x+\sqrt{x^2+a^2}}\cdot\left(1+\frac{1}{2}\cdot\frac{1}{\sqrt{x^2+a^2}}\cdot 2x\right)$$

$$=\frac{1}{x+\sqrt{x^2+a^2}}\cdot\frac{x+\sqrt{x^2+a^2}}{\sqrt{x^2+a^2}}=\frac{1}{\sqrt{x^2+a^2}}.$$

例 2.2.7 求反三角函数 $y=\arcsin x$ 的导数.

解 $\because y=\arcsin x$,

$\therefore x=\sin(\arcsin x), x\in[-1,1]$, (*)

设 $u=\sin(\arcsin x), x\in[-1,1]$,则 $u=\sin(\arcsin x)$ 可看成 $u=\sin y$ 与 $y=\arcsin x$ 的复合.

(*)两边对 x 求导,得 $1=\cos y\cdot y'$ 即 $y'=\frac{1}{\cos y}$.

但 $\cos y=\sqrt{1-\sin^2 y}=\sqrt{1-x^2}$ (因为当 $-\frac{\pi}{2}<y<\frac{\pi}{2}$ 时,$\cos y>0$ 所以根号前只取正号),从而得反正弦函数的导数公式:$(\arcsin x)'=\frac{1}{\sqrt{1-x^2}}$.

同理可推导公式：

$$(\arccos x)'=-\frac{1}{\sqrt{1-x^2}},(\arctan x)'=\frac{1}{1+x^2},(\operatorname{arccot} x)'=-\frac{1}{1+x^2}.$$

现将基本初等函数的导数公式归结如下：

(1) $(C)'=0$（C 为常数）；

(2) $(x^m)'=mx^{m-1}$；

(3) $(\sin x)'=\cos x$；

(4) $(\cos x)'=-\sin x$；

(5) $(\tan x)'=\sec^2 x$；

(6) $(\cot x)'=-\csc^2 x$；

(7) $(\sec x)'=\sec x\cdot\tan x$；

(8) $(\csc x)'=-\csc x\cdot\cot x$；

(9) $(\log_a x)'=\dfrac{1}{x\ln a}$；

(10) $(\ln x)'=\dfrac{1}{x}$；

(11) $(a^x)'=a^x\ln a$；

(12) $(\mathrm{e}^x)'=\mathrm{e}^x$；

(13) $(\arcsin x)'=\dfrac{1}{\sqrt{1-x^2}}$；

(14) $(\arccos x)'=-\dfrac{1}{\sqrt{1-x^2}}$；

(15) $(\arctan x)'=\dfrac{1}{1+x^2}$；

(16) $(\operatorname{arccot} x)'=-\dfrac{1}{1+x^2}$.

注意：另有 $(\ln|x|)'=\dfrac{1}{x},\left(\dfrac{1}{x}\right)'=-\dfrac{1}{x^2},(\sqrt{x})'=\dfrac{1}{2\sqrt{x}}$ 也要熟记.

习题 2.2

1. 推导余切函数及余割函数的导数公式：

$$(\cot x)'=-\csc^2 x;\ (\csc x)'=-\csc x\cot x.$$

2. 求下列函数的导数：

(1) $y=\dfrac{4}{x^5}+\dfrac{7}{x^4}-\dfrac{2}{x}+12$；

(2) $y=5x^3-2^x+3\mathrm{e}^x$；

(3) $y=2\tan x+\sec x-1$；

(4) $y=\sin x\cos x$；

(5) $y=x^2\ln x$；

(6) $y=3\mathrm{e}^x\cos x$；

(7) $y=\dfrac{\ln x}{x}$；

(8) $y=\dfrac{\mathrm{e}^x}{x^2}+\ln 3$.

3. 求下列函数在给定点处的导数：

(1) $y=\sin x-\cos x$，求 $y'|_{x=\frac{\pi}{6}}$ 和 $y'|_{x=\frac{\pi}{4}}$；

(2) $\rho=\theta\sin\theta+\dfrac{1}{2}\cos\theta$，求 $\left.\dfrac{\mathrm{d}\rho}{\mathrm{d}\theta}\right|_{\theta=\frac{\pi}{4}}$；

(3) $f(x)=\dfrac{3}{5-x}+\dfrac{x^2}{5}$，求 $f'(0)$ 和 $f'(2)$.

4. 求曲线 $y=2\sin x+x^2$ 上横坐标为 $x=0$ 的点处的切线方程和法线方程.

5. 求下列函数的导数：

(1) $y=(2x+5)^4$；　　(2) $y=\cos(4-3x)$；

(3) $y=\mathrm{e}^{-3x^2}$；　　(4) $y=\ln(1+x^2)$；

(5) $y=\sin^2 x$；　　(6) $y=\sqrt{a^2-x^2}$；

(7) $y=\tan x^2$.

6. 求下列函数的导数：

(1) $y=\dfrac{1}{\sqrt{1-x^2}}$；　　(2) $y=\mathrm{e}^{-\frac{x}{2}}\cos 3x$；

(3) $y=\dfrac{1-\ln x}{1+\ln x}$；　　(4) $y=\dfrac{\sin 2x}{x}$；

(5) $y=\sqrt{x+\sqrt{x}}$；　　(6) $y=\ln\cos\dfrac{1}{x}$；

(7) $y=\mathrm{e}^{-\sin^2\frac{1}{x}}$.

7. 相对论预言，一个静止时质量为 m_0 的物体，当运动速度为 v 时，其质量 $m=\dfrac{m_0}{\sqrt{1-\dfrac{v^2}{c^2}}}$，其中 c 为光速，求$\dfrac{\mathrm{d}m}{\mathrm{d}v}$.

§2.3　高阶导数

一般地，函数 $y=f(x)$ 的导数 $y'=f'(x)$ 仍然是 x 的函数. 我们把 $y'=f'(x)$ 的导数叫作函数 $y=f(x)$ 的二阶导数，记作 y'' 或 $f''(x)$ 或$\dfrac{\mathrm{d}^2y}{\mathrm{d}x^2}$，

即 $y''=(y')'$，$f''(x)=[f'(x)]'$，$\dfrac{\mathrm{d}^2y}{\mathrm{d}x^2}=\dfrac{\mathrm{d}}{\mathrm{d}x}\left(\dfrac{\mathrm{d}y}{\mathrm{d}x}\right)$.

相应地，把 $y=f(x)$ 的导数 $f'(x)$ 叫作函数 $y=f(x)$ 的一阶导数.

类似地，二阶导数的导数叫作三阶导数，三阶导数的导数叫作四阶导数，…，一般地，$(n-1)$ 阶导数的导数叫作 n 阶导数，分别记作：

$$y''',y^{(4)},\cdots,y^{(n)} \text{ 或 } \frac{\mathrm{d}^3y}{\mathrm{d}x^3},\ \frac{\mathrm{d}^4y}{\mathrm{d}x^4},\ \cdots,\ \frac{\mathrm{d}^ny}{\mathrm{d}x^n}.$$

如果函数 $f(x)$ 具有 n 阶导数，也常说成函数 $f(x)$ 为 n 阶可导. 如果函数 $f(x)$ 在点 x 处具有 n 阶导数，那么函数 $f(x)$ 在点 x 的某一邻域内必定具有一切低于 n 阶的导数. y' 称为一阶导数，y''，y'''，$y^{(4)}$，…，$y^{(n)}$ 都称为高阶导数.

例 2.3.1 证明：函数 $y=\sqrt{2x-x^2}$ 满足关系式 $y^3y''+1=0$.

证 因为 $y'=\dfrac{2-2x}{2\sqrt{2x-x^2}}=\dfrac{1-x}{\sqrt{2x-x^2}}$,

$$y''=\frac{-\sqrt{2x-x^2}-(1-x)\dfrac{2-2x}{2\sqrt{2x-x^2}}}{2x-x^2}=\frac{-2x+x^2-(1-x)^2}{(2x-x^2)\sqrt{(2x-x^2)}}$$

$$=-\frac{1}{(2x-x^2)^{\frac{3}{2}}}=-\frac{1}{y^3},$$

所以 $y^3y''+1=0$.

例 2.3.2 已知 $s=\sin wt$，求 s''.

解 $s'=w\cos wt$，$s''=-w^2\sin wt$.

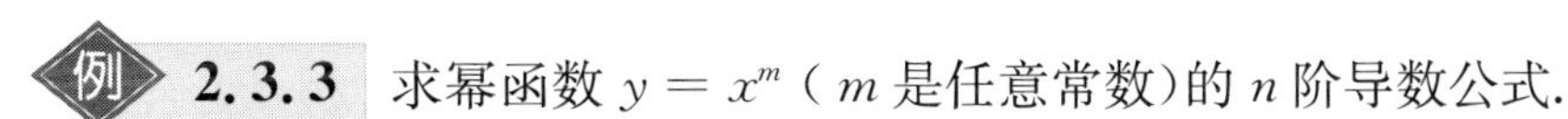

例 2.3.3 求幂函数 $y=x^m$（m 是任意常数）的 n 阶导数公式.

解 $y'=mx^{m-1}$,

$y''=m(m-1)x^{m-2}$,

$y'''=m(m-1)(m-2)x^{m-3}$,

$y^{(4)}=m(m-1)(m-2)(m-3)x^{m-4}$,

一般地，可得

$$y^{(n)}=m(m-1)(m-2)\cdots(m-n+1)x^{m-n},$$

即 $(x^m)^{(n)}=m(m-1)(m-2)\cdots(m-n+1)x^{m-n}$.

当 $m=n$ 时，得到

$$(x^n)^{(n)}=m(m-1)(m-2)\cdots3\cdot2\cdot1=n!.$$

而 $(x^n)^{(n+1)}=0$.

2.3.4 求函数 $y=e^x$ 的 n 阶导数.

解 $y'=e^x, y''=e^x, y'''=e^x, y^{(4)}=e^x$,

一般地，可得 $y^{(n)}=e^x$,

即 $(e^x)^{(n)}=e^x$.

 **2.3.5** 求正弦函数与余弦函数的 n 阶导数.

解 $y=\sin x$,

$$y'=\cos x=\sin(x+\frac{\pi}{2}),$$

$$y''=\cos(x+\frac{\pi}{2})=\sin(x+\frac{\pi}{2}+\frac{\pi}{2})=\sin(x+2\cdot\frac{\pi}{2}),$$

$$y'''=\cos(x+2\cdot\frac{\pi}{2})=\sin(x+2\cdot\frac{\pi}{2}+\frac{\pi}{2})=\sin(x+3\cdot\frac{\pi}{2}),$$

$$y^{(4)}=\cos(x+3\cdot\frac{\pi}{2})=\sin(x+4\cdot\frac{\pi}{2}),$$

一般地，有

$$y^{(n)}=\sin\left(x+n\cdot\frac{\pi}{2}\right),\text{即}\ (\sin x)^{(n)}=\sin\left(x+n\cdot\frac{\pi}{2}\right).$$

用类似方法,可得 $(\cos x)^{(n)}=\cos(x+n\cdot\frac{\pi}{2})$.

 **2.3.6** 求对数函数 $\ln(1+x)$ 的 n 阶导数.

解 $y=\ln(1+x)$,

$$y'=(1+x)^{-1},$$
$$y''=-(1+x)^{-2},$$
$$y'''=(-1)(-2)(1+x)^{-3},$$
$$y^{(4)}=(-1)(-2)(-3)(1+x)^{-4},$$

一般地,可得

$$y^{(n)}=(-1)(-2)\cdots(-n+1)(1+x)^{-n}=(-1)^{n-1}\frac{(n-1)!}{(1+x)^n},$$

即 $[\ln(1+x)]^{(n)}=(-1)^{n-1}\dfrac{(n-1)!}{(1+x)^n}$.

如果函数 $u=u(x)$ 及 $v=v(x)$ 都在点 x 处具有 n 阶导数,那么显然函数 $u(x)\pm v(x)$ 也在点 x 处具有 n 阶导数，且

$$(u\pm v)^{(n)}=u^{(n)}\pm v^{(n)}.$$

$$(uv)'=u'v+uv',$$
$$(uv)''=u''v+2u'v'+uv'',$$
$$(uv)'''=u'''v+3u''v'+3u'v''+uv''',$$

用数学归纳法可以证明 $(uv)^{(n)} = \sum_{k=0}^{n} C_n^k u^{(n-k)} v^{(k)}$，

这一公式称为莱布尼茨公式.

例 2.3.7　$y = x^2 e^{2x}$，求 $y^{(20)}$.

解　设 $u = e^{2x}, v = x^2$，则

$$(u)^{(k)} = 2^k e^{2x}, (k = 1, 2, \cdots, 20)$$

$$v' = 2x, v'' = 2, (v)^{(k)} = 0 (k = 3, 4, \cdots, 20)$$

代入莱布尼茨公式，得

$$y^{(20)} = (uv)^{(20)} = u^{(20)} \cdot v + C_{20}^{1} u^{(19)} \cdot v' + C_{20}^{2} u^{(18)} \cdot v''$$

$$= 2^{20} e^{2x} \cdot x^2 + 20 \cdot 2^{19} e^{2x} \cdot 2x + 190 \cdot 2^{18} e^{2x} \cdot 2$$

$$= 2^{20} e^{2x} (x^2 + 20x + 95).$$

习题 2.3

1. 求函数的二阶导数：

(1) $y = 2x^2 + \ln x$；　　(2) $y = e^{2x-1}$；

(3) $y = x\cos x$；　　(4) $y = e^{-t}\sin t$；

(5) $y = \sqrt{a^2 - x^2}$；　　(6) $y = \ln(1 - x^2)$；

(7) $y = \tan x$；　　(8) $y = \frac{1}{x^3 + 1}$；

(9) $y = (1 + x^2)\arctan x$；　　(10) $y = \frac{e^x}{x}$.

2. 验证函数 $y = C_1 e^{lx} + C_2 e^{-lx}$，($l, C_1, C_2$ 是常数) 满足关系式：

$$y'' - l^2 y = 0.$$

3. 求下列函数的 n 阶导数的一般表达式：

(1) $y = x\ln x$；　(2) $y = xe^x$.

4. 求下列函数所指定的阶的导数：

(1) $y = e^x \cos x$，求 $y^{(4)}$；　(2) $y = x^2 \sin 2x$，求 $y^{(50)}$.

§2.4 隐函数及由参数方程所确定的函数的导数

2.4.1 隐函数的导数

定义 2.4.1 形如 $y=f(x)$ 的函数称为显函数,例如 $y=\sin x$, $y=\ln x+e^x$.

定义 2.4.2 如果在方程 $F(x,y)=0$ 中,当 x 取某区间内的任一值时,相应地总有满足这方程的唯一的 y 值存在,那么就说方程 $F(x,y)=0$ 在该区间内确定了一个隐函数.

把一个隐函数化成显函数,叫作隐函数的显化.隐函数的显化有时是有困难的,甚至是不可能的.例如方程 $x+y^3-1=0$ 确定的显函数为 $y=\sqrt[3]{1-x}$,而方程 $e^y+xy-e=0$ 就无法显化.但在实际问题中,有时需要计算隐函数的导数,那么在不解出 y 的情况下,如何求导数 y' 呢?其办法是在方程 $F(x,y)=0$ 中,把 y 看成 x 的函数 $y=y(x)$,在等式两端同时对 x 求导(左端要用到复合函数的求导法则),然后解出 y' 即可.

例 2.4.1 求由方程 $e^y+xy-e=0$ 所确定的隐函数 $y=f(x)$ 的导数.

解 把方程两边对 x 求导数得

$$(e^y)'+(xy)'-(e)'=(0)',$$

即 $e^y\cdot y'+y+xy'=0$,

从而 $y'=-\dfrac{y}{x+e^y}$.

例 2.4.2 求由方程 $y^5+2y-x-3x^7=0$ 所确定的隐函数 $y=f(x)$ 在 $x=0$ 处的导数 $y'|_{x=0}$.

解 把方程两边分别对 x 求导数得

$$5y^4\cdot y'+2y'-1-21x^6=0,$$

由此得 $y' = \dfrac{1+21x^6}{5y^4+2}$.

因为当 $x=0$ 时,从原方程得 $y=0$, 所以

$$y'\big|_{x=0} = \left.\frac{1+21x^6}{5y^4+2}\right|_{x=0} = \frac{1}{2}.$$

2.4.2　对数求导法

对数求导法适用于求幂指函数 $y=[u(x)]^{v(x)}$ 的导数及多因子之积或商的导数. 这种方法是先在 $y=f(x)$ 的两边取对数,然后利用隐函数求导法求出 y 的导数.

设 $y=f(x)$, 两边取对数,得 $\ln y = \ln f(x)$,

两边对 x 求导,得　$\dfrac{1}{y}y' = [\ln f(x)]'$,

$$\therefore y' = f(x)[\ln f(x)]'.$$

例 2.4.3　求 $y=x^{\sin x}\ (x>0)$ 的导数.

解法一　两边取对数,得 $\ln y = \sin x \ln x$,

上式两边对 x 求导,得　$\dfrac{1}{y}y' = \cos x\cdot\ln x + \sin x\cdot\dfrac{1}{x}$,

于是 $y' = y\left(\cos x\cdot\ln x+\sin x\cdot\dfrac{1}{x}\right) = x^{\sin x}\left(\cos x\cdot\ln x+\dfrac{\sin x}{x}\right)$.

解法二　这种幂指函数的导数也可按下面的方法求:

$\because y - x^{\sin x} = e^{\sin x\cdot\ln x}$,

$\therefore y' = e^{\sin x\cdot\ln x}(\sin x\cdot\ln x)' = x^{\sin x}\left(\cos x\cdot\ln x+\dfrac{\sin x}{x}\right)$.

例 2.4.4　求函数 $y=\sqrt{\dfrac{(x-1)(x-2)}{(x-3)(x-4)}}$ 的导数.

解　当 $x>4$ 时,先在两边取对数,得

$$\ln y = \frac{1}{2}[\ln(x-1)+\ln(x-2)-\ln(x-3)-\ln(x-4)],$$

上式两边对 x 求导,得

$$\frac{1}{y}y' = \frac{1}{2}\left(\frac{1}{x-1}+\frac{1}{x-2}-\frac{1}{x-3}-\frac{1}{x-4}\right),$$

于是 $y'=\frac{y}{2}\left(\frac{1}{x-1}+\frac{1}{x-2}-\frac{1}{x-3}-\frac{1}{x-4}\right)$.

当 $x<1$ 时，$y=\sqrt{\frac{(x-1)(x-2)}{(x-3)(x-4)}}=\sqrt{\frac{(1-x)(2-x)}{(3-x)(4-x)}}$.

当 $2<x<3$ 时，$y=\sqrt{\frac{(x-1)(x-2)}{(x-3)(x-4)}}=\sqrt{\frac{(x-1)(x-2)}{(3-x)(4-x)}}$.

用同样方法可得与上面相同的结果.

2.4.3 由参数方程所确定的函数的导数

一般地,若参数方程

$$\begin{cases}x=\varphi(t),\\ y=\psi(t).\end{cases} \tag{2.4.1}$$

确定 y 与 x 之间的函数关系,则称此函数关系所表达的函数为由参数方程(2.4.1)所确定的函数.下面来讨论参数方程(2.4.1)所确定的函数的求导方法.

在式(2.4.1)中,如果函数 $x=\varphi(t)$ 具有单调连续反函数 $t=\varphi^{-1}(x)$,且此反函数能与函数 $y=\psi(t)$ 构成复合函数,那么由参数方程(2.4.1)所确定的函数可以看成是由函数 $y=\psi(t)$、$t=\varphi^{-1}(x)$ 复合而成的函数 $y=\psi[\varphi^{-1}(x)]$. 现在,要计算这个复合函数的导数.为此再假定函数 $x=\varphi(t)$、$y=\psi(t)$ 都可导,而且 $\varphi'(t)\neq 0$. 于是根据复合函数的求导法则与反函数的求导法则,有

$$\frac{\mathrm{d}y}{\mathrm{d}x}=\frac{\mathrm{d}y}{\mathrm{d}t}\cdot\frac{\mathrm{d}t}{\mathrm{d}x}=\frac{\mathrm{d}y}{\mathrm{d}t}\cdot\frac{1}{\frac{\mathrm{d}x}{\mathrm{d}t}}=\frac{\psi'(t)}{\varphi'(t)},$$

即

$$\frac{\mathrm{d}y}{\mathrm{d}x}=\frac{\psi'(t)}{\varphi'(t)}. \tag{2.4.2}$$

上式也可以写成

$$\frac{\mathrm{d}y}{\mathrm{d}x}=\frac{\frac{\mathrm{d}y}{\mathrm{d}t}}{\frac{\mathrm{d}x}{\mathrm{d}t}}.$$

式(2.4.2)就是由参数方程(2.4.1)所确定的 x 的函数的导数公式.

如果 $x=\varphi(t)$、$y=\psi(t)$ 还是二阶可导的,那么从式(2.4.2)又可得到函数的二阶导数公式

$$\frac{\mathrm{d}^2 y}{\mathrm{d}x^2}=\frac{\mathrm{d}}{\mathrm{d}x}\left(\frac{\mathrm{d}y}{\mathrm{d}x}\right)=\frac{\mathrm{d}}{\mathrm{d}t}\left(\frac{\psi'(t)}{\varphi'(t)}\right)\cdot\frac{\mathrm{d}t}{\mathrm{d}x}=\frac{\psi''(t)\varphi'(t)-\psi'(t)\varphi''(t)}{\varphi'^2(t)}\cdot\frac{1}{\varphi'(t)},$$

即

$$\frac{\mathrm{d}^2 y}{\mathrm{d}x^2}=\frac{\psi''(t)\varphi'(t)-\psi'(t)\varphi''(t)}{\varphi'^3(t)}. \tag{2.4.3}$$

 **2.4.5** 计算由摆线的参数方程

$$\begin{cases} x=a(t-\sin t), \\ y=a(1-\cos t), \end{cases}$$

所确定的函数 $y=y(x)$ 的二阶导数.

解 $\dfrac{\mathrm{d}y}{\mathrm{d}x}=\dfrac{\frac{\mathrm{d}y}{\mathrm{d}t}}{\frac{\mathrm{d}x}{\mathrm{d}t}}=\dfrac{a\sin t}{a(1-\cos t)}=\dfrac{\sin t}{1-\cos t}=\cot\dfrac{t}{2}\,(t\neq 2n\pi, n\in\mathbb{Z}).$

$$\frac{\mathrm{d}^2 y}{\mathrm{d}x^2}=\frac{\mathrm{d}}{\mathrm{d}t}\left(\cot\frac{t}{2}\right)\cdot\frac{1}{\frac{\mathrm{d}x}{\mathrm{d}t}}=-\frac{1}{2\sin^2\frac{t}{2}}\cdot\frac{1}{a(1-\cos t)}$$

$$=-\frac{1}{a(1-\cos t)^2}\,(t\neq 2n\pi, n\in\mathbb{Z}).$$

习题 2.4

1. 求由下列方程所确定的隐函数 y 的导数 $\dfrac{\mathrm{d}y}{\mathrm{d}x}$:

(1) $y^2-2xy+9=0$;　　(2) $x^3+y^3-3axy=0$;

(3) $xy=\mathrm{e}^{x+y}$;　　(4) $y=1-x\mathrm{e}^{y}$.

2. 求曲线 $x^{\frac{2}{3}}+y^{\frac{2}{3}}=a^{\frac{2}{3}}$ 在点 $\left(\dfrac{\sqrt{2}}{4}a,\dfrac{\sqrt{2}}{4}a\right)$ 处的切线方程和法线方程.

3. 求由下列方程所确定的隐函数 y 的二阶导数 $\dfrac{\mathrm{d}^2 y}{\mathrm{d}x^2}$:

(1) $x^2-y^2=1$;　　(2) $b^2x^2+a^2y^2=a^2b^2$;

(3) $y=\tan(x+y)$;　　(4) $y=1+x\mathrm{e}^{y}$.

4. 用对数求导法求下列函数的导数:

(1) $y=\left(\dfrac{x}{1+x}\right)^{x}$;　　(2) $y=\sqrt[5]{\dfrac{x-5}{\sqrt[5]{x^2+2}}}$;

(3) $y=\dfrac{\sqrt{x+2}\,(3-x)^4}{(x+1)^5}$； (4) $y=\sqrt{x\sin x\sqrt{1-e^x}}$.

5. 求下列参数方程所确定的函数的二阶导数 $\dfrac{d^2y}{dx^2}$：

(1) $\begin{cases}x=\dfrac{t^2}{2},\\ y=1-t;\end{cases}$ (2) $\begin{cases}x=a\cos t,\\ y=b\sin t;\end{cases}$

(3) $\begin{cases}x=3e^{-t},\\ y=2e^t;\end{cases}$ (4) $\begin{cases}x=f'(t),\\ y=tf'(t)-f(t);\end{cases}$

设 $f''(t)$ 存在且不为零.

§2.5 函数的微分

2.5.1 微分的定义

引例 一块正方形金属薄片受温度变化的影响，其边长由 x_0 变到 $x_0+\Delta x$，问此薄片的面积改变了多少？

设此正方形的边长为 x，面积为 A，则 A 是 x 的函数：$A=x^2$. 金属薄片的面积改变量为：

$$\Delta A=(x_0+\Delta x)^2-(x_0)^2=2x_0\Delta x+(\Delta x)^2.$$

几何意义：$2x_0\Delta x$ 表示两个长为 x_0 宽为 Δx 的长方形面积；$(\Delta x)^2$ 表示边长为 Δx 的正方形的面积.

数学意义：当 $\Delta x\to 0$ 时，$(\Delta x)^2$ 是比 Δx 高阶的无穷小，即 $(\Delta x)^2=o(\Delta x)$；$2x_0\Delta x$ 是 Δx 的线性函数，是 ΔA 的主要部分，可以近似地代替 ΔA.

定义 2.5.1 设函数 $y=f(x)$ 在某区间内有定义，x_0 及 $x_0+\Delta x$ 在这区间内，如果函数的增量

$$\Delta y=f(x_0+\Delta x)-f(x_0) \tag{2.5.1}$$

可表示为

$$\Delta y=A\Delta x+o(\Delta x), \tag{2.5.2}$$

其中 A 是不依赖于 Δx 的常数，那么称函数 $y=f(x)$ 在点 x_0 是可微的，而 $A\Delta x$ 叫作函数 $y=f(x)$ 在点 x_0 相应于自变量增量 Δx 的微分，记作 dy，即 $dy=A\Delta x$.

定理 2.5.1　函数 $f(x)$ 在点 x_0 处可微的充分必要条件是函数 $f(x)$ 在点 x_0 可导，且当函数 $f(x)$ 在点 x_0 处可微时，其微分一定是

$$dy = f'(x_0)\Delta x. \tag{2.5.3}$$

证　设函数 $f(x)$ 在点 x_0 可微，则按(2.5.2)有
$\Delta y = A\Delta x + o(\Delta x)$，上式两边除以 Δx，得

$$\frac{\Delta y}{\Delta x} = A + \frac{o(\Delta x)}{\Delta x}.$$

于是，当 $\Delta x \to 0$ 时，由上式就得到

$$A = \lim_{\Delta x \to 0} \frac{\Delta y}{\Delta x} = f'(x_0).$$

因此，如果函数 $f(x)$ 在点 x_0 可微，则 $f(x)$ 在点 x_0 也一定可导，且

$$A = f'(x_0).$$

反之，如果 $f(x)$ 在点 x_0 可导，即 $\lim\limits_{\Delta x \to 0} \dfrac{\Delta y}{\Delta x} = f'(x_0)$ 存在，根据极限与无穷小的关系，上式可写成 $\dfrac{\Delta y}{\Delta x} = f'(x_0) + \alpha$，其中 $\alpha \to 0$（当 $\Delta x \to 0$），且 $A = f(x_0)$ 是常数，$\alpha\Delta x = o(\Delta x)$. 由此又有

$$\Delta y = f'(x_0)\Delta x + \alpha\Delta x.$$

因 $f'(x_0)$ 不依赖于 Δx，故上式相当于 $\Delta y = A\Delta x + o(\Delta x)$，
所以 $f(x)$ 在点 x_0 处也是可微的.

在 $f'(x_0) \neq 0$ 的条件下，以微分 $dy = f'(x_0)\Delta x$ 近似代替增量 $\Delta y = f(x_0 + \Delta x) - f(x_0)$ 时，其误差为 $o(\Delta x)$. 因此在 $|\Delta x|$ 很小时，有近似等式

$$\Delta y \approx dy. \tag{2.5.4}$$

函数 $y = f(x)$ 在任意点 x 的微分，称为函数的微分，记作 dy 或 $df(x)$，即

$$dy = f'(x)\Delta x.$$

通常把自变量 x 的增量 Δx 称为自变量的微分，记作 dx，即 $dx = \Delta x$. 于是函数 $y = f(x)$ 的微分又可记作

$$dy = f'(x)dx, \tag{2.5.5}$$

从而有

$$\frac{dy}{dx} = f'(x). \tag{2.5.6}$$

这就是说,函数的微分 dy 与自变量的微分 dx 之商等于该函数的导数.因此,导数也叫作“微商”.

例如

$$d\cos x = (\cos x)'\Delta x = -\sin x\Delta x = -\sin x dx;$$
$$de^x = (e^x)'\Delta x = e^x\Delta x = e^x dx.$$

例 2.5.1 求函数 $y = x^2$ 在 $x = 3$ 处的微分.

解 函数 $y = x^2$ 在 $x = 3$ 处的微分为

$$dy = (x^2)'\big|_{x=3} dx = 6dx.$$

例 2.5.2 求函数 $y = x^3$ 当 $x = 2, \Delta x = 0.02$ 时的微分.

解 先求函数在任意点 x 的微分

$$dy = (x^3)'\Delta x = 3x^2\Delta x.$$

再求函数当 $x = 2, \Delta x = 0.02$ 时的微分

$$dy\big|_{x=2,\Delta x=0.02} = 3x^2 \cdot \Delta x\big|_{x=2,\Delta x=0.02} = 3 \cdot 2^2 \cdot 0.02 = 0.24.$$

2.5.2 微分的几何意义

在直角坐标系中,函数 $y = f(x)$ 的图形是一条曲线,对于某一固定的 x_0 值,曲线上有一个定点 $M(x_0, y_0)$,当自变量 x 有微小增量 Δx 时,就得到曲线上另一点 $N(x_0 + \Delta x, y_0 + \Delta y)$,从图 2.5.1 可知 $MQ = \Delta x, QN = \Delta y$,过点 M 作曲线的切线 MT,它的倾角为 α,则

$$QP = MQ \cdot \tan\alpha = \Delta x \cdot f'(x_0),\text{ 即 } dy = QP.$$

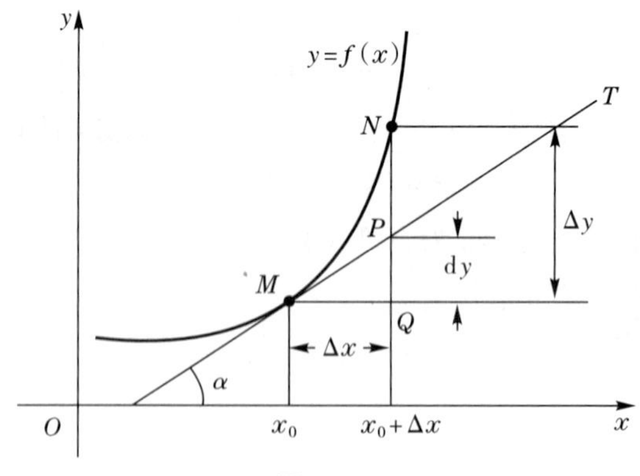

图 2.5.1

所以函数 $y=f(x)$ 在点 x_0 处的微分的几何意义就是曲线在点 $M(x_0,y_0)$ 处的切线 MT 的纵坐标的增量 QP. 当 $|\Delta x|$ 很小时，$|\Delta y-\mathrm{d}y|$ 比 $|\Delta y|$ 小得多. 因此在点 M 的邻近可以用直线段来近似代替曲线段.

2.5.3　微分公式与微分法则

由微分概念可知，求已知函数的微分，只要求出导数乘以 $\mathrm{d}x$ 即可，这样，由所有的导数基本公式两边乘以 $\mathrm{d}x$，就直接得出微分的基本公式；同样，在函数的和、差、积、商求导公式两边各乘以 $\mathrm{d}x$，也可得到函数的和、差、积、商的微分法则. 所以会求导数就会求微分，因此，我们把微分运算和导数运算统称微分法. 为了便于查阅，现将微分公式与微分法则归纳如下：

1. 微分基本公式

(1) $\mathrm{d}C=0$，（C 为常数）；

(2) $\mathrm{d}x^{\alpha}=\alpha x^{\alpha-1}\mathrm{d}x$，$\alpha$ 为任意实数；

(3) $\mathrm{d}\log_a x=\dfrac{1}{x\ln a}\mathrm{d}x_{(a>0,a\neq1)}$，$\mathrm{d}\ln x=\dfrac{1}{x}\mathrm{d}x$；

(4) $\mathrm{d}a^x=a^x\ln a\mathrm{d}x_{(a>0,a\neq1)}$，$\mathrm{d}e^x=e^x\mathrm{d}x$；

(5) $\mathrm{d}\sin x=\cos x\mathrm{d}x$，　　$\mathrm{d}\cos x=-\sin x\mathrm{d}x$，

$\mathrm{d}\tan x=\dfrac{1}{\cos^2 x}\mathrm{d}x=\sec^2 x\mathrm{d}x$，　　$\mathrm{d}\cot x=-\dfrac{1}{\sin^2 x}\mathrm{d}x=-\csc^2 x\mathrm{d}x$，

$\mathrm{d}\sec x=\sec x\tan x\mathrm{d}x$，　　$\mathrm{d}\csc x=-\csc x\cot x\mathrm{d}x$；

(6) $\mathrm{d}\arcsin x=\dfrac{1}{\sqrt{1-x^2}}\mathrm{d}x(-1<x<1)$，

$\mathrm{d}\arccos x=-\dfrac{1}{\sqrt{1-x^2}}\mathrm{d}(x-1<x<1)$，

$\mathrm{d}\arctan x=\dfrac{1}{1+x^2}\mathrm{d}x$，　　$\mathrm{d}\mathrm{arccot}\, x=-\dfrac{1}{1+x^2}\mathrm{d}x$.

2. 微分法则

(1) $\mathrm{d}(u\pm v)=\mathrm{d}u\pm\mathrm{d}v$；

(2) $\mathrm{d}(uv)=v\mathrm{d}u+u\mathrm{d}v$，$\mathrm{d}(Cu)=C\mathrm{d}u$，$C$ 为常数；

(3) $\mathrm{d}\left(\dfrac{u}{v}\right)=\dfrac{v\mathrm{d}u-u\mathrm{d}v}{v^2}(v\neq0)$.

2.5.4 微分的近似计算

在工程问题中,经常会遇到一些复杂的计算公式,如果直接用这些公式进行计算,那是很费力的.利用微分往往可以把一些复杂的计算公式改用简单的近似公式来代替.

如果函数 $y=f(x)$ 在点 x_0 处的导数 $f'(x)\neq 0$,且 $|\Delta x|$ 很小时,我们有

$\Delta y\approx \mathrm{d}y=f'(x_0)\Delta x$,

$\Delta y=f(x_0+\Delta x)-f(x_0)\approx \mathrm{d}y=f'(x_0)\Delta x$,

$f(x_0+\Delta x)\approx f(x_0)+f'(x_0)\Delta x$.

若令 $x=x_0+\Delta x$,即 $\Delta x=x-x_0$,那么又有

$$f(x)\approx f(x_0)+f'(x_0)(x-x_0).$$

特别当 $x_0=0$ 时,有 $f(x)\approx f(0)+f'(0)x$.

这些都是近似计算公式.

 **2.5.3** 计算 $\sqrt{1.05}$ 的近似值.

解 已知 $\sqrt[n]{1+x}\approx 1+\frac{1}{n}x$,$1.05=1+0.05$,$x_0=1$,$\Delta x=0.05$,

故 $\sqrt{1.05}=\sqrt{1+0.05}\approx 1+\frac{1}{2}\times 0.05=1.025$.

直接开方的结果是 $\sqrt{1.05}=1.02470$.

例 **2.5.4** 测量值与被测量真值之差,称为绝对误差.测量值的绝对误差与测量值之比叫相对误差.若正方形边长为 2.41 ± 0.005 m,求它的面积,并估计绝对误差与相对误差.

解 设正方形边长为 x,面积为 y,则 $y=x^2$.

当 $x=2.41$ 时,$y=(2.41)^2=5.8081(\mathrm{m}^2)$.$y'|_{x=2.41}=2x|_{x=2.41}=4.82$.

$\because$ 边长的绝对误差为 $\delta_x=0.005$,

$\therefore$ 面积的绝对误差为 $\delta_y=4.82\times 0.005$,

$\therefore$ 面积的相对误差为 $\frac{\delta_y}{|y|}=\frac{0.0241}{5.8081}\approx 0.4\%$.

2.5.5　一阶微分形式不变性

设 $y=f(u)$ 及 $u=\varphi(x)$ 都可导，则复合函数 $y=f[\varphi(x)]$ 的微分为

$$\mathrm{d}y=y'\mathrm{d}x=f'(u)\varphi'(x)\mathrm{d}x.$$

由于 $\varphi'(x)\mathrm{d}x=\mathrm{d}u$，所以复合函数 $y=f[\varphi(x)]$ 的微分公式也可以写成 $\mathrm{d}y=f'(u)\mathrm{d}u$ 或 $\mathrm{d}y=y'\mathrm{d}u$. 由此可见，无论 u 是自变量还是中间变量，微分形式 $\mathrm{d}y=f'(u)\mathrm{d}u$ 保持不变，这一性质称为一阶微分形式不变性.

例 2.5.5　已知 $y=\sin(2x+1)$，求 $\mathrm{d}y$.

解　把 $2x+1$ 看成中间变量 u，则

$$\begin{aligned}\mathrm{d}y&=\mathrm{d}(\sin u)=\cos u\mathrm{d}u=\cos(2x+1)\mathrm{d}(2x+1)=\cos(2x+1)\cdot 2\mathrm{d}x\\&=2\cos(2x+1)\mathrm{d}x.\end{aligned}$$

例 2.5.6　已知 $y=\ln(1+\mathrm{e}^{x^2})$，求 $\mathrm{d}y$.

解

$$\begin{aligned}\mathrm{d}y&=\mathrm{d}\ln(1+\mathrm{e}^{x^2})=\frac{1}{1+\mathrm{e}^{x^2}}\mathrm{d}(1+\mathrm{e}^{x^2})=\frac{1}{1+\mathrm{e}^{x^2}}\cdot\mathrm{e}^{x^2}\mathrm{d}(x^2)\\&=\frac{1}{1+\mathrm{e}^{x^2}}\cdot\mathrm{e}^{x^2}\cdot 2x\mathrm{d}x=\frac{2x\mathrm{e}^{x^2}}{1+\mathrm{e}^{x^2}}\mathrm{d}x.\end{aligned}$$

习题 2.5

1. 已知 $y=x^3-x$，计算在 $x=2$ 处当 Δx 分别等于 1，0.1，0.01 时的 Δy 及 $\mathrm{d}y$.

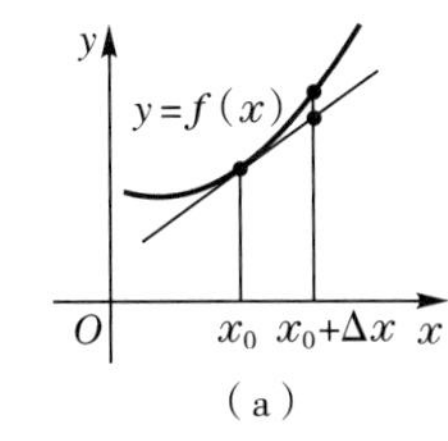

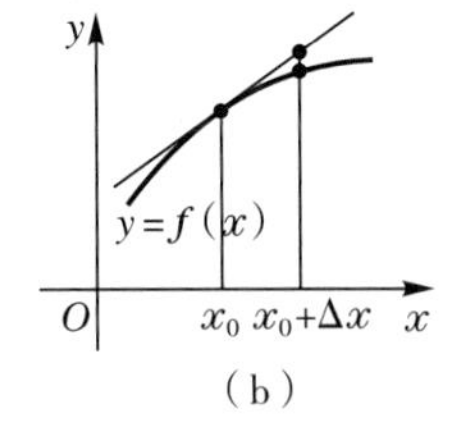

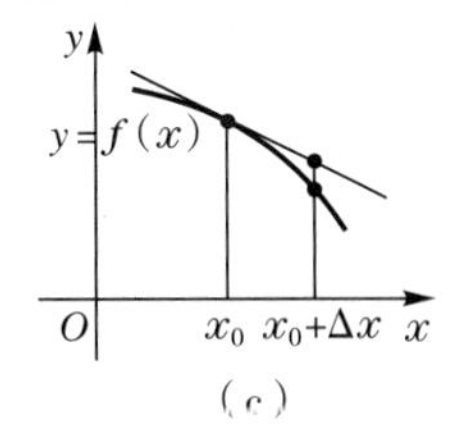

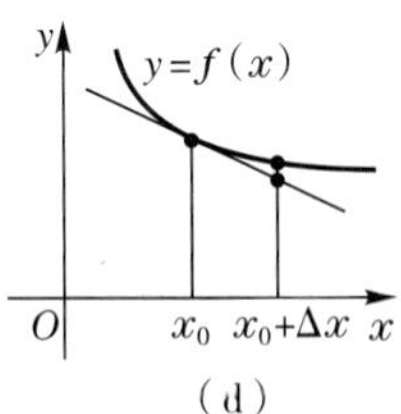

图 2.5.2

2. 设函数 $y=f(x)$ 的图形如图 2.5.2 所示，试在图(a)、(b)、(c)、(d)中分别标出在点 x_0 的 $\mathrm{d}y$、Δy 及 $\Delta y-\mathrm{d}y$ 并说明其正负.

3. 求下列函数的微分：

(1) $y=\frac{1}{x}+2\sqrt{x}$；　　(2) $y=x\sin 2x$；

(3) $y=\frac{x}{\sqrt{x^2+1}}$；　　(4) $y=\ln^2(1-x)$；

(5) $y=x^2e^{2x}$；　　(6) $y=e^{-x}\cos(3-x)$；

(7) $y=\arcsin\sqrt{1-x^2}$；　　(8) $y=\tan^2(1+2x^2)$.

4. 将适当的函数填入下列括号内，使等式成立：

(1) $d(\quad)=2dx$；　　(2) $d(\quad)=3xdx$；

(3) $d(\quad)=\cos tdt$；　　(4) $d(\quad)=\sin wx dx$；

(5) $d(\quad)=\frac{1}{x+1}dx$；　　(6) $d(\quad)=e^{-2x}dx$；

(7) $d(\quad)=\frac{1}{\sqrt{x}}dx$；　　(8) $d(\quad)=\sec^2 3xdx$.

5. 设扇形的圆心角 $\alpha=60°$，半径 $R=100$ cm (如图 2.5.3)，如果 R 不变，α 减少 $30'$，问扇形面积大约改变了多少？又如果 α 不变，R 增加 1 cm，问扇形面积大约改变了多少？

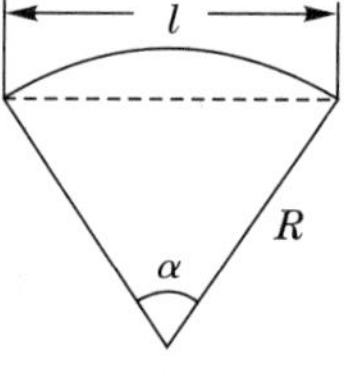

图 2.5.3

6. 计算下列三角函数值的近似值：

(1) $\cos 29°$；　(2) $\tan 136°$.

7. 计算下列各根式的近似值：

(1) $\sqrt[3]{996}$；　(2) $\sqrt[6]{65}$.

8. 海平面的大气压为 76 cm 汞柱，距海平面上方 h 处的大气压 P 为

$$P=76e^{-1.06\times10^{-4}h}$$

旅行家们常凭经验认为每升高 100 m，大气压减少 0.8 cm 汞柱，解释上述经验为什么是对的.

§ 2.6　导数概念在经济学中的应用

本节着重讨论导数的经济意义，以及导数概念在经济学中的两个应用——边际分析与弹性分析.

2.6.1　边际与边际分析

在经济学中，某经济量当自变量变化一个单位时所产生的改变量称为该经济量的边际量. 正是由于边际概念的建立，才把导数引入了经济学. 下面，我们就以边际成本为例说明这一点.

设某产品的总成本 C 是产量 x 的函数

$$C = C(x)(x > 0)$$

当产量为 x_0 时，总成本是 $C(x_0)$. 如果在此基础上产量增加 Δx 单位，那么总成本相应的改变量为

$$\Delta C = C(x_0 + \Delta x) - C(x_0)$$

它与 Δx 的比值

$$\frac{\Delta C}{\Delta x} = \frac{C(x_0 + \Delta x) - C(x_0)}{\Delta x}$$

表示产量由 x_0 到 $x_0 + \Delta x$ 这段生产过程中，平均每增加一个单位产量时总成本的改变量，即在这段生产过程中总成本的平均变化率. 如果当 $\Delta x \to 0$ 时，$\frac{\Delta C}{\Delta x}$ 的极限存在，则在经济学中就把该极限值称为产量为 x_0 时的边际成本. 由导数定义可知，这里的边际成本，实际上就是在点 x_0 处总成本 C 对产量 x 的导数，也就是产量为 x_0 时总成本的变化率，即总成本的增长速度.

注意到当 $|\Delta x|$ 较小时，总成本在 x_0 处的改变量可以用总成本的微分来近似，即

$$C(x_0 + \Delta x) - C(x_0) \approx C'(x_0) \cdot \Delta x$$

于是，当 $\Delta x = 1$ 时，有

$$C(x_0 + 1) - C(x_0) \approx C'(x_0)$$

这表明边际成本 $C'(x_0)$ 近似表示了在产量为 x_0 的水平上，再生产一个单位产品时所增加的总成本，或者说是增加这一个单位产品所需要的生产成本.

例 2.6.1 生产某产品 x 吨时的总成本 C 是产量 x 的函数

$$C(x) = 1000 + 7x + 50\sqrt{x}\ (\text{元})$$

求产量为 100 吨时的总成本、平均单位成本和边际成本.

解 产量为 100 吨时，总成本为

$$C(100) = 1000 + 7 \times 100 + 50\sqrt{100} = 2200\ (\text{元}),$$

平均单位成本为

$$\overline{C}(100) = \left(\frac{C(x)}{x}\right|_{x=100} = \frac{2200}{100} = 22\ (\text{元/吨}),$$

边际成本为

$$C'(100)=\left(7+\frac{25}{\sqrt{x}}\right)\bigg|_{x=100}=9.5\ (\text{元/吨}).$$

本例中，$\overline{C}(100)$ 与 $C'(100)$ 之所以差别较大，是由于二者概念上的差别造成的. $\overline{C}(100)$ 表示生产前 100 吨产品的平均单位成本，其中每一吨产品的成本中都分摊了固定成本，所以平均单位成本较高；而 $C'(100)$ 仅表示在已经生产了 100 吨产品的基础上，再生产 1 吨（即第 101 吨）产品所“追加”的总成本，是不考虑固定成本的，因而此时的单位成本要低得多. 事实上，由于总成本 $C(x)$ 是固定成本 C_0 与可变成本 $C_1(x)$ 之和，即 $C(x)=C_0+C_1(x)$，从而有

$$C'(x)=(C_0)'+C_1'(x)=C_1'(x)$$

这说明边际成本与固定成本的确是无关的.

一般地，在经济学中，某经济总量函数的导数称为该经济量的边际量. 例如，若收益 R 是产(销)量 x 的函数 $R=R(x)$，则 $R'(x)$ 称为边际收益函数；若利润 L 是产量 x 的函数 $L=L(x)$，则 $L'(x)$ 称为边际利润函数. 它们分别近似地表示产量为 x 时再产(销)一个单位产品所增加的收益和利润. 类似的，在经济学中常见的还有边际需求、边际供给，等等.

 **2.6.2** 某产品投放市场获得的利润 L 与该产品日产量 x（吨）的关系为

$$L(x)=240x-3x^2-1500\ (\text{元})$$

试确定日产量为 30 吨、45 吨时的边际利润，并解释其含义.

解 由题知，边际利润函数为

$$L'(x)=240-6x$$

故

$$L'(30)=240-6\times 30=60\ (\text{元/吨}),$$

$$L'(45)=240-6\times 45=-30\ (\text{元/吨}).$$

上述结果表明，当日产量为 30 吨时，再增产 1 吨，利润可望增加约 60 元；而当日产量为 45 吨时，再增产 1 吨，利润将减少约 30 元.

2.6.2　弹性与弹性分析

1. 需求量对价格的弹性

先介绍一个与弹性相关的概念——绝对改变量与相对改变量.

设变量 t 由初值 t_0 改变到终值 t_1，则 $\Delta t = t_1 - t_0$ 称为变量 t 在 t_0 处的(绝对)改变量，$\frac{\Delta t}{t_0}$ 称为变量 t 在 t_0 处的相对改变量. 不难看出，绝对改变量指的是改变量的具体数值，而相对改变量则描述了改变量相对于初始值的变化幅度. 后者常常用百分数来表示.

 **2.6.3**　由某百货公司调价前后金饰品的销售记录可得其价格 p 和需求量（即销售量）Q 的有关数据如下：

调价前		调价后	
单价 p	需求量 Q	单价 p_1	需求量 Q_1
100 元	350 克	95 元	490 克

(1)求价格和需求量的绝对改变量与相对改变量；

(2)价格平均变动百分之一时，需求量变动百分之几?

解　(1) 价格的绝对改变量和相对改变量为

$$\Delta p = 95 - 100 = -5\text{ (元)},$$

$$\frac{\Delta p}{p} = \frac{-5}{100} = -0.05\text{ (即减少 }5\%\text{)},$$

需求量的绝对改变量和相对改变量为

$$\Delta Q = 490 - 350 = 140\text{ (克)},$$

$$\frac{\Delta Q}{Q} = \frac{140}{350} = 0.4\text{ (即增加 }40\%\text{)},$$

(2)由

$$\frac{\frac{\Delta Q}{Q}}{\frac{\Delta p}{p}} = \frac{0.4}{-0.05} = -8,$$

知需求量变动幅度是价格变动幅度的 8 倍，也就是说，若价格平均变动 1%，需求量将随之变动 8%（这里的负号表示需求量和价格变动方向相反，即价格上浮,需求减少;价格下调,需求增加).

例 2.6.3 所讨论的虽然只是商品价格在 p 和 p_1 两点之间需求量受价格影响的平均变动情况,但却给我们提供了度量价格波动对需求量影响程度的一种方法. 如果我们把这种处理问题的方法推广到更一般的情形,就得到了需求量对价格的弹性的定义.

定义 2.6.1 设某商品需求量 Q 是价格 p 的函数 $Q=Q(p)$,则 $\dfrac{\frac{\Delta Q}{Q}}{\frac{\Delta p}{p}}$ 称为该商品在价格 p 与 $p+\Delta p$ 两点间的需求弹性,记为 $\varepsilon_{(p,p+\Delta p)}$,即

$$\varepsilon_{(p,p+\Delta p)}=\frac{\frac{\Delta Q}{Q}}{\frac{\Delta p}{p}}$$

若当 $\Delta p\to 0$ 时,$\frac{\Delta Q}{Q}$ 与 $\frac{\Delta p}{p}$ 之比的极限存在,则称此极限值为该商品在价格为 p 时的需求弹性,记为 ε_p,即

$$\varepsilon_p=\lim_{\Delta p\to 0}\frac{\frac{\Delta Q}{Q}}{\frac{\Delta p}{p}}=\lim_{\Delta p\to 0}\frac{\frac{\Delta Q}{\Delta p}}{\frac{Q}{p}}=\frac{Q'}{\frac{Q}{p}}=P\frac{Q'}{Q}$$

其中,两点间的弹性 $\varepsilon_{(p,p+\Delta p)}$ 称为"弧弹性",点 p 处的弹性 ε_p 称为"点弹性".

由定义不难看出,例 2.6.3 所计算的,正是金饰品在价格为 100 与 95 两点间需求量对价格的弧弹性.

由于需求弹性是需求量的相对改变量与价格的相对改变量之比当价格改变量趋于零时的极限,因此需求弹性也称为需求量对价格的相对变化率,它表示在价格为 p 时,价格变动百分之一所引起的需求量变动的百分数. 一般说来,由于需求函数 $Q=Q(p)$ 是单调减函数,因而当 $\Delta p>0$ 时,$\Delta Q<0$,故由定义可知需求函数的弧弹性是负值,从而当 $\Delta p\to 0$ 时,作为弧弹性极限的点弹性一般也为负值. 这表明,当某商品价格上涨(或下调)1%时,其需求

量将随之减少（或增加）$|\varepsilon_p|$ %.

由于需求弹性描述了商品需求量受价格波动的影响程度或者说是灵敏度，因此在进行市场分析时，需求弹性的大小对制定销售策略和合理确定价格有重要的参考价值. 下面，我们就从收益函数的角度对这个问题作进一步的探讨.

设需求函数为 $Q=Q(p)$，从而收益函数

$$R=p\cdot Q(p)=pQ$$

于是，当价格发生微小变化即绝对值 $|\Delta p|$ 较小时，收益的改变量

$$\begin{aligned}\Delta R\approx \mathrm{d}R&=\mathrm{d}(pQ)=(pQ)'\Delta p=(Q+pQ')\Delta p=Q\left(1+p\frac{Q'_t}{Q}\right)\Delta p\\&=Q(1+\varepsilon_p)\Delta p=Q(1-|\varepsilon_p|)\Delta p\end{aligned}\tag{2.6.1}$$

故由上式可知：

若 $|\varepsilon_p|>1$（此时称需求为“高弹性”），则涨价（$\Delta p>0$）使总收益减少，降价（$\Delta p<0$）使总收益增加. 故此时应采取降价促销的策略，虽然“薄利”但可以“多销”，同样可以增加销售的收入；

若 $|\varepsilon_p|<1$（此时称需求为“低弹性”），则涨价（$\Delta p>0$）使总收益增加，降价（$\Delta p<0$）使总收益减少. 故此时可适当提高商品价格，以增加销售的收入；

若 $|\varepsilon_p|=1$（此时称需求为“单位弹性”），则此时无论是涨价还是降价，总收益都不会发生变化（$\Delta R\approx 0$），因而无需再对商品价格进行调整.

例 2.6.4 某企业根据市场调查，建立了某商品需求量 Q 与价格 p 之间的函数关系为

$$Q=100-2p.$$

(1)试求需求弹性 ε_p；

(2)当价格 p 分别为 24 元、30 元时，要使销售收入有所增加，应采取何种价格措施？

解 (1) $\varepsilon_p=P\dfrac{Q'_t}{Q}=p\cdot\dfrac{-2}{100-2p}=\dfrac{-p}{50-p}$

(2)当 $p=24$ 元时，$\varepsilon_p=\dfrac{-24}{50-24}\approx -0.92$，因为 $|\varepsilon_p|<1$，故适当提价可使销售收入增加；

当 $p=30$ 元时，$\varepsilon_p=\frac{-30}{50-30}\approx-1.5$，因为 $|\varepsilon_p|>1$，故适当降价可使销售收入增加.

2. 函数的弹性

定义 2.6.2 设函数 $y=f(x)$. 若 $f(x)$ 可导,则称函数 $f(x)$ 对自变量 x 的相对变化率

$$\lim_{\Delta x\to 0}\frac{\frac{\Delta y}{y}}{\frac{\Delta x}{x}}=\lim_{\Delta x\to 0}\frac{\frac{\Delta y}{\Delta x}}{\frac{y}{x}}=\frac{f'(x)}{\frac{f(x)}{x}}=x\frac{f'(x)}{f(x)}$$

为函数 $f(x)$ 在点 x 处的弹性,记为 $\frac{\mathrm{E}y}{\mathrm{E}x}$,它表示自变量在 x 处变化1%时函数变化的百分数.

弹性的另一种表达形式是

$$\frac{\mathrm{E}y}{\mathrm{E}x}=\frac{\frac{\mathrm{d}y}{\mathrm{d}x}}{\frac{y}{x}}=\frac{\frac{\mathrm{d}y}{y}}{\frac{\mathrm{d}x}{x}}=\frac{\mathrm{d}\ln y}{\mathrm{d}\ln x}.$$

 **2.6.5** 求函数 $y=3+2x$ 在 $x=1$ 处的弹性.

解 函数在点 x 处的弹性为

$$\frac{\mathrm{E}y}{\mathrm{E}x}=x\frac{(3+2x)'}{3+2x}=\frac{2x}{3+2x}$$

$$\frac{\mathrm{E}y}{\mathrm{E}x}\Big|_{x=1}=\frac{2\times 1}{3+2\times 1}=\frac{2}{5}=0.4$$

上式表明在 $x=1$ 处,若自变量增加(或减少)1%,函数将增加(或减少)0.4%.

习题 2.6

1. 某商品的价格 p 与需求量 Q 的关系为 $p=10-\frac{Q}{5}$，求 $Q=20$ 时的总收益、平均收益及边际收益.

2. 某企业产量为 x 时的成本函数和收入函数分别为

$$C(x)=1000+5x+\frac{x^2}{10}\ (\text{元}),\ R(x)=200x+\frac{x^2}{20}\ (\text{元})$$

(1)求边际成本、边际收入、边际利润；

(2)若该企业已生产并销售 25 个单位产品，则第 26 个单位产品大约会有多少利润？

3. 某商品的需求函数为 $Q=10-\frac{p}{2}$，其中 Q 为需求量，p 为价格，试求：

(1)当 $p=3$ 时需求的价格弹性，并解释经济意义；

(2)当 $p=3$ 时总收益的价格弹性，并解释经济意义.

4. 设商品需求量 Q 与价格 p 的函数关系为 $Q=150-2p^2$，求：

(1)当 $p=6$ 时的需求弹性；

(2)当 $p=6$ 时，若价格下降 2%，总收益将变化百分之几？是增加还是减少？

相关阅读

柯　西

——业绩永存的数学大师

19 世纪初期，微积分已发展成一个庞大的分支，内容丰富，应用非常广泛，与此同时，它的薄弱之处也越来越暴露出来，微积分的理论基础并不严格. 为解决新问题并澄清微积分概念，数学家们展开了数学分析严谨化的工作，在分析基础的奠基工作中，做出卓越贡献的要推伟大的数学家柯西.

柯西 1789 年 8 月 21 日出生于巴黎. 父亲是一位精通古典文学的律师，与当时法国的大数学家拉格朗日，拉普拉斯交往密切. 柯西少年时代的数学才华颇受这两位数学家的赞赏，并预言柯西日后必成大器. 拉格朗日向其父建议“赶快给柯西一种坚实的文学教育”，以便他的爱好不致使他引入歧途. 父亲加强了对柯西的文学教养，使他在诗歌方面也表现出很高的才华.

1807 年至 1810 年柯西在工学院学习. 曾当过交通道路工程师. 由于身体欠佳，接受了拉格朗日和拉普拉斯的劝告，放弃工程师而致力于纯数学的研究，柯西在数学上的最大贡献是在微积分中引进了极限概念，并以极限为基础建立了逻辑清晰的分析体系. 这是微积分发展史上的精华，也是柯西对人类科学发展所作的巨大贡献.

1821 年柯西提出极限定义的 ε 方法，把极限过程用不等式来刻画，后经维尔斯特拉斯改进，成为现在所说的柯西极限定义或叫 $\varepsilon-\delta$ 定义. 当今所有微积分的教科书都还(至少是在本质上)沿用着栖西等人关于极限、连续、导数、收敛等概念的定义.他对微积分的解释被后人普遍采用.柯西对定积分作了最系统的开创性工作.他把定积分定义为和的“极限”.在定积分运算之前,强调必须确立积分的存在性.他利用中值定理首先严格证明了微积分基本定理.通过柯西以及后来维尔斯特拉斯的艰苦工作,使数学分析的基本概念得到严格的论述.从而结束微积分二百年来思想上的混乱局面,把微积分及其推广从对几何概念,运动和直觉了解的完全依赖中解放出来,并使微积分发展成现代数学最基础最庞大的数学学科.

数学分析严谨化的工作一开始就产生了很大的影响.在一次学术会议上柯西提出了级数收敛性理论.会后,拉普拉斯急忙赶回家中,根据栖西的严谨判别法,逐一检查其巨著《天体力学》中所用到的级数是否都收敛.

柯西在其他方面的研究成果也很丰富.复变函数的微积分理论就是由他创立的.在代数方面、理论物理、光学、弹性理论方面,也有突出贡献.柯西的数学成就不仅辉煌,而且数量惊人.柯西全集有27卷,其论著有800多篇.在数学史上是仅次于欧拉的多产数学家.他的光辉名字与许多定理、准则一起铭记在当今许多教材中.

作为一位学者,他是思路敏捷,功绩卓著.但他常忽视青年人的创造.例如,由于柯西“失落”了才华出众的年轻数学家阿贝尔与伽罗华的开创性的论文手稿,造成群论晚问世约半个世纪.1857年5月23日柯西在巴黎病逝.他临终的一句名言“人总是要死的,但是,他们的业绩永存”长久地叩击着一代又一代学子的心扉.

复习题 2

1. 在“充分”、“必要”和“充分必要”三者中选择一个正确的填入下列空格内:

(1) $f(x)$ 在点 x_0 可导是 $f(x)$ 在点 x_0 连续的__________条件, $f(x)$ 在点 x_0 连续是 $f(x)$ 在点 x_0 可导的__________条件.

(2) $f(x)$ 在点 x_0 的左导数 $f_-'(x)$ 及右导数 $f_+'(x)$ 都存在且相等是 $f(x)$ 在点 x_0 可导的__________条件.

(3) $f(x)$ 在点 x_0 可导是 $f(x)$ 在点 x_0 可微的__________条件.

2. 求下列函数 $f(x)$ 的 $f_-'(0)$ 及 $f_+'(0)$，又 $f'(0)$ 是否存在？

(1) $f(x)=\begin{cases}\sin x, & x<0,\\ \ln(1+x), & x\geqslant 0;\end{cases}$　　(2) $f(x)=\begin{cases}\dfrac{x}{1+e^{\frac{1}{x}}}, & x\neq 0,\\ 0, & x=0.\end{cases}$

3. 讨论函数 $f(x)=\begin{cases}x\sin\dfrac{1}{x}, & x\neq 0,\\ 0, & x=0,\end{cases}$ 在 $x=0$ 处的连续性与可导性.

4. 求下列函数的导数：

(1) $y=\arcsin(\sin x)$；　　(2) $y=\arctan\dfrac{1+x}{1-x}$；

(3) $y=\ln\tan\dfrac{x}{2}-\cos x\cdot\ln\tan x$；　　(4) $y=\ln(e^x+\sqrt{1+e^{2x}})$；

(5) $y=\sqrt[x]{x}\ (x>0)$.

5. 求下列函数的二阶导数：

(1) $y=\cos^2 x\cdot\ln x$；　　(2) $y=\dfrac{x}{\sqrt{1-x^2}}$.

6. 求下列函数的 n 阶导数：

(1) $y=\sqrt[m]{1+x}$；　　(2) $y=\dfrac{1-x}{1+x}$.

7. 设函数 $y=y(x)$ 由方程 $e^y+xy=e$ 所确定，求 $y''(0)$.

8. 利用函数的微分代替函数的增量求 $\sqrt[3]{1.02}$ 的近似值.

9. 求下列参数方程所确定的函数的导数 $\dfrac{dy}{dx}$：

(1) $\begin{cases}x=at^2,\\ y=bt^3;\end{cases}$　　(2) $\begin{cases}x=\theta(1-\sin\theta),\\ y=\theta\cos\theta.\end{cases}$

扫一扫，获取参考答案

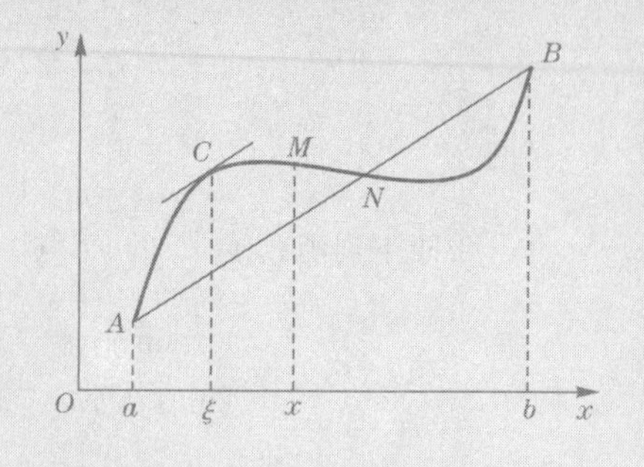

第3章 微分中值定理与导数的应用

【学习目标】

- 理解并会用罗尔定理、拉格朗日中值定理、柯西中值定理.
- 掌握拉格朗日中值定理及推论.
- 掌握洛必达法则及其运用.
- 熟练掌握函数单调性的判定及函数极值、最值的求法.
- 掌握曲线凹凸性的判定及拐点的求法.
- 掌握导数在实际问题中的应用.
- 会求曲线的渐近线.

微分中值定理包括罗尔定理、拉格朗日中值定理、柯西中值定理、泰勒中值定理,它们反映了导数的局部性与函数的整体性之间的关系,应用十分广泛. 拉格朗日中值定理建立了函数值与导数值之间的定量联系,它是通过导数去研究函数的性态的理论基础,是微分中值定理中最重要的内容,其他中值定理都是拉格朗日中值定理的特殊情况或推广. 本章先从罗尔定理、拉格朗日中值定理、柯西中值定理的几何意义入手,重点介绍了定理的内容及证明;接着给出了微分中值定理的重要应用,如应用洛必达法则求函数极限,应用导数判断函数的单调性与极值、凹凸性与拐点等重要性态,进而给出函数图像的各种几何特征;最后介绍了导数的重要应用.

§3.1 微分中值定理

3.1.1 罗尔定理

首先,观察图3.1.1,设曲线弧 $\overset{\frown}{AB}$ 是函数 $y=f(x)(x\in[a,b])$ 的图形.

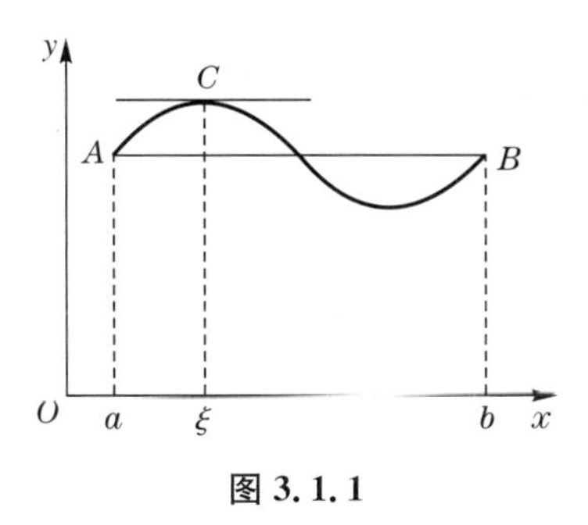

图3.1.1

这是一条连续的曲线弧,除端点外处处具有不垂直于 x 轴的切线,且两个端点的纵坐标相等,即 $f(a)=f(b)$. 可以发现在曲线的最高点 C 或最低点处,曲线有水平的切线. 如果记 C 点的横坐标为 ξ,那么就有 $f'(\xi)=0$,这就是罗尔定理. 我们用费马引理来证明它.

费马引理 设函数 $f(x)$ 在点 x_0 的某邻域 $U(x_0)$ 内有定义并且在 x_0 处可导,如果对任意的 $x\in U(x_0)$,有

$$f(x)\leqslant f(x_0)\ (\text{或 } f(x)\geqslant f(x_0)),\text{那么 } f'(x_0)=0.$$

证明 不妨设 $x\in U(x_0)$ 时,$f(x)\leqslant f(x_0)$(如果 $f(x)\geqslant f(x_0)$,可以类似地证明).

于是,对于 $x_0+\Delta x\in U(x_0)$,有

$$f(x_0+\Delta x)\leqslant f(x_0),$$

从而当 $\Delta x>0$ 时,有

$$\frac{f(x_0+\Delta x)-f(x_0)}{\Delta x}\leqslant 0,$$

同样,当 $\Delta x<0$ 时,有

$$\frac{f(x_0+\Delta x)-f(x_0)}{\Delta x}\geqslant 0,$$

根据函数 $f(x)$ 在 x_0 可导的条件及极限的保号性,便得到

$$f'(x_0)=f'_+(x_0)=\lim_{\Delta x\to 0^+}\frac{f(x_0+\Delta x)-f(x_0)}{\Delta x}\leqslant 0,$$

$$f'(x_0)=f'_-(x_0)=\lim_{\Delta x\to 0^-}\frac{f(x_0+\Delta x)-f(x_0)}{\Delta x}\geqslant 0.$$

所以,

$$f'(x_0)=0.$$

通常称导数等于零的点为函数的驻点(或稳定点,临界点).

定理 3.1.1(罗尔定理) 如果函数 $f(x)$ 满足:

(1)在闭区间 $[a,b]$ 上连续;

(2)在开区间 (a,b) 内可导;

(3)在区间端点的函数值相等,即 $f(a)=f(b)$;

那么至少存在一点 $\xi\in(a,b)$,使得 $f'(\xi)=0$.

证明 若 $f(x)$ 在 $[a,b]$ 上恒为常数,即 $f(x)\equiv C(x\in[a,b])$(C为常数),这时在开区间 (a,b) 内,有 $f'(x)\equiv 0$,结论显然成立.

若 $f(x)$ 在 $[a,b]$ 上不恒为常数,由定理 3.1.1(1)知,$f(x)$ 在闭区间 $[a,b]$ 上必定取得它的最大值 M 和最小值 m,且 $M>m$. 因为 $f(a)=f(b)$,所以 M 和 m 这两个数中至少有一个不等于 $f(x)$ 在区间 $[a,b]$ 的端点处的函数值. 不妨设 $M\neq f(a)$(如果设 $m\neq f(a)$,证明完全类似),那么必定在开区间 (a,b) 内有一点 ξ 使 $f(\xi)=M$.

因此,对于任意的 $x\in[a,b]$,有 $f(x)\leqslant f(\xi)$,从而由费马引理知 $f'(\xi)=0$.

例 3.1.1 验证函数 $f(x)=x^2-x-1$ 在区间 $[-1,2]$ 上满足罗尔定理的条件,并求出符合罗尔定理中的 ξ.

解 显然函数 $f(x)=x^2-x-1$ 在 $[-1,2]$ 上连续,在 $(-1,2)$ 内可导,且 $f(-1)=f(2)=1$,

则由罗尔定理得,至少存在一点 $\xi\in(-1,2)$,使得 $f'(\xi)=0$.

因为 $f'(x)=2x-1$,所以 $f'(\xi)=2\xi-1$,

令 $f'(\xi)=0$,得到 $\xi=\frac{1}{2}\in(-1,2)$,即符合罗尔定理中的 $\xi=\frac{1}{2}$.

思考题　(1)罗尔定理的三个条件是充分必要的吗？这三个条件可以减少一个吗？

(2)罗尔定理中的三个条件一个都不满足时,结论就一定不成立吗？

例 3.1.2　设 $f(x)$ 在 $[0,1]$ 上连续,且 $f(0)=f(1)=0, f\left(\frac{1}{2}\right)=1$,试证:至少存在一个 $\xi\in(0,1)$,使 $f'(\xi)=1$.

证　令 $F(x)=f(x)-x$,则 $F(x)$ 在 $[0,1]$ 上连续,且 $F\left(\frac{1}{2}\right)=\frac{1}{2}$,$F(1)=-1$,则由零点定理可知,存在 $\eta\in(\frac{1}{2},1)$,使 $F(\eta)=0$.

又 $F(x)$ 在$[0,1]$上连续,在$(0,1)$内可导,$F(0)=F(\eta)=0$,所以由罗尔定理得,至少存在一个 $\xi\in(0,\eta)\subset(0,1)$,使 $F'(\xi)=0$,即 $f'(\xi)=1$.

注意:证明方程有根首先考虑两种方法,一是零点定理,二是罗尔定理.

罗尔定理中 $f(a)=f(b)$ 这个条件是相当特殊的,它使罗尔定理的应用受到限制.如果把 $f(a)=f(b)$ 这个条件取消,但仍保留其余两个条件,并相应地改变结论,那么就得到微分学中十分重要的拉格朗日中值定理.

3.1.2　拉格朗日中值定理

定理 3.1.2(拉格朗日中值定理)　如果函数 $f(x)$ 满足:

(1)在闭区间 $[a,b]$ 上连续;

(2)在开区间(a,b) 内可导.

那么在(a,b) 内至少有一点 $\xi(a<\xi<b)$,使等式

$$f(b)-f(a)=f'(\xi)(b-a) \tag{3.1.1}$$

成立.

在证明之前,先看一下定理的几何意义.式(3.1.1)可改写成

$$\frac{f(b)-f(a)}{b-a}=f'(\xi),$$

由图 3.1.2 可看出,$\frac{f(b)-f(a)}{b-a}$ 为弦 AB 的斜率,而 $f'(\xi)$ 为曲线在点 C 处的切线的斜率.因此拉格朗日中值定理的几何意义是:如果连续曲线 $y=f(x)$ 的曲线弧 $\overset{\frown}{AB}$ 上除端点外处处具有不垂直于 x 轴的切线,那么这

弧上至少有一点 C，使曲线在 C 点处的切线平行于弦 AB.

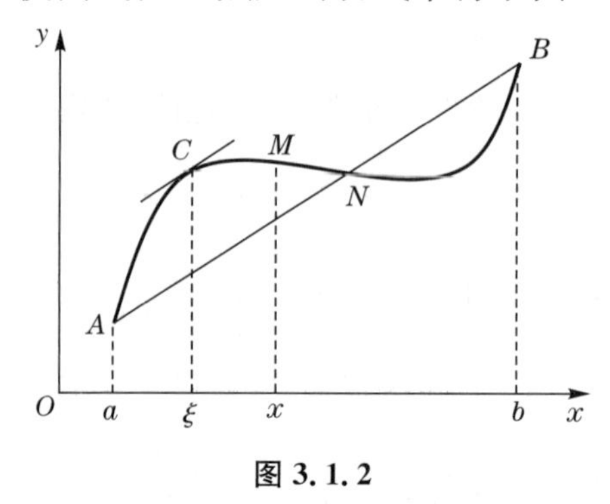

图 3.1.2

从罗尔定理的几何意义中(图 3.1.1)看出，由于 $f(a)=f(b)$，弦 AB 是平行于 x 轴的，因此点 C 处的切线实际上也平行于弦 AB. 由此可见，罗尔定理是拉格朗日中值定理的特殊情形. 但在拉格朗日中值定理中，函数 $f(x)$ 不一定具备 $f(a)=f(b)$ 这个条件，为此我们设想构造一个与 $f(x)$ 有密切联系的函数 $\varphi(x)$ (称为辅助函数)，使 $\varphi(x)$ 满足条件 $\varphi(a)=\varphi(b)$，然后对 $\varphi(x)$ 应用罗尔定理. 从图 3.1.2 中看到，有向线段 AB 的值是 x 的函数，把它表示为 $\varphi(x)$，它与 $f(x)$ 有密切的联系，当 $x=a$ 及 $x=b$ 时，点 M 与点 N 重合，即有 $\varphi(a)=\varphi(b)=0$. 为求得函数 $\varphi(x)$ 的表达式，设直线 AB 的方程为 $y=L(x)$，则

$$L(x)=f(a)+\frac{f(b)-f(a)}{b-a}(x-a),$$

由于点 M、N 的纵坐标依次为 $f(x)$ 及 $L(x)$，故表示有向线段 NM 的值的函数

$$\varphi(x)=f(x)-L(x)=f(x)-f(a)-\frac{f(b)-f(a)}{b-a}(x-a).$$

下面就利用这个辅助函数来证明拉格朗日中值定理.

证 引进辅助函数

$$\varphi(x)=f(x)-f(a)-\frac{f(b)-f(a)}{b-a}(x-a).$$

容易验证函数 $\varphi(x)$ 适合罗尔定理的条件：$\varphi(a)=\varphi(b)=0$；$\varphi(x)$ 在闭区间 $[a,b]$ 上连续，在开区间 (a,b) 内可导，且

$$\varphi'(x)=f'(x)-\frac{f(b)-f(a)}{b-a}.$$

根据罗尔定理,可知在 (a,b) 内至少有一点 ξ, 使 $\varphi'(\xi)=0$, 即

$$f'(\xi)-\frac{f(b)-f(a)}{b-a}=0.$$

由此得

$$\frac{f(b)-f(a)}{b-a}=f'(\xi),$$

即

$$f(b)-f(a)=f'(\xi)(b-a).$$

显然,公式 3.1.1 对于 $b<a$ 也成立. 式 3.1.1 叫作拉格朗日中值公式. 它还有以下常见表示

$$f(x+\Delta x)-f(x)=f'(x+\theta x)\cdot\Delta x\ (0<\theta<1). \quad (3.1.2)$$

$$\Delta y=f'(x+\Delta x)\cdot\Delta x\ (0<\theta<1) \quad (3.1.3)$$

我们知道,函数的微分 $\mathrm{d}y=f'(x)\cdot\Delta x$ 是函数的增量 Δy 的近似表达式,一般说来,以 $\mathrm{d}y$ 近似代替 Δy 时所产生的误差只有当 $\Delta x\to 0$ 时才趋于零;而式(3.1.3)却给出了自变量取得有限增量 Δx ($|\Delta x|$ 不一定很小)时,函数增量 Δy 的准确表达式. 因此这个定理也叫作有限增量定理,式(3.1.3)称为有限增量公式. 它精确地表达了函数在一个区间上的增量与函数在这区间内某点处的导数之间的关系.

注意: 如果 $f(a)=f(b)$, 那么公式(1)就可以写成 $f'(\xi)=0(a<\xi<b)$, 这样就变成罗尔定理了.

例 3.1.3 证明当 $x>0$ 时, $\frac{x}{1+x}<\ln(1+x)<x$.

证 设 $f(x)=\ln(1+x)$, 显然 $f(x)$ 在区间$[0,x]$上满足拉格朗日中值定理的条件,根据定理,应有

$$f(x)-f(0)=f'(\xi)(x-0), 0<\xi<x.$$

由于 $f(0)=0, f'(\xi)=\frac{1}{1+x}$, 因此上式即为 $\ln(1+x)=\frac{x}{1+\xi}$.

又由 $0<\xi<x$, 有 $\frac{x}{1+x}<\frac{x}{1+\xi}<x$,

即

$$\frac{x}{1+x}<\ln(1+x)<x.$$

注意:利用拉格朗日中值定理证明不等式时,关键是选择与所要证明的问题相近的函数与区间,利用拉格朗日中值定理得 $f'(\xi)$ 的表达式,再对 $f'(\xi)$ 作合适的放缩.

我们知道,如果函数 $f(x)$ 在某一区间上是一个常数,那么 $f(x)$ 在该区间上的导数恒为零. 它的逆命题也是成立的,这就是:

推论 3.1.1 如果函数 $f(x)$ 在区间 I 上的导数恒为零,那么 $f(x)$ 在区间 I 上是一个常数.

证 在区间 I 上任取两点 x_1 、x_2 ($x_1 < x_2$),应用(1)式就得

$$f(x_2) - f(x_1) = f'(\xi)(x_2 - x_1) \quad (x_1 < \xi < x_2),$$

由假定, $f'(\xi) = 0$, 所以 $f(x_2) - f(x_1) = 0$.

即 $$f(x_2) = f(x_1).$$

因为 x_1 、x_2 是 I 上任意两点,所以上面的等式表明: $f(x)$ 在 I 上的函数值总是相等的,这就是说, $f(x)$ 在区间 I 上是一个常数.

由推论 1 立即得到下面的推论 3.1.2.

推论 3.1.2 如果函数 $f(x)$ 与 $g(x)$ 在区间 I 上满足条件 $f'(x) = g'(x)$,则这两个函数至多相差一个常数,即 $f(x) = g(x) + C$.

例 3.1.4 证明等式: $\arctan x + \operatorname{arccot} x = \frac{\pi}{2} (x \in \mathbf{R})$.

证 设 $f(x) = \arctan x + \operatorname{arccot} x$, 因为

$$f'(x) = \frac{1}{1+x^2} + \left(-\frac{1}{1+x^2}\right) = 0,$$

所以由推论 1 知 $f(x) \equiv C$, 又

$$f(0) = \arctan 0 + \operatorname{arccot} 0 = 0 + \frac{\pi}{2} = \frac{\pi}{2},$$

故 $C = \frac{\pi}{2}$, 从而 $\arctan x + \operatorname{arccot} x = \frac{\pi}{2} (x \in \mathbf{R})$.

上面已经指出,如果连续曲线弧 $\overset{\frown}{AB}$ 上除端点外处处具有不垂直于横轴的切线,那么这段弧上至少有一点 C, 使曲线在点 C 处的切线平行于弦 AB.

设 $\overset{\frown}{AB}$ 由参数方程

$$\begin{cases} X = F(x), \\ Y = f(x), \end{cases} \quad (a \leqslant x \leqslant b)$$

表示(图 3.1.3),其中 x 为参数.那么曲线上点 (X,Y) 处的切线的斜率为

$$\frac{\mathrm{d}Y}{\mathrm{d}X}=\frac{f'(x)}{F'(x)},$$

弦 AB 的斜率为 $\frac{f(b)-f(a)}{F(b)-F(a)}$.

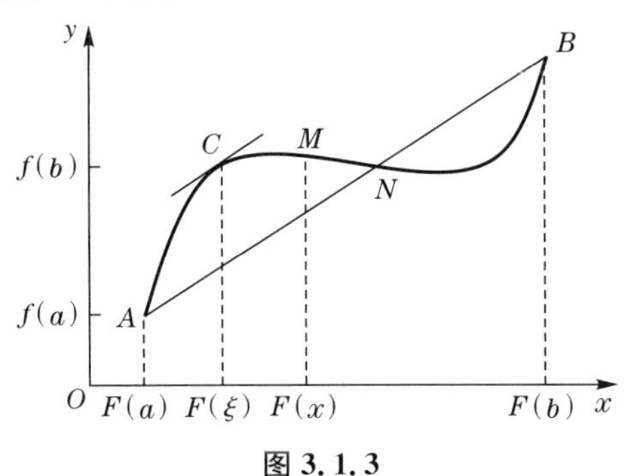

图 3.1.3

假定点 C 对应于参数 $x=\xi$,那么曲线上点 C 处的切线平行于弦 AB,可表示为

$$\frac{f(b)-f(a)}{F(b)-F(a)}=\frac{f'(\xi)}{F'(\xi)}.$$

与这一事实相应的就是下面的柯西中值定理.

3.1.3 柯西中值定理

定理 3.1.3(柯西中值定理) 如果函数 $f(x)$ 及 $F(x)$ 满足:

(1)在闭区间 $[a,b]$ 上连续;

(2)在开区间 (a,b) 内可导;

(3)在 (a,b) 内的每一点处,$F'(x)\neq 0$.

那么在 (a,b) 内至少有一点 ξ,使等式

$$\frac{f(b)-f(a)}{F(b)-F(a)}=\frac{f'(\xi)}{F'(\xi)} \tag{3.1.4}$$

证 首先注意到 $F(b)-F(a)\neq 0$. 这是由于

$$F(b)-F(a)=F'(\eta)(b-a),$$

其中 $a<\eta<b$,根据假定 $F'(\eta)\neq 0$,又 $b-a\neq 0$,所以

$$F(b)-F(a)\neq 0.$$

类似拉格朗日中值定理的证明,我们仍然以表示有向线段 NM 的值的

函数 $\varphi(x)$ (见图 3.1.3)作为辅助函数. 这里,点 M 的纵坐标为 $Y=f(x)$, 点 N 的纵坐标为

$$Y=f(a)+\frac{f(b)-f(a)}{F(b)-F(a)}[F(x)-F(a)],$$

于是

$$\varphi(x)=f(x)-f(a)-\frac{f(b)-f(a)}{F(b)-F(a)}[F(x)-F(a)].$$

容易验证,这个辅助函数 $\varphi(x)$ 适合罗尔定理的条件: $\varphi(a)=\varphi(b)$; $\varphi(x)$ 在闭区间 $[a,b]$ 上连续,在开区间 (a,b) 内可导且

$$\varphi'(x)=f'(x)-\frac{f(b)-f(a)}{F(b)-F(a)}\cdot F'(x).$$

根据罗尔定理,可知在 (a,b) 内必定有一点 ξ 使得 $\varphi'(\xi)=0$, 即

$$f'(\xi)-\frac{f(b)-f(a)}{F(b)-F(a)}\cdot F'(\xi)=0,$$

由此得 $\dfrac{f(b)-f(a)}{F(b)-F(a)}=\dfrac{f'(\xi)}{F'(\xi)}$, 定理证毕.

注意: 如果取 $F(x)=x$, 那么 $F(b)-F(a)=b-a$, $F'(x)=1$, 因而公式(3.1.4)就可以写成: $f(b)-f(a)=f'(\xi)(b-a)$ $(a<\xi<b)$, 这样就变成拉格朗日中值定理了.

习题 3.1

1. 求函数 $f(x)=\sin x$ 在区间 $\left[\frac{\pi}{6},\frac{5\pi}{6}\right]$ 上满足罗尔定理的 ξ.
2. 验证拉格朗日中值定理对函数 $f(x)=x^2+x-3$ 在区间 $[0,1]$ 上的正确性.
3. 不用求出函数 $f(x)=x(x+1)(x-1)(x-2)$ 的导数,说明方程 $f'(x)=0$ 有几个实根,并指出它们所在的区间.
4. 证明恒等式: $\arcsin x+\arccos x=\frac{\pi}{2}(-1\leqslant x\leqslant 1)$.
5. 若方程 $a_0x^n+a_1x^{n-1}+\cdots+a_{n-1}x=0$ 有一个正根 x_0, 证明方程
   $a_0nx^{n-1}+a_1(n-1)x^{n-2}+\cdots+a_{n-1}=0$ 必有一个小于 x_0 的正根.
6. 设 $b>a>0$, 证明: $\frac{b-a}{1+b^2}<\arctan b-\arctan a<\frac{b-a}{1+a^2}$.
7. 设 $a>b>0$, 证明: $\frac{a-b}{a}<\ln\frac{a}{b}<\frac{a-b}{b}$.

8. 证明：当 $x>0$ 时，$\frac{1}{x+1}<\ln\left(1+\frac{1}{x}\right)<\frac{1}{x}$.

9. 证明：若函数 $f(x)$ 在 $(-\infty,+\infty)$ 内满足关系式 $f'(x)=f(x)$ 且 $f(0)=1$ 则 $f(x)=\mathrm{e}^x$.

10. 设 $f(x)$ 在 $[a,b]$ 上连续，在 (a,b) 内可导，证明：在 (a,b) 内至少存在一点 ξ，使得 $\frac{bf(b)-af(a)}{b-a}=f(\xi)+\xi f'(\xi)$.

§ 3.2　洛必达法则

如果当 $x\to a$（或 $x\to\infty$）时，两个函数 $f(x)$ 与 $F(x)$ 都趋于 0 或都趋于 ∞，那么极限 $\lim\limits_{\substack{x\to a\\(x\to\infty)}}\frac{f(x)}{F(x)}$ 可能存在、也可能不存在. 通常把这种极限叫作未定式，并分别简记为 $\frac{0}{0}$ 或 $\frac{\infty}{\infty}$. 极限 $\lim\limits_{x\to 0}\frac{\sin x}{x}$ 就是 $\frac{0}{0}$ 型未定式，极限 $\lim\limits_{x\to+\infty}\frac{\ln x}{x^n}$（$n>0$）就是 $\frac{\infty}{\infty}$ 型未定式.

3.2.1　$\frac{0}{0}$ 和 $\frac{\infty}{\infty}$ 未定式

定理 3.2.1　设 (1)当 $x\to a$ 时，函数 $f(x)$ 及 $F(x)$ 都趋于 0；

(2)在点 a 的某去心邻域内，$f'(x)$ 及 $F'(x)$ 都存在且 $F'(x)\neq 0$；

(3) $\lim\limits_{x\to a}\frac{f'(x)}{F'(x)}$ 存在(或为无穷大)，

那么 $\lim\limits_{x\to a}\frac{f(x)}{F(x)}=\lim\limits_{x\to a}\frac{f'(x)}{F'(x)}$.

证明略.

这种在一定条件下通过分子分母分别求导再求极限来确定未定式的值的方法称为洛必达法则.

注意：一次求导后，若导函数的比值仍为 $\frac{0}{0}$ 且满足定理条件时可继续使用洛必达法则.

例 3.2.1 求 $\lim\limits_{x\to0}\dfrac{x-\sin x}{x^3}$.

解 $\lim\limits_{x\to0}\dfrac{x-\sin x}{x^3}=\lim\limits_{x\to0}\dfrac{1-\cos x}{3x^2}=\lim\limits_{x\to0}\dfrac{\sin x}{6x}=\dfrac{1}{6}$.

例 3.2.2 求 $\lim\limits_{x\to1}\dfrac{x^3-3x+2}{x^3-x^2-x+1}$.

解 $\lim\limits_{x\to1}\dfrac{x^3-3x+2}{x^3-x^2-x+1}=\lim\limits_{x\to1}\dfrac{3x^2-3}{3x^2-2x-1}=\lim\limits_{x\to1}\dfrac{6x}{6x-2}=\dfrac{3}{2}$.

注意: 上式中的 $\lim\limits_{x\to1}\dfrac{6x}{6x-2}$ 已不是未定式,不能对它应用洛必达法则,以后使用洛必达法则时应当经常注意这一点,如果不是未定式,就不能应用洛必达法则.

对于 $x\to\infty$ 时的未定式 $\dfrac{0}{0}$,以及对于 $x\to a$ 或 $x\to\infty$ 时的未定式 $\dfrac{\infty}{\infty}$,也有相应的洛必达法则. 例如,对于 $x\to\infty$ 时的未定式 $\dfrac{0}{0}$ 有以下定理:

定理 3.2.2 设 (1)当 $x\to\infty$ 时,函数 $f(x)$ 及 $F(x)$ 都趋于零;
(2)当 $|x|>N$ 时 $f'(x)$ 与 $F'(x)$ 都存在,且 $F'(x)\neq0$;
(3) $\lim\limits_{x\to\infty}\dfrac{f'(x)}{F'(x)}$ 存在(或为无穷大),
那么 $\lim\limits_{x\to\infty}\dfrac{f(x)}{F(x)}=\lim\limits_{x\to\infty}\dfrac{f'(x)}{F'(x)}$.

证明略.

注意: 将条件 $x\to\infty$ 换成 $x\to a^+,x\to a^-,x\to\infty,x\to+\infty,x\to-\infty$,只需要相应地修正条件,结论也成立.

例 3.2.3 求 $\lim\limits_{x\to+\infty}\dfrac{\ln(1+\frac{1}{x})}{\operatorname{arccot} x}$.

解 $\lim\limits_{x\to+\infty}\dfrac{\ln(1+\frac{1}{x})}{\operatorname{arccot} x}=\lim\limits_{x\to+\infty}\dfrac{-\dfrac{1}{x^2+x}}{-\dfrac{1}{1+x^2}}=\lim\limits_{x\to+\infty}\dfrac{1+x^2}{x+x^2}=1$.

例 3.2.4 求 $\lim\limits_{x\to+\infty}\dfrac{\ln x}{x^n}\ (n>0)$.

解　$\lim\limits_{x\to+\infty}\dfrac{\ln x}{x^n}=\lim\limits_{x\to+\infty}\dfrac{\frac{1}{x}}{nx^{n-1}}=\lim\limits_{x\to+\infty}\dfrac{1}{nx^n}=0.$

例 3.2.5　求 $\lim\limits_{x\to+\infty}\dfrac{x^n}{e^{\lambda x}}$（$n$ 为正整数，$\lambda>0$）.

解　相继应用洛必达法则 n 次，得

$$\lim_{x\to+\infty}\frac{x^n}{e^{\lambda x}}=\lim_{x\to+\infty}\frac{nx^{n-1}}{\lambda e^{\lambda x}}=\lim_{x\to+\infty}\frac{n(n-1)x^{n-2}}{\lambda^2e^{\lambda x}}=\cdots=\lim_{x\to+\infty}\frac{n!}{\lambda^n e^{\lambda x}}=0.$$

注意：对数函数 $\ln x$ 、幂函数 $x^n(n>0)$ 、指数函数 $e^{\lambda x}(\lambda>0)$ 均为当 $x\to+\infty$ 时的无穷大，但这三个函数增大的“速度”的很不一样的，幂函数增大的“速度”比对数函数快得多，而指数函数增大的“速度”又比幂函数快得多.

3.2.2　其他类型的未定式($0\cdot\infty$、$\infty-\infty$、0^0、1^∞、∞^0)

其他 $0\cdot\infty$ 、$\infty-\infty$ 、0^0 、1^∞ 、∞^0 型的未定式，经过适当变形也可通过 $\dfrac{0}{0}$ 和 $\dfrac{\infty}{\infty}$ 型的未定式来计算.

方法如下：

(1) $0\cdot\infty$ 型未定式将乘积化为除法即可转化为 $\dfrac{0}{0}$ 或 $\dfrac{\infty}{\infty}$ 型未定式，对数与反三角函数一般不转化为分母.

(2) $\infty-\infty$ 型未定式可采用通分转化为 $\dfrac{0}{0}$ 或 $\dfrac{\infty}{\infty}$ 型未定式.

(3) $0^0,1^\infty,\infty^0$ 型未定式可以利用对数恒等式 $y=e^{\ln y}$ 转化为 $0\cdot\infty$ 型未定式，再转化为 $\dfrac{0}{0}$ 或 $\dfrac{\infty}{\infty}$ 型未定式.

例 3.2.6　求 $\lim\limits_{x\to0}x^2e^{\frac{1}{x^2}}$.

解　这是 $0\cdot\infty$ 型的未定式.

$$\lim_{x\to0}x^2e^{\frac{1}{x^2}}=\lim_{x\to0}\frac{e^{\frac{1}{x^2}}}{\frac{1}{x^2}}=\lim_{x\to0}\frac{e^{\frac{1}{x^2}}\left(\frac{1}{x^2}\right)'}{\left(\frac{1}{x^2}\right)'}=\lim_{x\to0}e^{\frac{1}{x^2}}=+\infty.$$

例 3.2.7 求 $\lim\limits_{x\to\frac{\pi}{2}}(\sec x-\tan x)$.

解 这是 $\infty-\infty$ 型的未定式.

$$\lim_{x\to\frac{\pi}{2}}(\sec x-\tan x)=\lim_{x\to\frac{\pi}{2}}\frac{1-\sin x}{\cos x}=\lim_{x\to\frac{\pi}{2}}\frac{-\cos x}{-\sin x}=0.$$

洛必达法则是求未定式的一种有效方法,但若能与其他求极限的方法结合使用,效果会更好. 例如,利用极限运算法则,等价无穷小代换或重要极限可以使运算更为简捷.

例 3.2.8 求 $\lim\limits_{x\to0^+}x^{\sin x}$.

解 这是 0^0 型未定式.

$$\lim_{x\to0^+}x^{\sin x}=\lim_{x\to0^+}e^{\sin x\ln x}=e^{\lim\limits_{x\to0^+}\sin x\ln x}$$

由于 $\lim\limits_{x\to0^+}\sin x\ln x=\lim\limits_{x\to0^+}x\ln x=\lim\limits_{x\to0^+}\dfrac{\ln x}{\dfrac{1}{x}}=\lim\limits_{x\to0^+}\dfrac{\dfrac{1}{x}}{\dfrac{-1}{x^2}}=\lim\limits_{x\to0^+}(-x)=0$,

故 $\lim\limits_{x\to0^+}x^{\sin x}=e^0=1$.

例 3.2.9 求 $\lim\limits_{x\to0}\dfrac{\tan x-x}{x^2\sin x}$.

解 如果直接用洛必达法则. 那么分母的导数较繁. 如果作一个等价无穷小替代,运算就方便得多.

$$\lim_{x\to0}\frac{\tan x-x}{x^2\sin x}=\lim_{x\to0}\frac{\tan x-x}{x^3}=\lim_{x\to0}\frac{\sec^2 x-1}{3x^2}=\lim_{x\to0}\frac{\tan^2 x}{3x^2}$$
$$=\lim_{x\to0}\frac{x^2}{3x^2}=\frac{1}{3}.$$

最后我们指出,本节定理给出的是求未定式的一种方法. 当定理条件满足时,所求的极限当然存在(或为 ∞),但当定理条件不满足时. 所求极限却不一定不存在,这就是说,当 $\lim\dfrac{f'(x)}{F'(x)}$ 不存在时(等于无穷大的情况除外),$\lim\dfrac{f(x)}{F(x)}$ 仍可能存在.

例 3.2.10　求 $\lim\limits_{x\to 0}\dfrac{x^2\sin\dfrac{1}{x}}{\tan x}$.

解　由洛必达法则得

$$\lim_{x\to 0}\frac{x^2\sin\dfrac{1}{x}}{\tan x}=\lim_{x\to 0}\frac{2x\sin\dfrac{1}{x}-\cos\dfrac{1}{x}}{\sec^2 x},$$

此极限式的极限不存在(振荡),故洛必达法则失效.但原极限存在,求法如下:

$$\lim_{x\to 0}\frac{x^2\sin\dfrac{1}{x}}{\tan x}=\lim_{x\to 0}\frac{x}{\tan x}\cdot x\sin\frac{1}{x}=\lim_{x\to 0}x\sin\frac{1}{x}=0.$$

思考:求极限 $\lim\limits_{x\to\infty}\dfrac{x+3\sin x}{3x-2\cos x}$ 时能否使用洛必达法则?

拓展: 1^{∞} 型极限可以用洛必达法则计算,也可以用以下定理简便运算.

> **定理 3.2.3**　设有极限 $\lim[1+f(x)]^{g(x)}$,若有 $\lim f(x)=0$, $\lim g(x)=\infty$, 且 $\lim f(x)g(x)=A$, 则
>
> $$\lim[1+f(x)]^{g(x)}=\mathrm{e}^{A}.$$

证明: $\lim[1+f(x)]^{g(x)}=\lim\mathrm{e}^{g(x)\ln[1+f(x)]}=\mathrm{e}^{\lim g(x)\ln[1+f(x)]}$

$$=\mathrm{e}^{\lim g(x)f(x)}=\mathrm{e}^{A}.$$

例 3.2.11　求 $\lim\limits_{x\to 0}(1+\tan^2 x)^{\frac{1}{x\ln(1+x)}}$.

解　因为 $\lim\limits_{x\to 0}\tan^2 x\cdot\dfrac{1}{x\ln(1+x)}=\lim\limits_{x\to 0}\dfrac{\tan^2 x}{x\ln(1+x)}=\lim\limits_{x\to 0}\dfrac{x^2}{x\cdot x}=1$

所以 $\lim\limits_{x\to 0}(1+\tan^2 x)^{\frac{1}{x\ln(1+x)}}=\mathrm{e}^1=\mathrm{e}$.

例 3.2.12　求 $\lim\limits_{x\to 1}(2-x)^{\tan\frac{\pi}{2}x}$.

解　原极限可化为

$$\lim_{x\to 1}(2-x)^{\tan\frac{\pi}{2}x}=\lim_{x\to 1}(1+1-x)^{\tan\frac{\pi}{2}x},$$

$$因为 \lim_{x\to1}(1-x)\cdot\tan\frac{\pi}{2}x=\lim_{x\to1}(1-x)\cdot\frac{\sin\frac{\pi}{2}x}{\cos\frac{\pi}{2}x}=\lim_{x\to1}\frac{1-x}{\cos\frac{\pi}{2}x}\cdot\lim_{x\to1}\sin\frac{\pi}{2}x$$

$$=\lim_{x\to1}\frac{1-x}{\cos\frac{\pi}{2}x}=\lim_{x\to1}\frac{-1}{-\frac{\pi}{2}\sin\frac{\pi}{2}x}=\frac{2}{\pi},$$

所以 $\lim\limits_{x\to1}(2-x)^{\tan\frac{\pi}{2}x}=e^{\frac{2}{\pi}}$.

习题 3.2

1. 用洛必达法则求下列极限：

(1) $\lim\limits_{x\to0}\frac{\ln(1+x)}{x}$；

(2) $\lim\limits_{x\to0}\frac{e^x-e^{-x}}{\sin x}$；

(3) $\lim\limits_{x\to a}\frac{\sin x-\sin a}{x-a}$；

(4) $\lim\limits_{x\to\pi}\frac{\sin 3x}{\tan 5x}$；

(5) $\lim\limits_{x\to\frac{\pi}{2}}\frac{\ln\sin x}{(\pi-2x)^2}$；

(6) $\lim\limits_{x\to a}\frac{x^m-a^m}{x^n-a^n}$；

(7) $\lim\limits_{x\to+0}\frac{\ln\tan 7x}{\ln\tan 2x}$；

(8) $\lim\limits_{x\to\frac{\pi}{2}}\frac{\tan x}{\tan 3x}$；

(9) $\lim\limits_{x\to+\infty}\frac{\frac{\pi}{2}-\arctan x}{\frac{1}{x}}$；

(10) $\lim\limits_{x\to0}\frac{\ln(1+x^2)}{\sec x-\cos x}$；

(11) $\lim\limits_{x\to0}x\cot 2x$；

(12) $\lim\limits_{x\to0^+}x^n\ln x$；

(13) $\lim\limits_{x\to1}\left(\frac{2}{x^2-1}-\frac{1}{x-1}\right)$；

(14) $\lim\limits_{x\to0^+}x^x$；

(15) $\lim\limits_{x\to0^+}\left(\frac{1}{x}\right)^{\tan x}$；

(16) $\lim\limits_{x\to0^+}x^2\ln x$；

(17) $\lim\limits_{x\to\pi}\sin x\cdot\cot 3x$；

(18) $\lim\limits_{x\to\infty}\frac{\ln(1+3x^2)}{\ln(3+x^4)}$；

(19) $\lim\limits_{x\to a}\frac{a^x-x^a}{x-a}$；

(20) $\lim\limits_{x\to0}\frac{e^x-e^{-x}-2x}{x-\sin x}$；

(21) $\lim\limits_{x\to\frac{\pi}{2}}(x-\frac{\pi}{2})\tan x$；

(22) $\lim\limits_{x\to+\infty}\frac{x^2}{x+e^x}$；

(23) $\lim\limits_{x\to1}\frac{x^2-\cos(x-1)}{\ln x}$；

(24) $\lim\limits_{x\to1}\frac{1+\cos\pi x}{x^2-2x+1}$；

(25) $\lim\limits_{x\to0}\frac{x-\arctan x}{\tan^3 x}$；

(26) $\lim\limits_{x\to\frac{\pi}{2}}(1-\sin^3 x)\sec^2 x$.

2. 验证极限 $\lim\limits_{x \to \infty} \dfrac{x + \sin x}{x}$ 存在但不能用洛必达法则得出.

3. 设 $\lim\limits_{x \to 2} \dfrac{x^2 + ax + b}{x - 2} = 3$，求常数 a, b 的值.

§ 3.3　函数的单调性

第 1 章中已经介绍了函数在区间上单调的概念. 下面利用导数来对函数的单调性进行研究.

如果函数 $y = f(x)$ 在 $[a,b]$ 上单调增加(单调减少)，那么它的图形是一条沿 x 轴正向上升(下降)的曲线. 这时，曲线上各点处的切线斜率是非负的(是非正的)，即 $y' = f'(x) \geqslant 0 (y' = f'(x) \leqslant 0)$，如图 3.3.1 所示. 由此可见，函数的单调性与导数的符号有着密切的联系.

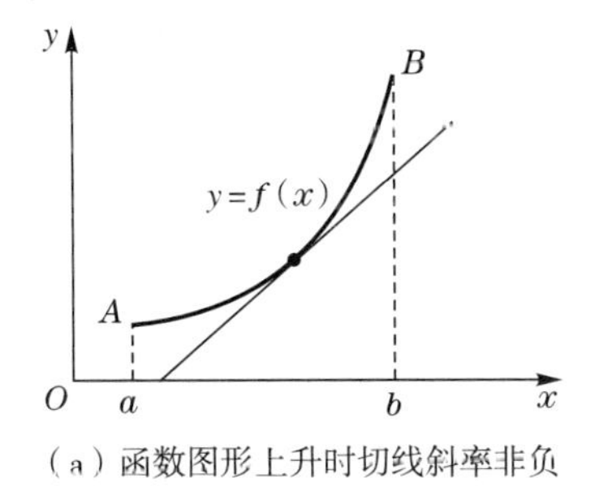

(a) 函数图形上升时切线斜率非负

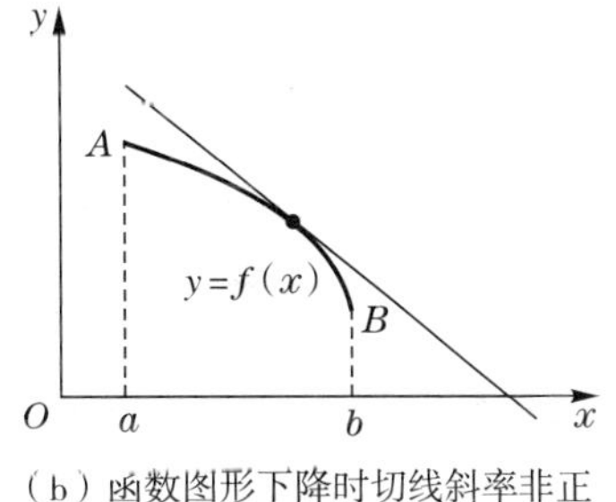

(b) 函数图形下降时切线斜率非正

图 3.3.1

反过来，能否用导数的符号来判定函数的单调性呢?

下面我们利用拉格朗日中值定理来进行讨论.

设函数 $f(x)$ 在 $[a,b]$ 上连续，在 (a,b) 内可导，在 $[a,b]$ 上任取两点 x_1, x_2 $(x_1 < x_2)$ 应用拉格朗日中值定理，得到

$$f(x_2) - f(x_1) = f'(\xi)(x_2 - x_1) (x_1 < \xi < x_2). \qquad (3.3.1)$$

由于在(1)式中，$x_2 - x_1 > 0$，因此，如果在 (a,b) 内导数 $f'(x)$ 保持正号，即 $f'(x) > 0$，那么也有 $f'(\xi) > 0$. 于是

$$f(x_2) - f(x_1) = f'(\xi)(x_2 - x_1) > 0,$$

即

$$f(x_1) < f(x_2),$$

表明函数 $y = f(x)$ 在 $[a,b]$ 上单调增加. 同理，如果在 (a,b) 内导数 $f'(x)$ 保持负号，即 $f'(x) < 0$，那么 $f'(\xi) < 0$，于是 $f(x_2) - f(x_1) < 0$，即

$f(x_1) > f(x_2)$，表明函数 $y = f(x)$ 在 $[a,b]$ 上单调减少.

归纳以上讨论，即得函数单调性的判定法.

3.3.1 函数单调性的判别法

> **定理 3.3.1** 设函数 $y = f(x)$ 在 $[a,b]$ 上连续. 在 (a,b) 内可导，则
>
> (1)如果在 (a,b) 内 $f'(x) > 0$，那么函数 $y = f(x)$ 在 $[a,b]$ 上单调增加；
>
> (2)如果在 (a,b) 内 $f'(x) < 0$，那么函数 $y = f(x)$ 在 $[a,b]$ 上单调减少.

注意:定理中的闭区间换成其他各种区间(包括无穷区间)，结论也成立.

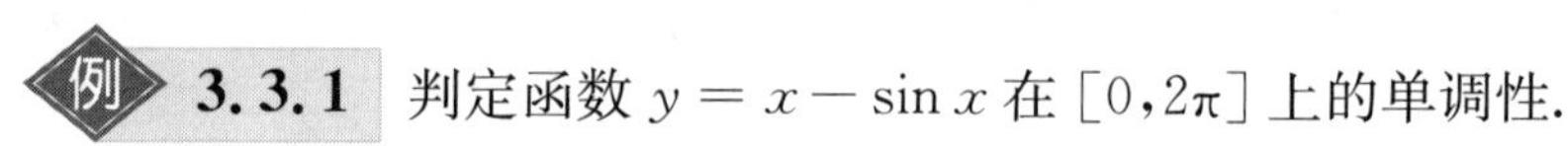

例 3.3.1 判定函数 $y = x - \sin x$ 在 $[0,2\pi]$ 上的单调性.

解 因为在 $(0,2\pi)$ 内 $y' = 1 - \cos x > 0$，
所以由定理可知，函数 $y = x - \sin x$ 在 $[0,2\pi]$ 上单调增加.

例 3.3.2 讨论函数 $y = e^x - x - 1$ 的单调性.

解 函数的定义域为 $(-\infty, +\infty)$，$y' = e^x - 1$，

因为在 $(-\infty,0)$ 内 $y' < 0$，所以函数 $y = e^x - x - 1$ 在 $(-\infty,0]$ 上单调减少.

因为在 $(0,+\infty)$ 内 $y' > 0$，所以函数 $y = e^x - x - 1$ 在 $[0,+\infty)$ 上单调增加.

例 3.3.3 讨论函数 $y = \sqrt[3]{x^2}$ 的单调性.

解 函数的定义域为 $(-\infty, +\infty)$.

当 $x \neq 0$ 时，这函数的导数为 $y' = \dfrac{2}{3\sqrt[3]{x}}$，

当 $x = 0$ 时，函数的导数不存在. 在 $(-\infty,0)$ 内，$y' < 0$，因此函数 $y = \sqrt[3]{x^2}$ 在 $(-\infty,0]$ 上单调减少. 在 $(0,+\infty)$ 内，$y' > 0$，因此函数 $y = \sqrt[3]{x^2}$ 在 $[0,+\infty)$ 上单调增加. 函数的图形如图 3.3.2 所示.

我们注意到，在例 3.3.2 中，$x=0$ 是函数 $y=e^x-x-1$ 的单调减少区间 $(-\infty,0]$ 与单调增加区间 $[0,+\infty)$ 的分界点，而在该点处 $y'=0$. 在例 3.3.3中，$x=0$ 是函数 $y=\sqrt[3]{x^2}$ 的单调减少区间 $(-\infty,0]$ 与单调增加区间 $[0,+\infty)$ 的分界点，而在该点处导数不存在.

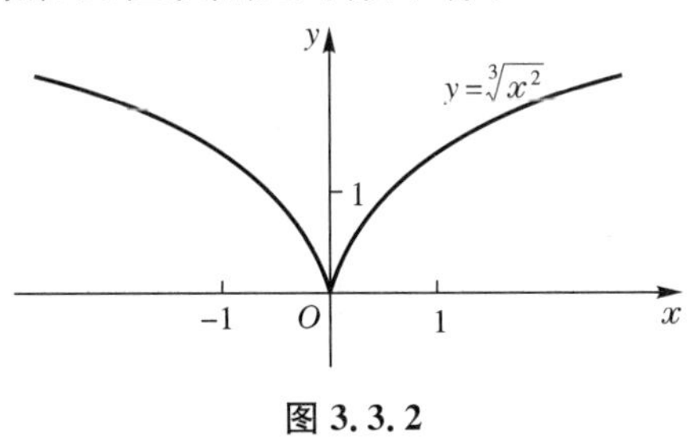

图 3.3.2

从例 3.3.2 中看出，有些函数在它的定义区间上不是单调的，但是当我们用导数等于零的点来划分函数的定义区间以后，就可以使函数在各个部分区间上单调. 从例 3.3.3 中可看出，如果函数在某些点处不可导，则划分函数的定义区间的分点，还应包括这些导数不存在的点. 综合上述两种情形，我们有如下结论：

如果函数在定义区间上连续，除去有限个导数不存在的点外导数存在且在区间内只有有限个驻点，那么只要用方程 $f'(x)=0$ 的根及 $f'(x)$ 不存在的点来划分函数 $f(x)$ 的定义区间，就能保证 $f'(x)$ 在各个部分区间内保持固定符号，因而函数 $f(x)$ 在每个部分区间上单调.

综上，如果函数在定义区间上连续，除去有限个导数不存在的点外导数存在且在区间内只有有限个驻点，那么我们就可以按下列步骤来求 $f(x)$ 的单调区间：

(1)求出函数的定义域；

(2)求出导数 $f'(x)$；

(3)求出 $f(x)$ 的全部驻点(即求出方程 $f'(x)=0$ 在所讨论的区间内的全部实根)与不可导点；

(4) 以每个驻点或不可导点对函数的定义域进行划分，判断 $f'(x)$ 在每个子区间上的符号，得到单调区间.

例 3.3.4　确定函数 $f(x)=2x^3-9x^2+12x-3$ 的单调区间.

解　函数的定义域为$(-\infty,+\infty)$，

$$f'(x)=6x^2-18x+12=6(x-1)(x-2),$$

解方程 $f'(x)=0$，即 $6(x-1)(x-2)=0$，

得两根 $x_1=1$、$x_2=2$.

在区间 $(-\infty,1]$ 内，$f'(x)>0$. 因此，函数在 $(-\infty,1]$ 内单调增加. 在区间 $[1,2]$ 内，$f'(x)<0$. 因此，函数 $f(x)$ 在 $[1,2]$ 上单调减少. 在区间 $[2,+\infty)$ 内，$f'(x)>0$. 因此，函数 $f(x)$ 在 $[2,+\infty)$ 上单调增加.

函数 $y=f(x)$ 的图形如图 3.3.3 所示.

 **3.3.5** 求函数 $y=8x^2-\ln x$ 的单调区间.

解 函数的定义域为 $(0,+\infty)$，函数在整个定义域内可导，且 $y'=16x-\frac{1}{x}$.

令 $y'=16x-\frac{1}{x}=0$，解得 $x=\frac{1}{4}$ 或 $x=-\frac{1}{4}$（舍）.

当 $0<x<\frac{1}{4}$，$y'<0$；当 $x>\frac{1}{4}$ 时，$y'>0$.

因此函数在 $(0,\frac{1}{4}]$ 内单调减少，在 $[\frac{1}{4},+\infty)$ 内单调增加.

 **3.3.6** 讨论函数 $y=x^3$ 的单调性.

解 函数的定义域为 $(-\infty,+\infty)$，函数的导数 $y'=3x^2$. 显然，除了点 $x=0$ 使 $y'=0$ 处，在其余各点处均有 $y'>0$. 因此函数 $y=x^3$ 在区间 $(-\infty,0]$ 及 $[0,+\infty)$ 上都是单调增加的，从而在整个定义城 $(-\infty,+\infty)$ 内是单调增加的. 在 $x=0$ 处曲线有一水平切线. 函数的图形如图 3.3.4 所示.

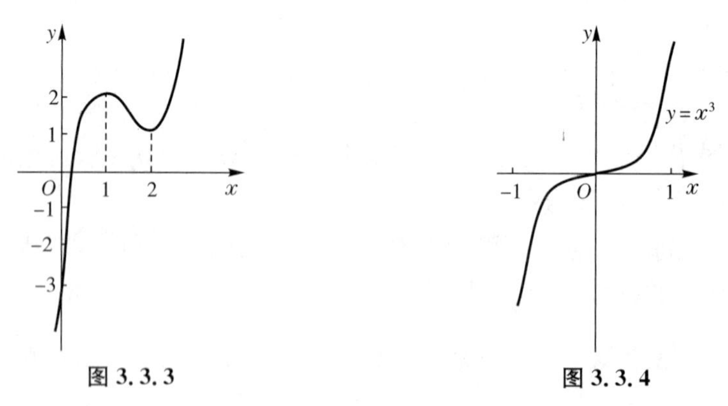

图 3.3.3　　　　图 3.3.4

注意：如果 $f'(x)$ 在某区间内的有限个点处为零，在其余各点处均为正（或负）时，那么 $f(x)$ 在该区间上仍旧是单调增加（或单调减少）的.

3.3.2　函数单调性的应用

导数的符号除了能判别函数在区间上的单调性外，还经常用来证明不等式，一般将不等式一端化为零，另一端的式子设为辅助函数，再利用导数和辅助函数的单调性.

例 3.3.7　证明：当 $x>1$ 时，$2\sqrt{x}>3-\frac{1}{x}$.

证　令 $f(x)=2\sqrt{x}-\left(3-\frac{1}{x}\right)$，则

$$f'(x)=\frac{1}{\sqrt{x}}-\frac{1}{x^2}=\frac{1}{x^2}(x\sqrt{x}-1).$$

在 $(1,+\infty)$ 内 $f'(x)>0$，因此在 $[1,+\infty)$ 上 $f(x)$ 单调增加，

从而当 $x>1$ 时，$f(x)>f(1)=0$.

即 $2\sqrt{x}-\left(3-\frac{1}{x}\right)>0$，

亦即 $2\sqrt{x}>3-\frac{1}{x}(x>1)$.

函数的单调性还经常用来证明方程根的唯一性.

例 3.3.8　证明方程 $x^3+3x+1=0$ 在区间 $(-1,0)$ 内有且只有一个实根.

证　令 $f(x)=x^3+3x+1$，因为 $f(x)$ 在闭区间 $[-1,0]$ 上连续，且

$$f(-1)=-3<0,f(0)=1>0.$$

根据零点定理，$f(x)$ 在开区间 $(-1,0)$ 内至少有一个零点.

另一方面，对于任意实数 x，有

$$f'(x)=3x^2+3>0,$$

所以 $f(x)$ 在 $(-\infty,+\infty)$ 内单调增加，因此，曲线 $y=f(x)$ 与 x 轴至多只有一个交点.

综上所述，方程 $x^3+3x+1=0$ 在区间 $(-1,0)$ 内有且只有一个实根.

习题 3.3

1. 判定函数 $y=\ln(x+\sqrt{1+x^2})$ 单调性.

2. 判定函数 $f(x)=x-\sin x(0<x<\frac{\pi}{2})$ 单调性.

3. 判定函数 $f(x)=2\arctan x-3x$ 的单调性.

4. 确定下列函数的单调区间：

(1) $y=3x^2-12x+4$；

(2) $y=\frac{1}{3}x^3+x^2-3x+4$；

(3) $y=2x^3-6x^2-18x-7$；

(4) $y=2x+\frac{8}{x}$，$(x>0)$；

(5) $y=(x-1)(x+1)^3$.

5. 证明下列不等式：

(1)当 $x>0$ 时，$1+\frac{1}{2}x>\sqrt{1+x}$；

(2)当 $x>0$ 时，$1+x\ln(x+\sqrt{1+x^2})>\sqrt{1+x^2}$；

(3)当 $0<x<\frac{\pi}{2}$ 时，$\sin x+\tan x>2x$；

(4)当 $0<x<\frac{\pi}{2}$ 时，$\tan x>x+\frac{1}{3}x^3$.

6. 证明方程 $x^5+x-1=0$ 只有一个正根.

§ 3.4 函数的极值与最值

在上节的例 3.3.4 中我们看到，点 $x=1$ 及 $x=2$ 是函数

$$f(x)=2x^3-9x^2+12x-3$$

的单调区间的分界点. 例如，在点 $x=1$ 的左侧邻近，函数 $f(x)$ 是单调增加的，在点 $x=1$ 的右侧邻近，函数 $f(x)$ 是单调减少的. 因此，存在着点 $x=1$ 的一个去心邻域，对于这去心邻城内的任何点 x，$f(x)<f(1)$ 均成立. 类似地，关于点 $x=2$. 也存在着一个去心邻域，对于这去心邻域内的任何点 x，$f(x)>f(2)$ 均成立. 具有这种性质的点如 $x=1$ 及 $x=2$，在应用上有着重要的意义，值得我们对此作一般性的讨论.

3.4.1　函数的极值

定义 3.4.1　设函数 $f(x)$ 在点 x_0 的某邻域 $U(x_0)$ 内有定义,如果对于去心邻域 $\mathring{U}(x_0)$ 内的任何点 x,$f(x)<f(x_0)$(或 $f(x)>f(x_0)$)均成立,就称 $f(x_0)$ 是函数 $f(x)$ 的一个极大值(或极小值).

函数的极大值与极小值统称为函数的极值,使函数取得极值的点称为极值点.

函数的极大值和极小值概念是局部性的. 如果 $f(x_0)$ 是函数 $f(x)$ 的一个极大值,那只是就 x_0 附近的一个局部范围来说, $f(x_0)$ 是 $f(x)$ 的一个最大值;如果就 $f(x)$ 的整个定义域来说, $f(x_0)$ 不见得是最大值. 关于极小值也类似.

在图 3.4.1 中,函数 $f(x)$ 有两个极大值: $f(x_2)$ 、$f(x_5)$, 三个极小值: $f(x_1)$ 、$f(x_4)$ 、$f(x_6)$, 其中极大值 $f(x_2)$ 比极小值 $f(x_6)$ 还小. 就整个区间 $[a,b]$ 来说,只有一个极小值 $f(x_1)$ 同时也是最小值,而没有一个极大值是最大值.

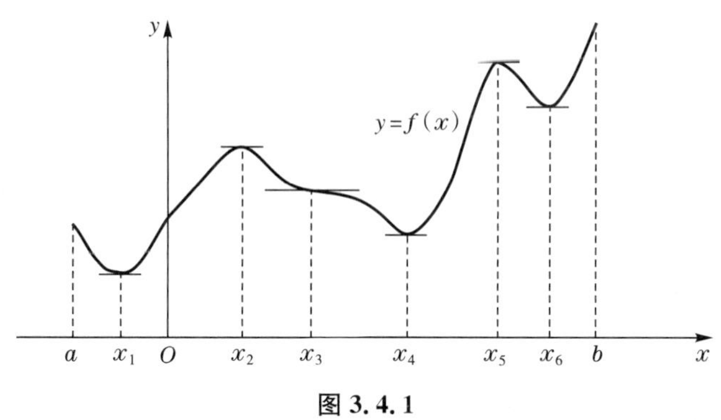

图 3.4.1

从图中还可看到,在函数取得极值处,曲线上的切线是水平的. 但曲线上有水平切线的地方,函数不一定取得极值. 例如图中 $x=x_3$ 处,曲线上有水平切线,但 $f(x_3)$ 不是极值.

由 3.1 节中费马引理可知,如果函数 $f(x)$ 在 x_0 处可导,且 $f(x)$ 在 x_0 处取得极值,那么 $f'(x_0)=0$, 这就是取得极值的必要条件,现将此结论叙述成如下定理.

定理 3.4.1(取得极值的必要条件) 设函数 $f(x)$ 在点 x_0 处可导,且在 x_0 处取得极值,那么 $f'(x_0)=0$.

定理 3.4.1 就是说:可导函数 $f(x)$ 的极值点必定是它的驻点.但反过来.函数的驻点却不一定是极值点.例如 $f(x)=x^3$ 的导数 $f'(x)=3x^2$,$f'(0)=0$,因此 $x=0$ 是这可导函数的驻点,但 $x=0$ 却不是这函数的极值点.因此,当我们求出了函数的驻点后,还需要判定求得的驻点是不是极值点,如果是的话,还要判定函数在该点究竟取得极大值还是极小值.

定理 3.4.2 (第一充分条件) 设函数 $f(x)$ 在点 x_0 处连续,且在 x_0 的某去心邻域 $x\in \mathring{U}(x_0,\delta)$ 内可导,则

(1) 如果当 $x\in(x_0-\delta,x_0)$ 时,$f'(x)>0$;当 $x\in(x_0,x_0+\delta)$ 时,$f'(x)<0$,那么函数 $f(x)$ 在 x_0 处取得极大值;

(2) 如果当 $x\in(x_0-\delta,x_0)$ 时,$f'(x)<0$;当 $x\in(x_0,x_0+\delta)$ 时,$f'(x)>0$,那么函数 $f(x)$ 在 x_0 处取得极小值;

(3)如果当 $x\in \mathring{U}(x_0,\delta)$ 时,$f'(x)$ 的符号保持不变,那么 $f(x)$ 在 x_0 处没有极值.

证 事实上,就情形(1)来说,根据函数单调性的判定法,函数 $f(x)$ 在 $(x_0-\delta,x_0)$ 内单调增加,在 $(x_0,x_0+\delta)$ 内单调减少,又由于函数 $f(x)$ 在 x_0 处是连续的,故当 $x\in \mathring{U}(x_0,\delta)$ 时,总有 $f(x)<f(x_0)$,因此 $f(x_0)$ 是 $f(x)$ 的一个极大值(图 3.4.2(a)).

类似地可论证情形(2)(图 3.4.2(b))及情形(3)(图 3.4.2(c)、(d)).

根据上面的定理,如果函数 $f(x)$ 在所讨论的区间内连续,除个别点外处处可导,那么我们就可以按下列步骤来求 $f(x)$ 在该区间内的极值点和相应的极值:

(1)求出函数的定义域;

(2)求出导数 $f'(x)$;

(3)求出 $f(x)$ 的全部驻点(即求出方程 $f'(x)=0$ 在所讨论的区间内的全部实根)与不可导点;

(4) 考察 $f'(x)$ 的符号在每个驻点或不可导点的左、右邻近的情形，以便确定该点是否是极值点，如果是极值点，还要确定对应的函数值是极大值还是极小值；

(5) 求出各极值点处的函数值，就得函数 $f(x)$ 的全部极值.

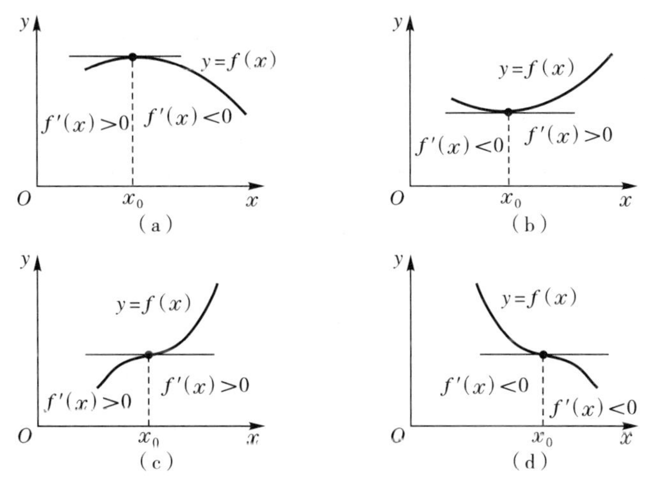

图 3.4.2

例 3.4.1　求函数 $f(x)=(x-4)\sqrt[3]{(x+1)^2}$ 的极值.

解　(1) $f(x)$ 在 $(-\infty,+\infty)$ 内连续，除 $x=-1$ 外处处可导，且

$$f'(x)=\frac{5(x-1)}{3\sqrt[3]{x+1}};$$

(2) 令 $f'(x)=0$，求得驻点 $x=1$；$x=-1$ 为 $f(x)$ 的不可导点；

(3) 在 $(-\infty,-1)$ 内，$f'(x)>0$；在 $(-1,1)$ 内，$f'(x)<0$，故不可导点 $x=-1$ 是一个极大值点；又在 $(1,+\infty)$ 内，$f'(x)>0$，故驻点 $x=1$ 是一个极小值点；

(4)极大值为 $f(-1)=0$，极小值为 $f(1)=-3\sqrt[3]{4}$.

当函数 $f(x)$ 在驻点处的二阶导数存在且不为零时，也可以利用下列定理来判定 $f(x)$ 在驻点处取得极大值还是极小值.

定理 3.4.3(第二充分条件)　设函数 $f(x)$ 在点 x_0 处具有二阶导数且 $f'(x_0)=0$，$f''(x_0)\neq 0$，那么

(1)当 $f''(x_0)<0$ 时，函数 $f(x)$ 在 x_0 处取得极大值；

(2)当 $f''(x_0)>0$ 时，函数 $f(x)$ 在 x_0 处取得极小值.

证明略.

定理3.4.3表明,如果函数 $f(x)$ 在驻点 x_0 处的二阶导数 $f''(x_0) \neq 0$,那么该驻点 x_0 一定是极值点,并且可以按二阶导数 $f''(x_0)$ 的符号来判定 $f(x_0)$ 是极大值还是极小值.但如果 $f''(x_0)=0$,定理3.4.3就不能应用.事实上,当 $f'(x_0)=0, f''(x_0)=0$ 时,$f(x)$ 在 x_0 处可能有极大值,也可能有极小值,也可能没有极值.例如,$f_1(x)=-x^4, f_2(x)=x^3, f_3(x)=x^4$ 这三个函数在 $x=0$ 处就分别属于这三种情况.因此,如果函数在驻点处的二阶导数为零,那么还得用一阶导数在驻点左右邻近的符号来判别.

例 3.4.2 求函数 $f(x)=(x^2-1)^3+1$ 的极值.

解 $f'(x)=6x(x^2-1)^2$. 令 $f'(x)=0$,求得驻点 $x_1=-1, x_2=0, x_3=1$.

$$f''(x)=6(x^2-1)(5x^2-1).$$

因 $f''(0)=6>0$,故 $f(x)$ 在 $x=0$ 处取得极小值,极小值为 $f(0)=0$.

因 $f''(-1)=f''(1)=0$,用定理3.4.3无法判别.考察一阶导数 $f'(x)$ 在驻点 $x_1=-1$ 及 $x_3=1$ 左右邻近的符号:当 x 取 -1 左侧邻近的值时,$f'(x)<0$;当 x 取 -1 右侧邻近的值时,$f'(x)<0$;因为 $f'(x)$ 的符号没有改变,所以 $f(x)$ 在 $x=-1$ 处没有极值.同理,$f(x)$ 在 $x=1$ 处也没有极值(图3.4.3).

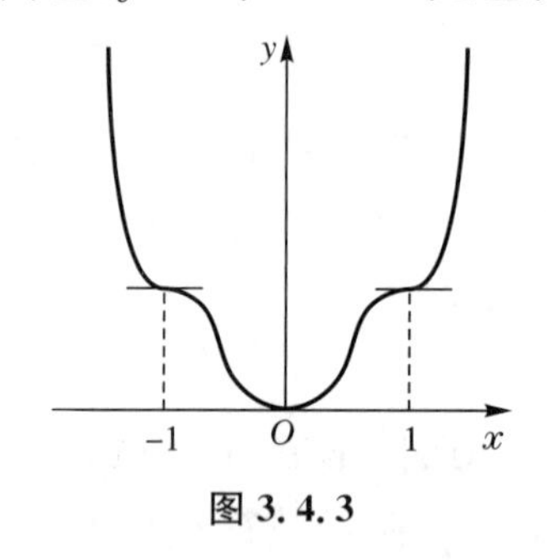

图 3.4.3

注意:第一充分条件可以用来判断一阶导数等于零的点和导数不存在的点是否为极值点,第二充分条件只能用来判断一阶导数等于零的点是否为极值点.

3.4.2 最值问题

设函数 $f(x)$ 在闭区间 $[a,b]$ 上连续,在开区间 (a,b) 内可导,且至多在有限个点处导数为零.我们来讨论 $f(x)$ 在 $[a,b]$ 上的最大值和最小值的求法.

首先,由闭区间上连续函数的性质,可知 $f(x)$ 在 $[a,b]$ 上的最大值和最小值一定存在.

其次,如果最大值(或最小值) $f(x_0)$ 在开区间 (a,b) 内的点 x_0 处取得,那么,按 $f(x)$ 在开区间内除有限个点外可导且至多有有限个驻点的假定,可知 $f(x_0)$ 一定也是 $f(x)$ 的极大值(或极小值),从而 x_0 一定是 $f(x)$ 的驻点或不可导点,又 $f(x)$ 的最大值和最小值也可能在区间的端点处取得. 因此,可用如下方法求 $f(x)$ 在 $[a,b]$ 上的最大值和最小值.

(1)求出 $f(x)$ 在 (a,b) 内的驻点及不可导点;

(2)计算出 $f(x)$ 在这些点处的函数值及 $f(a)$, $f(b)$;

(3)比较(2)中各值的大小,其中最大的是 $f(x)$ 在 $[a,b]$ 上的最大值,最小的是 $f(x)$ 在 $[a,b]$ 上的最小值.

例 3.4.3 求函数 $f(x)=|x^2-3x+2|$ 在 $[-3,4]$ 上的最大值与最小值.

解 $f(x)=\begin{cases} x^2-3x+2, & x\in[-3,1]\cup[2,4], \\ -x^2+3x-2, & x\in(1,2). \end{cases}$

$f'(x)=\begin{cases} 2x-3, x\in(-3,1)\cup(2,4), \\ -2x+3, x\in(1,2). \end{cases}$

在 $(-3,4)$ 内, $f(x)$ 的驻点为 $x=\frac{3}{2}$; 不可导点为 $x=1,2$.

由于 $f(-3)=20$, $f(4)=6$, $f(\frac{3}{2})=\frac{1}{4}$, $f(1)=f(2)=0$, 比较可得 $f(x)$ 在 $x=-3$ 取得它在 $[-3,4]$ 上的最大值 20,在 $x=1$ 和 $x=2$ 取得它在 $[-3,4]$ 上的最小值 0.

例 3.4.4 铁路线上 AB 段的距离为 100 km. 工厂 C 距 A 处为 20 km, AC 垂直于 AB (图 3.4.4). 为了运输需要,要在 AB 线上选定一点 D 向工厂修筑一条公路. 已知铁路每公里货运的运费与公路上每公里货运的运费之比为 3:5. 为了使货物从供应站 B 运到工厂 C 的运费最省,问 D 点应选在何处?

解 设 $AD=x$ (km),那么 $DB=100-x$ (km),

$$CD=\sqrt{20^2+x^2}=\sqrt{400+x^2}.$$

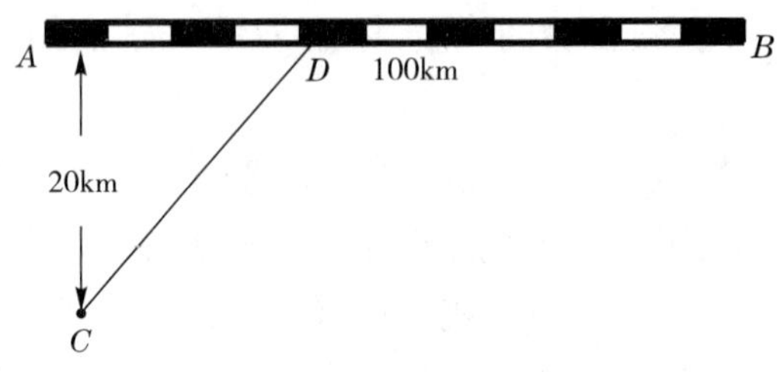

图 3.4.4

设铁路上每公里的运费为 $3k$. 公路上每公里的运费为 $5k$. 设从 B 点到 C 点需要的总运费为 y，则

$$y = 5k \cdot CD + 3k \cdot DB,$$

即 $y = 5k\sqrt{400 + x^2} + 3k(100 - x)$，$0 \leqslant x \leqslant 100$.

y 对 x 的导数：$y' = k\left(\dfrac{5x}{\sqrt{400 + x^2}} - 3\right)$.

解方程 $y' = 0$，得 $x = 15$ (km).

由于 $y|_{x=0} = 400k$，$y|_{x=15} = 380k$，$y|_{x=100} = 500k\sqrt{1 + \dfrac{1}{25}}$，其中以 $y|_{x=15} = 380k$ 为最小，因此，当 $AD = x = 15$ km 时，总运费为最省.

实际问题中，往往根据问题的性质就可以断定可导函数 $f(x)$ 确有最大值或最小值，而且一定在定义区间内部取得. 这时如果 $f(x)$ 在定义区间内部只有一个驻点 x_0，那么不必讨论 $f(x_0)$ 是不是极值，就可以断定 $f(x_0)$ 是最大值或最小值.

习题 3.4

1. 求函数的极值：

(1) $y = 3x^2 - 12x + 4$；

(2) $y = \dfrac{1}{3}x^3 + x^2 - 3x + 4$；

(3) $y = 2x^3 - 6x^2 - 18x + 7$；

(4) $y = x - \ln(1 + x)$；

(5) $y = -x^4 + 2x^2$；

(6) $y = x + \sqrt{1 - x}$；

(7) $y = \dfrac{1 + 3x}{\sqrt{4 + 5x^2}}$；

(8) $y = \dfrac{3x^2 + 4x + 4}{x^2 + x + 1}$；

(9) $y = x^{\frac{1}{x}}$；

(10) $y = 3 - 2(x + 1)^{\frac{1}{3}}$；

(11) $y = x + \tan x$.

2. 试证明：如果函数 $y=ax^3+bx^2+cx+d$ 满足条件 $b^2-3ac<0$，那么这函数没有极值.
3. 求下列函数的最大值、最小值：

(1) $y=2x^3-3x^2$，$-1\leqslant x\leqslant 4$；　　(2) $y=x^4-8x^2+2$，$-1\leqslant x\leqslant 3$；

(3) $y=x+\sqrt{1-x}$，$-5\leqslant x\leqslant 1$.

4. 试问 a 为何值时，函数 $f(x)=a\sin x+\frac{1}{3}\sin 3x$ 在 $x=\frac{\pi}{3}$ 处取得极值？它是极大值还是极小值？并求此极值.
5. 问函数 $y=x^2-\frac{54}{x}$，$(x<0)$ 在何处取得最小值？
6. 问函数 $y=\frac{x}{x^2+1}$，$(x\geqslant 0)$ 在何处取得最大值？
7. 某车间靠墙壁要盖一间长方形小屋，现有存砖只够砌 20 m 长的墙壁，问应围成怎样的长方形才能使这间小屋的面积最大？
8. 要造一圆柱形油罐，体积为 V，问底半径 r 和高 h 等于多少时，才能使表面积最小？这时底直径与高的比是多少？

§3.5　曲线的凹凸性及拐点

3.5.1　曲线的凹凸性

我们研究了函数单调性的判定法. 函数的单调性反映在图形上，就是曲线的上升或下降. 但是，曲线在上升或下降的过程中，还有一个弯曲方向的问题. 例如，图 3.5.1 中有两条曲线弧，虽然它们都是上升的，但图形却不同，$\overset{\frown}{ACB}$ 是向上凸的曲线弧，而 $\overset{\frown}{ADB}$ 是向下凹的曲线弧，它们的凹凸性不同，下面我们就来研究曲线的凹凸性及其判定法.

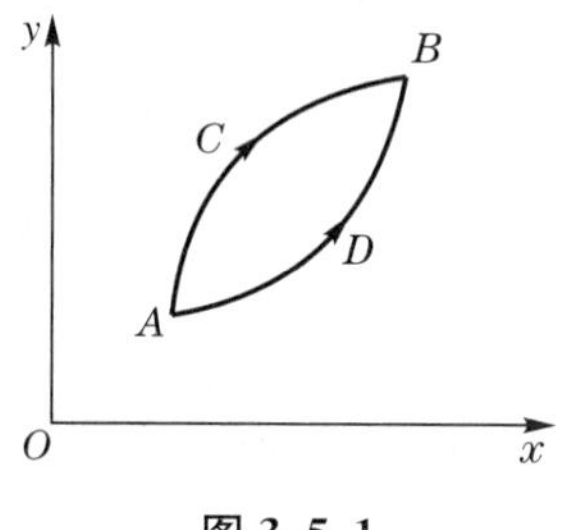

图 3.5.1

我们从几何上看到，在有的曲线弧上，如果任取两点，则连接这两点间的弦总位于这两点间的弧段的上方（图 3.5.2(a)），而有的曲线弧，则正好相反

(图 3.5.2(b)),曲线的这种性质就是曲线的凹凸性.因此曲线的凹凸性可以用连接曲线弧上任意两点的弦的中点与曲线弧上相应点(即具有相同横坐标的点)的位置关系来描述.下面给出曲线凹凸性的定义.

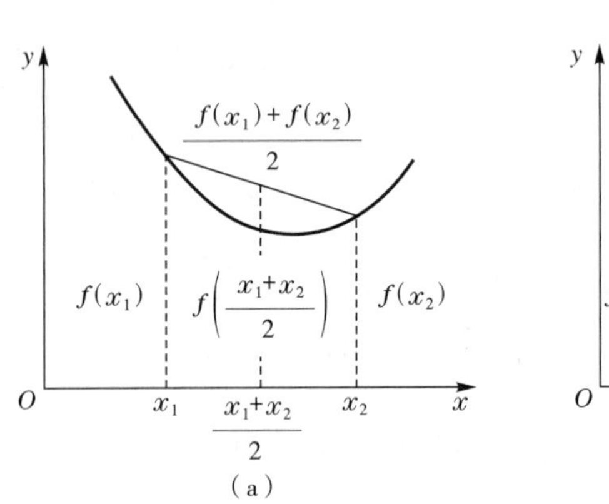

(a)

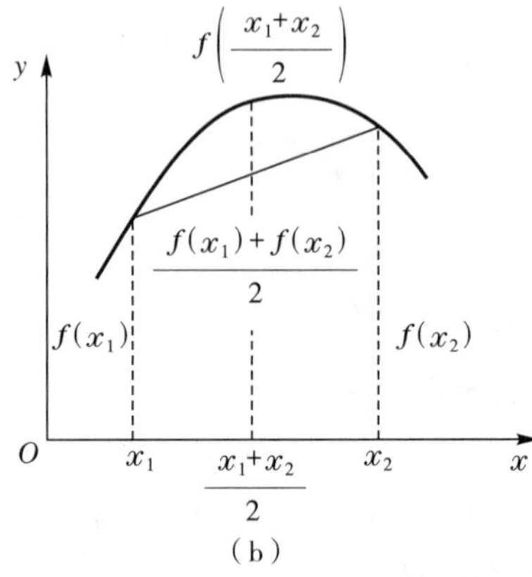

(b)

图 3.5.2

定义 3.5.1 设 $f(x)$ 在区间 I 上连续,如果对 I 上任意两点 x_1,x_2,恒有

$$f\left(\frac{x_1+x_2}{2}\right)<\frac{f(x_1)+f(x_2)}{2},$$

那么称 $f(x)$ 在 I 上的图形是(向上)凹的(或凹弧);如果恒有

$$f\left(\frac{x_1+x_2}{2}\right)>\frac{f(x_1)+f(x_2)}{2},$$

那么称 $f(x)$ 在 I 上的图形是(向上)凸的(或凸弧).

如果函数 $f(x)$ 在 I 内具有二阶导数,那么可以利用二阶导致的符号来判定曲线的凹凸性,这就是下面的曲线凹凸性的判定定理.

定理 3.5.1 设 $f(x)$ 在 $[a,b]$ 上连续,在 (a,b) 内具有一阶和二阶导数,那么

(1)若在 (a,b) 内 $f''(x)>0$,则 $f(x)$ 在 $[a,b]$ 上的图形是凹的;

(2)若在 (a,b) 内 $f''(x)<0$,则 $f(x)$ 在 $[a,b]$ 上的图形是凸的.

证　在情形(1)，设 x_1 和 x_2 为 $[a,b]$ 内任意两点，且 $x_1<x_2$，记 $\frac{x_1+x_2}{2}=x_0$，并记 $x_2-x_0=x_0-x_1=h$，则 $x_1=x_0-h$，$x_2=x_0+h$，由拉格朗日中值公式，得

$$f(x_0+h)-f(x_0)=f'(x_0+\theta_1 h)h,$$

$$f(x_0)-f(x_0-h)=f'(x_0-\theta_2 h)h,$$

其中 $0<\theta_1<1$，$0<\theta_2<1$. 两式相减，即得

$$f(x_0+h)+f(x_0-h)-2f(x_0)=[f'(x_0+\theta_1 h)-f'(x_0-\theta_2 h)]h.$$

对 $f'(x)$ 在区间 $[x_0-\theta_2 h, x_0+\theta_1 h]$ 上再利用拉格朗日中值公式，得

$$[f'(x_0+\theta_1 h)-f'(x_0-\theta_2 h)]h=f''(\xi)(\theta_1+\theta_2)h^2.$$

其中 $x_0-\theta_2 h<\xi<x_0+\theta_1 h$. 按情形(1)假设 $f''(\xi)>0$，故有

$$f(x_0+h)+f(x_0-h)-2f(x_0)>0,$$

即
$$\frac{f(x_0+h)+f(x_0-h)}{2}>f(x_0),$$

亦即
$$\frac{f(x_1)+f(x_2)}{2}>f\left(\frac{x_1+x_2}{2}\right),$$

所以 $f(x)$ 在 $[a,b]$ 上的图形是凹的.

类似地可证明情形(2).

 **3.5.1**　判断曲线 $y=\ln x$ 的凹凸性.

解　因为 $y'=\frac{1}{x}$，$y''=-\frac{1}{x^2}$，所以在函数 $y=\ln x$ 的定义域 $(0,+\infty)$ 内 $y''=-\frac{1}{x^2}<0$，由曲线凹凸性的判定定理可知，曲线 $y=\ln x$ 是凸的.

例 3.5.2　判断曲线 $y=x^3$ 的凹凸性.

解　因为 $y'=3x^2$，$y''=6x$. 当 $x<0$ 时，$y''<0$，所以曲线在 $(-\infty,0]$ 内为凸弧；当 $x>0$ 时，$y''>0$，所以曲线在 $[0,+\infty)$ 内为凹弧.

3.5.2　拐点

一般地，设 $y=f(x)$ 在区间 I 上连续，x_0 是 I 的内点. 如果曲线 $y=f(x)$

在经过点$(x_0,f(x_0))$时，曲线的凹凸性改变了，那么就称点$(x_0,f(x_0))$为这曲线的**拐点**.

如何来寻找曲线 $y=f(x)$ 的拐点呢?

从上面的定理知道，由 $f''(x)$ 的符号可可以判定曲线的凹凸性. 因此，如果 $f''(x)$ 在 x_0 的左右两侧邻近异号，那么点 $(x_0,f(x_0))$ 就是一个拐点. 所以，要寻找拐点，只要找出 $f''(x)$ 符号发生变化的分界点即可. 如果 $f(x)$ 在区间 (a,b) 内具有二阶导数，那么在这样的分界点处必然有 $f''(x)=0$；除此以外，$f(x)$ 的二阶导数不存在的点，也有可能是 $f''(x)$ 的符号发生变化的分界点.

综上，判定曲线的凹凸性与求拐点的步骤为：

(1)求出函数的定义域；

(2)求 $f''(x)$；

(3)令 $f''(x)=0$，解出这方程区间 I 内的实根，并求出在区间 I 内 $f''(x)$ 不存在的点；

(4)对于(3)中求出的每一个实根或二阶导数不存在的点 x_0，检查 $f''(x)$ 在 x_0 左右两侧邻近的符号，那么当两侧的符号相反时，点 $(x_0,f(x_0))$ 是拐点，当两侧的符号相同时，点 $(x_0,f(x_0))$ 不是拐点；

(5)由(4)中 $f''(x)$ 的符号确定曲线的凹凸区间.

例 3.5.3 求曲线 $y=2x^3+3x^2-12x+14$ 的拐点.

解 $y'=6x^2+6x-12$，$y''=12x+6=12\left(x+\frac{1}{2}\right)$.

解方程 $y''=0$，得 $x=-\frac{1}{2}$. 当 $x<-\frac{1}{2}$ 时，$y''<0$；当 $x>-\frac{1}{2}$ 时，$y''>0$.

因此，点 $\left(-\frac{1}{2},20\frac{1}{2}\right)$ 是这曲线的拐点.

例 3.5.4 问曲线 $y=x^4$ 是否有拐点?

解 $y'=4x^3$，$y''=12x^2$.

显然，只有 $x=0$ 是方程 $y''=0$ 的根. 但当 $x\neq 0$ 时，无论 $x<0$ 或 $x>0$ 都有 $y''>0$，因此点 $(0,0)$ 不是这曲线的拐点. 曲线 $y=x^4$ 没有拐点，它在 $(-\infty,+\infty)$ 内是凹的.

例 3.5.5 求曲线 $y=\sqrt[3]{x}$ 的拐点.

解 这函数在 $(-\infty,+\infty)$ 内连续,当 $x\neq 0$ 时,

$$y'=\frac{1}{3\sqrt[3]{x^2}},y''=-\frac{2}{9x\sqrt[3]{x^2}},$$

当 $x=0$ 时,y',y'' 都不存在.故二阶导数在 $(-\infty,+\infty)$ 内不连续且不具有零点.但 $x=0$ 是 y'' 不存在的点,它把 $(-\infty,+\infty)$ 分成两个部分区间:$(-\infty,0]$ 和 $[0,+\infty)$.

在 $(-\infty,0)$ 内,$y''>0$,这曲线在 $(-\infty,0]$ 上是凹的.在 $(0,+\infty)$ 内,$y''<0$,这曲线在 $[0,+\infty)$ 上是凸的.当 $x=0$ 时,$y=0$,所以点 $(0,0)$ 是这曲线的一个拐点.

例 3.5.6 求曲线 $f(x)=x^3-x^2-x+1$ 的拐点和凹凸区间.

解 函数的定义域为 $(-\infty,+\infty)$,而

$$f'(x)=3x^2-2x-1,f''(x)=6x-2,$$

令 $f''(x)=0$,得 $x=\frac{1}{3}$,

在 $\left(-\infty,\frac{1}{3}\right)$ 内,$f''(x)<0$,所以在 $\left(-\infty,\frac{1}{3}\right]$ 上的曲线弧是凸的.

在 $\left(\frac{1}{3},+\infty\right)$ 内,$f''(x)>0$,所以在 $\left[\frac{1}{3},+\infty\right)$ 上的曲线弧是凹的.

所以曲线的凸区间为 $\left(-\infty,\frac{1}{3}\right]$,凹区间为 $\left[\frac{1}{3},+\infty\right)$,拐点为 $\left(\frac{1}{3},\frac{16}{27}\right)$.

习题 3.5

1. 判定下列曲线的凹凸性:

(1) $y=-x^2+5x-4$; (2) $y=1+\frac{1}{x}$, $(x>0)$;

(3) $y=x\arctan x$; (4) $y=2\sin x-x^2$.

2. 求下列函数图形的拐点及凹或凸的区间:

(1) $y=x^4-2x^3+3$; (2) $y=xe^{-x}$;

(3) $y=(x+1)^4+e^x$; (4) $y=x^4(12\ln x-7)$;

(5) $y = e^{\arctan x}$；　　　　(6) $y = \ln(x^2+1)$；

(7) $y = \dfrac{x}{1-x}$.

3. 问 a、b 为何值时，点 (1,3) 为曲线 $y = ax^3 + bx^2$ 的拐点？

4. 试决定曲线 $y = ax^3 + bx^2 + cx + d$ 中的 a、b、c、d，使得 $x=-2$ 处曲线有水平切线，(1，－10) 为拐点且点 (－2,44) 在曲线上.

5. 试决定曲线 $y = ax^2 + bx + ce^x$ 中的 a、b、c，使得 (1,e) 为拐点且在该点处的切线与直线 $x + y = 0$ 平行.

§3.6 导数应用案例分析

3.6.1 导数在经济学中的应用

在经济学中，常常会遇到这样一类问题：在一定条件下，怎样使“产品最多”、“用料最省”、“成本最低”、“利润最高”等问题，这类问题在数学上有时可归结为求某一函数(通常称为目标函数)的最大值或最小值问题.

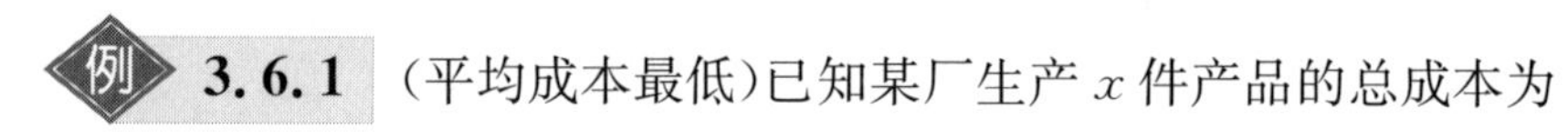

例 3.6.1 (平均成本最低)已知某厂生产 x 件产品的总成本为

$$C(x) = 0.03x^2 + 20x + 2700,$$

求最低平均成本和相应产量的边际成本.

解 设平均成本为 $y(x)$，则

$$y(x) = \frac{C(x)}{x} = 0.03x + 20 + \frac{2700}{x},$$

由 $y'(x) = 0.03 - \dfrac{2700}{x^2}$，解得唯一驻点 $x = 300$，

由 $y'' = \dfrac{5400}{x^3}$，$y''|_{x=300} = 2\times10^{-4} > 0$，所以当 $x = 300$ 时，y 取得唯一的极小值，也是最小值.

因此，生产 300 件产品时，平均成本最低，其最低平均成本为

$$y(300) = 0.03\times300 + 20 + \frac{2700}{300} = 38(\text{元}).$$

边际成本函数为

$$C'(x) = 0.06x + 20.$$

故当产量为 300 件时，边际成本为 $C'(300) = 38$(元).

 **3.6.2** (利润最大)某服装有限公司确定,为卖出 x 套服装,其单价应为 $P(x)=240-0.3x$. 同时还确定,生产 x 套服装的总成本函数是 $C(x)=4000+0.5x^2$.

(1)求总收入 $R(x)$.

(2)求总利润 $L(x)$.

(3)为使利润最大化,公司必须生产并销售多少套服装?

(4)最大利润是多少?

(5)为实现这一最大利润,其服装的单价应定为多少?

解　(1)总收入为 $R(x)=P(x)x=(240-0.3x)x=240x-0.3x^2$.

(2)总利润 $L(x)=R(x)-C(x)=(240x-0.3x^2)-(4000+0.5x^2)$

$$=-0.8x^2+240x-4000.$$

(3) $L'(x)=-1.6x+240$. 解方程 $L'(x)=-1.6x+240=0$,得唯一驻点 $x=150$.

又 $L''(x)=-1.6<0$,所以 $L(150)$ 是最大值.

(4)最大利润是 $L(150)=-0.8\times150^2+240\times150-4000=14000$(元).

(5)实现最大利润所需的单价是 $P(150)=240-0.3\times150=195$(元).

例 3.6.3 (费用最省)做一个容积为 V 的圆柱形容器,已知上下底面材料的价格为 a (元/单位面积),侧面材料的价格为 b (元/单位面积),问高与底面直径的比值为多少时,造价最省?

解　设圆柱形容器的底面半径为 r,高为 h.

则总造价为:

$$P(r)=2a\pi r^2+2b\pi rh=2a\pi r^2+2b\pi r\cdot\frac{V}{\pi r^2}=2a\pi r^2+\frac{2bV}{r}(r>0),$$

令 $\frac{\mathrm{d}P}{\mathrm{d}r}=4a\pi r-\frac{2bV}{r^2}=0$,得唯一驻点 $r=\left(\frac{bV}{2\pi a}\right)^{\frac{1}{3}}$,所以当 $r=\left(\frac{bV}{2\pi a}\right)^{\frac{1}{3}}$ 时,造价最省,此时 $h=\frac{V}{\pi r^2}=\frac{Vr}{\pi r^3}=\frac{Vr}{\pi\cdot\frac{bv}{2\pi a}}=2r\cdot\frac{a}{b}$,故圆柱形容器的高与直径的比值为 a/b 时,造价最省.

例 3.6.4 (总库存费最小)假设某厂生产的产品年销售量(订货量)为 100 万件,这些产品分批生产,每批需生产准备费 1000 元(与批量大小无关),每件产品的库存费为 0.05 元,且按批量 x 的一半(即 $\frac{x}{2}$ 收费),试求使每年总库存费(即生产准备费与库存费之和)为最小的最优批量.

解 设每年总库存费为 C, 批量为 x, 则

$$C = 1000 \times \frac{1000000}{x} + 0.05 \times \frac{x}{2} = \frac{10^9}{x} + \frac{x}{40}$$

由 $C' = \frac{1}{40} - \frac{10^9}{x^2} = 0$ 得 $x = 2 \times 10^5$ (舍去负根)

由 $C'' = \frac{2 \times 10^9}{x^3} > 0$ 知 $x = 2 \times 10^5$ 为最小值点,因此最优批量为 20 万件.

3.6.2 导数在其他领域的应用

例 3.6.5 (用料最省)要造一个长方体无盖水池,其容积为 500 立方米,底面为正方形.应如何选择水池的尺寸,才能使所用的材料最省?

解 设长方体底面的边长为 x 米,则长方体的高 $\frac{500}{x^2}$ 米,从而长方体的表面积为

$$S(x) = x^2 + 4 \times x \times \frac{500}{x^2} = x^2 + \frac{2000}{x} \qquad (x > 0)$$

由 $S'(x) = 2x - \frac{2000}{x^2} = 0$, 得唯一驻点 $x = 10$,

又由 $S''(x) = 2 + \frac{4000}{x^3}$ 得 $S''(10) = 2 + \frac{4000}{x^3} = 6 > 0$,

所以,当长方体底面的边长为 10 米,高为 $\frac{500}{10^2} = 5$ 米时,所用的材料最省.

例 3.6.6 (用料最省)某地区防空洞的截面拟建成矩形加半圆(如图 3.6.1),截面的面积为 5 m^2, 问底宽 x 为多少时才能使截面的周长最小,从而使建造时所用的材料最省?

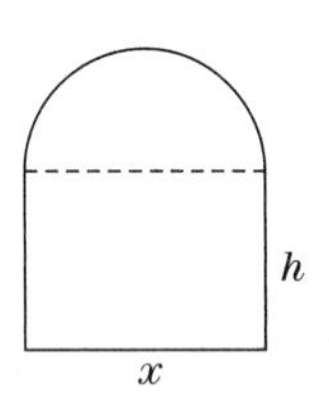

图 3.6.1

解　设矩形高为 h，截面的周长 C，则

$$xh+\frac{1}{2}\pi\left(\frac{x}{2}\right)^2=5,$$

化简得

$$h=\frac{5}{x}-\frac{\pi}{8}x,$$

于是

$$C=x+2h+\pi\cdot\frac{x}{2}=x+\frac{\pi}{4}x+\frac{10}{x}\qquad\left(0<x<\sqrt{\frac{40}{\pi}}\right),$$

由 $\frac{1}{2}\pi\left(\frac{x}{2}\right)^2<5$ 可得，$0<x<\sqrt{\frac{40}{\pi}}$，

由 $C'=1+\frac{\pi}{4}-\frac{10}{x^2}=0$，得唯一驻点 $x=\sqrt{\frac{40}{4+\pi}}$，

因为 $C''=\frac{20}{x^3}>0$，所以 $x=\sqrt{\frac{40}{4+\pi}}$ 为极小值点，同时也是最小值点，

因此，底宽为 $x=\sqrt{\frac{40}{4+\pi}}$ 时所用的材料最省.

 **3.6.7**　一质点沿直线运动，已知其位移 s（单位：米）是时间 t（单位：秒）的函数：$s=s(t)=10\sqrt{t}+5t^2$，

(1)求 t 从 1 变到 4 时，位移 s 关于时间 t 的平均变化率，解释它的实际意义；

(2)求 s'，并计算 $s'(1)$、$s'(4)$，解释它们的实际意义；

(3)求质点在 t 秒时的加速度.

解　(1)当 t 从 1 变到 4 时，位移 s 从 $s(1)=15$ 变到 $s(4)=100$，则位移 s 关于时间 t 的平均变化率为

$$\frac{s(4)-s(1)}{4-1}=\frac{100-15}{4-1}\approx 28.3,$$

实际上，它表示在从 $t=1$ 秒到 $t=3$ 秒这段时间，质点平均每秒的位移为 28.3 米；用物理学知识解释就是：质点在 $t=1$ 秒到 $t=4$ 秒这段时间内的平均速度为 28.3 米/秒.

(2)因为 $s'(t)=\frac{5}{\sqrt{t}}+10t$，于是 $s'(1)=15$、$s'(4)=42.5$，$s'(1)$ 和 $s'(4)$ 分

别表示当 $t=1$ 秒和 $t=4$ 秒时,质点每秒钟的位移分别为 15 米和 42.5 米,也就是在 $t=1$ 秒和 $t=4$ 秒时,质点的瞬时速度分别为 15 米/秒和 42.5 米/秒.

可以看出,在不同的时刻 t,质点运动的速度 v 是不同的.因此,速度 v 是时间 t 的函数,称为速度函数,根据导数的定义,它是位移函数的导数,其解析式为 $v=s'(t)=\frac{5}{\sqrt{t}}+10t$;

(3)根据导数的定义可知,在运动学中,加速度是质点运动的速度函数 $v=v(t)$ 对时间 t 的导数,就是位移函数 $s=s(t)$ 对时间 t 的二阶导数,即

$$a=v'(t)=s''(t)=[\frac{5}{\sqrt{t}}+10t]'=-\frac{5}{2\sqrt{t^3}}+10\ (米/秒^2).$$

习题 3.6

1. 已知某厂生产 x 件产品的总成本为

$$C(x)=2500+200x+\frac{1}{400}x^2$$

产量多大时,平均成本能达到最低?求出最低平均成本.

2. 某食品加工厂生产某类食品的成本 C(元)是日产量 x(公斤)的函数

$$C(x)=1600+4.5x+0.01x^2$$

求最低平均成本和相应产量的边际成本.

3. 某化肥厂生产某类化肥,其总利润函数为

$$L(x)=10+2x-0.1x^2\ (元)$$

问销售量 x 为多少时,可获最大利润,此时的最大利润为多少?

4. 要造一个容积为 432 立方米的长方体水箱,底面为正方形.已知底与顶的单位造价是侧面的 2 倍,问如何建造才能使总造价最少?

5. 制作一个上、下均有底的圆柱形容器,要求容积为定值 V.问底半径 r 为多大时,容器的表面积最小?并求此最小面积.

§3.7 函数图形的描绘

先观察函数 $y=\frac{1}{x}$(图 3.7.1)的图形.

当 $x\to\infty$ 时,曲线上的点无限地接近于直线 $y=0$;当 $x\to 0$ 时,曲线上

的点无限地接近于直线 $x=0$；数学上把直线 $y=0$ 和 $x=0$ 分别称为曲线 $y=\frac{1}{x}$ 的水平渐近线和垂直渐近线. 下面给出一般定义.

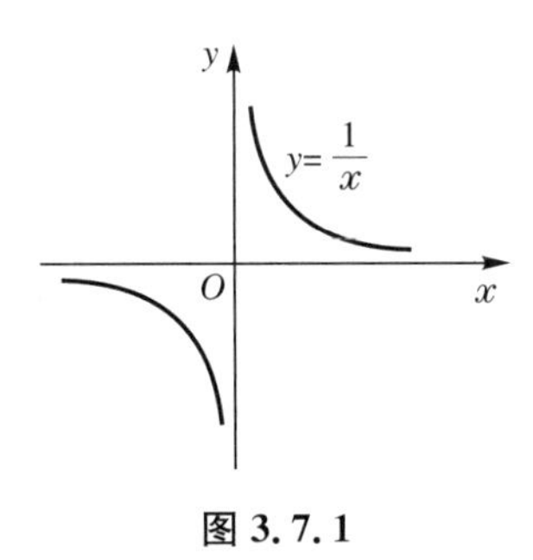

图 3.7.1

3.7.1　渐近线

定义 3.7.1　如果 $\lim\limits_{x\to+\infty}f(x)=c$ 或 $\lim\limits_{x\to-\infty}f(x)=c$，则直线 $y=c$ 称为函数 $y=f(x)$ 的图形的水平渐近线.

如果 $\lim\limits_{x\to x_0^-}f(x)=\infty$ 或 $\lim\limits_{x\to x_0^+}f(x)=\infty$，则称直线 $x=x_0$ 是函数 $y=f(x)$ 的图形的铅直渐近线.

如果 $\lim\limits_{x\to+\infty}[f(x)-(kx+b)]=0$ 或 $\lim\limits_{x\to-\infty}[f(x)-(kx+b)]=0$，则称直线 $y=kx+b$ 是函数 $y=f(x)$ 的图形的斜渐近线.

下面以 $\lim\limits_{x\to+\infty}[f(x)-(kx+b)]=0$ 为例，介绍斜渐近线的求法.

由 $\lim\limits_{x\to+\infty}[f(x)-(kx+b)]=0$，可得

$$\lim_{x\to+\infty}x[\frac{f(x)}{x}-k-\frac{b}{x}]=0,$$

由于左边两式之积的极限存在，且当 $x\to+\infty$ 时，因子 x 是无穷大量，从而因子 $\frac{f(x)}{x}-k-\frac{b}{x}$ 必是无穷小量. 所以

$$\lim_{x\to+\infty}[\frac{f(x)}{x}-k-\frac{b}{x}]=\lim_{x\to+\infty}[\frac{f(x)}{x}-k]-\lim_{x\to+\infty}\frac{b}{x}=0,$$

从而

$$\lim_{x\to+\infty}\frac{f(x)}{x}=k,$$

所以

$$b=\lim_{x\to+\infty}[f(x)-kx]$$

$x\to-\infty$ 时,可作类似的讨论.

综上, $\lim\limits_{x\to\pm\infty}\dfrac{f(x)}{x}=k$, $\lim\limits_{x\to\pm\infty}[f(x)-kx]=b$.

例 3.7.1 求曲线 $y=\arctan x$ 的水平渐近线.

解 因为 $\lim\limits_{x\to+\infty}\arctan x=\dfrac{\pi}{2}$, $\lim\limits_{x\to-\infty}\arctan x=-\dfrac{\pi}{2}$,

所以 $y=\dfrac{\pi}{2}$ 和 $y=-\dfrac{\pi}{2}$ 是曲线 $y=\arctan x$ 的水平渐近线(图 3.7.2).

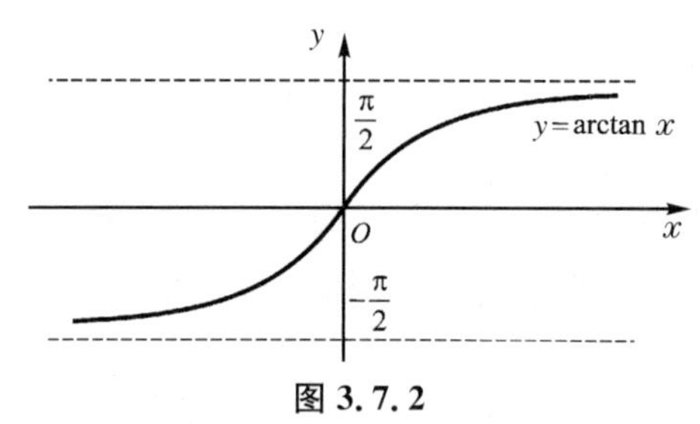

图 3.7.2

例 3.7.2 求曲线 $y=\dfrac{2}{x^2-3x-4}$ 的铅直渐近线.

解 因为

$$\lim_{x\to4}\frac{2}{x^2-3x-4}=\lim_{x\to4}\frac{2}{(x+1)(x-4)}=\infty$$

$$\lim_{x\to-1}\frac{2}{x^2-3x-4}=\lim_{x\to-1}\frac{2}{(x+1)(x-4)}=\infty$$

所以 $x=4$ 和 $x=-1$ 是曲线的铅直渐近线.

例 3.7.3 求曲线 $y=\dfrac{x^2}{1+x}$ 的渐近线.

解 因为 $\lim\limits_{x\to-1}\dfrac{x^2}{1+x}=\infty$, 所以直线 $x=-1$ 是曲线的铅直渐近线,又

$$k=\lim_{x\to\infty}\frac{f(x)}{x}=\lim_{x\to\infty}\frac{\frac{x^2}{1+x}}{x}=\lim_{x\to\infty}\frac{x}{1+x}=1,$$

$$b=\lim_{x\to\infty}[f(x)-kx]=\lim_{x\to\infty}\left(\frac{x^2}{1+x}-x\right)=\lim_{x\to\infty}\left(-\frac{x}{1+x}\right)=-1;$$

所以 $y=x-1$ 为曲线的斜渐近线.

3.7.2　函数图形的描绘

借助于函数的解析式可以确定函数的定义域及函数所具有的某些特性(如奇偶性、周期性,渐近线,零点等),借助于一阶导数的符号,可以确定函数图形在哪个区间上上升,在哪个区间上下降,在什么地方有极值点;借助于二阶导数的符号,可以确定函数图形在哪个区间上为凹,在哪个区间上为凸,在什么地方有拐点.知道了函数图形的升降、凹凸以及极值点和拐点后,也就可以掌握函数的性态,并把函数的图形画得比较推确.

利用导数描绘函数图形的一般步骤如下:

(1)确定函数 $y=f(x)$ 的定义域及函数所具有的某些特性(如奇偶性、周期性,渐近线等),并求出函数的一阶导数 $f'(x)$ 和二阶导数 $f''(x)$;

(2)求出方程 $f'(x)=0$ 和 $f''(x)=0$ 在函数定义域内的全部实根,并求出函数 $f(x)$ 的间断点及 $f'(x)$ 和 $f''(x)$ 不存在的点,用这些点把函数的定义域划分成几个部分区间;

(3)确定在这些部分区间内 $f'(x)$ 和 $f''(x)$ 的符号,并由此确定函数图形的升降和凹凸,极值点和拐点;

(4)确定函数图形的水平、铅直渐近线以及其他变化趋势;

(5)算出 $f'(x)$ 和 $f''(x)$ 的零点以及不存在的点所对应的函数值,定出图形上相应的点;为了把图形描绘得准确些,有时还需要补充一些点;然后结合(3)、(4)中得到的结果,联结这些点画出函数 $y=f(x)$ 的图形.

例 3.7.4　画出函数 $y=x^3-x^2-x+1$ 的图形.

解　(1) 所给函数 $y=f(x)$ 的定义域为 $(-\infty,+\infty)$,而

$$f'(x)=3x^2-2x-1=(3x+1)(x-1),$$

$$f''(x)=6x-2=2(3x-1).$$

(2) $f'(x)$ 的零点为 $x=-\frac{1}{3}$ 和 1;$f''(x)$ 的零点为 $x=\frac{1}{3}$,将点 $x=-\frac{1}{3},\frac{1}{3},1$ 由小到大排列,依次把定义域 $(-\infty,+\infty)$ 划分成下列四个

部分区间：

$$\left(-\infty,-\frac{1}{3}\right],\left[-\frac{1}{3},\frac{1}{3}\right],\left[\frac{1}{3},1\right],[1,+\infty).$$

(3) 在 $\left(-\infty,-\frac{1}{3}\right)$ 内，$f'(x)>0, f''(x)<0$，所以在 $\left(-\infty,-\frac{1}{3}\right]$ 上的曲线弧上升而且是凸的.

在 $\left(-\frac{1}{3},\frac{1}{3}\right)$ 内 $f'(x)<0, f''(x)<0$，所以在 $\left[-\frac{1}{3},\frac{1}{3}\right]$ 上的曲线弧下降而且是凸的.

同样可以讨论在区间 $\left[\frac{1}{3},1\right]$ 上及在区间 $[1,+\infty)$ 上相应的曲线弧的升降和凹凸. 列表得

x	$\left(-\infty,-\frac{1}{3}\right)$	$-\frac{1}{3}$	$\left(-\frac{1}{3},\frac{1}{3}\right)$	$\frac{1}{3}$	$\left(\frac{1}{3},1\right)$	1	$(1,+\infty)$
$f'(x)$	+	0	—	—	—	0	+
$f''(x)$	—	—	—	0	+	+	+
$y=f(x)$	↗	极大	↘	拐点	↘	极小	↗

这里记号↗表示曲线弧上升而且是凸的，↘表示曲线弧下降而且是凸的，↘表示曲线弧下降而且是凹的，↗表示曲线弧上升而且是凹的.

(4)当 $x\to+\infty$ 时，$y\to+\infty$；当 $x\to-\infty$ 时，$y\to-\infty$；

(5)算出 $x=-\frac{1}{3},\frac{1}{3},1$ 处的函数值，从而得到函数 $y=x^3-x^2-x+1$ 图形上的三个点：

$$\left(-\frac{1}{3},\frac{32}{27}\right),\left(\frac{1}{3},\frac{16}{27}\right),(1,0).$$

适当补充一些点. 例如. 计算出

$$f(-1)=0, f(0)=1, f\left(\frac{3}{2}\right)=\frac{5}{8},$$

就可补充描出点 $(-1,0)$，点 $(0,1)$ 和点 $\left(\frac{3}{2},\frac{5}{8}\right)$. 结合(3)、(4)中得到的结

果,就可以画出 $y=x^3-x^2-x+1$ 的图形(图 3.7.3).

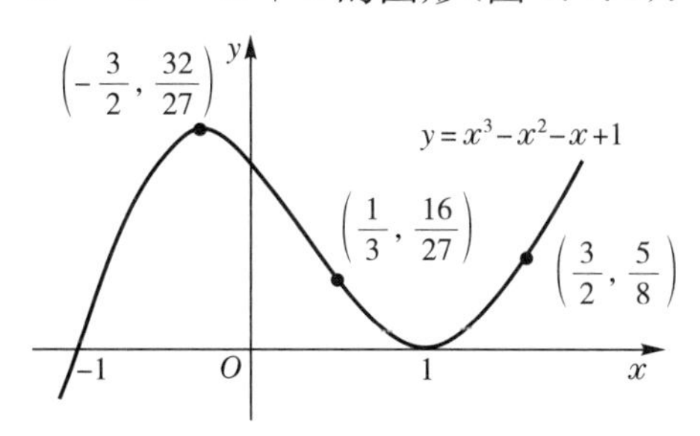

图 3.7.3

例 3.7.5 描绘函数 $y=\frac{1}{\sqrt{2\pi}}e^{-\frac{x^2}{2}}$ 的图形.

解 (1)所给函数 $f(x)=\frac{1}{\sqrt{2\pi}}e^{-\frac{x^2}{2}}$ 的定义域为 $(-\infty,+\infty)$.

由于 $f(x)$ 是偶函数,它的图形关于 y 轴对称.因此可以只讨论 $[0,+\infty)$ 上该函数的图形.求出 $f'(x)=\frac{1}{\sqrt{2\pi}}e^{-\frac{x^2}{2}}\cdot(-x)=-\frac{1}{\sqrt{2\pi}}xe^{-\frac{x^2}{2}}$,

$$f''(x)=-\frac{1}{\sqrt{2\pi}}\left[e^{-\frac{x^2}{2}}+xe^{-\frac{x^2}{2}}\cdot(-x)\right]=\frac{1}{\sqrt{2\pi}}e^{-\frac{x^2}{2}}(x^2-1).$$

(2)在 $[0,+\infty)$ 上,方程 $f'(x)=0$ 的根为 $x=0$;方程 $f''(x)=0$ 的根为 $x=1$.用点 $x=1$ 把 $[0,+\infty)$ 划分成两个区间 $[0,1]$ 和 $[1,+\infty)$.

(3)在 $(0,1)$ 内,$f'(x)<0$,$f''(x)<0$,所以在 $[0,1]$ 上的曲线弧下降而且是凸的.结合 $f'(0)=0$ 以及图形关于 y 轴对称可知,$x=0$ 处函数 $f(x)$ 有极大值.

在 $(1,+\infty)$ 内,$f'(x)<0$,$f''(x)>0$,所以在 $[1,+\infty)$ 的曲线弧下降而且是凹的.

上述的这些结果,可以列成下表:

x	0	$(0,1)$	1	$(1,+\infty)$
$f'(x)$	0	$-$	$-$	$-$
$f''(x)$	$-$	$-$	0	$+$
$y=f(x)$ 的图形	极大	↘	拐点	↘

(4)由于 $\lim\limits_{x\to+\infty}f(x)=0$,所以图形有一条水平渐近线 $y=0$.

(5)算出 $f(0)=\frac{1}{\sqrt{2\pi}}, f(1)=\frac{1}{\sqrt{2\pi e}}$. 从而得到函数 $y=\frac{1}{\sqrt{2\pi}}e^{-\frac{x^2}{2}}$ 图形上的两点 $M_1\left(0,\frac{1}{\sqrt{2\pi}}\right)$ 和 $M_2\left(1,\frac{1}{\sqrt{2\pi e}}\right)$. 又由 $f(2)=\frac{1}{\sqrt{2\pi}e^2}$ 得 $M_3\left(2,\frac{1}{\sqrt{2\pi}e^2}\right)$. 结合(3)、(4)的讨论,画出函数 $y=\frac{1}{\sqrt{2\pi}}e^{-\frac{x^2}{2}}$ 在 $[0,+\infty)$ 上的图形. 最后,利用图形的对称性,便可得到函数在 $(-\infty,0]$ 上的图形(图 3.7.4).

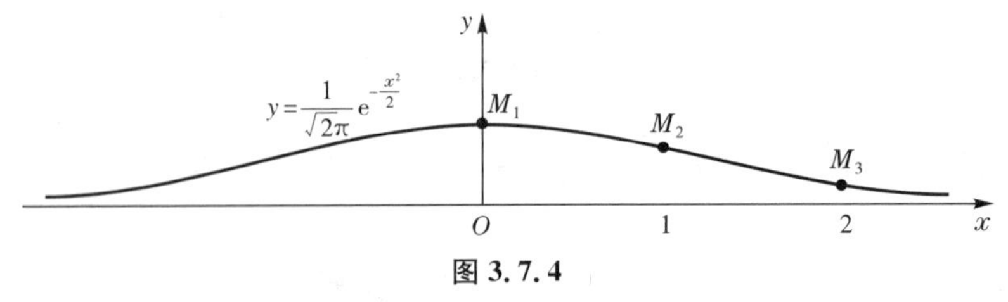

图 3.7.4

这就是我们在概率论中将要重点学习的标准正态分布的概率密度函数.

习题 3.7

1. 求曲线 $y=\frac{x}{9-x^2}$ 的渐近线.
2. 求曲线 $y=\frac{x^2}{x-2}$ 的渐近线.
3. 作出函数 $f(x)=x-2\arctan x$ 的图形.

相关阅读

洛必达

洛必达(L'Hospital,1661～1704)是法国数学家,1661年生于法国贵族家庭,1704年2月2日卒于巴黎.

他曾受袭侯爵衔,并在军队中担任骑兵军官,后来因眼睛近视自行告退,转向从事学术研究.

洛必达很早即显示出其数学的才华,15岁时就解决了帕斯卡所提出的一个摆线难题.

洛必达是莱布尼茨微积分的忠实信徒,并且是约翰·

伯努利的高足，成功地解答过约翰·伯努利提出的“最速降线”问题.他是法国科学院院士.洛必达的最大功绩是撰写了世界上第一本系统的微积分教程——《用于理解曲线的无穷小分析》.这部著作出版于 1696 年，后来多次修订再版，为在欧洲大陆，特别是在法国普及微积分起了重要作用.这本书追随欧几里得和阿基米德古典范例，以定义和公理为出发点，同时得益于他的老师约翰·伯努利的著作，其经过是这样的：约翰·伯努利在 1691—1692 年间写了两篇关于微积分的短论，但未发表.不久以后，他答应为年轻的洛必达讲授微积分，定期领取薪金.作为答谢，他把自己的数学发现传授给洛必达，并允许他随时利用.于是洛必达根据约翰·伯努利的传授和未发表的论著以及自己的学习心得，撰写了该书.

洛必达曾计划出版一本关于积分学的书，但在得悉莱布尼茨也打算撰写这样一本书时，就放弃了自己的计划.他还写过一本关于圆锥曲线的书——《圆锥曲线分析论》.此书在他逝世之后 16 年才出版.

洛必达豁达大度，气宇不凡.由于他与当时欧洲各国主要数学家都有交往.从而成为全欧洲传播微积分的著名人物.

复习题 3

1. 选择题：

(1) $f(x)=x\sqrt{5-x}$ 在 $[0,5]$ 上满足罗尔定理的 ξ 是(　　)；

A. 5；　　B. 2；　　C. $\frac{10}{3}$；　　D. 0.

(2) 对于函数 $f(x)=5-3x^2$，在区间 $[0,1]$ 上满足拉格朗日中值定理中 ξ 是(　　)；

A. $\frac{1}{2}$；　　B. $\pm\frac{1}{\sqrt{3}}$；　　C. $\frac{1}{\sqrt{3}}$；　　D. 1.

(3) 若 $f'(x_0)=0$，则 x_0 (　　)；

A. 一定是极大值点；　　B. 一定是极小值点；

C. 一定是最大值点；　　D. 不一定是极值点.

(4) 如果一个连续函数在闭区间上既有极大值，又有极小值，则(　　)；

A. 极大值一定是最大值；

B. 极小值一定是最小值；

C. 极大值一定比极小值大；

D. 极大值不一定是最大值，极小值不一定是最小值.

(5)函数 $f(x) = \arctan x - x$ 的曲线在 $(-\infty, +\infty)$ 内是(　　)；

A. 单调上升；　　B. 单调下降；

C. 时而上升时而下降；　　D. 以上结论都不对.

(6)设函数 $f(x)$ 在 $[a,b]$ 上连续,则下列命题正确的是(　　)；

A. $f(x)$ 必在 $[a,b]$ 内取得极值,则此极值必为最值；

B. $f(x)$ 必在 $[a,b]$ 内取得最小值；

C. $f(x)$ 必在区间的端点处取得最大值；

D. $f(x)$ 在 $[a,b]$ 上一定有最大值与最小值.

(7)函数 $y = x + \cos x$ 在 $[0,2\pi]$ 上是(　　)；

A. 单调减少的；　B. 单调增加的；　C. 不是单调函数；　D. 无法判断.

(8)函数 $y = x^3 - 9x^2 + 15x + 10$ 的单调递减区间是(　　)；

A. $(-\infty,1)$；　B. $(1,5)$；　C. $(5,+\infty)$；　D. $(-\infty,1)$或$(5,+\infty)$.

(9)设函数 $f(x) = (x-1)(x-2)(x-3)$，则方程 $f'(x) = 0$ 有(　　)；

A. 一个实根；　B. 二个实根；　C. 三个实根；　D. 无实根.

(10)函数 $y = e^x$ 的图像在区间 $(-\infty, +\infty)$ 上是(　　)；

A. 凸的；　B. 单调下降；　C. 凹的；　D. 不确定.

(11)下列说法中正确的是(　　)；

A. 点(0,1)是 $y = x^3$ 的极值点；　　B. 点(0,0)是曲线 $y = x^3$ 的拐点；

C. 点(1,1)是曲线 $y = x^3$ 的拐点；　　D. 点(1,0)是曲线 $y = x^3$ 的拐点.

(12)函数 $f(x) = \dfrac{x^2}{x+1}$ 的垂直渐近线为(　　)；

A. $x = -1$；　B. $x = 0$；　C. $y = 0$；　D. $y = -1$.

(13)函数 $y = x^2 + 1$ 在区间 $[0,2]$ 上(　　)；

A. 单调增加；　B. 单调减少；　C. 不增不减；　D. 有增有减.

(14)下列函数中,在区间$[-1,1]$上满足罗尔定理条件的是(　　)；

A. $y = \ln x^2$；　B. $y = 1 + x^3$；　C. $y = |x|$；　D. $y = \sin x^2$.

(15)函数 $y = x - \ln(1+x)$ 的单调减区间是(　　)；

A. $(-\infty, +\infty)$；　B. $(-\infty,1)$；　C. $(-1,0)$；　D. $(0, +\infty)$.

(16)函数 $y = x - \ln(1+x^2)$ 的极值是(　　)；

A. $1 - \ln 2$；　B. $-1 - \ln 2$；　C. 没有极值；　D. 0.

(17)曲线 $y = (x-1)^3$ 的拐点是(　　)；

A. $(-1, -8)$；　B. $(1,0)$；　C. $(0, -1)$；　D. $(0,1)$.

(18)$f(x) = x^4 - 2x^2 + 5$，则 $f(0)$ 为 $f(x)$ 在$[-2,2]$上的(　　)；

A. 极大值；　B. 极小值；　C. 最大值；　D. 最小值.

(19)曲线 $y=\dfrac{4x-1}{(x-2)^2}$ (　　)；

A. 只有水平渐近线；　　B. 只有铅直渐近线；

C. 没有渐近线；　　D. 既有水平渐近线又有铅直渐近线.

(20)设 $f(x)$ 在 $(-\infty,+\infty)$ 上满足 $f(x)=-f(-x)$，在 $(0,+\infty)$ 内，$f'(x)>0$，$f''(x)>0$，则 $f(x)$ 在 $(-\infty,0)$ 内(　　)；

A. 单调减少的，凸的；　　B. 单调增加的，凹的；

C. 单调增加的，凸的；　　D. 单调减少的，凹的.

(21)$f'(x)$ 在点 $x=a$ 的某邻域内连续，$\lim\limits_{x\to a}\dfrac{f'(x)}{x-a}=-1$，则(　　)；

A. $x=a$ 是极小值点；　　B. $x=a$ 是极大值点；

C. $(a,f(a))$ 是拐点；　　D. $x=a$ 不是极值点.

(22)某产品总成本 C 为产量 x 的函数 $C(x)=a+bx^2(a>0,b>0)$，则生产 m 单位产品时的边际成本为(　　)；

A. $a+bm^2$；　　B. $2bm$；　　C. bm^2；　　D. $\dfrac{a}{m}+bm$.

(23)某商品的销售量 Q 为单价 P 的函数 $Q=10-\dfrac{P}{2}$，则当 $P=$ (　　)时，总收入最高.

A. 10；　　B. 15；　　C. 20；　　D. 25.

2. 判断题：

(1)函数的极值点一定是驻点；(　　)

(2)函数的驻点一定是极值点；(　　)

(3)函数的极值点一定是最值点；(　　)

(4)函数的最值点一定是极值点；(　　)

(5)若 $f''(x_0)=0$，则 $(x_0,f(x_0))$ 是 $f(x)$ 的拐点；(　　)

(6)若 $(x_0,f(x_0))$ 是 $f(x)$ 的拐点，则 $f''(x_0)=0$；(　　)

(7)函数 $f(x)$ 在开区间内唯一的极值一定是 $f(x)$ 的最值；(　　)

(8)函数 $f(x)$ 在开区间内的最值一定是 $f(x)$ 的极值.(　　)

3. 填空题：

(1)函数 $f(x)=3x^3-x$ 的严格单调减少区间为________；

(2)已知 $x=4$ 是函数 $f(x)=x^2+px+q$ 的极值点，则 $p=$ ________；

(3)设 $f(x)=x^3+ax^2+bx$ 在 $x=-1$ 处取得极小值 -2，则 $a=$ ______，$b=$ ______；

(4)函数 $f(x)=4x^3$ 在区间 $[0,1]$ 上满足拉格朗日中值定理的 $\xi=$ ________.

4. 证明多项式 $f(x)=x^3-3x+a$ 在 $[0,1]$ 上不可能有两个零点.

5. 设 $a_0+\frac{a_1}{2}+\cdots+\frac{a_n}{n+1}=0$,证明多项式 $f(x)=a_0+a_1x+\cdots+a_nx^n$ 在 $(0,1)$ 内至少有一个零点.

6. 设 $f(x)$ 在 $[0,a]$ 上连续,在 $(0,a)$ 内可导,且 $f(a)=0$,证明存在一点 $\xi\in(0,a)$,使 $f(\xi)+\xi f'(\xi)=0$.

7. 求下列极限:

(1) $\lim\limits_{x\to1}\frac{x-x^x}{1-x+\ln x}$; (2) $\lim\limits_{x\to0}\left[\frac{1}{\ln(1+x)}-\frac{1}{x}\right]$;(3) $\lim\limits_{x\to+\infty}\left(\frac{2}{\pi}\arctan x\right)^x$.

8. 证明下列不等式:

(1)当 $0<x_1<x_2<\frac{\pi}{2}$ 时,$\frac{\tan x_2}{\tan x_1}>\frac{x_2}{x_1}$;

(2)当 $x>0$ 时 $\ln(1+x)>\frac{\arctan x}{1+x}$.

9. 要造一面积给定为 S 的无盖圆柱形桶,问底半径 r 和高 h 等于多少时,才能使桶容积最大?这时底半径与高的比是多少?

10. 设每日生产某产品的总成本函数为

$$C(Q)=1000+60Q-0.3Q^2+0.001Q^3$$

产品单价为 60 元,问每日产量为多少时可获得最大利润?最大利润是多少?

扫一扫,获取参考答案

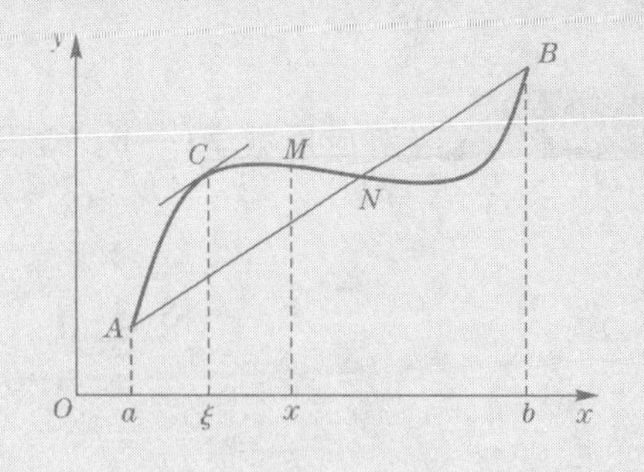

第4章 不定积分

【学习目标】

↬理解原函数与不定积分的概念.

↬掌握基本积分公式和基本积分法则.

↬熟练掌握不定积分的换元积分法和分部积分法.

↬熟练不定积分的几何应用和经济应用.

微分和积分是高等数学中两个不可分割的重要概念. 微分学,为物体的运动速度、加速度、曲线的切线、函数的极值等问题提供了一套通用的方法,即求导数. 而积分学,为已知速度求路程、已知切线求曲线以及面积和体积的计算等问题提供了一套通用的方法,即求积分.

在第 2 章中,已经介绍了已知函数求导数或微分的问题. 但是,在生产实践和科学技术领域中,人们常常会遇到相反的问题,即已知某函数的导数或微分,求出该函数. 这种由导数或微分来求原函数的逆运算称为不定积分. 本章将从原函数与不定积分的概念及性质出发,着重介绍不定积分的求法和不定积分的应用.

§4.1 不定积分的概念与性质

4.1.1 原函数的概念

定义 4.1.1 如果在区间 I 上,可导函数 $F(x)$ 的导函数为 $f(x)$,即对 $\forall x \in I$,都有 $F'(x) = f(x)$ 或 $\mathrm{d}F(x) = f(x)\mathrm{d}x$,则称 $F(x)$ 为 $f(x)$ 在 I 上的一个原函数.

例如,$(x^2)' = 2x$,故 x^2 是 $2x$ 的一个原函数.

又 $(x^2 + C)' = 2x$,故 $x^2 + C$(C 为任意常数)都是 $2x$ 的原函数.

思考:若一个函数的原函数存在,它的原函数是否唯一?

事实上,若 $F(x)$ 是函数 $f(x)$ 在区间 I 上的一个原函数,则有

$$F'(x) = f(x)$$

$$[F(x) + C]' = f(x)(C\text{ 为任意常数})$$

即 $F(x) + C$ 也是 $f(x)$ 在区间 I 上的原函数.

所以,**一个函数的原函数不是唯一的.**

思考:一个函数的任意两个原函数之间有什么关系?

事实上,若 $F(x)$ 和 $G(x)$ 都是函数 $f(x)$ 在区间 I 上的原函数,则有

$[F(x) - G(x)]' = F'(x) - G'(x) = f(x) - f(x) = 0$

即 $F(x) - G(x) = C$(C 为任意常数).

一个函数的任意两个原函数之间,只相差一个常数.

综上,若一个函数 $f(x)$ 在区间 I 上有一个原函数 $F(x)$,则它就有无穷多个原函数,且它的全体原函数为 $F(x) + C$(C 为任意常数).

4.1.2 不定积分的概念

定义 4.1.2 在区间 I 上,$f(x)$ 的全体原函数称为 $f(x)$ 的不定积分,记作 $\int f(x)\mathrm{d}x$,其中记号 $\int$ 称为积分号,$f(x)$ 称为被积函数,$f(x)\mathrm{d}x$ 称为被积表达式,x 称为积分变量.

原函数与不定积分的关系：

(1)原函数与不定积分是个别与全体的关系，或是元素与集合的关系.

(2)如果 $F(x)$ 是 $f(x)$ 的一个原函数，则 $\int f(x)\mathrm{d}x = F(x) + C$.

例 4.1.1 求 $\int x^2 \mathrm{d}x$.

解　由于 $\left(\frac{x^3}{3}\right)' = x^2$，即 $\frac{x^3}{3}$ 是 x^2 的一个原函数，所以

$$\int x^2 \mathrm{d}x = \frac{x^3}{3} + C.$$

例 4.1.1 的结果可推广到下面的例 4.1.2.

例 4.1.2 求 $\int x^\mu \mathrm{d}x (\mu \neq -1)$.

解　由于 $\left(\frac{x^{\mu+1}}{\mu+1}\right)' = x^\mu$，即 $\frac{x^{\mu+1}}{\mu+1}$ 是 x^μ 的一个原函数，所以

$$\int x^\mu \mathrm{d}x = \frac{x^{\mu+1}}{\mu+1} + C \quad (\mu \neq -1).$$

例 4.1.2 中的 $\mu = -1$ 时，即是下面的例 4.1.3.

例 4.1.3 求 $\int \frac{1}{x} \mathrm{d}x$.

解　$x > 0$ 时，有 $(\ln x)' = \frac{1}{x}$，所以在 $(0, +\infty)$ 内 $\frac{1}{x}$ 的一个原函数是 $\ln x$.

$x < 0$ 时，有 $[\ln(-x)]' = \frac{1}{x}$，所以在 $(-\infty, 0)$ 内 $\frac{1}{x}$ 的一个原函数是 $\ln(-x)$.

即，在 $(-\infty, 0) \cup (0, +\infty)$ 上，$\frac{1}{x}$ 的原函数是 $\ln|x|$，所以

$$\int \frac{1}{x} \mathrm{d}x = \ln|x| + C.$$

同理，结合以下基本求导公式：

(1) $(kx)' = k$；

(2) $(\mathrm{e}^x)' = \mathrm{e}^x$；

(3) $(a^x)' = a^x \ln a$；

(4) $(\cos x)' = -\sin x$；

(5) $(\sin x)' = \cos x$;

(6) $(\tan x)' = \sec^2 x$;

(7) $(\cot x)' = -\csc^2 x$;

(8) $(\sec x)' = \sec x \cdot \tan x$;

(9) $(\csc x)' = -\csc x \cdot \cot x$;

(10) $(\arcsin x)' = \dfrac{1}{\sqrt{1-x^2}}$;

(11) $(\arccos x)' = -\dfrac{1}{\sqrt{1-x^2}}$;

(12) $(\arctan x)' = \dfrac{1}{1+x^2}$;

(13) $(\operatorname{arccot} x)' = -\dfrac{1}{1+x^2}$.

可以得到基本积分表.

4.1.3 基本积分表

(1) $\int k\mathrm{d}x = kx + C$;

(2) $\int x^{\mu}\mathrm{d}x = \dfrac{x^{\mu+1}}{\mu+1} + C\ (\mu \neq -1)$;

(3) $\int \dfrac{1}{x}\mathrm{d}x = \ln|x| + C$;

(4) $\int \mathrm{e}^x\mathrm{d}x = \mathrm{e}^x + C$;

(5) $\int a^x\mathrm{d}x = \dfrac{a^x}{\ln a} + C\ (a > 0, a \neq 1)$;

(6) $\int \sin x\mathrm{d}x = -\cos x + C$;

(7) $\int \cos x\mathrm{d}x = \sin x + C$;

(8) $\int \dfrac{1}{\cos^2 x}\mathrm{d}x = \int \sec^2 x\mathrm{d}x = \tan x + C$;

(9) $\int \dfrac{1}{\sin^2 x}\mathrm{d}x = \int \csc^2 x\mathrm{d}x = -\cot x + C$;

(10) $\int \tan x \sec x \mathrm{d}x = \sec x + C$;

(11) $\int \cot x \csc x \mathrm{d}x = -\csc x + C$;

(12) $\int \frac{1}{\sqrt{1-x^2}}\mathrm{d}x = \arcsin x + C = -\arccos x + C$;

(13) $\int \frac{1}{1+x^2}\mathrm{d}x = \arctan x + C = -\mathrm{arccot}\, x + C$.

以上 13 个基本积分公式是求不定积分的基础,必须熟记.

4.1.4　不定积分的性质

基本性质:(1) $\left[\int f(x)\right]' = f(x)$, 或 $\mathrm{d}\int f(x)\mathrm{d}x = f(x)\mathrm{d}x$;

(2) $\int F'(x)\mathrm{d}x = F(x) + C$, 或 $\int \mathrm{d}F(x) = F(x) + C$.

以上两个性质可由原函数与不定积分的关系直接推出.

例 4.1.4　已知 $\int f(x)\mathrm{d}x = x^2 \mathrm{e}^{2x} + C$, 求 $f(x)$.

解　根据基本性质(1),对等式两端求导,即得

$$f(x) = (x^2 \mathrm{e}^{2x} + C)' = 2x(1+x)\mathrm{e}^{2x}.$$

运算性质:假定 $f(x)$,$g(x)$ 的原函数存在,则有

(1) $\int [f(x) \pm g(x)]\mathrm{d}x = \int f(x)\mathrm{d}x \pm \int g(x)\mathrm{d}x$;

(2) $\int kf(x)\mathrm{d}x = k\int f(x)\mathrm{d}x$.

证明　(1)对等式两端求导,得恒等式

$$f(x) \pm g(x) = f(x) \pm g(x)$$

这表明,它们是同一函数的不定积分,故相等.

(2)类似地,可证明(2).

利用不定积分的性质和基本积分公式可以求一些简单函数的不定积分.

例 4.1.5　求 $\int \frac{(2x-1)^2}{\sqrt{x}}\mathrm{d}x$.

解　$\int \frac{(2x-1)^2}{\sqrt{x}}\mathrm{d}x = \int (4x^{\frac{3}{2}} - 4x^{\frac{1}{2}} + x^{-\frac{1}{2}})\mathrm{d}x = \frac{8}{5}x^{\frac{5}{2}} - \frac{8}{3}x^{\frac{3}{2}} + 2x^{\frac{1}{2}} + C.$

注意:(1)分项积分后,每个积分都有一个任意常数,但由于任意常数的和仍为任意常数,所以只需要写出一个任意常数即可.

(2)检验结果是否正确,只需要将结果求导,看它的导数是否等于被积函数.

例 4.1.6 求$\int \frac{3^x e^x - 6^x}{3^x} dx$.

解 $\int \frac{3^x e^x - 6^x}{3^x} dx = \int (e^x - 2^x) dx = e^x - \frac{2^x}{\ln 2} + C$.

例 4.1.7 求$\int \left(\frac{1}{x} - \frac{3}{1+x^2} - \sin x\right) dx$.

解 $\int \left(\frac{1}{x} - \frac{3}{1+x^2} - \sin x\right) dx = \ln|x| - 3\arctan x + \cos x + C$.

例 4.1.8 求$\int \left(\frac{2}{\sqrt{1-x^2}} + \tan^2 x\right) dx$.

解
$$\begin{aligned}\int \left(\frac{2}{\sqrt{1-x^2}} + \tan^2 x\right) dx &= \int \left(\frac{2}{\sqrt{1-x^2}} + \sec^2 x - 1\right) dx \\ &= 2\arcsin x + \tan x - x + C.\end{aligned}$$

例 4.1.9 求$\int \csc x(\csc x - \cot x) dx$.

解
$$\begin{aligned}\int \csc x(\csc x - \cot x) dx &= \int (\csc^2 x - \csc x \cot x) dx \\ &= -\cot x + \csc x + C.\end{aligned}$$

例 4.1.10 求$\int \frac{1}{\sin^2 x \cos^2 x} dx$.

解
$$\begin{aligned}\int \frac{1}{\sin^2 x \cos^2 x} dx = \int \frac{\sin^2 x + \cos^2 x}{\sin^2 x \cos^2 x} dx &= \int (\sec^2 x + \csc^2 x) dx \\ &= \tan x - \cot x + C.\end{aligned}$$

例 4.1.11 求$\int \sin^2 \frac{u}{2} du$.

解
$$\begin{aligned}\int \sin^2 \frac{u}{2} du &= \int \frac{1 - \cos u}{2} du = \frac{1}{2}\left(\int du - \int \cos u du\right) \\ &= \frac{1}{2}(u - \sin u) + C.\end{aligned}$$

例 4.1.12 求$\int\frac{1+\sin^2 x}{1-\cos 2xr}\mathrm{d}x$.

解 $$\int\frac{1+\sin^2 x}{1-\cos 2xr}\mathrm{d}x=\int\frac{1+\sin^2 x}{2\sin^2 x}\mathrm{d}x=\frac{1}{2}(\int\frac{1}{\sin^2 x}\mathrm{d}x+\int\mathrm{d}x)$$
$$=\frac{1}{2}(\int\csc^2 x\mathrm{d}x+\int\mathrm{d}x)=\frac{1}{2}(-\cot x+x)+C.$$

例 4.1.13 求$\int\frac{\mathrm{d}x}{x^2(1+x^2)}$.

解 $$\int\frac{\mathrm{d}x}{x^2(1+x^2)}=\int\frac{(1+x^2)-x^2}{x^2(1+x^2)}\mathrm{d}x=\int(\frac{1}{x^2}-\frac{1}{1+x^2})\mathrm{d}x$$
$$=-\frac{1}{x}-\arctan x+C.$$

例 4.1.14 求$\int\frac{x^6}{x^2+1}\mathrm{d}x$.

解 被积函数的分子和分母都是多项式,通过多项式的除法,可以把它化成基本积分表中所列类型的积分,然后再逐项求积分.

$$\int\frac{x^6}{x^2+1}\mathrm{d}x=\int\frac{x^6+1-1}{x^2+1}\mathrm{d}x=\int(x^4-x^2+1-\frac{1}{x^2+1})\mathrm{d}x$$
$$=\frac{x^5}{5}-\frac{x^3}{3}+x-\arctan x+C.$$

最后给出原函数存在定理,其证明将在第 5 章给出.

> **定理 4.1.1(原函数存在定理)** 若函数 $f(x)$ 在区间 I 上连续,则在 I 上必存在可导函数 $F(x)$,使对 $\forall x\in I$,都有 $F'(x)=f(x)$.

简单地说就是:连续函数必有原函数.

习题 4.1

1. 求下列不定积分,并通过求导检验你的答案.

(1) $\int(x+\frac{1}{x^2})\sqrt{x}\mathrm{d}x$;　　(2) $\int(4\mathrm{e}^x+\frac{2}{x}-3^x)\mathrm{d}x$;

(3) $\int(\frac{3}{1+x^2}-5\csc^2 x)\mathrm{d}x$;　　(4) $\int\frac{2}{\sqrt{1-u^2}}\mathrm{d}u$;

(5) $\int \sin\frac{t}{2}\cos\frac{t}{2}\mathrm{d}t$；

(6) $\int \sec x(\sec x-\tan x)\mathrm{d}x$；

(7) $\int \frac{2+3x^2}{x^2(1+x^2)}\mathrm{d}x$；

(8) $\int \cos x(\sec x+\tan x)\mathrm{d}x$；

(9) $\int \cos^2\frac{u}{2}\mathrm{d}u$；

(10) $\int \frac{3x^4+x^2+2}{x^2+1}\mathrm{d}x$.

2. 设函数 $f(x)$ 的导数为 $-2\cos x$，求 $f(x)$ 的全体原函数.

3. 设 $\int xf(x)\mathrm{d}x=\operatorname{arccot} x+C$，求 $f(x)$.

4. 填括号，使下列等式成立：

(1) $\mathrm{d}x=$ ______ $\mathrm{d}(4x-5)$；

(2) $x\mathrm{d}x=$ ______ $\mathrm{d}(1-x^2)$；

(3) $x^3\mathrm{d}x=$ ______ $\mathrm{d}(2x^4-5)$；

(4) $\frac{1}{\sqrt{x}}\mathrm{d}x=$ ______ $\mathrm{d}(2\sqrt{x})$；

(5) $\frac{1}{x^2}\mathrm{d}x=$ ______ $\mathrm{d}(\frac{1}{x})$；

(6) $\frac{1}{x}\mathrm{d}x=$ ______ $\mathrm{d}(6\ln x)$；

(7) $\mathrm{e}^{3x}\mathrm{d}x=$ ______ $\mathrm{d}(\mathrm{e}^{3x}-2)$；

(8) $\cos\frac{5x}{2}\mathrm{d}x=$ ______ $\mathrm{d}\left(\sin\frac{5x}{2}\right)$；

(9) $\frac{\mathrm{d}x}{1+4x^2}=$ ______ $\mathrm{d}(\arctan 2x)$；

(10) $\frac{\mathrm{d}x}{\sqrt{1-x^2}}=$ ______ $\mathrm{d}(3-2\arcsin x)$；

(11) $\frac{x\mathrm{d}x}{\sqrt{1-x^2}}=$ ______ $\mathrm{d}(\sqrt{1-x^2})$；

(12) $\frac{\mathrm{d}x}{\cos^2 3x}=$ ______ $\mathrm{d}(\tan 3x)$.

§4.2 不定积分的换元积分法

由上一节我们知道，求一个函数的不定积分，需要先通过函数的恒等变换把被积函数中出现的函数化成基本积分表中被积函数的代数和，再结合不定积分的性质进行求解. 这样的方法称为直接积分法. 但是，并不是所有的不定积分都可以用直接积分法解决，例如，被积函数是复合函数的不定积分 $\int\frac{1}{5x+3}\mathrm{d}x$，$\int\cos 2x\mathrm{d}x$，$\int 2x\mathrm{e}^{x^2}\mathrm{d}x$ 等. 因此有必要寻求其他不定积分的求解方法. 本节将利用复合函数求导公式，通过变量代换，得到求复合函数不定积分的方法，称为换元积分法.

按照引入变量方式的不同，换元积分法又分为第一类换元积分法和第二类换元积分法.

4.2.1　第一类换元积分法(凑微分法)

定理 4.2.1(第一类换元积分法)　设 $f(u)$ 有原函数 $F(u)$，$u=\varphi(x)$ 可微，则

$$\int f[\varphi(x)]\varphi'(x)\mathrm{d}x=\left[\int f(u)\mathrm{d}u\right]_{u=\varphi(x)}=F(\varphi(x))+C.$$

上述公式称为第一类换元积分公式.

证明　因为 $F(u)$ 是 $f(u)$ 的原函数，所以

$$F'(u)=f(u),\int f(u)\mathrm{d}u=F(u)+C.$$

再根据复合函数微分法，有

$$\mathrm{d}F[\varphi(x)]=f[\varphi(x)]\mathrm{d}\varphi(x)=f[\varphi(x)]\varphi'(x)\mathrm{d}x$$

从而得

$$\int f[\varphi(x)]\varphi'(x)\mathrm{d}x=\int f[\varphi(x)]\mathrm{d}\varphi(x)=\left[\int f(u)\mathrm{d}u\right]_{u=\varphi(x)}$$
$$=[F(u)+C]_{u=\varphi(x)}=F(\varphi(x))+C.$$

若不定积分 $\int g(x)\mathrm{d}x$ 的被积函数 $g(x)$ 能化成 $f[\varphi(x)]\varphi'(x)$ 的形式，则可利用第一类换元积分公式来求不定积分. 第一类换元积分法的关键是如何将 $g(x)$ 化成 $f[\varphi(x)]\varphi'(x)$ 的形式，进而将 $\varphi'(x)\mathrm{d}x$ 写成 $\mathrm{d}\varphi(x)$，而 $\varphi'(x)$ 通常是从被积表达式中凑出来的，因此第一类换元积分法又称为“凑微分法”.

例 4.2.1　求 $\int\cos 2x\mathrm{d}x$.

解　积函数中 $\cos 2x$ 是复合函数，$\cos 2x=\cos u$，$u=2x$，而 $(2x)'=2$，但被积函数中缺少 2，因此将 $\cos 2x$ 改写为 $\frac{1}{2}\cdot 2\cos 2x$，这样就凑出了 u 的导数，这也就是我们所说的凑微分法. 因此作变换 $u=2x$，便有

$$\int\cos 2x\mathrm{d}x=\frac{1}{2}\int 2\cos 2x\mathrm{d}x=\frac{1}{2}\int\cos 2x(2x)'\mathrm{d}x=\frac{1}{2}\int\cos 2x\mathrm{d}2x$$
$$=\frac{1}{2}\int\cos u\mathrm{d}u=\frac{1}{2}\sin u+C,$$

再以 $u=2x$ 代入,即得 $\int\cos 2x\mathrm{d}x=\frac{1}{2}\sin 2x+C.$

注意:利用换元法求不定积分时,换元求出原函数后,必须还原为 x 的函数.

例 4.2.2 求 $\int\frac{1}{5x+3}\mathrm{d}x.$

解 积函数 $\frac{1}{5x+3}=\frac{1}{u}$,$u=5x+3$,这里缺少 $\frac{\mathrm{d}u}{\mathrm{d}x}=5$ 这样一个因子,但由于5是一个常数,故可改变系数凑出这个因子:

$$\frac{1}{5x+3}=\frac{1}{5}\cdot\frac{1}{5x+3}\cdot 5=\frac{1}{5}\cdot\frac{1}{5x+3}\cdot(5x+3)',$$

从而令 $u=5x+3$,便有

$$\begin{aligned}\int\frac{1}{5x+3}\mathrm{d}x&=\int\frac{1}{5}\cdot\frac{1}{5x+3}\cdot(5x+3)'\mathrm{d}x=\frac{1}{5}\int\frac{1}{5x+3}\mathrm{d}(5x+3)\\&=\frac{1}{5}\int\frac{1}{u}\mathrm{d}u=\frac{1}{5}\ln|u|+C=\frac{1}{5}\ln|5x+3|+C.\end{aligned}$$

在对变量代换比较熟练之后,也可以不写出中间变量的换元和回代过程.

例 4.2.3 求 $\int 2x\mathrm{e}^{x^2}\mathrm{d}x.$

解 $\int 2x\mathrm{e}^{x^2}\mathrm{d}x=\int\mathrm{e}^{x^2}\mathrm{d}(x^2)=\mathrm{e}^{x^2}+C.$

根据微分基本公式,可以得到常用的凑微分公式如下:

(1) $\int f(ax+b)\mathrm{d}x=\frac{1}{a}\int f(ax+b)\mathrm{d}(ax+b)(a\neq 0)$;

(2) $\int f(x^{\mu+1})\cdot x^{\mu}\mathrm{d}x=\frac{1}{\mu+1}\int f(x^{\mu+1})\mathrm{d}(x^{\mu+1})(\mu\neq -1)$;

(3) $\int f(\ln x)\cdot\frac{1}{x}\mathrm{d}x=\int f(\ln x)\mathrm{d}(\ln x)$;

(4) $\int f(\mathrm{e}^x)\cdot\mathrm{e}^x\mathrm{d}x=\int f(\mathrm{e}^x)\mathrm{d}(\mathrm{e}^x)$;

(5) $\int f(a^x)\cdot a^x\mathrm{d}x=\frac{1}{\ln a}\int f(a^x)\mathrm{d}(a^x)a>0,a\neq 1$;

(6) $\int f(\sin x)\cdot\cos x\mathrm{d}x=\int f(\sin x)\mathrm{d}(\sin x)$;

(7) $\int f(\cos x)\cdot\sin x\mathrm{d}x=-\int f(\cos x)\mathrm{d}(\cos x)$;

(8) $\int f(\tan x)\cdot\frac{1}{\cos^2 x}\mathrm{d}x=\int f(\tan x)\cdot\sec^2 x\mathrm{d}x=\int f(\tan x)\mathrm{d}(\tan x)$;

(9) $\int f(\cot x)\cdot\frac{1}{\sin^2 x}\mathrm{d}x=\int f(\cot x)\cdot\csc^2 x\mathrm{d}x=-\int f(\cot x)\mathrm{d}(\cot x)$;

(10) $\int f(\arcsin x)\cdot\frac{1}{\sqrt{1-x^2}}\mathrm{d}x=\int f(\arcsin x)\mathrm{d}(\arcsin x)$;

(11) $\int f(\arccos x)\cdot\frac{1}{\sqrt{1-x^2}}\mathrm{d}x=-\int f(\arccos x)\mathrm{d}(\arccos x)$;

(12) $\int f(\arctan x)\cdot\frac{1}{1+x^2}\mathrm{d}x=\int f(\arctan x)\mathrm{d}(\arctan x)$;

(13) $\int f(\operatorname{arccot} x)\cdot\frac{1}{1+x^2}\mathrm{d}x=-\int f(\operatorname{arccot} x)\mathrm{d}(\operatorname{arccot} x)$.

例 4.2.4 求 $\int(5-3x)^{50}\mathrm{d}x$.

解 $\int(5-3x)^{50}\mathrm{d}x=-\frac{1}{3}\int(5-3x)^{50}\mathrm{d}(5-3x)$

$$=-\frac{1}{3}\cdot\frac{(5-3x)^{51}}{51}=-\frac{(5-3x)^{51}}{153}.$$

例 4.2.5 求 $\int(x\sqrt{1-x^2}+\frac{1}{x^2}\sec^2\frac{1}{x}+\frac{e^{\sqrt{x}}}{\sqrt{x}})\mathrm{d}x$.

解 $\int\left(x\sqrt{1-x^2}+\frac{1}{x^2}\sec^2\frac{1}{x}+\frac{e^{\sqrt{x}}}{\sqrt{x}}\right)\mathrm{d}x$

$=\int x\sqrt{1-x^2}\mathrm{d}x+\int\frac{1}{x^2}\sec^2\frac{1}{x}\mathrm{d}x+\int\frac{e^{\sqrt{x}}}{\sqrt{x}}\mathrm{d}x$

$=-\frac{1}{2}\int\sqrt{1-x^2}\mathrm{d}(1-x^2)-\int\sec^2\frac{1}{x}\mathrm{d}\left(\frac{1}{x}\right)+2\int e^{\sqrt{x}}\mathrm{d}(\sqrt{x})$

$=-\frac{1}{2}\cdot\frac{2}{3}(1-x^2)^{\frac{3}{2}}-\tan\frac{1}{x}+2e^{\sqrt{x}}+C$

$=-\frac{1}{3}(1-x^2)^{\frac{3}{2}}-\tan\frac{1}{x}+2e^{\sqrt{x}}+C.$

例 4.2.6 求$\int \frac{1}{x(2+3\ln x)}\mathrm{d}x$.

解 $$\int \frac{1}{x(2+3\ln x)}\mathrm{d}x=\int \frac{1}{2+3\ln x}\mathrm{d}(\ln x)=\frac{1}{3}\int \frac{1}{2+3\ln x}\mathrm{d}(2+3\ln x)$$
$$=\frac{1}{3}\ln|2+3\ln x|+C.$$

例 4.2.7 求$\int \frac{1}{\mathrm{e}^{-x}+\mathrm{e}^{x}}\mathrm{d}x$.

解 $$\int \frac{1}{\mathrm{e}^{-x}+\mathrm{e}^{x}}\mathrm{d}x=\int \frac{\mathrm{e}^{x}}{1+(\mathrm{e}^{x})^{2}}\mathrm{d}x.$$
$$=\int \frac{1}{1+(\mathrm{e}^{x})^{2}}\mathrm{d}(\mathrm{e}^{x})=\arctan(\mathrm{e}^{x})+C.$$

例 4.2.8 求$\int \frac{3^{\arcsin x}}{\sqrt{1-x^{2}}}\mathrm{d}x$.

解 $$\int \frac{3^{\arcsin x}}{\sqrt{1-x^{2}}}\mathrm{d}x=\int 3^{\arcsin x}\mathrm{d}(\arcsin x)=\frac{3^{\arcsin x}}{\ln 3}+C.$$

例 4.2.9 求$\int \frac{1}{a^{2}+x^{2}}\mathrm{d}x$.

解 $$\int \frac{1}{a^{2}+x^{2}}\mathrm{d}x=\frac{1}{a^{2}}\int \frac{1}{1+\left(\frac{x}{a}\right)^{2}}\mathrm{d}x$$
$$=\frac{1}{a}\int \frac{1}{1+\left(\frac{x}{a}\right)^{2}}\mathrm{d}\left(\frac{x}{a}\right)=\frac{1}{a}\arctan\frac{x}{a}+C.$$

例 4.2.10 求$\int \frac{1}{\sqrt{a^{2}-x^{2}}}\mathrm{d}x$.

解 $$\int \frac{1}{\sqrt{a^{2}-x^{2}}}\mathrm{d}x=\frac{1}{a}\int \frac{1}{\sqrt{1-\left(\frac{x}{a}\right)^{2}}}\mathrm{d}x=\int \frac{1}{\sqrt{1-\left(\frac{x}{a}\right)^{2}}}\mathrm{d}\left(\frac{x}{a}\right)$$
$$=\arcsin\frac{x}{a}+C.$$

例 4.2.11 求$\int \frac{1}{x^{2}-a^{2}}\mathrm{d}x$.

解 由于$\frac{1}{x^{2}-a^{2}}=\frac{1}{2a}\left(\frac{1}{x-a}-\frac{1}{x+a}\right)$，故

$$\int \frac{1}{x^2-a^2}\mathrm{d}x = \frac{1}{2a}\int\left(\frac{1}{x-a}-\frac{1}{x+a}\right)\mathrm{d}x$$

$$= \frac{1}{2a}\left[\int \frac{1}{x-a}\mathrm{d}(x-a) - \int \frac{1}{x+a}\mathrm{d}(x+a)\right]$$

$$= \frac{1}{2a}[\ln|x-a| - \ln|x+a|] + C$$

$$= \frac{1}{2a}\ln\left|\frac{x-a}{x+a}\right| + C.$$

在一些不定积分的被积函数中含有三角函数,这种积分的计算,往往要用到三角恒等式和等价变形.

例 4.2.12 求 $\int \tan x\mathrm{d}x$.

解 $\int \tan x\mathrm{d}x = \int \frac{\sin x}{\cos x}\mathrm{d}x = -\int \frac{1}{\cos x}\mathrm{d}(\cos x) = -\ln|\cos x| + C.$

类似地,有

$$\int \cot x\mathrm{d}x = \int \frac{\cos x}{\sin x}\mathrm{d}x = \int \frac{1}{\sin x}\mathrm{d}(\sin x) = \ln|\sin x| + C.$$

例 4.2.13 求 $\int \sec x\mathrm{d}x$.

解 $\int \sec x\mathrm{d}x = \int \frac{1}{\cos x}\mathrm{d}x = \int \frac{\cos x}{\cos^2 x}\mathrm{d}x = \int \frac{1}{1-\sin^2 x}\mathrm{d}(\sin x)$

$$= -\int \frac{1}{\sin^2 x - 1}\mathrm{d}(\sin x) = -\frac{1}{2}\ln\left|\frac{\sin x - 1}{\sin x + 1}\right| + C$$

(直接用例 4.2.11 的结果)

$$= \frac{1}{2}\ln\left|\frac{1+\sin x}{1-\sin x}\right| + C = \frac{1}{2}\ln\frac{(1+\sin x)^2}{\cos^2 x} + C$$

$$= \ln\left|\frac{1+\sin x}{\cos x}\right| + C = \ln|\sec x + \tan x| + C.$$

此题还有另外一种"巧"方法,如下:

$$\int \sec x\mathrm{d}x = \int \frac{\sec x(\sec x + \tan x)}{\sec x + \tan x}\mathrm{d}x = \int \frac{\sec^2 x + \sec x\tan x}{\sec x + \tan x}\mathrm{d}x$$

$$= \int \frac{1}{\sec x + \tan x}\mathrm{d}(\tan x + \sec x)$$

$$= \ln|\sec x + \tan x| + C.$$

类似地，有

$$\int \csc x\mathrm{d}x = \int \frac{\csc x(\csc x - \cot x)}{\csc x - \cot x}\mathrm{d}x = \int \frac{\csc^2 x - \csc x\cot x}{\csc x - \cot x}\mathrm{d}x$$

$$= \int \frac{\mathrm{d}(\csc x - \cot x)}{\csc x - \cot x} = \ln|\csc x - \cot x| + C.$$

例 4.2.14 求 $\int \sin^2 x \cos^3 x\mathrm{d}x$.

解 $\int \sin^2 x \cos^3 x\mathrm{d}x = \int \sin^2 x \cos^2 x\cos x\mathrm{d}x$

$$= \int \sin^2 x(1 - \sin^2 x)\mathrm{d}(\sin x)$$

$$= \int \sin^2 x(1 - \sin^2 x)\mathrm{d}(\sin x)$$

$$= \int (\sin^2 x - \sin^4 x)\mathrm{d}(\sin x)$$

$$= \frac{1}{3}\sin^3 x - \frac{1}{5}\sin^5 x + C.$$

例 4.2.15 求 $\int \cos^2 x\mathrm{d}x$.

解 $\int \cos^2 x\mathrm{d}x = \int \frac{1+\cos 2x}{2}\mathrm{d}x = \frac{1}{2}\left(\int \mathrm{d}x + \int \cos 2x\mathrm{d}x\right)$

$$= \frac{1}{2}\left(\int \mathrm{d}x + \frac{1}{2}\int \cos 2x\mathrm{d}(2x)\right) = \frac{1}{2}\left(x + \frac{\sin 2x}{2}\right) + C.$$

一般地，对于形如 $\int \sin^m x \cos^n x\mathrm{d}x$ 的积分 $(m,n \in \mathbf{N})$，可按照如下方法处理：

(1) m,n 中至少有一个为奇数时，例如 $n = 2k+1$ 时

$$\int \sin^m x \cos^{2k+1} x\mathrm{d}x = \int \sin^m x\,(1 - \sin^2 x)^k\mathrm{d}(\sin x) = \int u^m\,(1 - u^2)^k\mathrm{d}u$$

化成 u 的多项式积分，求出后将 $u = \sin x$ 回代即可.

(2)当 m,n 都为偶数时，可先用倍角公式

$$\sin^2 x = \frac{1}{2}(1 - \cos 2x),\ \cos^2 x = \frac{1}{2}(1 + \cos 2x)$$

降低三角函数的幂次，再利用方法(1)处理.

例 4.2.16 求$\int \tan^4 x\sec^2 x\mathrm{d}x$.

解 $\int \tan^4 x\sec^2 x\mathrm{d}x=\int \tan^4 x\mathrm{d}(\tan x)=\frac{\tan^5 x}{5}+C.$

例 4.2.17 求$\int \tan^3 x\sec^3 x\mathrm{d}x$.

解
$$\begin{aligned}\int \tan^3 x\sec^3 x\mathrm{d}x&=\int \tan^2 x\sec^2 x\sec x\tan x\mathrm{d}x\\&=\int(\sec^2 x-1)\sec^2 x\mathrm{d}(\sec x)\\&=\int(\sec^4 x-\sec^2 x)\mathrm{d}(\sec x)\\&=\frac{1}{5}\sec^5 x-\frac{1}{3}\sec^3 x+C.\end{aligned}$$

一般地，对于$\tan^n x\sec^{2k}x$或$\tan^{2k-1}x\sec^n x(k\in\mathbf{N}^+)$型函数的积分，可依次作变换$u=\tan x$或$u=\sec x$，求得结果.

例 4.2.18 求$\int\frac{\mathrm{d}x}{x^2+2x+5}$.

解 分母是个二次质因式，先配方，再求积分.

$$\int\frac{\mathrm{d}x}{x^2+2x+5}=\int\frac{\mathrm{d}x}{4+(x+1)^2}=\int\frac{\mathrm{d}(x+1)}{2^2+(x+1)^2}=\frac{1}{2}\arctan\frac{x+1}{2}+C.$$

例 4.2.19 求$\int\sin 3x\cos 2xr\mathrm{d}x$.

解 利用积化和差公式$\sin A\cos B=\frac{1}{2}[\sin(A+B)+\sin(A-B)]$

得

$$\begin{aligned}\int\sin 3x\cos 2x\mathrm{d}x&=\frac{1}{2}\int(\sin 5x+\sin x)\mathrm{d}x\\&=\frac{1}{2}\left(\frac{1}{5}\int\sin 5x\mathrm{d}(5x)+\int\sin x\mathrm{d}x\right)\\&=-\frac{1}{10}\cos 5x-\frac{1}{2}\cos x+C.\end{aligned}$$

从上面的例子可以看出，利用“凑微分法”求不定积分需要一定的技巧，关键是在被积表达式中凑出适当的微分因子,从而进行变量代换.但对不同的问题,凑微分的方法不同,没有特定的规律.因此,若要掌握第一类换元积分法,除了熟记一些常用的凑微分公式,还需要做较多的练习才行.

第一类换元积分法是将积分 $\int f(\varphi(x))\varphi'(x)\mathrm{d}x$ 通过变量代换 $u=\varphi(x)$ 变换成容易计算的积分 $\int f(u)\mathrm{d}u$. 但有时情况正好相反,即 $\int f(u)\mathrm{d}u$ 不容易计算,转化成 $\int f(\varphi(x))\varphi'(x)\mathrm{d}x$ 反而比较容易求得,这就是下面我们要介绍的第二类换元积分法.

4.2.2 第二类换元积分法

定理 4.2.2(第二类换元积分法) 设 $x=\psi(t)$ 是单调、可导函数,且

$$\psi'(t)\neq 0,$$

又设 $\int f(\psi(t))\psi'(t)\mathrm{d}t$ 具有原函数 $F(t)$, 即 $\int f(\psi(t))\psi'(t)\mathrm{d}t=F(t)+C$, 则有换元公式

$$\int f(x)\mathrm{d}x=\left[\int f(\psi(t))\psi'(t)\mathrm{d}t\right]_{t=\psi^{-1}(x)}=F(\psi^{-1}(x))+C$$

其中, $t=\psi^{-1}(x)$ 是 $x=\psi(t)$ 的反函数.

证明 令 $G(x)=F(\psi^{-1}(x))$, 则 $G'(x)=\dfrac{\mathrm{d}F}{\mathrm{d}t}\cdot\dfrac{\mathrm{d}t}{\mathrm{d}x}$

由 $\int f(\psi(t))\psi'(t)\mathrm{d}t=F(t)+C$, 得

$$\frac{\mathrm{d}F}{\mathrm{d}t}=f(\psi(t))\psi'(t)$$

又由 $x=\psi(t)$, 得

$$\frac{\mathrm{d}t}{\mathrm{d}x}=\frac{1}{\psi'(t)}$$

从而

$$G'(x)=\frac{\mathrm{d}F}{\mathrm{d}t}\cdot\frac{\mathrm{d}t}{\mathrm{d}x}=f(\psi(t))\psi'(t)\cdot\frac{1}{\psi'(t)}=f(\psi(t))=f(x)$$

所以

$$\int f(x)\mathrm{d}x=\left[\int f(\psi(t))\psi'(t)\mathrm{d}t\right]_{t=\psi^{-1}(x)}=F(\psi^{-1}(x))+C$$

注意:利用换元法求不定积分时,换元求出原函数后,必须还原为 x 的函数.

第二类换元积分法关键是选择恰当的 $x=\psi(t)$,下面通过举例来说明.

例 4.2.20　求 $\int\sqrt{a^2-x^2}\,dx\ (a>0)$.

解　求这个积分的困难在于有根式 $\sqrt{a^2-x^2}$,可以利用三角公式 $\sin^2x+\cos^2x=1$ 来化去根式.

设 $x=a\sin t$,并设定 $-\frac{\pi}{2}<x<\frac{\pi}{2}$(在此区间上 $x=a\sin t$,可以保证有反函数),于是有反函数 $t=\arcsin\frac{x}{a}$,而 $\sqrt{a^2-x^2}=\sqrt{a^2-a^2\sin^2t}=|a\cos t|=a\cos t$,且 $dx=a\cos t\,dt$,这样被积表达式中就不含有根式,

所求积分化为

$$\begin{aligned}\int\sqrt{a^2-x^2}\,dx&=\int a\cos t\cdot a\cos t\,dt=a^2\int\cos^2t\,dt\\&=\frac{a^2}{2}\int(1+\cos 2t)\,dt=\frac{a^2}{2}\left(t+\frac{1}{2}\sin 2t\right)+C\\&=\frac{a^2}{2}(t+\sin t\cos t)+C,\end{aligned}$$

将 $t=\arcsin\frac{x}{a}$ 代入,并由 $\sin t=\frac{x}{a}$ 知 $\cos t=\sqrt{1-\sin^2t}=\frac{1}{a}\sqrt{a^2-x^2}$,

有

$$\int\sqrt{a^2-x^2}\,dx=\frac{a^2}{2}\arcsin\frac{x}{a}+\frac{x}{2}\sqrt{a^2-x^2}+C.$$

例 4.2.21　求 $\int\frac{dx}{\sqrt{x^2+a^2}}\ (a>0)$.

解　与上例类似,我们利用三角公式 $1+\tan^2x=\sec^2x$ 来化去根式.

设 $x=a\tan t$, $-\frac{\pi}{2}<t<\frac{\pi}{2}$,则 $t=\arctan\frac{x}{a}$,而

$$\sqrt{x^2+a^2}=\sqrt{a^2\tan^2t+a^2}=a\sec t,\ dx=a\sec^2t\,dt,$$

于是

$$\int\frac{dx}{\sqrt{x^2+a^2}}=\int\frac{a\sec^2t}{a\sec t}\,dt=\int\sec t\,dt.$$

即

$$\int \frac{\mathrm{d}x}{\sqrt{x^2+a^2}} = \ln|\sec t + \tan t| + C_1.$$

为了将 $\sec t$ 换成 x 的函数,我们可以根据 $\tan t = \frac{x}{a}$ 作辅助直角三角形(如图 4.2.1),即得 $\sec t = \frac{\sqrt{a^2+x^2}}{a}$,因此,

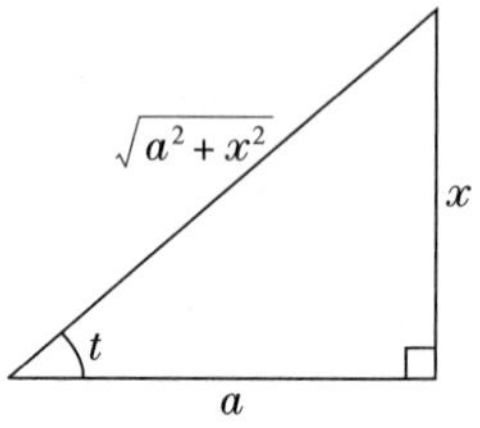

$$\int \frac{\mathrm{d}x}{\sqrt{x^2+a^2}} = \ln\left|\frac{\sqrt{a^2+x^2}}{a} + \frac{x}{a}\right| + C_1,$$

$$= \ln(x + \sqrt{a^2+x^2}) + C,$$

其中 $C = C_1 - \ln a$.

图 4.2.1

例 4.2.22 求 $\int \frac{\mathrm{d}x}{\sqrt{x^2-a^2}}\ (a>0)$.

解 被积函数的定义域为 $(-\infty,-a)\cup(a,+\infty)$,我们在 $(a,+\infty)$ 内求不定积分.同上面的两个例子,我们利用三角公式 $\sec^2 x - 1 = \tan^2 x$ 来化去根式.

设 $x = a\sec t, 0 < t < \frac{\pi}{2}$,则 $t = \arccos\frac{a}{x}$,而

$$\sqrt{x^2-a^2} = \sqrt{a^2\sec^2 t - a^2} = a\tan t, \mathrm{d}x = a\sec t\tan t\mathrm{d}t,$$

于是

$$\int \frac{\mathrm{d}x}{\sqrt{x^2-a^2}} = \int \frac{a\sec t\tan t}{a\tan t}\mathrm{d}t = \int \sec t\mathrm{d}t = \ln|\sec t + \tan t| + C_1.$$

为了把 $\tan t$ 换成 x 的函数,我们根据 $\sec t = \frac{x}{a}$ 作辅助直角三角形(图 4.2.2),即有 $\tan t = \frac{\sqrt{x^2-a^2}}{a}$,从而

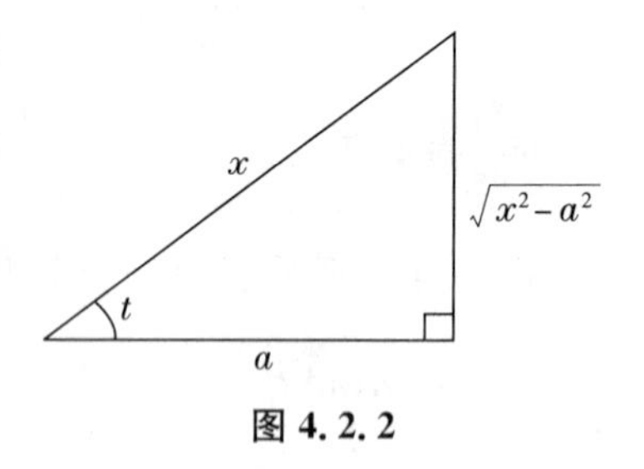

图 4.2.2

$$\int \frac{\mathrm{d}x}{\sqrt{x^2-a^2}} = \ln\left|\frac{x}{a} + \frac{\sqrt{x^2-a^2}}{a}\right| + C_1$$

$$= \ln\left|x + \sqrt{x^2-a^2}\right| + C,$$

其中 $C = C_1 - \ln a$.容易验证上述结果在 $(-\infty,-a)$ 也成立.

从上面三个例子可以看出,当被积函数中含有 $\sqrt{a^2-x^2}$,$\sqrt{a^2+x^2}$ 或

$\sqrt{x^2-a^2}$ 时,可以通过三角代换消去根号,以求得积分. 但在应用时应视具体情况灵活处理.

三角代换 $x=a\tan t$ 不仅能消去根式 $\sqrt{a^2+x^2}$,对于求解含有 $(a^2+x^2)^{-k}(k\in \mathbf{Z}^+)$ 的不定积分也很有效.

例 4.2.23 求 $\int \frac{x^2}{(x^2+1)^2}\mathrm{d}x$.

解 令 $x=\tan t,\left(|t|<\frac{\pi}{2}\right)$,则 $x^2+1=\sec^2 t,\mathrm{d}x=\sec^2 t\mathrm{d}t$. 因此

$$\int \frac{x^2}{(x^2+1)^2}\mathrm{d}x=\int \frac{\tan^2 t}{\sec^4 t}\cdot \sec^2 t\mathrm{d}t=\int \sin^2 t\mathrm{d}t=\frac{1}{2}\int (1-\cos 2t)\mathrm{d}t$$

$$=\frac{1}{2}\left(t-\frac{1}{2}\sin 2t\right)+C=\frac{1}{2}(t-\sin t\cos t)+C$$

$$=\frac{1}{2}\left(\arctan x-\frac{x}{x^2+1}\right)+C.$$

在本节的例题中,有几个结果通常也作为公式使用. 我们把它们添加到 4.1 节的基本积分表中(其中常数 $a>0$).

(14) $\int \tan x\mathrm{d}x=-\ln|\cos x|+C$;

(15) $\int \cot x\mathrm{d}x=\ln|\sin x|+C$;

(16) $\int \sec x\mathrm{d}x=\ln|\sec x+\tan x|+C$;

(17) $\int \csc x\mathrm{d}x=\ln|\csc x-\cot x|+C$;

(18) $\int \frac{1}{a^2+x^2}\mathrm{d}x=\frac{1}{a}\arctan \frac{x}{a}+C$;

(19) $\int \frac{1}{\sqrt{a^2-x^2}}\mathrm{d}x=\arcsin \frac{x}{a}+C$;

(20) $\int \frac{1}{x^2-a^2}\mathrm{d}x=\frac{1}{2a}\ln\left|\frac{x-a}{x+a}\right|+C$;

(21) $\int \frac{\mathrm{d}x}{\sqrt{x^2\pm a^2}}=\ln\left|x+\sqrt{x^2\pm a^2}\right|+C$.

例 4.2.24 求$\int \frac{dx}{x\sqrt{x-1}}$.

解 为了去掉根号,令$t=\sqrt{x-1}$,即$x=t^2+1, dx=2tdt$,所以

$$\int \frac{dx}{x\sqrt{x-1}}=\int \frac{2t}{(t^2+1)t}dt=2\arctan t+C=2\arctan\sqrt{x-1}+C.$$

例 4.2.25 求$\int \frac{dx}{\sqrt{x}(\sqrt[3]{x}+\sqrt[4]{x})}$.

解 显然为了使$\sqrt{x},\sqrt[3]{x},\sqrt[4]{x}$都变成有理式,应令$t=\sqrt[12]{x}$,则$x=t^{12}$, $dx=12t^{11}dt$,所以

$$\begin{aligned}\int \frac{dx}{\sqrt{x}(\sqrt[3]{x}+\sqrt[4]{x})}&=\int \frac{12t^{11}}{t^6(t^4+t^3)}dt=\int \frac{12t^2}{(t+1)}dt\\&=12\int(t-1+\frac{1}{t+1})dt=6t^2-12t+12\ln|t+1|+C\\&=6\sqrt[6]{x}-12\sqrt[12]{x}+12\ln(\sqrt[12]{x}+1)+C.\end{aligned}$$

例 4.2.26 求$\int \frac{1}{x}\sqrt{\frac{x}{2-x}}dx$.

解 为了去掉根号,令$t=\sqrt{\frac{x}{2-x}}$,则$x=\frac{2t^2}{1+t^2}, dx=\frac{4t}{(1+t^2)^2}dt$,所以

$$\begin{aligned}\int \frac{1}{x}\sqrt{\frac{x}{2-x}}dx&=\int \frac{1+t^2}{2t^2}\cdot t\cdot \frac{4t}{(1+t^2)^2}dt=\int \frac{2}{1+t^2}dt\\&=2\arctan t+C=2\arctan\sqrt{\frac{x}{2-x}}+C.\end{aligned}$$

通过上述例题,我们可以看到,第二类换元积分法常用于如下基本类型.

类型(Ⅰ) 被积函数中含有$\sqrt{a^2-x^2}$($a>0$),可令$x=a\sin t$(并约定$t\in(-\frac{\pi}{2},\frac{\pi}{2})$),则$\sqrt{a^2-x^2}=a\cos t, dx=a\cos t dx$,可将原积分化作三角有理函数的积分.

类型(Ⅱ) 被积函数中含有$\sqrt{a^2+x^2}$($a>0$),可令$x=a\tan t$并约定$t\in\left(-\frac{\pi}{2},\frac{\pi}{2}\right)$,则$\sqrt{a^2+x^2}=a\sec t, dx=a\sec^2 t dt$,可将原积分化为三角有理函数的积分.

类型(Ⅲ) 被积分函数中含有$\sqrt{x^2-a^2}$($a>0$),当$x>a$时,可令

$x = a\sec t$，并约定 $t \in (0, \frac{\pi}{2})$，则 $\sqrt{x^2 - a^2} = a\tan t, \mathrm{d}x = a\sec t\tan t$，当 $x < a$ 时，可令 $u = -x$，则 $u > a$，可将原积分化为三角有理函数的积分.

注意：(1)以上三种三角代换，目的是将无理式的积分化为三角有理函数的积分；

(2)在将积分的结果化为 x 的函数，常常用到同角三角函数的关系，一种较简单和直接的方法是用“辅助三角形”；

(3)在既可用第一类换元积分法也可用第二类换元积分法的时候，用第一类换元积分法使计算更为简洁，例如 $\int \frac{x\mathrm{d}x}{\sqrt{x^2 - a^2}}$，显然“凑微分”比较方便.

类型(Ⅳ)　含有根式 $\sqrt[n]{ax+b}$ 的函数的积分，可令 $\sqrt[n]{ax+b} = t$ 把原积分化为有理分式的积分.

类型(Ⅴ)　含有根式 $\sqrt[n]{\frac{ax+b}{cx+\mathrm{d}}}$（$n$ 为正整数，$a, c \neq 0$）的函数的积分，可令 $\sqrt[n]{\frac{ax+b}{cx+\mathrm{d}}} = t$ 把原积分化为有理分式的积分.

从以上例题可以看出，换元积分法始终贯穿着“逆向思维”的特点，因此对初学者较难适应，学生应熟悉基本的凑微分公式和换元积分法的基本题型. 当然也有一些题，它不属于这些基本题型，但我们也可以通过观察找到解题的途径.

例 4.2.27　求 $\int \frac{1-\sin x}{x+\cos x}\mathrm{d}x$.

解　注意到：$\mathrm{d}(x+\cos x) = (1-\sin x)\mathrm{d}x$，

所以 $\int \frac{1-\sin x}{x+\cos x}\mathrm{d}x = \int \frac{\mathrm{d}(x+\cos x)}{x+\cos x} = \ln|x+\cos x| + C$.

例 4.2.28　求 $\int \frac{\sin x}{\sin x+\cos x}\mathrm{d}x$.

解　注意到：
$$\frac{\sin x}{\sin x+\cos x} = \frac{1}{2}\cdot\frac{(\sin x+\cos x)+(\sin x-\cos x)}{\sin x+\cos x} = \frac{1}{2} - \frac{1}{2}\cdot\frac{\cos x-\sin x}{\sin x+\cos x},$$

所以

$$\begin{aligned}\int \frac{\sin x}{\sin x+\cos x}\mathrm{d}x &= \frac{1}{2}\int \mathrm{d}x-\frac{1}{2}\int \frac{\cos x-\sin x}{\sin x+\cos x}\mathrm{d}x\\ &= \frac{x}{2}-\frac{1}{2}\int \frac{\mathrm{d}(\sin x+\cos x)}{\sin x+\cos x}\\ &= \frac{x}{2}-\frac{1}{2}\ln|\sin x+\cos x|+C.\end{aligned}$$

在一些积分问题中,倒代换和根式代换也是常用的方法.

当有理分式函数中分母(多项式)的次数较高时,常采用倒代换 $x=\frac{1}{t}$.

例 4.2.29 求 $\int \frac{1}{x(x^7+2)}\mathrm{d}x$.

解 利用倒代换,令 $x=\frac{1}{t}$, 则 $\mathrm{d}x=\frac{-1}{t^2}\mathrm{d}t$, 故

$$\begin{aligned}\int \frac{1}{x(x^7+2)}\mathrm{d}x &= \int \frac{t}{\left(\frac{1}{t}\right)^7+2}\cdot\frac{-1}{t^2}\mathrm{d}t\\ &= -\int \frac{t^6}{1+2t^2}\mathrm{d}t=-\frac{1}{14}\ln|1+2t^7|+C\\ &= -\frac{1}{14}\ln|2+x^7|+\frac{1}{2}\ln|x|+C.\end{aligned}$$

例 4.2.30 求 $\int \sqrt{\mathrm{e}^x-1}\mathrm{d}x$.

解 令 $t=\sqrt{\mathrm{e}^x-1}$, 则 $x=\ln(t^2+1)$, $\mathrm{d}x=\frac{2t}{t^2+1}\mathrm{d}t$,

所以

$$\begin{aligned}\int \sqrt{\mathrm{e}^x-1}\mathrm{d}x &= \int t\cdot\frac{2t}{t^2+1}\mathrm{d}t=\int\left(2-\frac{2}{t^2+1}\right)\mathrm{d}t\\ &= 2t-2\arctan t+C\\ &= 2\sqrt{\mathrm{e}^x-1}-2\arctan\sqrt{\mathrm{e}^x-1}+C.\end{aligned}$$

例 4.2.31 求 $\int \frac{x^5}{\sqrt{x^2+1}}\mathrm{d}x$.

解 若用三角代换 $x=\tan t$, 计算很麻烦.

若令 $t=\sqrt{x^2+1}$ (根式代换),则 $x^2=t^2-1$, $x\mathrm{d}x=t\mathrm{d}t$, 则

$$\int \frac{x^5}{\sqrt{x^2+1}}\mathrm{d}x = \int \frac{(t^2-1)^2}{t}t\,\mathrm{d}t = \int (t^4-2t^2+1)\,\mathrm{d}t$$

$$= \frac{1}{5}t^5 - \frac{2}{3}t^3 + t + C = \frac{1}{15}(8-4x^2+3x^4)\sqrt{x^2+1} + C.$$

习题 4.2

利用换元积分法求下列不定积分，并通过求导检验你的答案：

(1) $\int (1+3x)^{100}\mathrm{d}x$；

(2) $\int \frac{1}{3t+4}\mathrm{d}t$；

(3) $\int \frac{3\mathrm{d}x}{(2-x)^2}$；

(4) $\int \mathrm{e}^x \cos \mathrm{e}^x \mathrm{d}x$；

(5) $\int 3y\sqrt{7-3y^2}\mathrm{d}y$；

(6) $\int \frac{\cos\sqrt{x}-\sin\sqrt{x}}{\sqrt{x}}\mathrm{d}x$；

(7) $\int \frac{1}{\sqrt{4-x^2}}\mathrm{d}x$；

(8) $\int \frac{x}{\sqrt{4-x^2}}\mathrm{d}x$；

(9) $\int \frac{5^{\arccos x}}{\sqrt{1-x^2}}\mathrm{d}x$；

(10) $\int \frac{\sin x}{\cos^3 x}\mathrm{d}x$；

(11) $\int \tan^7 x \sec^2 x\mathrm{d}x$；

(12) $\int \tan^3 x \sec x\mathrm{d}x$；

(13) $\int \frac{2u-1}{\sqrt{1-u^2}}\mathrm{d}u$；

(14) $\int \frac{x}{1+4x^4}\mathrm{d}x$；

(15) $\int \frac{1}{\sin x\cos x}\mathrm{d}x$；

(16) $\int \frac{\mathrm{d}x}{x\ln x\ln\ln x}$；

(17) $\int \frac{1}{x^2}\tan^2\frac{1}{x}\mathrm{d}x$；

(18) $\int \frac{1-x}{\sqrt{9-4x^2}}\mathrm{d}x$；

(19) $\int \frac{\mathrm{d}x}{x^2+2x+3}$；

(20) $\int \frac{x^2}{\sqrt{4-x^2}}\mathrm{d}x$；

(21) $\int \frac{\mathrm{d}x}{x^2\sqrt{4+x^2}}$；

(22) $\int \frac{\mathrm{d}x}{x^2\sqrt{x^2-1}}$；

(23) $\int \frac{x^2}{\sqrt{2x-1}}\mathrm{d}x$；

(24) $\int \sqrt{\frac{x-1}{x^5}}\mathrm{d}x$；

(25) $\int \frac{\mathrm{d}x}{x^2-x-12}$.

§4.3 不定积分的分部积分法

上一节介绍的换元积分法的基础是复合函数微分法，这种方法虽然可以求解许多不定积分，但是对于有些积分，如$\int x\cos x\mathrm{d}x$，$\int x\mathrm{e}^x\mathrm{d}x$，$\int x\ln x\mathrm{d}x$等，就不能由换元积分法求得.本节将从微分的乘法法则出发，得到又一种新的方法，即**分部积分法**.

设函数$u=u(x)$，$v=v(x)$具有连续导数，由函数乘积的微分公式有

$$\mathrm{d}(uv)=u\mathrm{d}v+v\mathrm{d}u$$

移项，得

$$u\mathrm{d}v=\mathrm{d}(uv)-v\mathrm{d}u$$

对上式两边求不定积分，得

$$\int u\mathrm{d}v=uv-\int v\mathrm{d}u$$

公式$\int u\mathrm{d}v=uv-\int v\mathrm{d}u$称为不定积分的**分部积分公式**.

如果求$\int u\mathrm{d}v$有困难，而求$\int v\mathrm{d}u$比较容易，则分部积分就能发挥作用.

分布积分法主要用于被积函数是两种不同类型函数之积的情形，利用分部积分公式求不定积分的关键在于如何将所求积分化为$\int u\mathrm{d}v$的形式，所采用的主要方法就是凑微分法.例如，

$$\int x\cos x\mathrm{d}x=\int x\mathrm{d}(\sin x)=x\sin x-\int\sin x\mathrm{d}x=x\sin x+\cos x+C.$$

但是，如果u和v选取不当，将会使计算变得更为复杂.例如，

$$\int x\cos x\mathrm{d}x=\int\cos x\mathrm{d}(\frac{x^2}{2})=\frac{x^2}{2}\cos x-\int\frac{x^2}{2}\sin x\mathrm{d}x.$$

显然，上式右端项中$\int\frac{x^2}{2}\sin x\mathrm{d}x$较原积分$\int x\cos x\mathrm{d}x$更不易求出.

所以应用分部积分时，恰当选取u和v是关键.选取u和v要考虑以下两点.

(1)在被积函数中确定了u和$\mathrm{d}v$以后，v要容易求得；

(2)$\int v\mathrm{d}u$要比原积分$\int u\mathrm{d}v$容易积分.

分部积分法的实质是求两函数乘积的导数(或微分)的逆运算,下面从被积函数是基本初等函数的情况给出选择 u 和 $\mathrm{d}v$ 的选取办法,即得出**分部经验顺序**如图 4. 3. 1 所示:

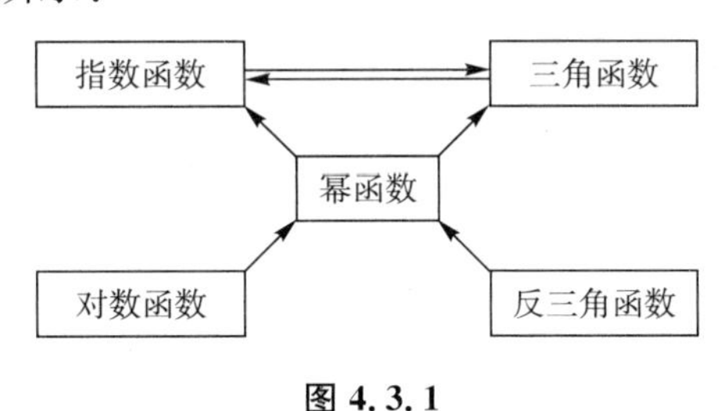

图 4. 3. 1

当被积函数为箭头所连接的两个函数相乘时,选箭头起点的函数为 u,且方向具有传递性.

下面通过例题介绍分部积分法的应用.

例 4. 3. 1 求 $\int x\mathrm{c}^x\mathrm{d}x$.

解 被积函数是指数函数和幂函数的乘积,设 $u=x$,则

$$\int x\mathrm{e}^x\mathrm{d}x=\int x\mathrm{d}(\mathrm{e}^x)=x\mathrm{e}^x-\int \mathrm{e}^x\mathrm{d}x$$

$$=x\mathrm{e}^x-\mathrm{c}^x+C=\mathrm{c}^x(x-1)+C.$$

例 4. 3. 2 求 $\int x^2\cos x\mathrm{d}x$.

解 被积函数是三角函数和幂函数的乘积,设 $u=x^2$,则

$$\int x^2\cos x\mathrm{d}x=\int x^2\mathrm{d}(\sin x)=x^2\sin x-2\int x\sin x\mathrm{d}x$$

$\int x\sin x\mathrm{d}x$ 中的被积函数仍然是三角函数和幂函数的乘积,设 $u=x$,则

$$\int x^2\cos x\mathrm{d}x=\int x^2\mathrm{d}(\sin x)=x^2\sin x-2\int x\sin x\mathrm{d}x.$$

$$=x^2\sin x+2\int x\mathrm{d}(\cos x)$$

$$=x^2\sin x+2\left[x\cos x-\int\cos x\mathrm{d}x\right]$$

$$=x^2\sin x+2x\cos x-2\sin x+C.$$

例 4.3.3 求$\int x^2\ln x\mathrm{d}x$.

解 被积函数是对数函数和幂函数的乘积,设$u=\ln x$,则

$$\begin{aligned}\int x^2\ln x\mathrm{d}x&=\int\ln x\mathrm{d}(\frac{x^3}{3})=\frac{x^3}{3}\ln x-\int\frac{x^3}{3}\cdot\frac{1}{x}\mathrm{d}x\\&=\frac{x^3}{3}\ln x-\int\frac{x^2}{3}\mathrm{d}x=\frac{x^3}{3}\ln x-\frac{x^3}{9}+C\\&=\frac{x^3}{3}(\ln x-\frac{1}{3})+C.\end{aligned}$$

例 4.3.4 求$\int x^2\arctan x\mathrm{d}x$.

解 被积函数是反三角函数和幂函数的乘积,设$u=\arctan x$,则

$$\begin{aligned}\int x^2\arctan x\mathrm{d}x&=\int\arctan x\mathrm{d}(\frac{x^3}{3})=\frac{x^3}{3}\arctan x-\int\frac{x^3}{3}\cdot\frac{1}{1+x^2}\mathrm{d}x\\&=\frac{x^3}{3}\arctan x-\frac{1}{3}\int\frac{x^3}{1+x^2}\mathrm{d}x\\&=\frac{x^3}{3}\arctan x-\frac{1}{3}\int(x-\frac{x}{1+x^2})\mathrm{d}x\\&=\frac{x^3}{3}\arctan x-\frac{1}{3}\int x\mathrm{d}x+\frac{1}{6}\int\frac{1}{1+x^2}\mathrm{d}(1+x^2)\\&=\frac{x^3}{3}\arctan x-\frac{x^2}{6}+\frac{1}{6}\ln(1+x^2)+C.\end{aligned}$$

例 4.3.5 求$\int \mathrm{e}^x\sin x\mathrm{d}x$.

解 被积函数是指数函数和三角函数的乘积,选谁为u都可以.

设$u=\mathrm{e}^x$,则

$$\int\mathrm{e}^x\sin x\mathrm{d}x=\int\mathrm{e}^x\mathrm{d}(-\cos x)=-\mathrm{e}^x\cos x+\int\mathrm{e}^x\cos x\mathrm{d}x$$

$\int\mathrm{e}^x\cos x\mathrm{d}x$中的被积函数仍然是指数函数和三角函数的乘积,但是,这里u的选取要与上一次一致,所以$\int\mathrm{e}^x\cos x\mathrm{d}x$中仍然选择指数函数为$u$. 即,

$$\begin{aligned}\int\mathrm{e}^x\sin x\mathrm{d}x&=\int\mathrm{e}^x\mathrm{d}(-\cos x)=-\mathrm{e}^x\cos x+\int\mathrm{e}^x\cos x\mathrm{d}x\\&=-\mathrm{e}^x\cos x+\int\mathrm{e}^x\mathrm{d}(\sin x)=-\mathrm{e}^x\cos x+\mathrm{e}^x\sin x-\int\mathrm{e}^x\sin x\mathrm{d}x,\end{aligned}$$

移项并两边同时除以 2，得

$$\int e^x \sin x\,dx = \frac{1}{2}e^x(\sin x - \cos x) + C.$$

注意：任意常数 C 不要漏掉！

此题也可以选择三角函数为 u，解法如下：

$$\begin{aligned}\int e^x \sin x\,dx &= \int \sin x\,d(e^x) = e^x \sin x - \int e^x \cos x\,dx \\ &= e^x \sin x - \int \cos x\,d(e^x) \\ &= e^x \sin x - e^x \cos x - \int e^x \sin x\,dx\end{aligned}$$

移项并两边同时除以 2，得

$$\int e^x \sin x\,dx = \frac{1}{2}e^x(\sin x - \cos x) + C.$$

例 4.3.6 求 $\int \arcsin x\,dx$.

解　此题已是 $\int u\,dv$ 的形式，直接利用分部积分公式，有

$$\begin{aligned}\int \arcsin x\,dx &= x\arcsin x - \int x\,d(\arcsin x) \\ &= x\arcsin x - \int \frac{x}{\sqrt{1-x^2}}dx \\ &= x\arcsin x + \frac{1}{2}\int (1-x^2)^{-\frac{1}{2}}d(1-x^2) \\ &= x\arcsin x + \sqrt{1-x^2} + C.\end{aligned}$$

有些题目，往往要兼用换元法与分部积分法，如例 4.3.7.

例 4.3.7 求 $\int e^{\sqrt{x}}dx$.

解　令 $t = \sqrt{x}$，则 $x = t^2$，$dx = 2t\,dt$. 于是

$$\int e^{\sqrt{x}}dx = 2\int te^t\,dt$$

利用例 4.3.1 的结果，并用 $t = \sqrt{x}$ 代回，便得所求积分：

$$\int e^{\sqrt{x}}dx = 2\int te^t\,dt = 2e^t(t-1) + C = 2e^{\sqrt{x}}(\sqrt{x}-1) + C.$$

在有些积分中，往往需要灵活使用分部积分法.

例 4.3.8 求 $\int \sec^3 x\mathrm{d}x$.

解 $\int \sec^3 x\mathrm{d}x = \int \sec x\mathrm{d}(\tan x) = \sec x\tan x - \int \sec x \tan^2 x\mathrm{d}x$

$$= \sec x\tan x - \int \sec x(\sec^2 x - 1)\mathrm{d}x$$

$$= \sec x\tan x - \int \sec^3 x\mathrm{d}x + \int \sec x\mathrm{d}x$$

$$= \sec x\tan x + \ln|\sec x + \tan x| - \int \sec^3 x\mathrm{d}x.$$

移项并两边同时除以 2,得

$$\int \sec^3 x\mathrm{d}x = \frac{1}{2}(\sec x\tan x + \ln|\sec x + \tan x|) + C.$$

注意:任意常数 C 不要漏掉!

例 4.3.9 求 $\int \frac{\ln\cos x}{\sin^2 x}\mathrm{d}x$.

解 $\int \frac{\ln\cos x}{\sin^2 x}\mathrm{d}x = \int \ln\cos x \csc^2 x\mathrm{d}x = \int \ln\cos x\mathrm{d}(-\cot x)$

$$= -\cot x\ln\cos x + \int \cot x\mathrm{d}(\ln\cos x)$$

$$= -\cot x\ln\cos x + \int \cot x \cdot \frac{-\sin x}{\cos x}\mathrm{d}x$$

$$= -\cot x\ln\cos x - \int \mathrm{d}x = -\cot x\ln\cos x - x + C.$$

例 4.3.10 已知 $f(x)$ 的一个原函数为 $\frac{\sin x}{x}$,求 $\int xf'(x)\mathrm{d}x$.

解 由分部积分公式,得

$$\int xf'(x)\mathrm{d}x = \int x\mathrm{d}(f(x)) = xf(x) - \int f(x)\mathrm{d}x,$$

又 $f(x)$ 的一个原函数为 $\frac{\sin x}{x}$,则

$$f(x) = \left(\frac{\sin x}{x}\right)' = \frac{x\cos x - \sin x}{x^2},$$

所以,$\int xf'(x)\mathrm{d}x = xf(x) - \int f(x)\mathrm{d}x = x \cdot \frac{x\cos x - \sin x}{x^2} - \frac{\sin x}{x} + C$

$$= \cos x - \frac{2\sin x}{x} + C.$$

习题 4.3

1. 利用分部积分法求下列不定积分，并通过求导检验你的结果：

(1) $\int x^2 e^x dx$；

(2) $\int x\cos\frac{x}{2}dx$；

(3) $\int x\ln x dx$；

(4) $\int \frac{\ln x}{\sqrt{x}}dx$；

(5) $\int \frac{\ln x}{x^2}dx$；

(6) $\int x\tan^2 x dx$；

(7) $\int \frac{x}{\cos^2 x}dx$；

(8) $\int x\cos^2 x dx$；

(9) $\int (x^2+1)e^{-x}dx$；

(10) $\int e^{\sqrt[3]{s}}ds$；

(11) $\int x\arctan x dx$；

(12) $\int \frac{\arctan x}{x^2}dx$；

(13) $\int e^{-t}\cos t dt$；

(14) $\int \arccos x dx$；

(15) $\int \ln^2 x dx$；

(16) $\int \cos(\ln x)dx$；

(17) $\int x\ln(x-2)dx$；

(18) $\int x^3 e^{2x} dx$.

2. 已知 $f(x)$ 的一个原函数为 $\ln^2 x$，求 $\int xf'(x)dx$.

§4.4　不定积分的应用

4.4.1　不定积分的几何意义

定义 4.4.1　若 $F(x)$ 是 $f(x)$ 的一个原函数，则称 $F(x)$ 的图形为 $f(x)$ 的一条**积分曲线**.

由于 $\int f(x)dx = F(x)+C$ 中含有任意常数 C，只要确定 C 的一个值，就可以确定一条积分曲线. 所以，一个函数的积分曲线不是一条，而是一族. 由于 $F(x)+C$ 的图形可看作由 $F(x)$ 的图形沿 y 轴平移得到的一族曲线，故不

定积分 $\int f(x)\mathrm{d}x$ 在几何上表示 $f(x)$ 的全部积分曲线所组成的平行曲线族. 显然,该族曲线中的每一条积分曲线在具有同一横坐标 x_0 的点处有互相平行的切线,其斜率都等于 $f(x_0)$ (图 4.4.1 所示).

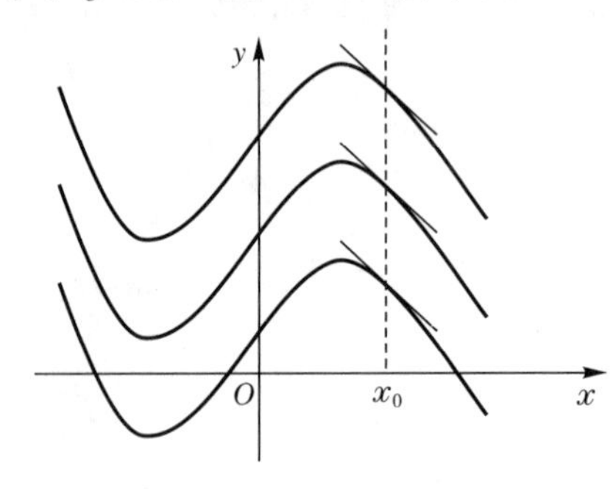

图 4.4.1

在实际问题中,往往需要求积分曲线族中的某一条特定的积分曲线,这条积分曲线所满足的附加条件是由实际问题的具体背景得到的,根据这个附加条件可以确定积分常数 C 的值. 这个附加条件称为**初始条件**.

下面通过具体的例题来给出不定积分的应用.

4.4.2 不定积分的几何应用

例 4.4.1 一条曲线通过点 $(3,7)$,且在该曲线上任一点 (x,y) 处的切线的斜率为 x^2,求这条曲线的方程.

解 设曲线方程为 $y=y(x)$,则由导数的几何意义可知,函数 $y=y(x)$ 满足

$$y'=x^2,$$

由不定积分的定义可得积分曲线族如下:

$$y=\int x^2\mathrm{d}x=\frac{x^3}{3}+C,$$

代入初始条件 $y|_{x=3}=7$ 可得,

$$7=\frac{3^3}{3}+C,\text{ 即 } C=-2,$$

故所求曲线方程为:

$$y=\frac{x^3}{3}-2.$$

4.4.3　不定积分的经济应用

例 4.4.2　已知某产品产量 $Q(t)$ 的变化率为时间 t 的函数

$$Q't(t) = at + b(a > 0, b > 0),$$

求该产品的产量函数 $Q(t)$.

解　因为产品产量 $Q(t)$ 是其变化率 $Q't(t)$ 的原函数,所以

$$Q(t) = \int Q't(t)\mathrm{d}t = \int (at + b)\mathrm{d}t = \frac{a}{2}t^2 + bt + C,$$

由于生产开始时的产量为零,所以得初始条件为 $Q(0) = 0$,
代入初始条件可得,

$$0 = \frac{a}{2} \cdot 0^2 + b \cdot 0 + C, \text{即 } C = 0,$$

故所求产量函数为:

$$Q(t) == \frac{a}{2}t^2 + bt.$$

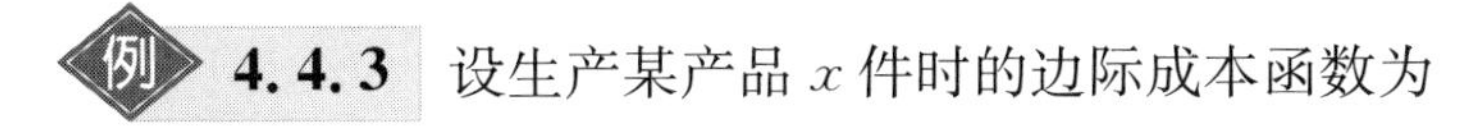
例 4.4.3　设生产某产品 x 件时的边际成本函数为

$$C'(x) = 0.04x + 6 \text{ (元/件)},$$

且固定成本是 400 元. 求:

(1)总成本函数 $C(x)$;

(2)若该商品的需求函数为 $x = 1000 - 50p$, p 为产品单价(单位:元/件),求总利润函数 $L(x)$;

(3)生产该产品多少件时可获得最大利润? 最大利润是多少?

(4)为实现这一最大利润,产品的单价应定为多少?

解　(1)因为总成本函数 $C(x)$ 是边际成本函数 $C'(x)$ 的原函数,所以

$$C(x) = \int C'(x)\mathrm{d}x = \int (0.04x + 6)\mathrm{d}x = 0.02x^2 + 6x + C,$$

由于固定成本是 400 元,所以得初始条件为 $C(0) = 400$,
代入初始条件可得,

$$400 = 0.02 \cdot 0^2 + 6 \cdot 0 + C, \text{即 } C = 400,$$

故所求总成本函数为:

$$C(x) = 0.02x^2 + 6x + 400 \text{ (元)}.$$

(2)总收益函数为

$$R(x)=xp=x\cdot\frac{1000-x}{50}=-0.02x^2+20x,$$

总利润函数为

$$\begin{aligned}L(x)&=R(x)-C(x)=(-0.02x^2+20x)-(0.02x^2+6x+400)\\&=-0.04x^2+14x-400\ (\text{元}).\end{aligned}$$

(3) $L(x)$ 的一阶导数为

$$L'(x)=-0.08x+14,$$

解方程

$$L'(x)=-0.08x+14=0,$$

得唯一驻点

$$x=175,$$

又 $L''(x)=-0.08<0$，所以 $L(175)$ 是最大值，且最大利润是

$$L(175)=-0.04\times175^2+14\times175-400=825\ (\text{元}).$$

(4)实现最大利润所需的单价是

$$p=\frac{1000-175}{50}=16.5\ (\text{元}).$$

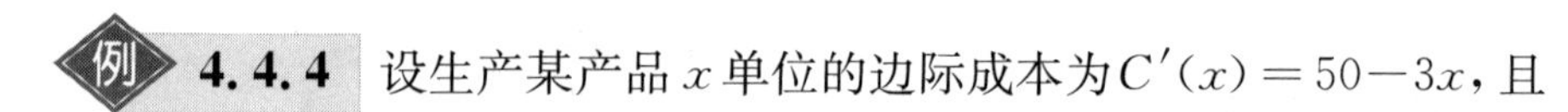
例 **4.4.4** 设生产某产品 x 单位的边际成本为 $C'(x)=50-3x$，且固定成本为 200 万元，边际收益为 $R'(x)=12-8x+x^2$，求利润函数.

解 因为总成本函数 $C(x)$ 是边际成本函数 $C'(x)$ 的原函数，所以

$$C(x)=\int C'(x)\mathrm{d}x=\int(50-3x)\mathrm{d}x=-\frac{3}{2}x^2+50x+C,$$

由于固定成本是 200 万元，所以得初始条件为 $C(0)=200$，

代入初始条件可得，$C=200$，

故所求总成本函数为：

$$C(x)=-\frac{3}{2}x^2+50x+200;$$

同理，总收益函数 $R(x)$ 是边际收益函数 $R'(x)$ 的原函数，所以

$$R(x)=\int R'(x)\mathrm{d}x=\int(12-8x+x^2)\mathrm{d}x=12x-4x^2+\frac{x^3}{3}+C,$$

显然，当 $x=0$ 时，$R(0)=0$，由此可确定 $C=0$，

故所求总收益函数为：

$$R(x)=12x-4x^2+\frac{x^3}{3};$$

所以利润函数为

$$L(x)=R(x)-C(x)=(12x-4x^2+\frac{x^3}{3})-(-\frac{3}{2}x^2+50x+200)$$

$$=\frac{x^3}{3}-\frac{5}{2}x^2-38x-200.$$

习题 4.4

1. 一条曲线通过点 $\left(\frac{\pi}{2},2\right)$，且在该曲线上任一点 (x,y) 处的切线的斜率为 $\cos x$，求这条曲线的方程.
2. 已知某厂生产某产品总产量 $Q(t)$ 的变化率为时间 t 的函数

$$Q'_t(t)=20t+5,$$

求该产品的总产量函数 $Q(t)$.

3. 设某商品每周生产 x 单位时的边际成本函数为

$$C'(x)=-12+0.2x\ (元/单位),$$

如果固定成本是 100 元. 求：

(1)总成本函数 $C(x)$；

(2)若该商品的需求函数为 $x=240-2p$，p 为产品单价（单位：元/件）求总利润函数 $L(x)$；

(3)每周生产多少单位时可获得最大利润？最大利润是多少？

(4)为实现这一最大利润，产品的单价 p 应定为多少？

4. 已知某产品的总成本变化率为 $C'(x)=60x-\frac{3}{2}x^2$，且固定成本是 120 元. 求：

(1)总成本函数 $C(x)$；(2)平均成本函数 $\overline{C}(x)$.

相关阅读

牛　顿

牛顿(Newton，1643～1727)，数学和科学中的巨大进展，几乎总是建立在作出一点一滴贡献的许多人的工作之上. 需要一个人来走那最高和最后的

一步,这个人要能够敏锐地从纷乱的猜测和说明中清理出前人的有价值的想法,有足够的想象力把这些碎片重新组织起来,并且足够大胆地制定一个宏伟的计划.在微积分中,这个人就是牛顿.

牛顿(1642—1727)生于英格兰乌尔斯托帕的一个小村庄里,父亲是在他出生前两个月去世的,母亲管理着丈夫留下的农庄,母亲改嫁后,是由外祖母把他抚养大.并供他上学.他从小在低标准的地方学校接受教育,除对机械设计有兴趣外,是个没有什么特殊的青年人,1661 年他进入剑桥大学的三一学院学习,大学期间除了巴罗(Barrow)外,他从他的老师那里只得到了很少的一点鼓舞,他自己做实验并且研究当时一些数学家的著作,如 Descartes 的《几何》,Galileo,Kepler 等的著作.大学课程刚结束,学校因为伦敦地区鼠疫流行而关闭.他回到家乡,渡过了 1665 年和 1666 年,并在那里开始了他在机械、数学和光学上伟大的工作,这时他意识到了引力的平方反比定律(曾早已有人提出过),这是打开那无所不包的力学科学的钥匙.他获得了解决微积分问题的一般方法,并且通过光学实验,作出了划时代的发现,即像太阳光那样的白光,实际上是从紫到红的各种颜色混合而成的."所有这些"牛顿后来说:"是在 1665 和 1666 两个鼠疫年中做的,因为在这些日子里,我正处在发现力最旺盛的时期,而且对于数学和(自然)哲学的关心,比其他任何时候都多".关于这些发现,牛顿什么也没有说过,1667 年他回到剑桥获得硕士学位,并被选为三一学院的研究员.1669 年他的老师巴罗主动宣布牛顿的学识已超过自己,把"路卡斯(Lucas)教授"的职位让给了年仅 26 岁的牛顿,这件事成了科学史上的一段佳话.

牛顿是那个时代世界著名的物理学家、数学家和天文学家.牛顿工作的最大特点是辛勤劳动和独立思考.他有时不分昼夜地工作,常常好几个星期一直在实验室里度过.他总是不满意自己的成就,是个非常谦虚的人.他说:"我不知道,在别人看来,我是什么样的人.但在自己看来,我不过就像是一个在海滨玩耍的小孩,为不时发现比寻常更为光滑的一块卵石或比寻常更为美丽的一片贝壳而沾沾自喜,而对于展现在我面前的浩瀚的真理的海洋,却全然没有发现".牛顿对于科学的兴趣要比对于数学的兴趣大的多.在当了 35 年的教授后,他决定放弃研究,并于 1695 年担任了伦敦的不列颠造币厂的监察. 1703 年成为皇家学会会长，一直到逝世，1705 年被授予爵士称号. 关于微积分，牛顿总结了已经由许多人发展了的思想，建立起系统和成熟的方法，其最重要的工作是建立了微积分基本定理，指出微分与积分互为逆运算. 从而沟通了前述几个主要科学问题之间的内在联系，至此，才算真正建立了微积分这门学科. 因此，恩格斯在论述微积分产生过程时说，微积分"是由牛顿和莱布尼茨大体上完成的，但不是由他们发明的". 在他写于 1671 年但直到 1736 年他死后才出版的书《流数法和无穷级数》中清楚地陈述了微积分的基本问题.

复习题 4

1. 选择题：

(1) $\int e^{-x}dx=$ (　　)；

A. e^{-x}；　　B. $e^{-x}+C$；　　C. $-e^{-x}+C$；　　D. $-e^{-x}$.

(2) 如果函数 $F(x)$ 与 $G(x)$ 都是 $f(x)$ 在某个区间 I 上的原函数，则区间 I 上必有(　　)；

A. $F(x)=G(x)$；　　B. $F(x)=G(x)+C$；

C. $F(x)=\frac{1}{C}G(x)$；　　D. $F(x)=CG(x)$.

(3) 不定积分 $\int e^x\sin e^x dx=$ (　　)；

A. $\sin e^x+C$；　B. $-\sin e^x+C$；　C. $\cos e^x+C$；　D. $-\cos e^x+C$.

(4) 若 $F(x)$ 是 $f(x)$ 的一个原函数，C 为常数，则下列函数中仍是 $f(x)$ 的原函数的是(　　)；

A. $F(Cx)$；　　B. $F(x+C)$；　　C. $CF(x)$；　　D. $F(x)+C$.

(5) $\int e^{3x}dx=$ (　　)；

A. $3e^{3x}$；　　B. $3e^{3x}+C$；　　C. $\frac{1}{3}e^{3x}$；　　D. $\frac{1}{3}e^{3x}+C$.

(6) $\int \ln x dx=$ (　　)；

A. $x\ln x-x+C$；　　B. $x\ln x+x+C$；

C. $x\ln x+C$；　　D. $x\ln x$.

(7) 下列各对函数中，原函数是同一个函数的是(　　)；

A. $\arctan x$ 和 $\operatorname{arccot} x$；　　B. $\sin^2 x$ 和 $\cos^2 x$；

C. $(e^x+e^{-x})^2$ 和 $e^{2x}+e^{-2x}$；　　D. $\frac{2^x}{\ln 2}$ 和 $2^x+\ln 2$.

(8)若 $f(x)$ 的导数为 $\cos x$，则 $f(x)$ 的一个原函数是(　　)；

A. $1+\sin x$；　　B. $1-\sin x$；

C. $1+\cos x$；　　D. $1-\cos x$.

(9)下列等式中成立的是(　　)；

A. $a\mathrm{d}x=\frac{1}{a}\mathrm{d}(ax+b)$；　　B. $xe^{x^2}\mathrm{d}x=\mathrm{d}(e^{x^2})$；

C. $\frac{1}{\sqrt{x}}\mathrm{d}x=2\mathrm{d}\sqrt{x}$；　　D. $\ln x\mathrm{d}x=\mathrm{d}(\frac{1}{x})$.

(10)下列积分中，正确的是(　　)；

A. $\int\frac{1}{x}\mathrm{d}x=\ln x+C$；

B. $\int\frac{1}{\sqrt{x^3}}\mathrm{d}x=\frac{2}{5}x^{\frac{5}{2}}+C$；

C. $\int\frac{1}{\sqrt{a^2-x^2}}\mathrm{d}x=\frac{1}{a}\arcsin\frac{x}{a}+C$；

D. $\int\csc x\mathrm{d}x=\ln\left|\tan\frac{x}{2}\right|+C$.

(11)设 $f(x)$ 在区间 I 内连续，则 $f(x)$ 在 I 内(　　)；

A. 必存在导函数；　　B. 必存在原函数；

C. 必有界；　　D. 必有极值.

(12)设 $F'(x)=f(x)$，则 $\int F'(x)\mathrm{d}x=$(　　)；

A. $F(x)$；　　B. $F(x)+C$；

C. $f(x)$；　　D. $f(x)+C$.

(13)$\int\tan x\mathrm{d}x=$(　　)；

A. $\ln|\cos x|+C$；　　B. $-\ln|\cos x|+C$；

C. $\ln|\sin x|+C$；　　D. $-\ln|\sin x|+C$.

(14)设 $f(x)$ 和 $g(x)$ 均为区间 I 内的可导函数，则在 I 内，下列结论中正确的是(　　)；

A. 若 $f(x)=g(x)$，则 $f'(x)=g'(x)$；

B. 若 $f'(x)=g'(x)$，则 $f(x)=g(x)$；

C. 若 $f(x)>g(x)$，则 $f'(x)>g'(x)$；

D. 若 $f'(x)>g'(x)$，则 $f(x)>g(x)$.

(15)下列积分中，不正确的是(　　).

A. $\int\sin x\cos x\mathrm{d}x=\frac{\sin^2 x}{2}+C$；　　B. $\int\sin x\cos x\mathrm{d}x=-\frac{\cos^2 x}{2}+C$；

(C) $\int\sin x\cos x\mathrm{d}x=-\frac{\cos 2x}{4}+C$；　　D. $\int\sin x\cos x\mathrm{d}x=-\frac{\sin 2x}{4}+C$.

2. 填空题：

(1) $\int \frac{1}{x}\mathrm{d}x =$ ________；

(2) $\int \frac{1}{x^2}\mathrm{d}x =$ ________；

(3) $\int \sqrt{x\sqrt{x}}\mathrm{d}x =$ ________；

(4) $\int \frac{1}{\sqrt{x}}\mathrm{d}x =$ ________；

(5) $\int \frac{1}{x\sqrt[3]{x}}\mathrm{d}x =$ ________；

(6) $\int \frac{1}{x+1}\mathrm{d}x =$ ________；

(7) $\int \frac{x}{x+1}\mathrm{d}x =$ ________；

(8) $\int \frac{x^2}{x+1}\mathrm{d}x =$ ________；

(9) $\int \frac{x^3}{x+1}\mathrm{d}x =$ ________；

(10) $\int \frac{1}{1+x^2}\mathrm{d}x =$ ________；

(11) $\int \frac{x}{1+x^2}\mathrm{d}x =$ ________；

(12) $\int \frac{x^2}{1+x^2}\mathrm{d}x =$ ________；

(13) $\int \frac{x^3}{1+x^2}\mathrm{d}x =$ ________；

(14) $\int \frac{1}{\sqrt{1-x^2}}\mathrm{d}x =$ ________；

(15) $\int \frac{x}{\sqrt{1-x^2}}\mathrm{d}x =$ ________；

(16) $\int x\sqrt{1-x^2}\mathrm{d}x =$ ________；

(17) $\int \cos 2t\mathrm{d}t =$ ________；

(18) $\int \sin \frac{u}{2}\mathrm{d}u =$ ________；

(19) $\int \cos^2 x\mathrm{d}x =$ ________；

(20) $\int x^2\sin x^3\mathrm{d}x =$ ________；

(21) $\int \sin\sqrt{x}\mathrm{d}x =$ ______;

(22) $\int \frac{\tan\sqrt{x}}{\sqrt{x}}\mathrm{d}x =$ ______;

(23) $\int \frac{\sin x}{\cos^3 x}\mathrm{d}x =$ ______;

(24) $\int \frac{\cos x}{\sqrt{\sin x}}\mathrm{d}x =$ ______;

(25) $\int x\mathrm{e}^x\mathrm{d}x =$ ______;

(26) $\int x\mathrm{e}^{x^2}\mathrm{d}x =$ ______;

(27) $\int \mathrm{e}^{\sqrt{x}}\mathrm{d}x =$ ______;

(28) $\int \frac{\ln x}{x}\mathrm{d}x =$ ______;

(29) $\int x\ln x\mathrm{d}x =$ ______;

(30) $\int \frac{1}{x\ln x}\mathrm{d}x =$ ______;

(31) $\int x\sqrt[3]{x+1}\mathrm{d}x =$ ______;

(32) $\int \frac{x}{\sqrt{x+1}}\mathrm{d}x =$ ______;

(33)设 $f(x)=\mathrm{e}^{-x}$，则 $\int \frac{f'(\ln x)}{x}\mathrm{d}x =$ ______;

(34)设 e^{x^2} 是 $f(x)$ 的一个原函数，则 $\int f(\sin x)\cos x\mathrm{d}x =$ ______;

(35)设 $\int f(x)\mathrm{e}^{\frac{1}{x}}\mathrm{d}x = \mathrm{e}^{\frac{1}{x}}+C$，则 $f(x) =$ ______;

(36) $\int \left(x^3-\frac{1}{1+x^2}+\sin x\right)\mathrm{d}x =$ ______.

3. 求下列不定积分，并通过求导检验你的结果：

(1) $\int \sqrt{3-2s}\mathrm{d}s$；

(2) $\int \mathrm{e}^{3x}\mathrm{d}x$；

(3) $\int \frac{\mathrm{d}x}{\sqrt{5x+8}}$；

(4) $\int \frac{2z\mathrm{d}z}{\sqrt[3]{z^2+1}}$；

(5) $\int \sqrt{\frac{a+x}{a-x}}\mathrm{d}x\,(a>0)$；

(6) $\int \frac{x\arctan x}{\sqrt{1+x^2}}\mathrm{d}x$；

(7) $\int (\ln x)^2\mathrm{d}x$；

(8) $\int \frac{\ln\ln x}{x}\mathrm{d}x$；

(9) $\int \csc^3 x\mathrm{d}x$；　(10) $\int x\mathrm{e}^{x^2}(1+x^2)\mathrm{d}x$；

(11) $\int \mathrm{e}^{-2x}\sin\frac{x}{2}\mathrm{d}x$；　(12) $\int \ln(1+x^2)\mathrm{d}x$；

(13) $\int \frac{1}{(x+1)(x-2)}\mathrm{d}x$；　(14) $\int \cos^2(\omega t+\varphi)\mathrm{d}t$；

(15) $\int \frac{10^{2\arccos x}}{\sqrt{1-x^2}}\mathrm{d}x$；　(16) $\int \frac{1+\ln x}{(x\ln x)^2}\mathrm{d}x$；

(17) $\int r^2\left(\frac{r^3}{18}-1\right)^5\mathrm{d}r$；　(18) $\int \frac{\cos\sqrt{\theta}}{\sqrt{\theta}\sin^2\sqrt{\theta}}\mathrm{d}\theta$；

(19) $\int \frac{x+\ln(1-x)}{x^2}\mathrm{d}x$；　(20) $\int \frac{1}{x^2-x-6}\mathrm{d}x$.

4. 设 $\int f(x)\mathrm{d}x = x^2+C$，求 $\int xf(1-x^2)\mathrm{d}x$.

5. 设某商品的边际收益函数为 $R'(x) = 20-12x+\frac{5}{4}x^2$，其中 x 为需求量，试求：

(1)总收益函数 $R(x)$；(2)需求函数 $P(x)$.

6. 设某商品的需求量 Q 是价格 P 的函数，即 $Q = f(P)$，若边际需求为

$$Q'(P) = -2000\ln 2\cdot\left(\frac{1}{4}\right)^P,$$

又知该商品的最大需求量为 3000(即 $P=0$ 时，$Q=3000$)，求需求函数 $Q=f(P)$.

扫一扫，获取参考答案

第5章 定积分及其应用

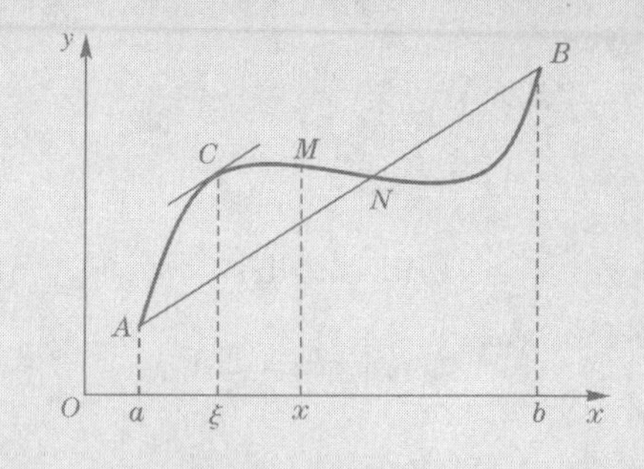

【学习目标】

↳理解定积分的概念和几何意义，掌握定积分的性质和积分中值定理.

↳理解变上限的积分作为其上限的函数及其求导定理，掌握牛顿-莱布尼茨公式.

↳熟练掌握定积分的换元积分法、分部积分法.

↳掌握求广义积分方法，理解广义积分收敛性的判别法.

↳理解定积分的元素法.

↳熟练掌握科学技术问题中建立定积分表达式的元素法(微元法)，会建立某些简单几何量和经济问题中的一些量的积分表达式.

↳掌握用定积分求平面图形的面积、立体的体积的方法.

↳了解 Γ 函数的定义及性质.

本章讨论一元函数积分学的另一个基本问题——定积分问题. 定积分起源于求曲边图形的面积和体积等实际问题，古希腊的阿基米德用“穷竭法”和我国的刘徽用“割圆术”都计算过一些几何图形的面积和体积，这些都是定积分的雏形. 直到 17 世纪，牛顿(Newton)和莱布尼茨(Leibnitz)先后提出了定积分的概念，并发现了积分和微分之间的内在联系，给出了计算定积分的一般方法，从而使定积分成为解决有关实际问题的有力工具.

我们通过对简单的几何学、物理学及经济学的讨论引入定积分的定义，然后讨论它的性质和计算方法，最后介绍定积分在几何学及经济学中的一些应用.

§5.1　定积分的概念与性质

5.1.1　定积分问题举例

1. 曲边梯形的面积

在初等数学中，我们学过求矩形、梯形等以直线段为边的图形的面积. 那么若把梯形的一条直线边改成曲线边，形成的新图形的面积该如何计算呢?

在直角坐标系中，由连续曲线 $y=f(x)(f(x)\geqslant 0,x\in[a,b])$，直线 $x=a,x=b$ 及 x 轴所围成的图形称为**曲边梯形**，如图 5.1.1 所示. 其中曲线弧称为**曲边**. 下面讨论如何求这个曲边梯形的面积.

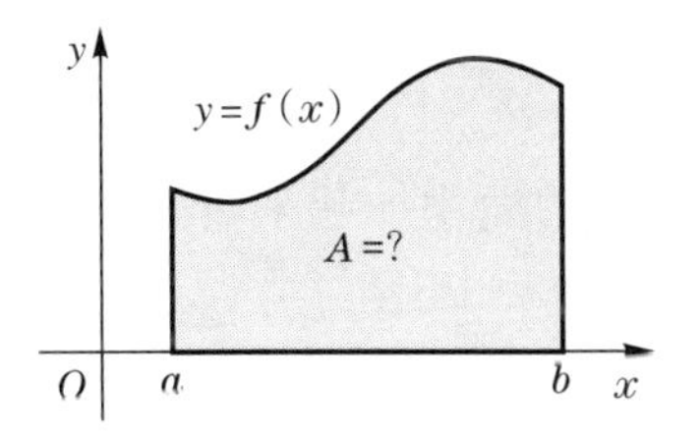

图 5.1.1

曲边梯形面积的计算难点在于它底边上各点处的高 $f(x)$ 在 $[a,b]$ 上是随 x 的变化而变化的，不能直接利用矩形的面积公式计算. 但其高 $y=f(x)$ 在 $[a,b]$ 上是连续变化的，即自变量 x 在很微小的小区间内变化时，$f(x)$ 的变化也很微小，近似于不变. 因此，若把 $[a,b]$ 划分为很多的小区间，在每一个小区间上用某一点处的函数值来近似代替这个小区间上的小曲边梯形的高，那么，每个小曲边梯形的面积就近似等于这个小区间上的小矩形的面积. 从而，所有这些小矩形的面积之和就可以作为原曲边梯形面积的近似值. 而且，若将 $[a,b]$ 无限细分下去，使得每个小区间的长度都趋于零时，所有小矩形面积之和的极限就可以定义为曲边梯形的面积. 具体可分为如下几个步骤：

(1)分割. 在区间 $[a,b]$ 内任意插入 $n-1$ 个分点

$$a=x_0<x_1<\cdots<x_{n-1}<x_n=b$$

这样整个曲边梯形就相应地被直线 $x=x_i(i=1,2,\cdots,n)$ 分成 n 个小曲边梯形,区间 $[a,b]$ 分成 n 个小区间 $[x_0,x_1],[x_1,x_2],\cdots,[x_{n-1},x_n]$,第 i 个小区间的长度为 $\Delta x_i=x_i-x_{i-1}(i=1,2,\cdots,n)$.

(2)近似替换.对于第 i 个小曲边梯形来说,当其底边长 Δx_i 足够小时,其高度的变化也是非常小的,这时它的面积可以用某个小矩形的面积来近似.若任取 $\xi_i\in[x_{i-1},x_i]$,用 $f(\xi_i)$ 作为第 i 个小矩形的高(如图 5.1.2),则第 i 个小曲边梯形面积的近似值为

$$\Delta A_i\approx f(\xi_i)\cdot\Delta x_i,(i=1,2,\cdots,n).$$

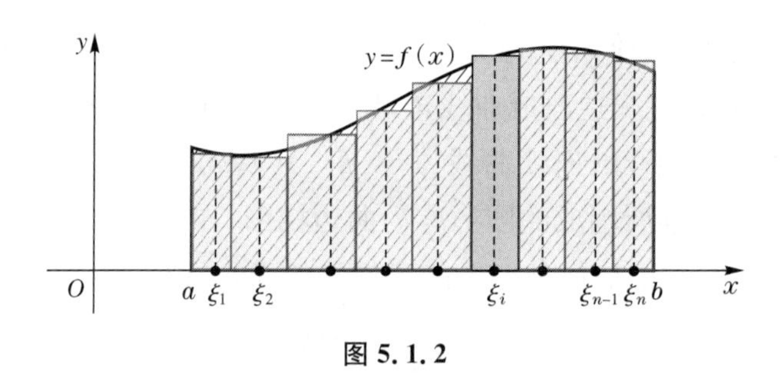

图 5.1.2

(3)求和.把 n 个窄矩形的面积加起来,得到的和作为整个曲边梯形面积的近似值.即

$$A=\sum_{i=1}^{n}\Delta A_i\approx\sum_{i=1}^{n}f(\xi_i)\cdot\Delta x_i.$$

(4)取极限.从几何直观上看,当分点越密时,小矩形的面积与小曲边梯形的面积就会越接近,因而和式

$$\sum_{i=1}^{n}f(\xi_i)\cdot\Delta x_i$$

与整个曲边梯形的面积也会越接近,记 $\lambda=\max\limits_{1\leqslant i\leqslant n}\{\Delta x_i\}$,当 $\lambda\to0$ 时,和式 $\sum\limits_{i=1}^{n}f(\xi_i)\cdot\Delta x_i$ 的极限如果存在,则这个极限值即为曲边梯形的面积 A,即

$$A=\lim_{\lambda\to0}\sum_{i=1}^{n}f(\xi_i)\cdot\Delta x_i.$$

2. 变速直线运动的路程

当物体做匀速直线运动时,求所经过的路程的公式为:路程=速度×时间.如果物体做变速直线运动时,路程该如何计算?

设某物体做直线运动，已知速度 $v = v(t)$ 是时间间隔 $[T_1, T_2]$ 上 t 的连续函数，且 $v(t) \geqslant 0$，计算在这段时间内物体所经过的路程 s.

由于物体作变速直线运动，速度随时间 t 而变化，因此所求路程 s 不能直接利用匀速直线运动的路程公式来计算. 然而，物体运动的速度函数 $v = v(t)$ 是连续变化的，在很短的时间内，速度的变化很小，可近似看作匀速直线运动. 因此，若把时间间隔划分为许多个小时间段，在每个小时间段内，以匀速运动近似代替变速运动，则可以计算出在每个小时间段内路程的近似值. 再对每个小时间段内路程的近似值求和，就可以得到整个路程的近似值. 最后，对时间间隔无限细分，使每个小时间段都趋于零，这时整个路程的近似值的极限就是变速直线运动的路程的精确值.

具体步骤如下：

(1)分割. 在时间间隔 $[T_1, T_2]$ 内任意插入 $n-1$ 个分点

$$T_1 = t_0 < t_1 < \cdots < t_{n-1} < t_n = T_2,$$

将时间间隔 $[T_1, T_2]$ 分成 n 个小的时间间隔 $[t_0, t_1]$，$[t_1, t_2]$，$\cdots$，$[t_{n-1}, t_n]$，小时间间隔的长度分别记为

$$\Delta t_i = t_i - t_{i-1} (i = 1, 2, \cdots, n).$$

(2)近似替换. 在每个小时间间隔 $[t_{i-1}, t_i] (i = 1, 2, \cdots, n)$ 上任取一点 ξ_i，如图 5.1.3 所示，以 $v(\xi_i)$ 为速度，Δt_i 为时间，用 $v(\xi_i) \cdot \Delta t_i$ 近似代替第 i 个小时间间隔上物体经过的路程 Δs_i，即

$$\Delta s_i \approx v(\xi_i) \cdot \Delta t_i, (i = 1, 2, \cdots, n).$$

O　T_1+t_0　t_1　t_{i-1}　ξ_i　t_i　t_{n-1}　$t_n=T_2$　t

图 5.1.3

(3)求和. 将这样得到的 n 个小时间间隔上路程的近似值之和作为时间段 $[T_1, T_2]$ 上物体运动的路程的近似值. 即

$$s = \sum_{i=1}^{n} \Delta s_i \approx \sum_{i=1}^{n} v(\xi_i) \cdot \Delta t_i.$$

(4)取极限. 记 $\lambda = \max\limits_{1 \leqslant i \leqslant n} \{\Delta t_i\}$，当 $\lambda \to 0$ 时，和式 $\sum\limits_{i=1}^{n} v(\xi_i) \cdot \Delta t_i$ 的极限如果存在，则这个极限值即为在时间间隔 $[T_1, T_2]$ 上运动的路程，即

$$s = \lim_{\lambda \to 0} \sum_{i=1}^{n} v(\xi_i) \cdot \Delta t_i.$$

3. 总成本问题

设边际成本 $C_M(x)$ 为产量 x 的连续函数,求产量 x 从 α 变到 β 时的总成本.

可按如下步骤进行:

(1)分割. 在 $[\alpha,\beta]$ 内任意插入 $n-1$ 个分点

$$\alpha = x_0 < x_1 < \cdots < x_{n-1} < x_n = \beta$$

将 $[\alpha,\beta]$ 分成 n 个小产量段 $[x_0,x_1],[x_1,x_2],\cdots,[x_{n-1},x_n]$, 小产量段的产量分别记为 $\Delta x_i = x_i - x_{i-1}(i = 1,2,\cdots,n)$.

(2)近似替换. 在每个小产量段 $[x_{i-1},x_i](i = 1,2,\cdots,n)$ 上任取一点 ξ_i, 把 $C_M(\xi_i)$ 作为该段的近似平均成本,即

$$\Delta C_i \approx C_M(\xi_i) \cdot \Delta x_i, (i = 1,2,\cdots,n).$$

(3)求和. 把每个小产量段 $[x_{i-1},x_i]$ 的成本相加,得 $[\alpha,\beta]$ 上总成本的近似值. 即

$$C = \sum_{i=1}^{n} \Delta C_i \approx \sum_{i=1}^{n} C_M(\xi_i) \cdot \Delta x_i.$$

(4)取极限. 记 $\lambda = \max\limits_{1 \leqslant i \leqslant n}\{\Delta x_i\}$, 当 $\lambda \to 0$ 时,和式 $\sum\limits_{i=1}^{n} C_M(\xi_i) \cdot \Delta x_i$ 的极限如果存在,则这个极限值即为在 $[\alpha,\beta]$ 上的总成本,即

$$C = \lim_{\lambda \to 0} \sum_{i=1}^{n} C_M(\xi_i) \cdot \Delta x_i.$$

5.1.2 定积分的定义

从上面的三个例子可以看出,尽管所要计算的量,即曲边梯形的面积 A、变速直线运动的路程 s 及总成本 C 的实际意义不相同,但解决问题的思想方法与步骤都是相同的,即都采用了“分割”、“近似替换”、“求和”、“取极限”的四个步骤,最后它们都归结为具有相同结构的一种特定和的极限,即

$$\text{面积 } A = \lim_{\lambda \to 0} \sum_{i=1}^{n} f(\xi_i) \cdot \Delta x_i,$$

$$\text{路程 } s = \lim_{\lambda \to 0} \sum_{i=1}^{n} v(\xi_i) \cdot \Delta t_i.$$

$$\text{总成本 } C = \lim_{\lambda \to 0} \sum_{i=1}^{n} C_M(\xi_i) \cdot \Delta x_i.$$

类似的问题还有很多,抛开这些问题的具体意义,抓住它们在数量上共同的本质与特性加以概括,我们可以抽象出下述定积分的概念.

定义 5.1.1　设函数 $f(x)$ 在 $[a,b]$ 上有界,在 $[a,b]$ 中任意插入 $n-1$ 个分点

$$a=x_0<x_1<\cdots<x_{n-1}<x_n=b$$

把区间 $[a,b]$ 分成 n 个小区间

$$[x_0,x_1],[x_1,x_2],\cdots,[x_{n-1},x_n],$$

各小区间的长度分别记为

$$\Delta x_i=x_i-x_{i-1}(i=1,2,\cdots,n).$$

在每个小区间 $[x_{i-1},x_i]$ 上任取一点 ξ_i,作乘积 $f(\xi_i)\cdot\Delta x_i,(i=1,2,\cdots,n)$. 再作和式

$$\sum_{i=1}^{n}f(\xi_i)\cdot\Delta x_i.$$

记 $\lambda=\max\limits_{1\leqslant i\leqslant n}\{\Delta x_i\}$,如果不论 $[a,b]$ 怎样分割,也不论 $[x_{i-1},x_i]$ 上点 ξ_i 怎样选取,当 $\lambda\to0$ 时,$\sum\limits_{i=1}^{n}f(\xi_i)\cdot\Delta x_i$ 总趋于确定的极限值 I,这时我们称这个极限值 I 为函数 $f(x)$ 在区间 $[a,b]$ 上的定积分(简称积分),记作 $\int_a^b f(x)\mathrm{d}x$,即

$$\int_a^b f(x)\mathrm{d}x=\lim_{\lambda\to0}f(\xi_i)\cdot\Delta x_i=I,$$

其中 $f(x)$ 叫作**被积函数**,$f(x)\mathrm{d}x$ 叫作**被积表达式**,x 叫作**积分变量**,a 叫作**积分下限**,b 叫作**积分上限**,$[a,b]$ 叫作**积分区间**.

可见,定积分是特殊和式的极限.

根据定积分的定义,前面讨论的三个实际问题可分别表述如下:

连续曲线 $y=f(x)(f(x)\geqslant0,x\in[a,b])$,直线 $x=a,x=b$ 及 x 轴所围成的曲边梯形的面积 A 等于函数 $f(x)$ 在区间 $[a,b]$ 上的定积分. 即

$$A=\int_a^b f(x)\mathrm{d}x.$$

物体以速度 $v=v(t)$ 且 $v(t)\geqslant0$ 作变速直线运动,在时间间隔 $[T_1,T_2]$ 内物体所经过的路程 s 等于函数 $v(t)$ 在区间 $[T_1,T_2]$ 上的定积分,即

$$s=\int_{T_1}^{T_2}v(t)\mathrm{d}t.$$

边际成本 $C_M(x)$ 当产量 x 从 α 变到 β 时的总成本 C 等于函数 $C_M(x)$ 在区间 $[\alpha,\beta]$ 上的定积分,即

$$C=\int_{\alpha}^{\beta}C_M(x)\mathrm{d}x.$$

如果 $f(x)$ 在 $[a,b]$ 上的定积分存在,我们就说 $f(x)$ 在 $[a,b]$ 上可积.由于这个定义是由黎曼(Riemann)首先给出的,所以这里的可积也称为黎曼可积,相应的积分和式 $\sum\limits_{i=1}^{n}f(\xi_i)\cdot\Delta x_i$ 也称为黎曼和.

注意:(1)当和式 $\sum\limits_{i=1}^{n}f(\xi_i)\cdot\Delta x_i$ 的极限存在时,其极限值仅与被积函数 $f(x)$ 及积分区间 $[a,b]$ 有关,而与积分变量所用字母无关,即

$$\int_a^b f(x)\mathrm{d}x=\int_a^b f(t)\mathrm{d}t=\int_a^b f(u)\mathrm{d}u.$$

(2)若函数 $f(x)$ 在 $[a,b]$ 上可积,则 $f(x)$ 在 $[a,b]$ 上有界.

(3)定积分与不定积分是两个截然不同的概念.定积分是一个数值,不定积分是所有原函数构成的一个集合.

对于定积分,有这样一个重要问题:函数 $f(x)$ 在 $[a,b]$ 上满足怎样的条件, $f(x)$ 在 $[a,b]$ 上一定可积?这个问题我们不做深入讨论,而只给出以下两个充分条件.

定理 5.1.1 设 $f(x)$ 在区间 $[a,b]$ 上连续,则 $f(x)$ 在 $[a,b]$ 上可积.

定理 5.1.2 设 $f(x)$ 在区间 $[a,b]$ 上有界,且只有有限个间断点,则 $f(x)$ 在 $[a,b]$ 上可积.

5.1.3 定积分的几何意义

在 $[a,b]$ 上 $f(x)\geqslant 0$ 时,我们已经知道,定积分 $\int_a^b f(x)\mathrm{d}x$ 在几何上表示曲线 $y=f(x)$ 、两条直线 $x=a$ 、$x=b$ 与 x 轴所围成的曲边梯形的面积;在 $[a,b]$ 上 $f(x)\leqslant 0$ 时,由曲线 $y=f(x)$ 、两条直线 $x=a$ 、$x=b$ 与 x 轴所围成的曲边梯形位于 x 轴的下方,定积分 $\int_a^b f(x)\mathrm{d}x$ 在几何上表示上述曲边梯形面积的负值;在 $[a,b]$ 上 $f(x)$ 既取得正值又取得负值时,函数 $f(x)$

的图形的某些部分在 x 轴上方，而其他部分在 x 轴的下方. 如果我们对面积赋以正负号，在 x 轴上方的图形面积赋以正号，在 x 轴下方的图形面积赋以负号，则在一般情形下，定积分 $\int_a^b f(x)\mathrm{d}x$ 的**几何意义**为：它是介于 x 轴、函数 $f(x)$ 的图形及两条直线 $x=a$、$x=b$ 之间的**各部分面积的代数和**.

若函数 $y=f(x)$ 的图像如图 5.1.4 所示，则

$$\int_a^b f(x)\mathrm{d}x = A_1 - A_2 + A_3 - A_4 + A_5,$$

其中 $A_i(i=1,2,\cdots,5)$ 表示各阴影部分的面积.

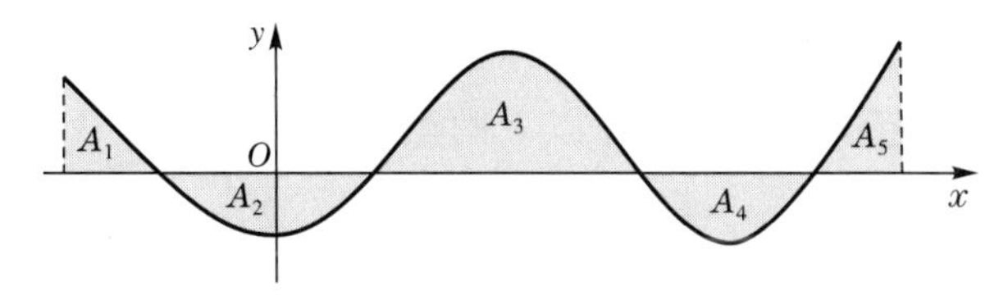

图 5.1.4

例 5.1.1　利用定义计算定积分 $\int_0^1 x\mathrm{d}x$.

解　因为 $y=x$ 在 $[0,1]$ 上连续，由定理 5.1.1 知 $y=x$ 在 $[0,1]$ 上可积.

根据定积分的值与区间的分法和点 ξ_i 的取法无关，为简化计算，把 $[0,1]$ 平均分成 n 个小区间：$\left[0,\frac{1}{n}\right],\left[\frac{1}{n},\frac{2}{n}\right],\left[\frac{2}{n},\frac{3}{n}\right],\cdots,\left[\frac{n-1}{n},1\right]$. 则每个小区间的长度都是 $\frac{1}{n}$，即 $\lambda=\frac{1}{n}$.

在第 i 个小区间 $\left[\frac{i-1}{n},\frac{i}{n}\right]$ 上取 $\xi_i=\frac{i}{n}$，则 $f(\xi_i)=\frac{i}{n}$.

因此

$$\sum_{i=1}^{n} f(\xi_i)\cdot\Delta x_i = \sum_{i=1}^{n}\frac{i}{n}\cdot\frac{1}{n} = \frac{1}{n^2}\sum_{i=1}^{n} i = \frac{1}{n^2}(1+2+3+\cdots+n) = \frac{n+1}{2n},$$

所以

$$\int_0^1 x\mathrm{d}x = \lim_{\frac{1}{n}\to 0}\frac{n+1}{2n} = \frac{1}{2}.$$

例 5.1.2　利用定积分的几何意义，计算 $\int_0^1 \sqrt{1-x^2}\,\mathrm{d}x$.

解 显然,根据定积分的定义来求解该定积分是比较困难的,由定积分的几何意义知,$\int_0^1 \sqrt{1-x^2}\,\mathrm{d}x$ 就是图 5.1.5 所示圆心在原点、半径为 1 的圆在第一象限部分的面积,所以

$$\int_0^1 \sqrt{1-x^2}\,\mathrm{d}x = \frac{\pi}{4} \cdot 1^2 = \frac{\pi}{4}.$$

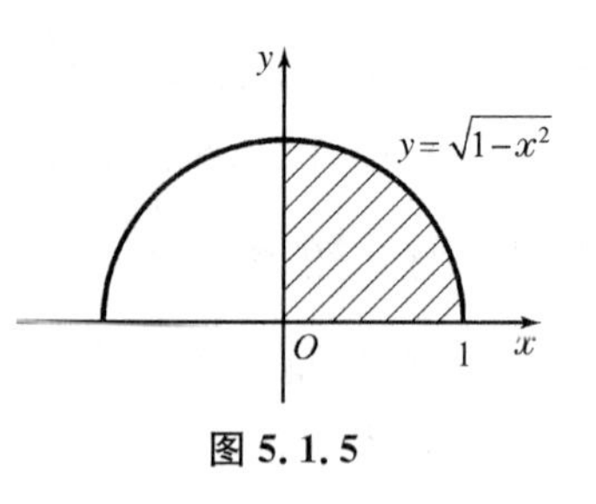

图 5.1.5

5.1.4 定积分的性质

在定积分的定义中,实际上假定了积分上限必须大于积分下限,为了计算及应用方便,对定积分的定义作以下两点补充规定:

(1)当 $a=b$ 时,$\int_a^b f(x)\mathrm{d}x = 0$;

(2)当 $a>b$ 时,$\int_a^b f(x)\mathrm{d}x = -\int_b^a f(x)\mathrm{d}x$.

由上式可知,交换定积分的上下限后,所得的积分值与原积分值互为相反数.

下面我们讨论定积分的性质.下列各性质中积分上下限的大小,如不特别指明,均不加限制;并假定各性质中所列出的定积分都是存在的.

性质 5.1.1 函数的和(差)的定积分等于它们的定积分的和(差),即

$$\int_a^b [f(x) \pm g(x)]\mathrm{d}x = \int_a^b f(x)\mathrm{d}x \pm \int_a^b g(x)\mathrm{d}x.$$

证
$$\begin{aligned}\int_a^b [f(x) \pm g(x)]\mathrm{d}x &= \lim_{\lambda\to 0}\sum_{i=1}^{n}[f(\xi_i) \pm g(\xi_i)] \cdot \Delta x_i \\ &= \lim_{\lambda\to 0}\sum_{i=1}^{n} f(\xi_i) \cdot \Delta x_i \pm \lim_{\lambda\to 0}\sum_{i=1}^{n} g(\xi_i) \cdot \Delta x_i \\ &= \int_a^b f(x)\mathrm{d}x \pm \int_a^b g(x)\mathrm{d}x.\end{aligned}$$

性质 5.1.2 被积函数的常数因子可以提到积分号外面,即

$$\int_a^b kf(x)\mathrm{d}x = k\int_a^b f(x)\mathrm{d}x \quad (k \text{ 是常数}).$$

证 $k\int_a^b f(x)\mathrm{d}x = k\left(\lim\limits_{\lambda\to 0}\sum\limits_{i=1}^n f(\xi_i)\cdot\Delta x_i\right) = \lim\limits_{\lambda\to 0}\sum\limits_{i=1}^n [kf(\xi_i)]\cdot\Delta x_i$

$$= \int_a^b kf(x)\mathrm{d}x.$$

注意:性质 5.1.1 和性质 5.1.2 可以推广到任意有限多个函数的情形,即若 $f_1(x), f_2(x), \cdots, f_n(x)$ 都在 $[a,b]$ 上可积, $k_1, k_2, \cdots, k_n$ 是实数,则有

$$\int_a^b [k_1 f_1(x) + k_2 f_2(x) + \cdots + k_n f_n(x)]\mathrm{d}x$$

$$= k_1\int_a^b f_1(x)\mathrm{d}x + k_2\int_a^b f_2(x)\mathrm{d}x + \cdots + k_n\int_a^b f_n(x)\mathrm{d}x.$$

性质 5.1.3 如果将积分区间分成两个子区间,则在整个区间上的定积分等于在这两个子区间上的定积分之和,即设 $a < c < b$,则

$$\int_a^b f(x)\mathrm{d}x = \int_a^c f(x)\mathrm{d}x + \int_c^b f(x)\mathrm{d}x.$$

证 因为函数 $f(x)$ 在区间 $[a,b]$ 上可积,所以不论把 $[a,b]$ 怎样分,积分和的极限总是不变的. 因此,我们在分区间时,可以使 c 永远是个分点. 那么,$[a,b]$ 上的积分和等于 $[a,c]$ 上的积分和加 $[c,b]$ 上的积分和,记为

$$\sum_{[a,b]} f(\xi_i)\Delta x_i = \sum_{[a,c]} f(\xi_i)\Delta x_i + \sum_{[c,b]} f(\xi_i)\Delta x_i.$$

令 $\lambda \to 0$,上式两端同时取极限,即得

$$\int_a^b f(x)\mathrm{d}x = \int_a^c f(x)\mathrm{d}x + \int_c^b f(x)\mathrm{d}x.$$

这个性质表明定积分对于**积分区间**具有**可加性**.

按定积分的补充规定,不论 a,b,c 的相对位置如何,总有等式

$$\int_a^b f(x)\mathrm{d}x = \int_a^c f(x)\mathrm{d}x + \int_c^b f(x)\mathrm{d}x$$

成立. 例如,当 $a < b < c$ 时,由于

$$\int_a^c f(x)\mathrm{d}x = \int_a^b f(x)\mathrm{d}x + \int_b^c f(x)\mathrm{d}x,$$

于是得

$$\int_a^b f(x)\mathrm{d}x = \int_a^c f(x)\mathrm{d}x - \int_b^c f(x)\mathrm{d}x = \int_a^c f(x)\mathrm{d}x + \int_c^b f(x)\mathrm{d}x.$$

性质 5.1.4 如果在区间 $[a,b]$ 上 $f(x)\equiv 1$，则

$$\int_a^b f(x)\mathrm{d}x=\int_a^b \mathrm{d}x=b-a.$$

这个性质可以借助定积分的几何意义进行证明.

性质 5.1.5 如果在区间 $[a,b]$ 上，$f(x)\geqslant 0$，则

$$\int_a^b f(x)\mathrm{d}x\geqslant 0\ (a<b).$$

证 因为 $f(x)\geqslant 0$，所以 $f(\xi_i)\geqslant 0(i=1,2,\cdots,n)$. 又由于 $\Delta x_i\geqslant 0$ $(i=1,2,\cdots,n)$，因此

$$\sum_{i=1}^{n} f(\xi_i)\Delta x_i\geqslant 0,$$

令 $\lambda=\max\{\Delta x_1,\Delta x_2,\cdots,\Delta x_n\}\to 0$，便得到要证的不等式.

推论 5.1.1 如果在区间 $[a,b]$ 上，$f(x)\leqslant g(x)$，则

$$\int_a^b f(x)\mathrm{d}x\leqslant\int_a^b g(x)\mathrm{d}x\ (a<b).$$

证 因为 $g(x)-f(x)\geqslant 0$，由性质 5.1.5 得

$$\int_a^b [f(x)-g(x)]\mathrm{d}x\geqslant 0.$$

再利用性质 5.1.1,便得到要证的不等式.

推论 5.1.2 $\left|\int_a^b f(x)\mathrm{d}x\right|\leqslant\int_a^b |f(x)|\mathrm{d}x\ (a<b).$

证 因为

$$-|f(x)|\leqslant f(x)\leqslant|f(x)|,$$

所以由推论 5.1.1 及性质 5.1.2 可得

$$-\int_a^b |f(x)|\mathrm{d}x\leqslant\int_a^b f(x)\mathrm{d}x\leqslant\int_a^b |f(x)|\mathrm{d}x,$$

即

$$\left|\int_a^b f(x)\mathrm{d}x\right|\leqslant\int_a^b |f(x)|\mathrm{d}x.$$

注意: $|f(x)|$ 在 $[a,b]$ 上的可积性可由 $f(x)$ 在 $[a,b]$ 上的可积性推出,这里我们不作证明.

例 5.1.3 比较定积分 $\int_0^1 e^x dx$ 与 $\int_0^1 e^{x^2} dx$ 的大小.

解 在 $[0,1]$ 上,因为 $x \geqslant x^2$, 又因 $y=e^x$ 是 x 的增函数,故在区间 $[0,1]$ 上,有 $e^x \geqslant e^{x^2}$. 由推论 5.1.1 知

$$\int_0^1 e^x dx \geqslant \int_0^1 e^{x^2} dx.$$

性质 5.1.6 设 M 及 m 分别是函数 $f(x)$ 在区间 $[a,b]$ 上的最大值及最小值,则

$$m(b-a) \leqslant \int_a^b f(x)dx \leqslant M(b-a)\ (a<b).$$

证 因为 $m \leqslant f(x) \leqslant M$, 所以由性质 5.1.5、推论 5.1.1 得

$$\int_a^b m dx \leqslant \int_a^b f(x)dx \leqslant \int_a^b M dx.$$

再由性质 5.1.2 及性质 5.1.4,即得到所要证的不等式.

这个性质说明,由被积函数在积分区间上的最大值及最小值可以估计积分值的大致范围,因此该性质也叫**估值定理**.

例 5.1.4 估计定积分 $\int_1^2 x^4 dx$ 的大小.

解 令 $f(x)=x^4$, 则 $f(x)$ 在 $[1,2]$ 上连续,所以在 $[1,2]$ 上可积,又因为

$$f'(x)=4x^3>0, x\in[1,2].$$

所以 $f(x)$ 在 $[1,2]$ 上单调增加, $f(x)$ 在 $[1,2]$ 上的最小值 $m=f(1)=1$, 最大值 $M=f(2)=16$. 从而有

$$1 \leqslant f(x) \leqslant 16,$$

于是由性质 5.1.6 有

$$1 \leqslant \int_1^2 f(x)dx \leqslant 16.$$

性质 5.1.7(定积分中值定理) 如果函数 $f(x)$ 在闭区间 $[a,b]$ 上连续,则在积分区间 $[a,b]$ 上至少存在一点 ξ, 使下式成立:

$$\int_a^b f(x)dx = f(\xi)(b-a)\ (a \leqslant \xi \leqslant b).$$

这个公式叫作**积分中值公式**.

证 把性质 5.1.6 中的不等式各除以 $b-a$ 得

$$m \leqslant \frac{1}{b-a}\int_a^b f(x)\mathrm{d}x \leqslant M.$$

这表明,确定的数值 $\frac{1}{b-a}\int_a^b f(x)\mathrm{d}x$ 介于函数 $f(x)$ 的最小值 m 及最大值 M 之间. 根据闭区间上连续函数的介值定理,在 $[a,b]$ 上至少存在一点 ξ, 使得函数 $f(x)$ 在点 ξ 处的值与这个确定的数值相等,即应有

$$\frac{1}{b-a}\int_a^b f(x)\mathrm{d}x = f(\xi)\ (a \leqslant \xi \leqslant b).$$

两端各乘以 $b-a$, 即得所要证的等式.

积分中值公式有如下的几何解释:在区间 $[a,b]$ 上至少存在一点 ξ, 使得以区间 $[a,b]$ 为底边、以曲线 $y=f(x)$ 为曲边的曲边梯形的面积等于同一底边而高为 $f(\xi)$ 的一个矩形的面积(图 5.1.6). 称 $\frac{1}{b-a}\int_a^b f(x)\mathrm{d}x$ 为函数 $f(x)$ 在区间 $[a,b]$ 上的平均值.

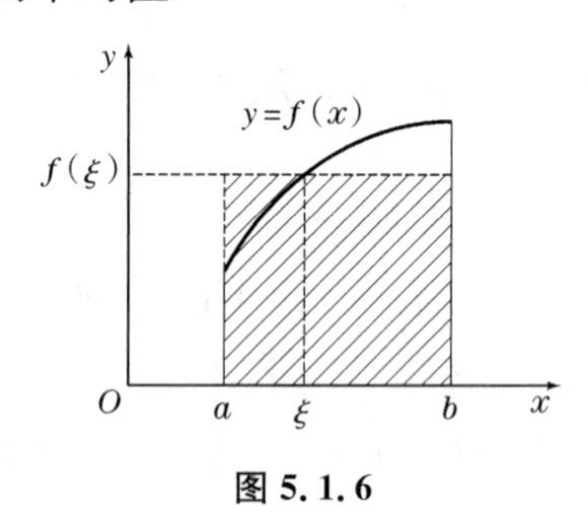

图 5.1.6

显然,积分中值公式

$$\int_a^b f(x)\mathrm{d}x = f(\xi)(b-a)\ (\xi \text{在} a \text{与} b \text{之间})$$

不论 $a<b$ 或 $a>b$ 都是成立的.

例 5.1.5 根据定积分的几何意义,确定函数 $f(x)=\sqrt{4-x^2}$ 在区间 $[-2,2]$ 的平均值.

解 由积分中值定理知,至少存在一点 $\xi \in [-2,2]$, 使得

$$\int_{-2}^2 f(x)\mathrm{d}x = f(\xi)\cdot(2+2) = 4f(\xi),$$

即

$$f(\xi)=\frac{1}{4}\int_{-2}^{2}f(x)\mathrm{d}x=\frac{1}{4}\int_{-2}^{2}\sqrt{4-x^2}\,\mathrm{d}x.$$

再由定积分的几何意义知，$\int_{-2}^{2}\sqrt{4-x^2}\,\mathrm{d}x$ 表示曲线 $y=\sqrt{4-x^2}$ 、直线 $x=-2$ 、直线 $x=2$ 及 x 轴所围成的图形的面积，即以原点为圆心、半径为2的上半圆的面积，故

$$\int_{-2}^{2}\sqrt{4-x^2}\,\mathrm{d}x=\frac{1}{2}\cdot\pi\cdot 2^2=2\pi.$$

所以

$$f(\xi)=\frac{1}{4}\cdot 2\pi=\frac{\pi}{2}.$$

习题 5.1

1. 用定积分表示下列量：

(1)由曲线 $y=x^2$ 、直线 $x=0$ 、$x=3$ 及 x 轴所围成的曲边梯形的面积.

(2)一汽车在笔直的公路上作直线运动，其速度为 $v=3t^2+6t$(m/s)，表示汽车在 $[0,50]$ s 内所行驶的路程.

(3)已知某产品的边际收益函数为 $C_M=35-2Q$，求产量 Q 从 2 到 5 时的总收益的增量.

(4)已知某产品在产量为 x 时的边际成本为 $C_M(x)=3x^2-20x+35$，求产量 x 从 10 到 20 时的总成本的增量.

2. 利用定积分的几何意义求定积分：

(1) $\int_{0}^{1}2x\mathrm{d}x$；　(2) $\int_{-1}^{1}\sqrt{1-x^2}\,\mathrm{d}x$；　(3) $\int_{-1}^{2}|x|\,\mathrm{d}x$.

3. 根据定积分的性质，比较积分值的大小：

(1) $\int_{1}^{\mathrm{e}}\ln x\mathrm{d}x$ 与 $\int_{1}^{\mathrm{e}}(\ln x)^2\mathrm{d}x$；　(2) $\int_{0}^{1}\mathrm{e}^x\mathrm{d}x$ 与 $\int_{0}^{1}(1+x)\mathrm{d}x$；

(3) $\int_{0}^{\frac{\pi}{4}}\sin x\mathrm{d}x$ 与 $\int_{0}^{\frac{\pi}{4}}\cos x\mathrm{d}x$.

4. 估计下列各积分值的范围：

(1) $\int_{1}^{4}(x^2+1)\mathrm{d}x$；　(2) $\int_{\frac{\pi}{4}}^{\frac{5\pi}{4}}(1+\sin^2 x)\mathrm{d}x$；　(3) $\int_{1}^{2}\ln(x+1)\mathrm{d}x$.

§5.2 微积分基本公式

在上一节中,我们利用定积分的定义计算了函数 $f(x)=x$ 在区间 $[0,1]$ 上的定积分,可以看出,根据定义来计算定积分是比较麻烦的,特别是当被积函数比较复杂时,计算的困难更大.因此寻求计算定积分的有效方法便成为积分学发展的关键.

本节将讨论定积分与不定积分的内在关系,从而得到用原函数计算定积分的方法:牛顿-莱布尼茨公式.该公式不但为定积分计算提供了一个快捷有效的方法,而且在理论上把定积分与不定积分联系起来.

5.2.1 变速直线运动中位置函数与速度函数之间的联系

设物体从某定点开始做变速直线运动,在 t 时刻所经过的路程为 $s(t)$,速度为 $v=v(t)(v(t)\geqslant 0)$. 由上一节可知,物体在时间间隔 $[T_1,T_2]$ 内经过的路程可以用速度函数 $v(t)$ 在 $[T_1,T_2]$ 上的定积分来表达,即

$$\int_{T_1}^{T_2} v(t)\mathrm{d}t.$$

另一方面,这段路程可以通过位置函数 $s(t)$ 在区间 $[T_1,T_2]$ 上的增量来表示,即

$$s(T_2)-s(T_1).$$

可见,位置函数 $s(t)$ 及速度函数 $v(t)$ 之间有如下关系:

$$\int_{T_1}^{T_2} v(t)\mathrm{d}t = s(T_2)-s(T_1).$$

由于 $s'(t)=v(t)$,即 $s(t)$ 是 $v(t)$ 的一个原函数.由此可知速度函数 $v(t)$ 在区间$[T_1,T_2]$上的定积分等于 $v(t)$ 的一个原函数 $s(t)$ 在区间$[T_1,T_2]$上的增量.

这个结论是否具有普遍性呢? 即是否在适当条件下,函数 $f(x)$ 在区间 $[a,b]$ 上的定积分$\int_a^b f(x)\mathrm{d}x$ 等于 $f(x)$ 的原函数 $F(x)$ 在区间$[a,b]$上的增量呢?

5.2.2 积分上限函数及其导数

设函数 $f(t)$ 在区间 $[a,b]$ 上连续, x 为区间 $[a,b]$ 上任意一点.则函数

$f(t)$ 在 $[a,x]$ 上也连续,因此定积分 $\int_a^x f(t)\mathrm{d}t$ 一定存在. 当 x 在区间 $[a,b]$ 上每取一个值,定积分 $\int_a^x f(t)\mathrm{d}t$ 都有唯一确定的值与之对应,因此 $\int_a^x f(t)\mathrm{d}t$ 是 x 的函数,称之为**积分上限函数**,记为 $\Phi(x)$, 即

$$\Phi(x)=\int_a^x f(t)\mathrm{d}t,\quad x\in[a,b].$$

注意到 $\Phi(x)$ 的自变量 x 出现在积分上限的位置,且在区间 $[a,b]$ 上任意取值,这是它名称的来历,而积分变量 t 的取值范围是 $[a,x]$. 根据定积分的几何意义,在图 5.2.1 中, $\Phi(x)$ 表示阴影部分的面积.

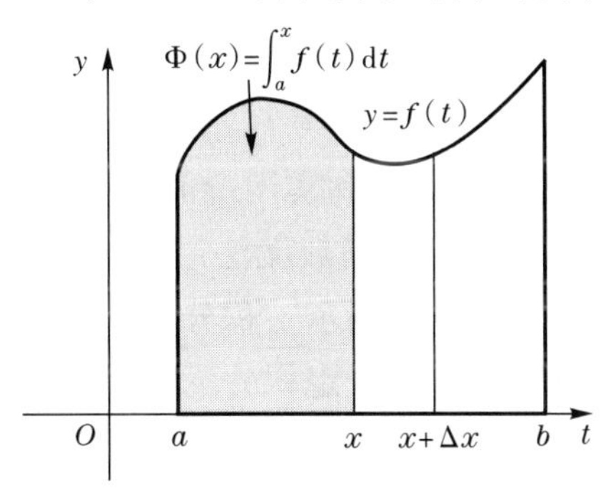

图 5.2.1

定理 5.2.1　设函数 $f(x)$ 在 $[a,b]$ 上连续,则积分上限函数

$$\Phi(x)=\int_a^x f(t)\mathrm{d}t$$

在区间 $[a,b]$ 上可导,其导数为

$$\Phi'(x)=\frac{\mathrm{d}}{\mathrm{d}x}\int_a^x f(t)\mathrm{d}t=f(x),x\in[a,b].$$

即函数 $\Phi(x)$ 就是被积函数 $f(x)$ 在 $[a,b]$ **上的一个原函数.**

证　仅对 $x\in(a,b)$ 来证明($x=a$ 处的右导数与 $x=b$ 处的左导数也可类似证明).

设 x 有增量 Δx, 且 $|\Delta x|$ 充分小,使 $x+\Delta x\in(a,b)$, 则

$$\begin{aligned}\Delta\Phi&=\Phi(x+\Delta x)-\Phi(x)=\int_a^{x+\Delta x}f(t)\mathrm{d}t-\int_a^x f(t)\mathrm{d}t\\&=\int_a^x f(t)\mathrm{d}t+\int_x^{x+\Delta x}f(t)\mathrm{d}t-\int_a^x f(t)\mathrm{d}t=\int_x^{x+\Delta x}f(t)\mathrm{d}t.\end{aligned}$$

因 $f(x)$ 在 $[a,b]$ 上连续,由积分中值定理知,在 x 于 $x+\Delta x$ 之间至少存在一点 ξ,使得

$$\Delta\Phi = f(\xi)\cdot\Delta x,$$

整理得

$$\frac{\Delta\Phi}{\Delta x} = f(\xi).$$

由于 $f(x)$ 在 $[a,b]$ 上连续,当 $\Delta x\to 0$ 时,$\xi\to x$,$f(\xi)\to f(x)$,上式两边取极限得

$$\lim_{\Delta x\to 0}\frac{\Delta\Phi}{\Delta x} = \lim_{\Delta x\to 0}f(\xi) = \lim_{\xi\to x}f(\xi) = f(x),$$

即

$$\Phi'(x) = f(x).$$

定理 5.2.1 有重要的理论意义和实用价值.一方面肯定了连续函数必存在原函数(虽然有些连续函数的原函数无法用初等函数表示),因此,这个定理也叫**原函数存在定理**.另一方面揭示了积分学中定积分与原函数之间的关系,因此可以考虑通过原函数来计算定积分.

例 5.2.1 求函数 $\Phi(x)=\int_0^x t^3\,\mathrm{d}t$ 的导数.

解 $\Phi'(x) = \left(\int_0^x t^3\,\mathrm{d}t\right)' = x^3.$

例 5.2.2 求下列导数:

(1) $\dfrac{\mathrm{d}}{\mathrm{d}x}\displaystyle\int_{\cos x}^{6} f(t)\,\mathrm{d}t$; (2) $\dfrac{\mathrm{d}}{\mathrm{d}x}\displaystyle\int_{x^2}^{x^3} \mathrm{e}^{3t}\,\mathrm{d}t$.

解 (1)首先交换积分上下限,转化为积分上限函数,然后运用复合函数的求导法则求导数,即

$$\begin{aligned}\frac{\mathrm{d}}{\mathrm{d}x}\int_{\cos x}^{6} f(t)\,\mathrm{d}t &= \frac{\mathrm{d}}{\mathrm{d}x}\left(-\int_{6}^{\cos x} f(t)\,\mathrm{d}t\right) = -f(\cos x)\cdot(\cos x)' \\ &= f(\cos x)\cdot\sin x.\end{aligned}$$

(2)因为给定的定积分上下限中都含变量 x 的表达式,所以要根据定积分的区间可加性,把它写成两个积分上限函数,再进行求导运算.

$$\begin{aligned}\frac{\mathrm{d}}{\mathrm{d}x}\int_{x^2}^{x^3}\mathrm{e}^{3t}\,\mathrm{d}t &= \frac{\mathrm{d}}{\mathrm{d}x}\left(\int_{x^2}^{0}\mathrm{e}^{3t}\,\mathrm{d}t + \int_{0}^{x^3}\mathrm{e}^{3t}\,\mathrm{d}t\right) = -\frac{\mathrm{d}}{\mathrm{d}x}\int_{0}^{x^2}\mathrm{e}^{3t}\,\mathrm{d}t + \frac{\mathrm{d}}{\mathrm{d}x}\int_{0}^{x^3}\mathrm{e}^{3t}\,\mathrm{d}t \\ &= 3x^2\mathrm{e}^{3x^3} - 2x\mathrm{e}^{3x^2}.\end{aligned}$$

一般地，有下述结论：

设 $f(x)$ 在 $[a,b]$ 上连续，若 $g(x)$ 、$h(x)$ 在$[a,b]$ 上可导，则有

$$\frac{\mathrm{d}}{\mathrm{d}x}\int_{g(x)}^{h(x)} f(t)\mathrm{d}t = f[h(x)]h'(x) - f[g(x)]g'(x).$$

该公式可利用复合函数求导法则证明.

例 5.2.3　求 $\lim\limits_{x\to 0}\dfrac{\int_{\cos x}^{1} \mathrm{e}^{-t^2}\mathrm{d}t}{x^2}$.

解　易知这是一个 $\dfrac{0}{0}$ 型的未定式，我们用洛必达法则来计算，

$$\lim_{x\to 0}\frac{\int_{\cos x}^{1} \mathrm{e}^{-t^2}\mathrm{d}t}{x^2} = \lim_{x\to 0}\frac{\left(-\int_{1}^{\cos x} \mathrm{e}^{-t^2}\mathrm{d}t\right)'_x}{(x^2)'} = \lim_{x\to 0}\frac{\mathrm{e}^{-\cos^2 x}\sin x}{2x} = \frac{1}{2\mathrm{e}}.$$

例 5.2.4　设函数 $y = y(x)$ 由方程 $\int_0^{y^2} \mathrm{e}^{t^2}\mathrm{d}t + \int_x^0 \sin t\mathrm{d}t = 0$ 所确定，求 $\dfrac{\mathrm{d}y}{\mathrm{d}x}$.

解　方程两边同时对 x 求导，得

$$\mathrm{e}^{(y^2)^2} \cdot 2y \cdot y' - \sin x = 0,$$

整理得

$$2y\mathrm{e}^{y^4} \cdot y' = \sin x.$$

因此

$$\frac{\mathrm{d}y}{\mathrm{d}x} = \frac{\sin x}{2y\mathrm{e}^{y^4}}(y \neq 0).$$

5.2.3　微积分基本公式

现在我们用定理 5.2.1 来证明一个重要定理，它给出了用原函数计算定积分的公式.

> **定理 5.2.2**　设函数 $f(x)$ 在 $[a,b]$ 上连续，$F(x)$ 是 $f(x)$ 在 $[a,b]$ 上的一个原函数，则
>
> $$\int_a^b f(x)\mathrm{d}x = F(b) - F(a).$$

证 因为 $F(x)$ 与 $\int_a^x f(t)\mathrm{d}t$ 都是 $f(x)$ 在 $[a,b]$ 上的原函数，所以它们只能相差一个常数 C，即

$$\int_a^x f(t)\mathrm{d}t = F(x) - C.$$

令 $x=a$，由于 $\int_a^a f(t)\mathrm{d}t = 0$，得 $C=-F(a)$，因此

$$\int_a^x f(t)\mathrm{d}t = F(x) - F(a).$$

在上式中令 $x=b$，得

$$\int_a^b f(t)\mathrm{d}t = F(b) - F(a).$$

为方便起见，以后把 $F(b)-F(a)$ 记成 $[F(x)]_a^b$（或 $F(x)\Big|_a^b$），则

$$\int_a^b f(x)\mathrm{d}x = [F(x)]_a^b \text{（或} \int_a^b f(x)\mathrm{d}x = F(x)\Big|_a^b\text{）}.$$

该公式称为**微积分基本公式或牛顿-莱布尼茨公式**. 它表明：一个连续函数在 $[a,b]$ 上的定积分等于它的任意一个原函数在 $[a,b]$ 上的改变量. 这个公式进一步揭示了定积分与被积函数的原函数或不定积分之间的内在联系，给定积分提供了一个有效而简便的计算方法.

例 5.2.5 计算 $\int_0^2 \frac{x}{\sqrt{1+x^2}}\mathrm{d}x$.

解 $\int_0^2 \frac{x}{\sqrt{1+x^2}}\mathrm{d}x = \frac{1}{2}\int_0^2 \frac{\mathrm{d}(1+x^2)}{\sqrt{1+x^2}} = [\sqrt{1+x^2}]_0^2 = \sqrt{5}-1.$

例 5.2.6 计算 $\int_{-2}^{-1} \frac{1}{x}\mathrm{d}x$.

解 $\int_{-2}^{-1} \frac{1}{x}\mathrm{d}x = \Big[\ln|x|\Big]_{-2}^{-1} = \ln 1 - \ln 2 = -\ln 2.$

例 5.2.7 计算 $\int_{-2}^{1} |2x|\mathrm{d}x$.

解 由于

$$|2x| = \begin{cases} 2x, & x \geqslant 0, \\ -2x, & x < 0, \end{cases}$$

根据定积分的区间可加性，有

$$\begin{aligned}\int_{-2}^{1}|2x|\,dx &= \int_{-2}^{0}(-2x)dx+\int_{0}^{1}2xdx\\ &= [(-x^2)]_{-2}^{0}+[x^2]_0^1\\ &= 0+4+1-0=5.\end{aligned}$$

例 5.2.8 计算 $\int_0^{\frac{\pi}{2}}\sqrt{1-\sin 2x}dx$.

解 $\int_0^{\frac{\pi}{2}}\sqrt{1-\sin 2x}dx=\int_0^{\frac{\pi}{2}}\sqrt{\sin^2 x-2\sin x\cos x+\cos^2 x}dx$

$$\begin{aligned}&=\int_0^{\frac{\pi}{2}}|\sin x-\cos x|\,dx\\ &=\int_0^{\frac{\pi}{4}}(\cos x-\sin x)dx+\int_{\frac{\pi}{4}}^{\frac{\pi}{2}}(\sin x-\cos x)dx\\ &=\Big[(\sin x+\cos x)\Big]_0^{\frac{\pi}{4}}+\Big[(-\cos x-\sin x)\Big]_{\frac{\pi}{4}}^{\frac{\pi}{2}}\\ &=2\sqrt{2}-2.\end{aligned}$$

例 5.2.9 一零售商收到了一船共 10 万千克大米，这批大米以常量每天 1 万千克均匀运走(用履带转送)，要用 10 天的时间，若储存费用是平均每天 1 万千克 10 元，10 天后这位零售商需支付储存费多少元?

解　分析：储存费的计算公式为：

$$储存费=储存数量\times储存时间\times储存单价.$$

若 10 万千克大米储存 10 天时间，每天每万千克 10 元，则储存费为

$$10\times10\times10=1000(元).$$

上面的储存费计算公式适用于储存数量为常量的情况.

本题储存大米的数量是随时间 t 变化的，是时间 t 的函数，因此要用定积分计算. 储存费为：

$$\int_0^{10}10(10-t)dt=[100t-5t^2]_0^{10}=500\ (元).$$

因此 10 天后这位零售商需支付储存费 500 元.

习题 5.2

1. 求下列导数：

(1) $\frac{d}{dx}\int_0^{x^2} t^2\sqrt{1+t}dt$；　(2) $\frac{d}{dx}\int_{\ln 3}^{x} t^5 e^{8t}dt$；

(3) $\left[\int_{\sin x}^{\cos x}\sin(\pi t^2)dt\right]'$；　(4) $\frac{d}{dx}\int_x^{x^3}\frac{1}{\sqrt{1+t^4}}dt\ (x>0)$.

2. 求下列极限：

(1) $\lim\limits_{x\to 0}\frac{\int_x^0 \arcsin t dt}{x^2}$；　(2) $\lim\limits_{x\to 0}\frac{\int_0^x \cos t^2 dt}{2x}$；

(3) $\lim\limits_{x\to 0}\frac{\int_0^x \sqrt{1+t^2}dt}{x}$；　(4) $\lim\limits_{x\to 0}\frac{\int_a^{x^2}\sin t^2 dt}{x^6}$.

3. 当 x 为何值时，$I(x)=\int_0^x te^{-t^2}dt$ 有极值？

4. 计算下列定积分：

(1) $\int_0^4(1+x)dx$；　(2) $\int_{-1}^1(x-1)^3dx$；

(3) $\int_0^1 e^x dx$；　(4) $\int_{\frac{1}{\sqrt{3}}}^{\sqrt{3}}\frac{1}{x^2+1}dx$；

(5) $\int_0^{\pi}(3\cos x-\sin x)dx$；　(6) $\int_1^2\frac{1}{x}dx$；

(7) $\int_{-1}^2|2x-1|dx$；　(8) $\int_0^{\frac{\pi}{2}}\left|\sin x-\cos x\right|dx$.

5. 汽油自一盛满 55 升汽油的油箱中以 $v(t)=1-\frac{t}{110}$ 升/时的速度渗出，试求：

(1)第一小时渗出多少汽油？

(2)汽油从油箱全部渗出需要多少小时？

§5.3 定积分的换元积分法与分部积分法

牛顿-莱布尼茨公式告诉我们，求定积分的问题一般可归结为求被积函数的原函数在积分区间上的增量. 在不定积分的计算中，有换元积分法和分部积分法等计算方法. 因此，在一定条件下，我们可以在定积分的计算中应用换元积分法和分部积分法. 下面就来讨论定积分的这两种计算方法.

5.3.1　定积分的换元积分法

定理 5.3.1　假设 $f(x)$ 在 $[a,b]$ 上连续，函数 $x=\varphi(t)$ 是定义在 $[\alpha,\beta]$ 或 $[\beta,\alpha]$ 上的可微函数，且满足条件：

(1) $\varphi(\alpha)=a,\varphi(\beta)=b,a\leqslant\varphi(t)\leqslant b$；

(2) $\varphi'(t)$ 是 $[\alpha,\beta]$ 或 $[\beta,\alpha]$ 上的连续函数；

则有

$$\int_a^b f(x)\mathrm{d}x=\int_\alpha^\beta f[\varphi(t)]\varphi'(t)\mathrm{d}t.$$

上述公式叫作**定积分的换元积分公式**.

证　由于 $f(x)$ 在 $[a,b]$ 上连续，因此 $f(x)$ 的原函数存在. 又因 $\varphi'(t)$ 是 $[\alpha,\beta]$ 或 $[\beta,\alpha]$ 上的连续函数，故 $\varphi'(t)$ 的原函数也存在.

设 $F(x)$ 是 $f(x)$ 的一个原函数，则

$$\int_a^b f(x)\mathrm{d}x=F(b)-F(a),$$

又因

$$\frac{\mathrm{d}}{\mathrm{d}t}F[\varphi(t)]=f[\varphi(t)]\varphi'(t),$$

故 $F[\varphi(t)]$ 是 $f[\varphi(t)]\varphi'(t)$ 的一个原函数，从而

$$\int_\alpha^\beta f[\varphi(t)]\varphi'(t)\mathrm{d}t=F[\varphi(\beta)]-F[\varphi(\alpha)]=F(b)-F(a),$$

故

$$\int_a^b f(x)\mathrm{d}x=\int_\alpha^\beta f[\varphi(t)]\varphi'(t)\mathrm{d}t.$$

注意：

(1)用 $x=\varphi(t)$ 把原来变量 x 代换成新变量 t 时，原积分限也要换成相应于新变量 t 的积分限，即对定积分而言“**换元必换限**”；

(2)求出 $f[\varphi(t)]\varphi'(t)$ 的一个原函数 $\Phi(t)$ 后，不必像计算不定积分那样把 $\Phi(t)$ 变换成原来变量 x 的函数，而只要把新变量 t 的上、下限分别代入 $\Phi(t)$ 中，求其差值即可. 这是定积分换元积分法与不定积分换元积分法的区

别.这个区别的原因在于不定积分所求的是被积函数的原函数,应当保留与原来相同的自变量;而定积分的计算结果是一个确定的常数,定积分换元积分公式中的任何一边若计算出来,则另一边的结果也就得到了.

例 5.3.1 计算 $\int_0^1 \sqrt{1-x^2}\mathrm{d}x$.

解 令 $x=\sin t$,则 $\mathrm{d}x=\cos t\mathrm{d}t$.

当 $x=0$ 时,$t=0$;当 $x=1$ 时,$t=\frac{\pi}{2}$.

应用定积分换元积分公式,并注意到在第一象限中 $\cos t \geqslant 0$,则有

$$\int_0^1 \sqrt{1-x^2}\mathrm{d}x=\int_0^{\frac{\pi}{2}} \cos^2 t\mathrm{d}t=\frac{1}{2}\int_0^{\frac{\pi}{2}}(1+\cos 2t)\mathrm{d}t$$

$$=\frac{1}{2}\left[t+\frac{1}{2}\sin 2t\right]_0^{\frac{\pi}{2}}=\frac{\pi}{4}.$$

此题可根据定积分的几何意义计算,即为单位圆 $x^2+y^2=1$ 面积的四分之一.

定理 5.3.1 中的换元公式常称为第二类换元公式.

换元积分公式也可反过来使用.为使用方便起见,把换元积分公式中左右两边对调位置,同时把 t 改写为 x,而 x 改写为 t,得

$$\int_\alpha^\beta f[\varphi(x)]\varphi'(x)\mathrm{d}x=\int_\alpha^\beta f(t)\mathrm{d}t.$$

于是,我们可用 $t=\varphi(x)$ 来引入新变量 t.该公式常称为第一类换元公式(或凑微分公式).

例 5.3.2 计算 $\int_0^4 \frac{x+2}{\sqrt{2x+1}}\mathrm{d}x$.

解 令 $t=\sqrt{2x+1}$,则 $x=\frac{t^2-1}{2}$,$\mathrm{d}x=t\mathrm{d}t$,当 $x=0$ 时,$t=1$;当 $x=4$ 时,$t=3$,于是

$$\int_0^4 \frac{x+2}{\sqrt{2x+1}}\mathrm{d}x=\frac{1}{2}\int_1^3(t^2+3)\mathrm{d}t=\frac{1}{2}\left[\frac{t^3}{3}+3t\right]_1^3$$

$$=\frac{1}{2}\left[(\frac{27}{3}+9)-(\frac{1}{3}+3)\right]=\frac{22}{3}.$$

例 5.3.3　计算 $\int_0^{\frac{\pi}{2}} \cos^5 x \sin x \mathrm{d}x$.

解法 1　令 $t=\cos x$，则 $\mathrm{d}t=-\sin x \mathrm{d}x$，当 $x=0$ 时，$t=1$；当 $x=\frac{\pi}{2}$ 时，$t=0$，则

$$\int_0^{\frac{\pi}{2}} \cos^5 x \sin x \mathrm{d}x=-\int_1^0 t^5 \mathrm{d}t=\int_0^1 t^5 \mathrm{d}t=\left[\frac{t^6}{6}\right]_0^1=\frac{1}{6}.$$

解法 2　$\int_0^{\frac{\pi}{2}} \cos^5 x \sin x \mathrm{d}x=-\int_0^{\frac{\pi}{2}} \cos^5 x \mathrm{d}(\cos x)$

$$=-\left[\frac{\cos^6 x}{6}\right]_0^{\frac{\pi}{2}}=-\left(0-\frac{1}{6}\right)=\frac{1}{6}.$$

从例 5.3.3 可知，在求定积分引入新变量时，必须把相应的积分上、下限进行替换；但若用第一类换元积分法(凑微分法)求定积分时，可以不用换限，因为并没有引入新变量，所以不要替换定积分的上、下限.

例 5.3.4　计算 $\int_1^{e^2} \frac{1}{x\sqrt{\ln x+1}} \mathrm{d}x$.

解　$\int_1^{e^2} \frac{1}{x\sqrt{\ln x+1}} \mathrm{d}x=\int_1^{e^2} \frac{1}{\sqrt{\ln x+1}} \mathrm{d}(\ln x)=\int_1^{e^2} \frac{1}{\sqrt{\ln x+1}} \mathrm{d}(\ln x+1)$

$$=\left[2\sqrt{\ln x+1}\right]_1^{e^2}=2(\sqrt{3}-2).$$

例 5.3.5　设 $f(x)$ 是 $(-\infty,+\infty)$ 上以 T 为周期的周期函数，求证：

$$\int_a^{a+T} f(x) \mathrm{d}x=\int_0^T f(x) \mathrm{d}x.$$

证　因为 $\int_a^{a+T} f(x) \mathrm{d}x=\int_a^0 f(x) \mathrm{d}x+\int_0^T f(x) \mathrm{d}x+\int_T^{a+T} f(x) \mathrm{d}x$.

设 $x=t+T$，则 $\int_T^{a+T} f(x) \mathrm{d}x=\int_0^a f(t+T) \mathrm{d}t=\int_0^a f(t) \mathrm{d}t=\int_0^a f(x) \mathrm{d}x$，

因此 $\int_0^a f(x) \mathrm{d}x+\int_a^0 f(x) \mathrm{d}x=0$，

故 $\int_a^{a+T} f(x) \mathrm{d}x=0+\int_0^T f(x) \mathrm{d}x=\int_0^T f(x) \mathrm{d}x$.

例 5.3.6 设 $f(x)$ 是 $[-a,a]$ 上的连续函数,求证:

(1)若 $f(x)$ 为偶函数,则 $\int_{-a}^{a} f(x)\mathrm{d}x = 2\int_{0}^{a} f(x)\mathrm{d}x$;

(2)若 $f(x)$ 为奇函数,则 $\int_{-a}^{a} f(x)\mathrm{d}x = 0$.

证 由于

$$\int_{-a}^{a} f(x)\mathrm{d}x = \int_{-a}^{0} f(x)\mathrm{d}x + \int_{0}^{a} f(x)\mathrm{d}x,$$

在 $\int_{-a}^{0} f(x)\mathrm{d}x$ 中,令 $x=-t$,则

$$\int_{-a}^{0} f(x)\mathrm{d}x = -\int_{a}^{0} f(-t)\mathrm{d}t = \int_{0}^{a} f(-x)\mathrm{d}x.$$

故

$$\int_{-a}^{a} f(x)\mathrm{d}x = \int_{0}^{a} f(-x)\mathrm{d}x + \int_{0}^{a} f(x)\mathrm{d}x = \int_{0}^{a} [f(-x)+f(x)]\mathrm{d}x.$$

(1)若 $f(x)$ 为偶函数,则 $f(x)+f(-x)=2f(x)$,因此

$$\int_{-a}^{a} f(x)\mathrm{d}x = 2\int_{0}^{a} f(x)\mathrm{d}x.$$

(2)若 $f(x)$ 为奇函数,则 $f(x)+f(-x)=0$,因此

$$\int_{-a}^{a} f(x)\mathrm{d}x = 0.$$

利用例 5.3.6 的结论,可以简化计算奇函数、偶函数在对称区间上的定积分.

例 5.3.7 计算 $\int_{-1}^{1} (x^2+2x\sqrt{1-x^4}+1)\mathrm{d}x$.

解 $\int_{-1}^{1} (x^2+2x\sqrt{1-x^4}+1)\mathrm{d}x = \int_{-1}^{1} (x^2+1)\mathrm{d}x + \int_{-1}^{1} 2x\sqrt{1-x^4}\mathrm{d}x.$

因为 $2x\sqrt{1-x^4}$ 为奇函数,则 $\int_{-1}^{1} 2x\sqrt{1-x^4}\mathrm{d}x = 0$.

因为 x^2+1 为偶函数,则 $\int_{-1}^{1} (x^2+1)\mathrm{d}x = 2\int_{0}^{1} (x^2+1)\mathrm{d}x$.

故

$$\int_{-1}^{1} (x^2+2x\sqrt{1-x^4}+1)\mathrm{d}x = 2\int_{0}^{1} (x^2+1)\mathrm{d}x = 2\left[\frac{x^3}{3}+x\right]_0^1 = \frac{8}{3}.$$

5.3.2　定积分的分部积分法

利用不定积分的分部积分法及牛顿-莱布尼茨公式,即可得出定积分的分部积分公式.

定理 5.3.2　设 $u=u(x)$ 与 $v=v(x)$ 在 $[a,b]$ 上都有连续的导数,则

$$\int_a^b u(x)v'(x)\mathrm{d}x=[u(x)v(x)]_a^b-\int_a^b v(x)u'(x)\mathrm{d}x,$$

或简写为

$$\int_a^b u\mathrm{d}v=[uv]_a^b-\int_a^b v\mathrm{d}u.$$

证　因为 $(uv)'=u'v+uv'$,

对上式两端分别在 $[a,b]$ 上求关于积分变量 x 的定积分,得

$$\int_a^b (uv)'\mathrm{d}x=\int_a^b u'v\mathrm{d}x+\int_a^b uv'\mathrm{d}x,$$

所以

$$\int_a^b uv'\mathrm{d}x=[uv]_a^b-\int_a^b vu'\mathrm{d}x,$$

或简写为 $\int_a^b u\mathrm{d}v=[uv]_a^b-\int_a^b v\mathrm{d}u.$

这就是**定积分的分部积分公式**.

分部积分公式的几何解释:在图 5.3.1 中,右下方曲边梯形面积 $\int_a^b u\mathrm{d}v$ 等于大矩形的面积 $u(b)v(b)$ 减去小矩形的面积 $u(a)v(a)$,再减去左上方曲边梯形面积 $\int_a^b v\mathrm{d}u$.

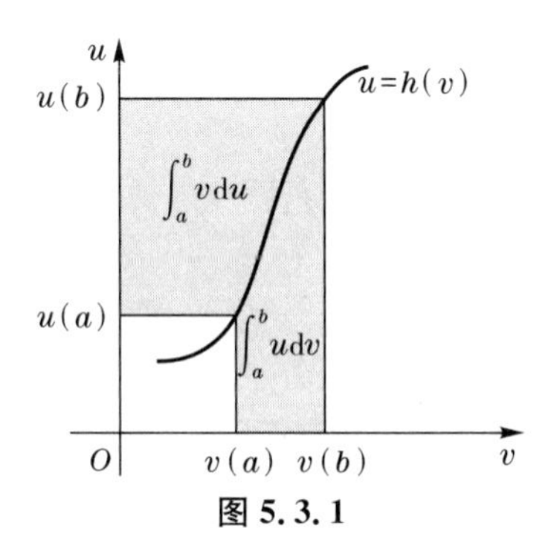

图 5.3.1

例 5.3.8 计算 $\int_1^5 \ln x\mathrm{d}x$.

解 令 $u=\ln x, \mathrm{d}v=\mathrm{d}x$，则

$$\int_1^5 \ln x\mathrm{d}x=[x\ln x]_1^5-\int_1^5 x\mathrm{d}(\ln x)=[x\ln x]_1^5-\int_1^5 x\cdot\frac{1}{x}\mathrm{d}x$$
$$=[x\ln x]_1^5-[x]_1^5=5\ln 5-4.$$

例 5.3.9 计算 $\int_0^\pi x\cos x\mathrm{d}x$.

解 $$\int_0^\pi x\cos x\mathrm{d}x=\int_0^\pi x\mathrm{d}(\sin x)=[x\sin x]_0^\pi-\int_0^\pi \sin x\mathrm{d}x$$
$$=[x\sin x]_0^\pi+[\cos x]_0^\pi=-2.$$

例 5.3.10 计算 $\int_0^1 \mathrm{e}^{\sqrt{x}}\mathrm{d}x$.

解 先用换元法. 令 $t=\sqrt{x}$，则 $x=t^2, \mathrm{d}x=2t\mathrm{d}t$，当 $x=0$ 时，$t=0$；当 $x=1$ 时，$t=1$，因此

$$\int_0^1 \mathrm{e}^{\sqrt{x}}\mathrm{d}x=2\int_0^1 t\mathrm{e}^t\mathrm{d}t.$$

再用分部积分法计算上式右端的积分：

$$\int_0^1 t\mathrm{e}^t\mathrm{d}t=\int_0^1 t\mathrm{d}\mathrm{e}^t=[t\mathrm{e}^t]_0^1-\int_0^1 \mathrm{e}^t\mathrm{d}t=\mathrm{e}-[\mathrm{e}^t]_0^1=1.$$

故 $$\int_0^1 \mathrm{e}^{\sqrt{x}}\mathrm{d}x=2\int_0^1 t\mathrm{e}^t\mathrm{d}t=2\times 1=2.$$

习题 5.3

1. 计算下列积分：

(1) $\int_{\frac{\pi}{3}}^{\pi}\sin(x+\frac{\pi}{3})\mathrm{d}x$；　(2) $\int_0^1 \frac{\mathrm{d}x}{(1+2x)^2}$；　(3) $\int_{-1}^1 \frac{1}{\sqrt{5-4x}}\mathrm{d}x$；

(4) $\int_0^{\frac{\pi}{2}}\sin\varphi\cos^2\varphi\mathrm{d}\varphi$；　(5) $\int_0^1 (1+x)^2\mathrm{d}x$；　(6) $\int_1^{\mathrm{e}^2}\frac{\mathrm{d}x}{x\sqrt{1+\ln x}}$；

(7) $\int_4^9 \frac{1}{1+\sqrt{x}}\mathrm{d}x$；　(8) $\int_0^{\sqrt{2}}\sqrt{2-x^2}\mathrm{d}x$；　(9) $\int_{\ln 2}^{\ln 3}\frac{\mathrm{d}x}{\mathrm{e}^x-\mathrm{e}^{-x}}$；

(10) $\int_2^3 \frac{dx}{x^2+x-2}$;　(11) $\int_{-\frac{\pi}{2}}^{\frac{\pi}{2}} \sqrt{\cos x-\cos^3 x}dx$;　(12) $\int_0^1 xe^{-x}dx$;

(13) $\int_1^e x\ln x dx$;　(14) $\int_1^4 \frac{\ln x}{\sqrt{x}}dx$;　(15) $\int_1^2 \ln(x+2)dx$;

(16) $\int_0^{\frac{\pi}{2}} e^x\cos x dx$;　(17) $\int_0^{2\pi} x\sin x dx$;　(18) $\int_1^e \sin(\ln x)dx$;

(19) $\int_0^{\sqrt{\ln 2}} x^3 e^{x^2}dx$;　(20) $\int_0^1 x\arctan x dx$.

2. 利用被积函数的奇偶性计算下列积分值：

(1) $\int_{-a}^{a} \ln(x+\sqrt{1+x^2})dx$ (a 为正常数)；(2) $\int_{-5}^{5} \frac{x^3\sin^2 x}{x^4+2x^2+1}dx$; (3) $\int_{-\frac{\pi}{2}}^{\frac{\pi}{2}} \cos^2 x dx$.

3. 若 $f(t)$ 是连续函数且为奇函数，证明 $\int_0^x f(t)dt$ 是偶函数；若 $f(t)$ 是连续函数且为偶函数，证明 $\int_0^x f(t)dt$ 是奇函数.

§5.4　定积分在几何学上的应用

本节将应用前面学过的定积分理论来分析和解决几何学上的一些问题，通过这些例子，我们将学会如何将几何问题转化为求解定积分.

5.4.1　定积分的元素法

在定积分的应用中，经常采用“元素法”，为了说明这种方法，我们先从讨论过的曲边梯形的面积问题入手，分析导出元素法.

在直角坐标系中，求由连续曲线 $y=f(x)$ ($f(x)\geqslant 0, x\in[a,b]$)，直线 $x=a, x=b$ 及 x 轴所围成的曲边梯形的面积. 最后得到面积的表示形式为定积分

$$\int_a^b f(x)dx.$$

求该曲边梯形面积的具体步骤如下：

(1)分割. 在区间 $[a,b]$ 内任意插入 $n-1$ 个分点

$$a=x_0<x_1<\cdots<x_{n-1}<x_n=b,$$

将区间 $[a,b]$ 分成 n 个小区间

$$[x_0,x_1],[x_1,x_2],\cdots,[x_{n-1},x_n],$$

第 i 个小区间的长度记为 $\Delta x_i = x_i - x_{i-1}(i = 1,2,\cdots,n)$.

过每个分点作垂直于 x 轴的直线段,把曲边梯形分成 n 个窄曲边梯形.

(2)近似替换. 任取 $\xi_i \in [x_{i-1}, x_i]$,用 $f(\xi_i)$ 作为第 i 个小矩形的高,则第 i 个小曲边梯形面积的近似值为

$$\Delta A_i \approx f(\xi_i) \cdot \Delta x_i (i = 1,2,\cdots,n).$$

(3)求和. 把 n 个窄矩形的面积加起来,得到的和作为整个曲边梯形面积的近似值. 即

$$A = \sum_{i=1}^{n} \Delta A_i \approx \sum_{i=1}^{n} f(\xi_i) \cdot \Delta x_i.$$

(4)取极限. 记 $\lambda = \max\limits_{1\leqslant i\leqslant n}\{\Delta x_i\}$, 当 $\lambda \to 0$ 时,和式 $\sum\limits_{i=1}^{n} f(\xi_i) \cdot \Delta x_i$ 的极限就是曲边梯形的面积 A, 即

$$A = \lim_{\lambda \to 0} \sum_{i=1}^{n} f(\xi_i) \cdot \Delta x_i.$$

此式表明定积分的本质就是某一特定和式的极限. 由上述讨论过程可以看到以下三个事实:

(1)所求量 A (即曲边梯形的面积)与区间 $[a,b]$ 有关.

(2)若将 $[a,b]$ 分成部分区间 $[x_{i-1}, x_i](i = 1,2,\cdots,n)$, 则所求量 A 相应地分成部分量 $\Delta A_i (i = 1,2,\cdots,n)$, 而

$$A = \sum_{i=1}^{n} \Delta A_i.$$

这表明:所求量 A 对于区间 $[a,b]$ 具有可加性.

(3)用 $f(\xi_i) \cdot \Delta x_i$ 近似替换部分量 ΔA_i, 要求误差应该是 Δx_i 的高阶无穷小. 只有这样,和式 $\sum\limits_{i=1}^{n} f(\xi_i) \cdot \Delta x_i$ 的极限才能是精确值 A. 从而 A 可以表达为定积分:

$$\int_a^b f(x)\mathrm{d}x.$$

在上面的四个步骤中,关键是确定 ΔA_i 的近似值 $f(\xi_i) \cdot \Delta x_i$, 从而使得

$$A = \lim_{\lambda \to 0} \sum_{i=1}^{n} f(\xi_i) \cdot \Delta x_i = \int_a^b f(x)\mathrm{d}x.$$

通过对求曲边梯形面积问题的回顾分析,我们可以给出用定积分计算某个量的条件与步骤.

(1)能用定积分计算的量 U,应满足下列三个条件:

(i) U 与变量 x 的变化区间 $[a,b]$ 有关;

(ii) U 对于区间 $[a,b]$ 具有可加性;

(iii) U 部分量 ΔU_i 可近似地表示成 $f(\xi_i)\cdot\Delta x_i$.

(2)写出计算 U 的定积分表达式的步骤:

(i)根据实际问题,选取一个变量如 x 为积分变量,并确定它的变化区间 $[a,b]$;

(ii)将区间 $[a,b]$ 分成若干个小区间,取其中的任意一个小区间记为 $[x,x+\mathrm{d}x]$,求出它所对应的部分量的近似值

$$\Delta U\approx f(x)\mathrm{d}x,$$

称 $f(x)\mathrm{d}x$ 为量 U 的元素,且记作 $\mathrm{d}U=f(x)\mathrm{d}x$;

(iii)以 U 的元素 $\mathrm{d}U=f(x)\mathrm{d}x$ 作被积表达式,在区间 $[a,b]$ 上作定积分,得

$$U=\int_a^b\mathrm{d}U=\int_a^b f(x)\mathrm{d}x.$$

即所求量 U 的积分表达式.

这种方法叫作**元素法**,也称作**微元法**. 下面,我们利用元素法来解决一些几何问题.

5.4.2　平面图形的面积

1. 直角坐标系下平面图形的面积计算

(1)由连续曲线 $y=f(x)$ 与直线 $x=a,x=b,y=0$ 所围成的平面图形的面积.

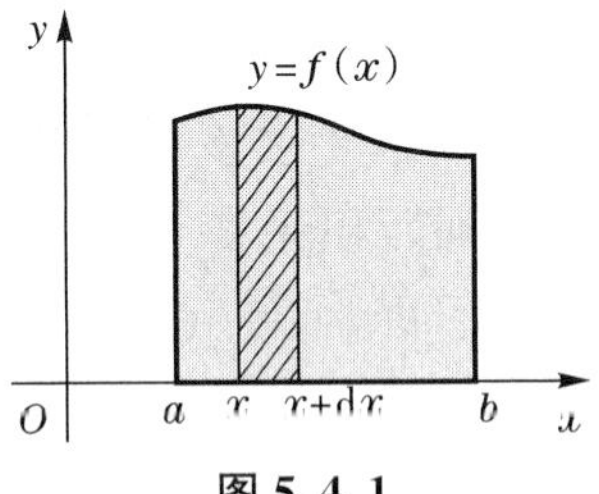

图 5.4.1

若在 $[a,b]$ 上 $f(x)\geqslant 0$(图 5.4.1),在 $[a,b]$ 上任取一个小区间 $[x,x+\mathrm{d}x]$,得到面积元素

$$\mathrm{d}A=f(x)\mathrm{d}x,$$

则所求面积为

$$A=\int_a^b f(x)\mathrm{d}x;$$

若在 $[a,b]$ 上，$f(x)<0$，则所求面积为

$$A=-\int_a^b f(x)\mathrm{d}x;$$

在一般情况下(如图 5.4.2)，所求面积为

$$A=\int_a^b |f(x)|\mathrm{d}x=\int_a^{c_1} f(x)\mathrm{d}x-\int_{c_1}^{c_2} f(x)\mathrm{d}x+\int_{c_2}^b f(x)\mathrm{d}x.$$

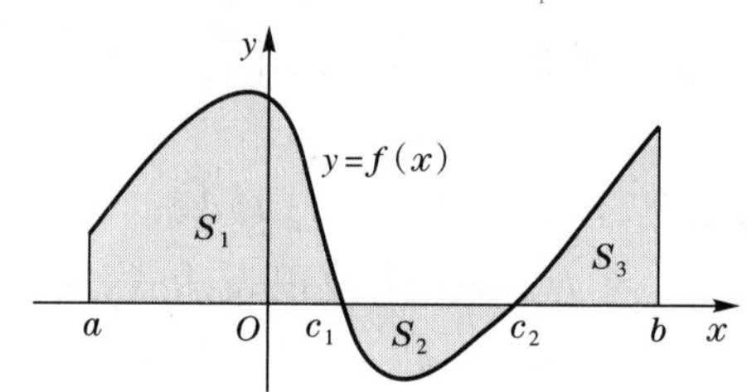

图 5.4.2

(2)由连续曲线 $y=f(x)$，$y=g(x)$ 与直线 $x=a$，$x=b$ 所围成的平面图形的面积.

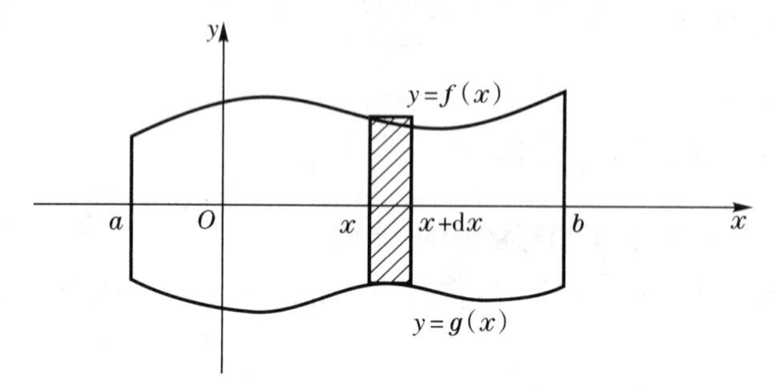

图 5.4.3

若 $f(x)\geqslant g(x)$ (如图 5.4.3)，要求该平面图形的面积 A，在 $[a,b]$ 上任取一个小区间 $[x,x+\mathrm{d}x]$，得到面积元素

$$\mathrm{d}A=[f(x)-g(x)]\mathrm{d}x,$$

所以

$$A=\int_a^b [f(x)-g(x)]\mathrm{d}x.$$

一般情况下：

$$A=\int_a^b |f(x)-g(x)|\mathrm{d}x.$$

例 5.4.1　计算由 $y=\sin x, y=0, x=\frac{3}{2}\pi$ 所围图形(图 5.4.4)的面积 A.

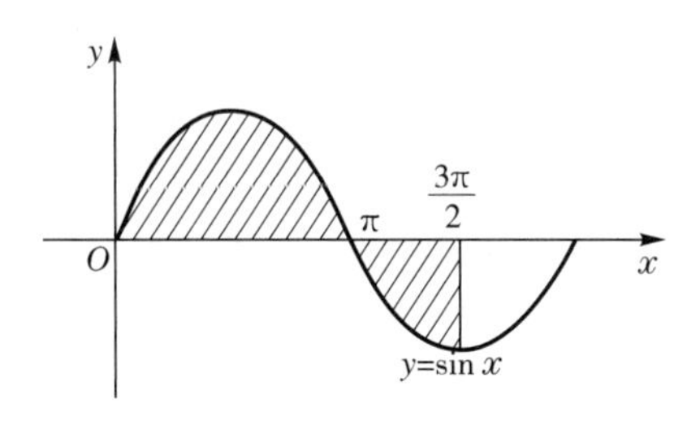

图 5.4.4

解　$A=\int_{0}^{\pi}(\sin x-0)\mathrm{d}x+\int_{\pi}^{\frac{3}{2}\pi}(0-\sin x)\mathrm{d}x$

$$=\Big[-\cos x\Big]_{0}^{\pi}+\Big[\cos x\Big]_{\pi}^{\frac{3}{2}\pi}=3.$$

例 5.4.2　计算由抛物线 $y=-x^2+1$ 与 $y=x^2-x$ 所围图形(图 5.4.5)的面积 A.

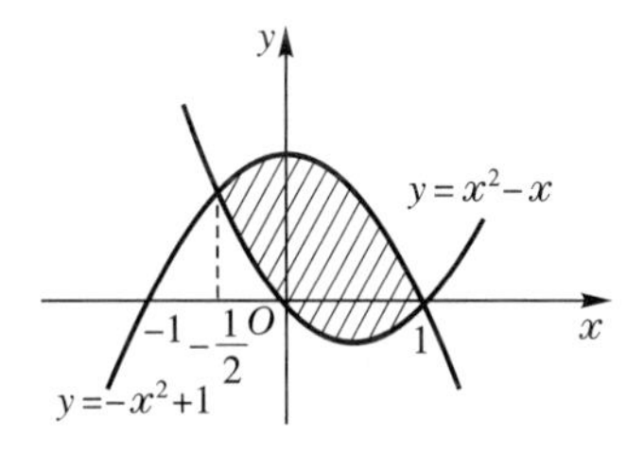

图 5.4.5

解　先求两抛物线的交点,由

$$\begin{cases} y=-x^2+1, \\ y=x^2-x \end{cases}$$

解得交点为 $\left(-\frac{1}{2},\frac{3}{4}\right)$、$(1,0)$. 取 x 为积分变量, $x\in\left[-\frac{1}{2},1\right]$, 则

$$A=\int_{\frac{1}{2}}^{1}\left|(-x^2+1)-(x^2-x)\right|\mathrm{d}x=\int_{\frac{1}{2}}^{1}(-2x^2+x+1)\mathrm{d}x$$

$$=\left[-\frac{2}{3}x^3+\frac{1}{2}x^2+x\right]_{-\frac{1}{2}}^{1}=\frac{9}{8}.$$

例 5.4.3 求椭圆 $\frac{x^2}{a^2}+\frac{y^2}{b^2}=1$ 所围图形的面积 A.

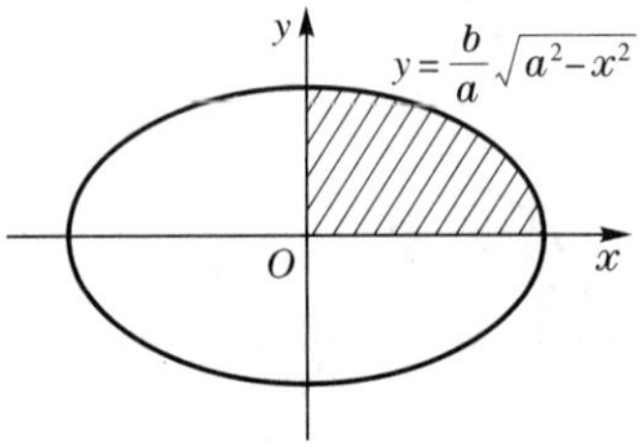

图 5.4.6

解 因为椭圆关于两坐标轴对称(图 5.4.6),所以椭圆所围图形的面积是第一象限内那部分面积的 4 倍,即

$$A=4\int_0^a \frac{b}{a}\sqrt{a^2-x^2}\,\mathrm{d}x.$$

令 $x=a\sin t\left(0\leqslant t\leqslant \frac{\pi}{2}\right)$,则 $y=b\cos t,\mathrm{d}x=a\cos t\mathrm{d}t$.

当 $x=0$ 时,$t=0$;当 $x=a$ 时,$t=\frac{\pi}{2}$.

因此

$$A=4\int_0^{\frac{\pi}{2}} b\cos t\cdot(a\cos t)\mathrm{d}t=4ab\int_0^{\frac{\pi}{2}}\cos^2 t\mathrm{d}t=2ab\int_0^{\frac{\pi}{2}}(1+\cos 2t)\mathrm{d}t$$

$$=2ab\cdot\left[t+\frac{1}{2}\sin 2t\right]_0^{\frac{\pi}{2}}=\pi ab.$$

(3)由连续曲线 $x=\varphi(y)$ 与直线 $y=c,y=\mathrm{d},x=0$ 所围成的平面图形的面积.

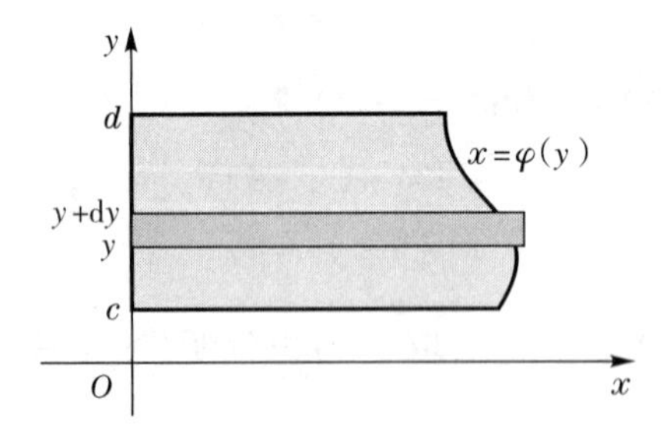

图 5.4.7

若 $\varphi(y)\geqslant 0$,如图 5.4.7 所示,在 $[c,\mathrm{d}]$ 上任取一个小区间 $[y,y+\mathrm{d}y]$,

得到面积元素

$$dA = \varphi(y)dy,$$

所以

$$A = \int_c^d \varphi(y)dy.$$

若在 $[c,d]$ 上，$\varphi(y) < 0$，则所求面积为

$$A = -\int_c^d \varphi(y)dy.$$

在一般情况下，

$$A = \int_c^d |\varphi(y)| dy.$$

(4)由连续曲线 $x = \varphi_1(y)$，$x = \varphi_2(y)$ 与直线 $x = c$，$x = d$ 所围成的平面图形的面积.

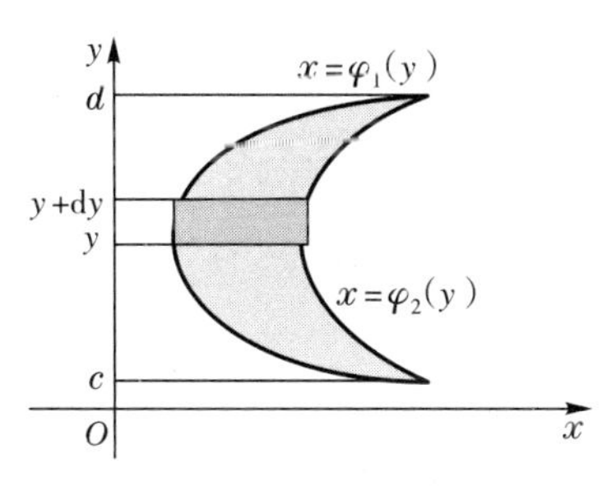

图 5.4.8

若 $\varphi_2(y) > \varphi_1(y)$ (如图 5.4.8)，要求该平面图形的面积 A，在 $[c,d]$ 上任取一个小区间 $[y, y + dy]$，得到面积元素

$$dA = [\varphi_2(y) - \varphi_1(y)]dy,$$

所以

$$A = \int_c^d [\varphi_2(y) - \varphi_1(y)]dy.$$

一般情况下：

$$A = \int_c^d |\varphi_2(y) - \varphi_1(y)| dy.$$

 **5.4.4**　计算抛物线 $y^2 = 2x$ 与直线 $y = x - 4$ 所围图形的面积 A.

解　先求两线的交点，由

$$\begin{cases} y^2 = 2x, \\ y = x - 4 \end{cases}$$

解得 $(2,-2)$ 及 $(8,4)$. 这时宜选取 y 为积分变量,因图形(图 5.4.8,左图)位于直线 $y=-2$ 和 $y=4$ 之间. 若选取 x 为积分变量,需要将整个平面图形分成两个部分(图 5.4.9,右图),分别求出面积再相加,计算比较麻烦.

因此选取 y 为积分变量,则面积元素为 $\mathrm{d}A=\left|y+4-\frac{y^2}{2}\right|\mathrm{d}y$,

故所求面积为

$$A=\int_{-2}^{4}\left|y+4-\frac{y^2}{2}\right|\mathrm{d}y=\left[\frac{y^2}{2}+4y-\frac{y^3}{6}\right]_{-2}^{4}=18.$$

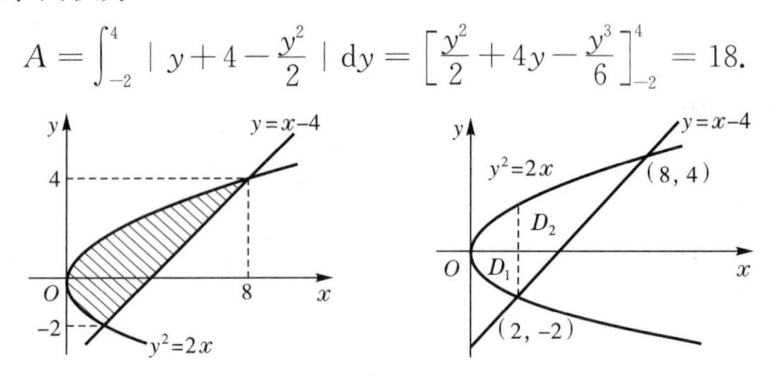

图 5.4.9

2. 极坐标系下平面图形面积计算

(1)极坐标系.

在平面上任取一点 O, 称为极点,从 O 出发向右引一条水平射线 Ox, 称为极轴,取定一个长度单位,通常规定角度取逆时针方向为正. 这样就建立了一个极坐标系.

对于平面上任一点 M, 用 ρ 表示线段 OM 的长度, ρ 称为点 M 的极径,用 θ 表示从 Ox 到 OM 的角度, θ 称为点 M 的极角,这样有序数对 (ρ,θ) 就称为点 M 的极坐标,记为 $M(\rho,\theta)$, 如图 5.4.10 所示.

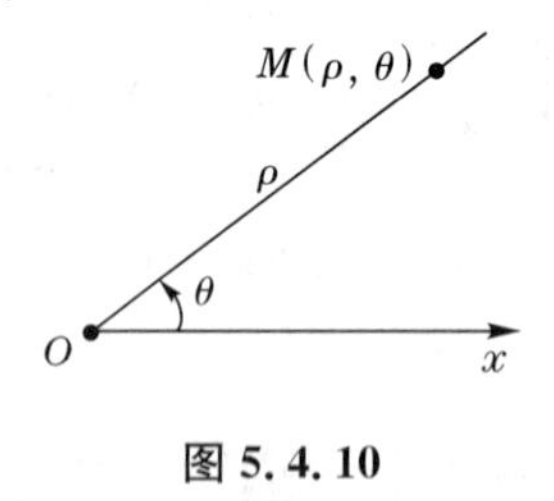

图 5.4.10

当限制 $\rho\geqslant 0$, $0\leqslant\theta<2\pi$ 时,平面上除极点 O 以外,其他每一点都有唯一的一个极坐标. 极点的极径为零,极角任意. 平面上有些曲线,如圆、圆环、椭圆等,采用极坐标表示时,方程比较简单.

(2)直角坐标与极坐标的转换.

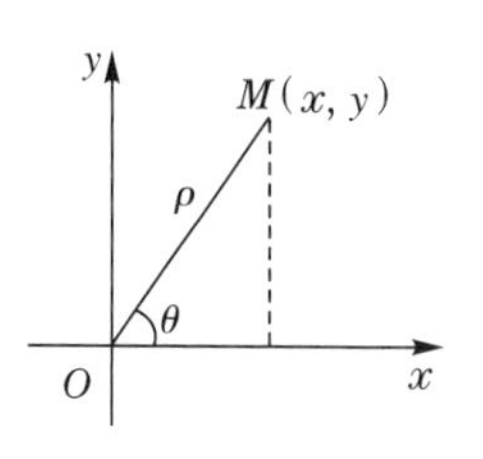

图 5.4.11

如图 5.4.11 所示,若给出点 M 的极坐标 (ρ,θ),则点 M 的直角坐标为

$$\begin{cases} x = \rho\cos\theta, \\ y = \rho\sin\theta. \end{cases}$$

若已知点 M 的直角坐标 (x,y),则点 M 的极坐标为

$$\begin{cases} \rho = \sqrt{x^2 + y^2}, \\ \tan\theta = \dfrac{y}{x}. \end{cases}$$

其中,$x \neq 0$. 在 $x = 0$ 的情况下,若 $y > 0$,则 $\theta = \frac{\pi}{2}$;若 $y < 0$,则 $\theta = \frac{3\pi}{2}$.

(3)极坐标方程.

用极坐标描述的曲线方程称作极坐标方程,通常表示为 ρ 是 θ 的函数,记为 $\rho = \rho(\theta)$.

常见的圆的曲线方程为:

(i)以极点为圆心、a 为半径的圆的方程为 $\rho = a(0 \leqslant \theta \leqslant 2\pi)$.

(ii)以 $(a,0)$ 为圆心、a 为半径的圆的方程为 $\rho = 2a\cos\theta(-\frac{\pi}{2} \leqslant \theta \leqslant \frac{\pi}{2})$.

(iii)以 $(0,a)$ 为圆心、a 为半径的圆的方程为 $\rho = 2a\sin\theta(0 \leqslant \theta \leqslant \pi)$.

(4)曲边扇形的面积.

设曲线的方程由极坐标形式给出 $\rho = \rho(\theta)(\alpha \leqslant \theta \leqslant \beta)$.

下面考虑由连续曲线 $\rho = \rho(\theta)(\rho(\theta) \geqslant 0)$ 及射线 $\theta = \alpha,\theta = \beta$ 所围成的曲边扇形的面积,如图 5.4.12 所示.

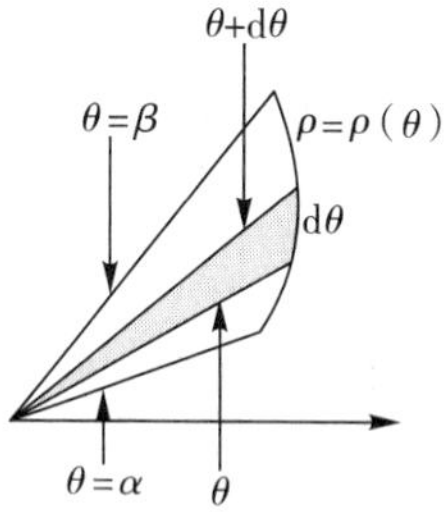

取极角 θ 为积分变量,则 $\alpha \leqslant \theta \leqslant \beta$,任取一小区间 $[\theta,\theta + d\theta]$,对应这个小区间的小曲边扇形的面积可以用相应的半径为 $\rho = \rho(\theta)$、中心角为 $d\theta$ 的小扇形面积来近似代替,即曲边扇形的面积元素为

图 5.4.12

$$dA = \frac{1}{2}\rho^2(\theta)d\theta,$$

由定积分的元素法可得曲边扇形的面积为

$$A = \int_\alpha^\beta \frac{1}{2}\rho^2(\theta)d\theta = \frac{1}{2}\int_\alpha^\beta \rho^2(\theta)d\theta.$$

若平面图形由内含极点的封闭曲线 $\rho=\rho(\theta)$ 所围成(如图 5.4.13),则

$$A=\frac{1}{2}\int_{0}^{2\pi}\rho^{2}(\theta)\mathrm{d}\theta.$$

若平面图形由曲线 $\rho=\rho_{1}(\theta)$、$\rho=\rho_{2}(\theta)$、$\theta=\alpha$、$\theta=\beta(\alpha<\beta)$ 所围成(如图 5.4.14),则

$$A=\frac{1}{2}\int_{\alpha}^{\beta}[\rho_{2}{}^{2}(\theta)-\rho_{1}{}^{2}(\theta)]\mathrm{d}\theta.$$

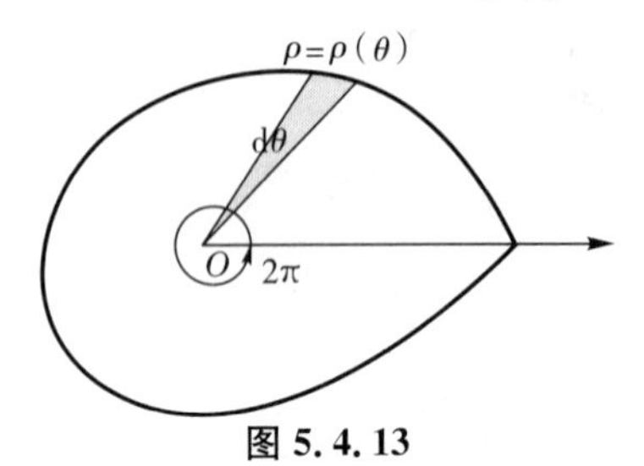

图 5.4.13

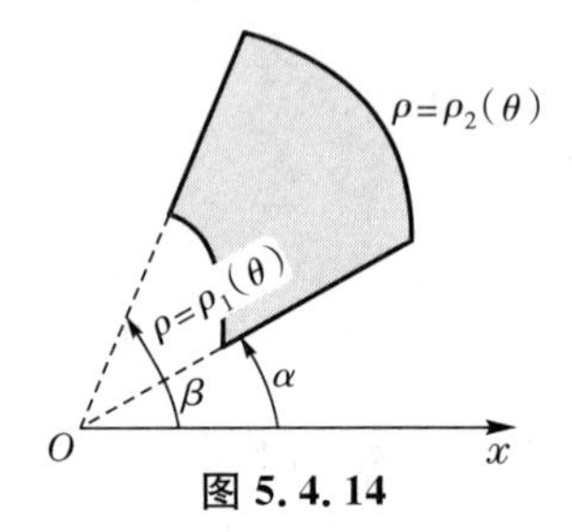

图 5.4.14

例 5.4.5 计算由双纽线 $\rho^{2}=a^{2}\cos 2\theta$ 所围图形的面积.

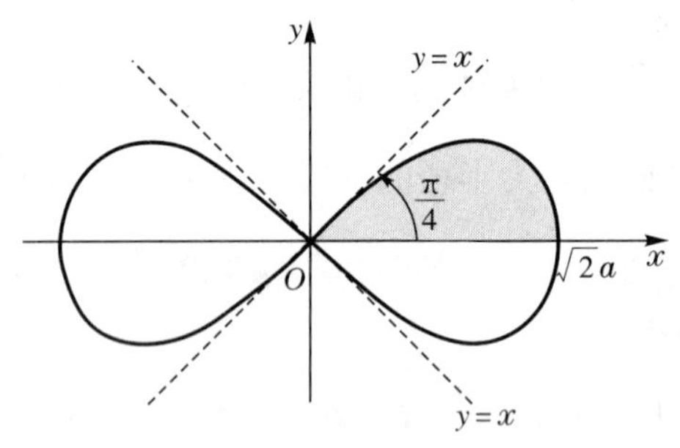

图 5.4.15

解 由 $\rho^{2}\geqslant 0$,可得 θ 的取值范围为:$\left[-\frac{\pi}{4},\frac{\pi}{4}\right]$ 和 $\left[\frac{3\pi}{4},\frac{5\pi}{4}\right]$.

由于图形关于极轴和极点对称,如图 5.4.15 所示,因此所求面积为 θ 的取值范围在 $\left[0,\frac{\pi}{4}\right]$ 上图形面积的 4 倍.

在 $\left[0,\frac{\pi}{4}\right]$ 上任取一小区间 $[\theta,\theta+\mathrm{d}\theta]$,相应得到面积元素

$$\mathrm{d}A=\frac{1}{2}a^{2}\cos 2\theta\mathrm{d}\theta,$$

故所求面积为

$$A=4\int_{0}^{\frac{\pi}{4}}\frac{1}{2}a^{2}\cos 2\theta\mathrm{d}\theta=2a^{2}\int_{0}^{\frac{\pi}{4}}\cos 2\theta\mathrm{d}\theta=a^{2}.$$

5.4.3　立体的体积

1. 旋转体的体积

将一个封闭平面图形绕该平面内的一条直线旋转一周所得的立体称为旋转体，这条直线称为旋转轴. 常见的旋转体有圆柱、圆锥、圆台等.

现在来求由连续曲线 $y=f(x)$ 与直线 $x=a,x=b(a<b),y=0$ 所围成的曲边梯形绕 x 轴旋转一周所得的一个旋转体的体积，如图 5.4.16 所示.

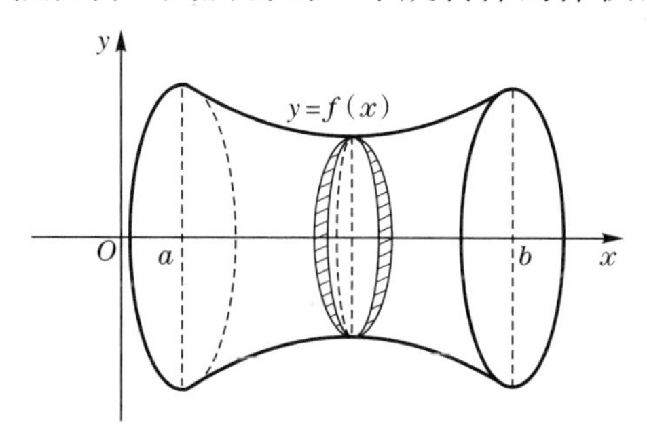

图 5.4.16

由于该旋转体垂直于 x 轴的截面是圆面，设在 $x(a\leqslant x\leqslant b)$ 处垂直于 x 轴的截面面积可以用 x 的连续函数 $A(x)$ 来表示. 为了求该旋转体的体积，在 $[a,b]$ 内任取一个小区间 $[x,x+\mathrm{d}x]$，用以底面积为 $A(x)=\pi f^2(x)$，高为 $\mathrm{d}x$ 的柱体体积近似表示小区间 $[x,x+\mathrm{d}x]$ 对应的体积部分量，则体积元素为

$$\mathrm{d}V=\pi f^2(x)\mathrm{d}x,$$

故该旋转体的体积为

$$V_x=\pi\int_a^b f^2(x)\mathrm{d}x.$$

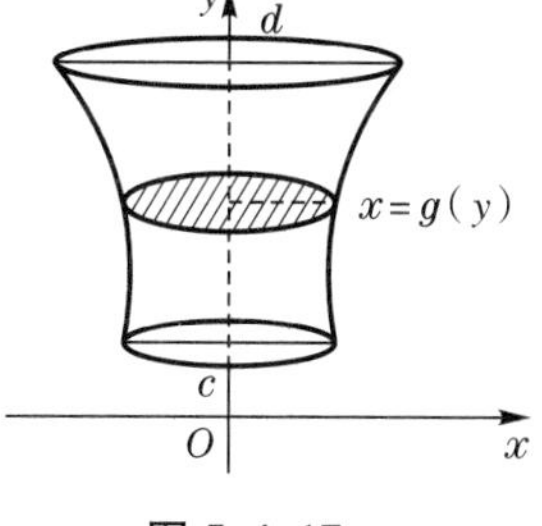

图 5.4.17

同理可得，由连续曲线 $x=g(y)$ 与直线 $y=c$，$y=d(c<d)$，$x=0$ 所围成的曲边梯形绕 y 轴旋转一周所得的一个旋转体（如图 5.4.17）的体积为

$$V_y=\pi\int_c^d g^2(y)\mathrm{d}y.$$

例 5.4.6　计算由椭圆 $\dfrac{x^2}{a^2}+\dfrac{y^2}{b^2}=1$ 所围图形绕 x 轴旋转而成的旋转体（称为旋转椭球体，见图 5.4.18）的体积.

解 该旋转体实际上就是半个椭圆 $y=\frac{b}{a}\sqrt{a^2-x^2}$ 及 x 轴所围曲边梯形绕 x 轴旋转而成的立体，则

$$V_x=\pi\int_{-a}^{a}\frac{b^2}{a^2}(a^2-x^2)\mathrm{d}x=2\pi\int_0^a\frac{b^2}{a^2}(a^2-x^2)\mathrm{d}x$$

$$=2\pi\frac{b^2}{a^2}\left(a^2x-\frac{x^3}{3}\right)\Big|_0^a\Big)=\frac{4}{3}\pi ab^2.$$

特别地，当 $a=b$ 时就得到半径为 a 的球的体积 $\frac{4}{3}\pi a^3$.

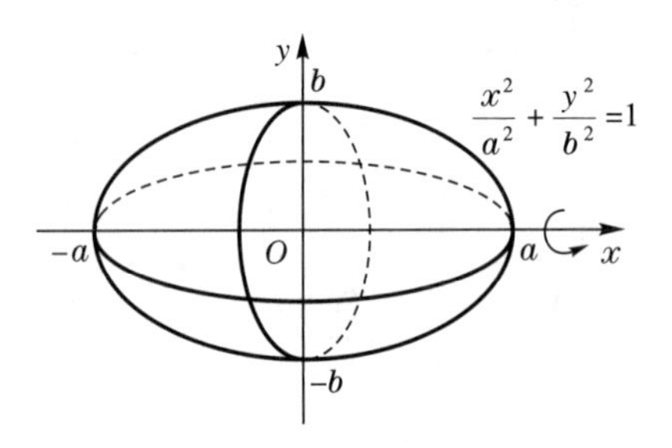

图 5.4.18

例 5.4.7 设 D 由 $y=x,y=2-x,y=0$ 围成(图 5.4.19(a))，求 D 绕 y 轴旋转所得旋转体(图 5.4.19(b))的体积.

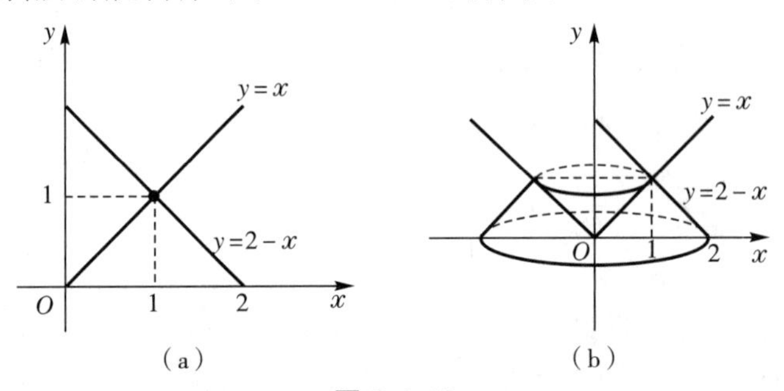

图 5.4.19

解 D 可视为两个曲边梯形之差，即

$$D_2=\{(x,y)\mid 0\leqslant y\leqslant 1,0\leqslant x\leqslant 2-y\}$$

与

$$D_1=\{(x,y)\mid 0\leqslant y\leqslant 1,0\leqslant x\leqslant y\}$$

之差，所以体积 V 等于两个旋转体体积之差

$$V_y=\pi\int_0^1(2-y)^2\mathrm{d}y-\pi\int_0^1y^2\mathrm{d}y=\left[-\frac{\pi}{3}(2-y)^3\right]_0^1-\left[\frac{\pi}{3}y^3\right]_0^1=2\pi.$$

习题 5.4

1. 求由下列曲线所围成的平面图形的面积：

(1) $y = \mathrm{e}^x$ 与直线 $x = 0$ 及 $y = \mathrm{e}$；

(2) $y = x^3$ 与 $y = 2x$；

(3) $y = 3 - x^2, y = 2x$；

(4) $y = x^2$ 与直线 $y = x$ 及 $y = 2x$；

(5) $y = \dfrac{1}{x}$，x 轴与直线 $y = x$ 及 $x = 2$；

(6) $y = \sqrt{x}, y = x$；

(7) $y = \mathrm{e}^x, y = \mathrm{e}^{-x}$ 与直线 $x = 2$；

(8) $y = \dfrac{2}{x}, y = 2x, y = 3$.

2. 求由下列曲线围成的平面图形绕指定轴旋转而成的旋转体的体积：

(1) $y = x^2, x = 2, y = 0$，分别绕 x 轴与 y 轴；

(2) $y = x^2, x = y^2$，分别绕 x 轴与 y 轴；

(3) $y = \mathrm{e}^x, x = 0, y = 0, x = 1$，绕 y 轴；

(4) $(x-2)^2 + y^2 \leqslant 1$，绕 y 轴.

3. 一抛物线 $y = ax^2 + bx + c$ 通过点 $(0,0)$、$(1,2)$ 两点，且 $a < 0$，请确定 a,b,c 的值，使抛物线与 x 轴所围图形的面积最小.

4. 计算心形线 $\rho = a(1 + \cos\theta)$，其中 $a > 0$，所围图形（如图 5.4.20 所示）的面积.

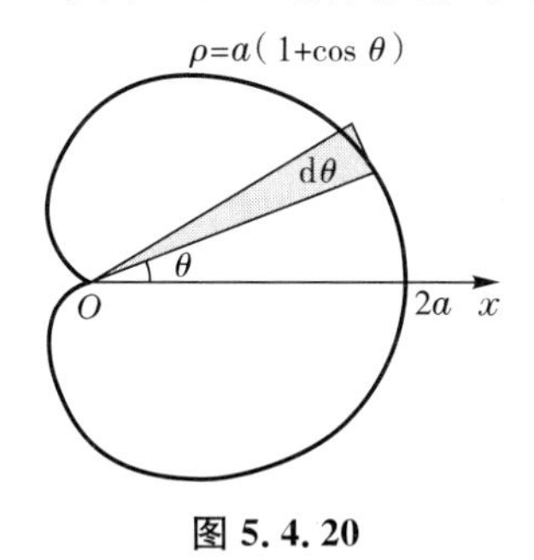

图 5.4.20

§ 5.5　定积分在经济学上的应用

定积分的应用十分广泛，上一节已经介绍了定积分在几何学上的应用，本节介绍定积分在经济学上的应用.

若区间 $[a,b]$ 上某经济量 $f(x)$ 的边际函数为 $f'(x)$，且对于 $x_0 \in [a,b]$，$f(x_0)$ 已知，则由

$$f(x)=[f(x)-f(x_0)]+f(x_0)$$

及牛顿-莱布尼茨公式知，该经济量 $f(x)$ 的定积分表达式为

$$f(x)=\int_{x_0}^{x} f'(t)\mathrm{d}t+f(x_0).$$

5.5.1 由边际函数求总量函数

设某产品的固定成本为 C_0，边际成本函数为 $C'(Q)$，边际收益函数为 $R'(Q)$，其中 Q 为产量，并假定该产品处于产销平衡状态，则根据经济学的有关理论及定积分的元素法易知：

总成本函数 $C(Q)=\int_0^Q C'(Q)\mathrm{d}Q+C_0$；

总收益函数 $R(Q)=\int_0^Q R'(Q)\mathrm{d}Q$；

总利润函数 $L(Q)=\int_0^Q [R'(Q)-C'(Q)]\mathrm{d}Q-C_0$.

例 5.5.1 设某产品在时刻 t 总产量的变化率为 $f(t)=100+12t-0.6t^2$（单位/小时），求从 $t=2$ 到 $t=4$ 这两小时的总产量.

解 因为总产量 $Q(t)$ 是它的变化率的原函数，所以从 $t=2$ 到 $t=4$ 这两小时的总产量为

$$\begin{aligned}\int_2^4 f(t)\mathrm{d}t &= \int_2^4 (100+12t-0.6t^2)\mathrm{d}t \\ &= [100t+6t^2-0.2t^3]_2^4 \\ &= 260.8(\text{单位}).\end{aligned}$$

例 5.5.2 已知某产品的边际费用为 $f(x)=0.6x-9$（单位：元），若这种产品的售价为 21 元，试求总利润，并求当产出量为多少时，可获得最大利润（假设产出量为零时的费用也为零）？

解 因为产出量为零时的费用也为零，所以总费用为

$$F(x)=\int_0^x f(t)\mathrm{d}t=\int_0^x (0.6x-9)\mathrm{d}t=0.3x^2-9x.$$

又因为该产品的售价为 21 元，故总收益为 $R(x)=21x$，因此总利润函数为

$$L(x)=R(x)-F(x)=30x-0.3x^2.$$

令 $L'(x)=30-0.6x=0$，得 $x=50$，且 $L''(x)=-0.6<0$，故当产出量 $x=50$ 时，可获得最大利润，且最大利润为

$$L(50)=1500-0.3\times 2500=750\ (元).$$

例 5.5.3 设某产品的边际成本为 $C'(Q)=4+\dfrac{Q}{4}$ (万元/百台)，固定成本 $C_0=1$ (万元)，边际收益 $R'(Q)=8-Q$ (万元/百台)，求：

(1)产量从 100 台增加到 500 台的成本增量；

(2)总成本函数 $C(Q)$ 和总收益函数 $R(Q)$；

(3)产量为多少时，总利润最大？并求最大利润.

解 (1)产量从 100 台增加到 500 台的成本变化量为

$$\int_1^5 C'(Q)\mathrm{d}Q=\int_1^5\left(4+\frac{Q}{4}\right)\mathrm{d}Q=\left[4Q+\frac{Q^2}{8}\right]_1^5=19\ (万元).$$

(2)总成本函数

$$C(Q)=\int_0^Q C'(Q)\mathrm{d}Q+C_0=\int_0^Q\left(4+\frac{Q}{4}\right)\mathrm{d}Q+1=4Q+\frac{Q^2}{8}+1,$$

总收益函数

$$R(Q)=\int_0^Q R'(Q)\mathrm{d}Q=\int_0^Q(8-Q)\mathrm{d}Q=8Q-\frac{Q^2}{2}.$$

(3)总利润函数

$$L(Q)=R(Q)-C(Q)=\left(8Q-\frac{Q^2}{2}\right)-\left(4Q+\frac{Q^2}{8}+1\right)$$

$$=-\frac{5}{8}Q^2+4Q-1,$$

$$L'(Q)=-\frac{5}{4}Q+4.$$

令 $L'(Q)=0$，得唯一驻点 $Q=3.2$ (百台)，又因 $L''(3.2)=-\dfrac{5}{4}<0$，所以当 $Q=3.2$ (百台)时，总利润最大，最大利润为 $L(3.2)=5.4$ (万元).

例 5.5.4 已知生产某商品 x 单位时，边际收益函数为 $R'(x)=200-\frac{x}{50}$（元/单位），求生产该产品从 1000 单位到 2000 单位时的总收益 R 与平均收益 $\bar{R}$.

解 生产的商品数从 1000 单位到 2000 单位时的总收益 R 等于边际收益 $R'(x)$ 在区间 $[1000,2000]$ 上的定积分，在此区间上的平均收益 $\bar{R}$ 等于区间上的总收益与商品的总数（即区间长度）之比.

故 $R=\int_{1000}^{2000}R'(x)\mathrm{d}x=\int_{1000}^{2000}(200-\frac{x}{50})\mathrm{d}x=\left[200x-\frac{x^2}{100}\right]_{1000}^{2000}$
$=170000$（元）.

平均收益为

$$\bar{R}=\frac{\int_{1000}^{2000}R'(x)\mathrm{d}x}{2000-1000}=\frac{170000}{1000}=170\text{（元）}.$$

例 5.5.5 若某公路在距第 1 个收费站 x 千米处的汽车密度（以每千米多少辆汽车为单位）为 $\rho(x)=20(1+\cos x)$，求距第 1 个收费站 40 千米的一段公路上一共有多少辆汽车？

解 这是一个求总量的问题. 则

$$\int_0^{40}20(1+\cos x)\mathrm{d}x=20\left[x+\sin x\right]_0^{40}=20(40+\sin 40)\approx 800\text{（辆）}.$$

例 5.5.6 某油轮因故发生原油泄漏，致使以事故油轮为中心，半径为 10000 米的圆形海域被严重污染. 现已测得距事故中心 r 米处，油膜密度为 $\rho(r)=\frac{50}{1+r}$（千克/米^2），求该海域原油的总质量为多少？

解 所求总质量为

$$\int_0^{10000}\frac{50}{1+r}\mathrm{d}r=50\ln(1+10^4)\approx 500000\text{ 千克}=500\text{（吨）}$$

即该海域所漏原油的总质量为 500 吨.

5.5.2 消费者剩余和生产者剩余

市场经济中，生产并销售某一商品的数量可由这一商品的供给曲线与需求曲线来描述. 供给曲线描述的是生产者根据不同的价格水平所提供的商品数量,一般假定价格上涨时,供应量将会增加. 因此,把供应量看成价格的函数,这是一个增函数,即供给曲线是单调递增的. 需求曲线则反映了顾客的购买行为. 通常假定价格上涨,购买量下降,即需求曲线随价格的上升而单调递减(图 5.5.1).

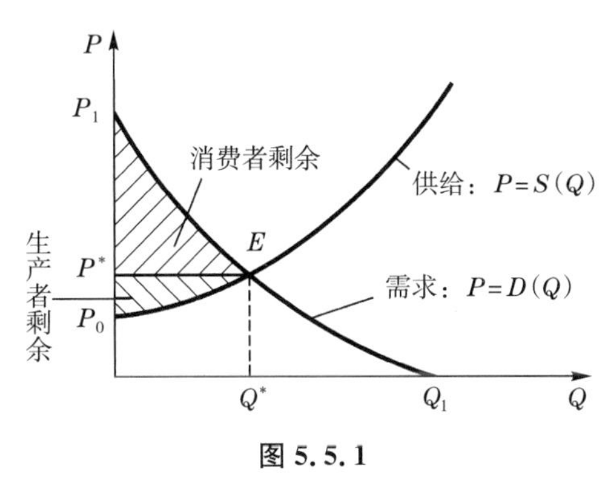

图 5.5.1

需求量与供给量都是价格的函数,但经济学家习惯用纵坐标表示价格,横坐标表示需求量或供给量. 在市场经济下,价格和数量在不断调整,最后趋向于平衡价格和平衡数量,分别用 P^* 和 Q^* 表示,也即供给曲线与需求曲线的交点 E.

在图 5.5.1 中,P_0 是供给曲线在价格坐标轴上的截距,也就是当价格为 P_0 时,供给量是零,只有价格高于 P_0 时,才有供给量;P_1 是需求曲线的截距,当价格为 P_1 时,需求量是零,只有价格低于 P_1 时,才有需求;Q_1 则表示当商品免费赠送时的最大需求量.

在市场经济中,有时一些消费者愿意对某种商品付出比他们实际所付出的市场价格 P^* 更高的价格,由此他们所得到的好处称为**消费者剩余**(CS). 由图 5.5.1 可以看出:

$$CS=\int_0^{Q^*} D(Q)\mathrm{d}Q-P^*Q^*,$$

式中,$\int_0^{Q^*} D(Q)\mathrm{d}Q$ 表示消费者愿意支出的货币量. P^*Q^* 表示消费者的实际支出,两者之差为消费者省下来的钱,即消费者剩余.

同理,对生产者来说,有时也有一些生产者愿意以比市场价格 P^* 低的价格出售他们的商品,由此他们所得到的好处称为**生产者剩余**(PS),如

图 5.5.1 所示,有

$$PS = P^* Q^* - \int_0^{Q^*} S(Q)\mathrm{d}Q.$$

 **5.5.7** 设需求函数 $D(Q)=24-3Q$,供给函数为 $S(Q)=2Q+9$,求消费者剩余和生产者剩余.

解 首先求出均衡价格与供需量.

由 $24-3Q=2Q+9$,得 $Q^*=3, P^*=15$.

$$CS=\int_0^3(24-3Q)\mathrm{d}Q-15\times 3=\left[24Q-\frac{3}{2}Q^2\right]_0^3-45=\frac{27}{2};$$

$$PS=45-\int_0^3(2Q+9)\mathrm{d}Q=45-[Q^2+9Q]_0^3=9.$$

5.5.3 收益流的现值和将来值

由于货币有时间价值,所以不同时间里的货币不能直接相加减,那么应该如何处理呢?最常用的一种方法是现值法.所谓现值法,就是把不同时间里的货币都换算成它的"现在"值.

现有货币 A 元,若按年利率 r 作连续复利计算,则 t 年后的价值为 $A\mathrm{e}^{rt}$ 元;反之,若 t 年后要有货币 A 元,则按连续复利计算,现在应有 $A\mathrm{e}^{-rt}$ 元,称此值为**资本现值**.

下面讨论收益流的现值和将来值.

首先介绍收益流和收益流量的概念.

若某公司的收益是连续获得的,则其**收益可视为一种随时间连续变化的收益流**,而**收益流对时间的变化率称为收益流量**.收益流量实际上是一种速率,一般用 $P(t)$ 表示.若时间 t 以年为单位,收益以元为单位,则收益流的单位为元/年(时间 t 一般从现在开始计算).若 $P(t)=b$ 为常数,则称该收益流量具有常数收益流量.

和单笔款项一样,**收益流的将来值**定义为**将其存入银行并加上利息之后的存款值**;而收益流的**现值**是这样一笔款项:若把它存入可获息的银行,将来**从收益流中获得的总收益与包括利息在内的银行存款值有相同的价值**.

在讨论连续收益流时,为简单起见,假设以连续复利率 r 计息.

若有一笔收益流的收益流量为 $P(t)$ (元/年),下面计算其现值和将来值.

考虑从现在开始 $t=0$ 到 T 年后这一时间段，利用元素法，在区间 $[0,T]$ 内任取一小区间 $[t,t+\mathrm{d}t]$，在 $[t,t+\mathrm{d}t]$ 内将 $P(t)$ 近似视为常数，则所获得的金额近似等于 $P(t)\mathrm{d}t$（元）.

从现在 $t=0$ 算起，$P(t)\mathrm{d}t$ 这一金额是在 t 年后的将来而获得的，因此在 $[t,t+\mathrm{d}t]$ 内，收益流的现值 $\approx [P(t)\mathrm{d}t]\mathrm{e}^{-rt}$，总现值 $=\int_0^T P(t)\mathrm{e}^{-rt}\mathrm{d}t$.

在计算将来值时，收入 $P(t)\mathrm{d}t$ 在以后的 $(T-t)$ 年期间内获得利息，故在 $[t,t+\mathrm{d}t]$ 内，收益流的将来值 $\approx [P(t)\mathrm{d}t]\mathrm{e}^{r(T-t)}$，总现值 $=\int_0^T P(t)\mathrm{e}^{r(T-t)}\mathrm{d}t$.

 **5.5.8** 假设年连续复利率 $r=0.1$ 计息.

(1)求收益流量为 100 元/年的收益流在 20 年期间的现值和将来值；

(2)将来值和现值的关系是什么？请解释这一关系.

解　(1)根据收益流现值和将来值的计算公式得

$$\text{现值}=\int_0^{20}100\mathrm{e}^{-0.1t}\mathrm{d}t=1000(1-\mathrm{e}^{-2})\approx 864.66\text{（元）}.$$

$$\text{将来值}=\int_0^{20}100\mathrm{e}^{0.1(20-t)}\mathrm{d}t=1000\mathrm{e}^2(1-\mathrm{e}^{-2})\approx 6389.06\text{（元）}.$$

(2)由(1)知将来值=现值$\times\ \mathrm{e}^2$.

若在 $t=0$ 时刻以现值 $1000(1-\mathrm{e}^{-2})$ 作为一笔款项存入银行，以年连续复利率 $r=0.1$ 计息，则 20 年中这笔单独款项的将来值为

$$1000(1-\mathrm{e}^{-2})\mathrm{e}^{0.1\times 20}=1000\mathrm{e}^2(1-\mathrm{e}^{-2})$$

而这正好是上述收益流在 20 年期间的将来值.

一般来讲，以年连续复利率 r 计息，则在从现在起到 T 年后该收益流的将来值等于该收益流的现值作为单笔款项存入银行 T 年后的将来值.

例 **5.5.9** 若某商品房现售价为 50 万元，张某分期付款购买，10 年付清，每年付款数相同，若年利率为 4%，按连续复利计息，问张某每年应该付款多少万元？

解　因为每年付款数相同，假设张某每年付款 x 万元，一共付 10 年，全部付款的总现值是已知的，即房屋的现售价 50 万元. 由现值计算公式得

$$50=\int_0^{10}x\mathrm{e}^{-0.04t}\mathrm{d}t=\frac{x}{0.04}(1-\mathrm{e}^{-0.4}),$$

即

$$x(1-0.6703)=2, x\approx 6.066\ (万元).$$

故张某每年应该付款 6.066 万元.

 **5.5.10** 某公司一次性投资 100 万元建造一条生产线,并于一年后建成投产,开始取得经济效益.设流水线的收益是均匀收益流(即每时每刻均匀产生收益),收益流量为 30 万元/年.已知银行年利率为 10%,求多少年后该公司可以收回投资?

解 这是一个收回投资问题,已知一次性投资(现值)100 万元,一年后不断产生收益(将来值),多少年后收回投资的意思是多少年后总收益的现值为 100 万元.

设 T 年后该公司可以收回投资,则 T 年后该公司收益流的现值为

$$\int_1^T 30\mathrm{e}^{-0.1t}\mathrm{d}t=\frac{30}{0.1}\left[-\mathrm{e}^{-0.1t}\right]_1^T=\frac{30}{0.1}(\mathrm{e}^{-0.1}-\mathrm{e}^{-0.1T}),$$

由题意知

$$\frac{30}{0.1}(\mathrm{e}^{-0.1}-\mathrm{e}^{-0.1T})=100,$$

解得 $T=5.6$, 即公司 5.6 年后可以收回成本.

习题 5.5

1. 已知边际成本为 $C'(x)=7+\dfrac{25}{\sqrt{x}}$, 固定成本为 $C_0=1000$, 求总成本函数.
2. 设某产品的月销售率为 $f(t)=2t+5$, 求该产品上半年的总销量为多少?
3. 已知生产某产品 x 单位时的边际收益 $R'(x)=100-2x$ (元/单位),求生产 40 单位时的总收益,并求再多生产 10 个单位时所增加的收益.
4. 某企业生产 x 吨产品时的边际成本为 $C'(x)=\dfrac{1}{50}x+30$ (元/吨),固定成本为 900 元,求产量为多少时平均成本最低?最低平均成本为多少?
5. 在某地,当消费者的个人收入为 x 元时,消费支出 $W(x)$ 的变化率 $W'(x)=\dfrac{15}{\sqrt{x}}$, 当个人的收入由 3600 元增加到 4900 元时,消费支出增加多少?

6. 假设某产品的边际收益 $R'(x)=130-8x$（万元/万台），边际成本 $C'(x)=0.6x^2-2x+10$（万元/万台），固定成本为 10 万元，产量 x 以万台为单位.

(1)求总成本函数和总利润函数.

(2)求产量由 4 万台增加到 5 万台时利润的变化量.

(3)求利润最大时的产量，并求最大利润.

7. 某投资项目，投资成本需 100(万元)，年利率为 5%，10 年中每年收益 25 万元，求这 10 年中该项投资的总收益的现值 W，并求投资回收期 T.

8. 如果需求函数为 $P=50-0.025Q^2$，需求量为 20 个单位时，求消费者剩余 CS.

9. 某项目的投资成本为 100 万元，在 10 年中每年可获收益 25 万元，年利率为 5%，试求这 10 年中该投资的纯收入的现值.

§5.6　广义积分

前面讨论的定积分有两个基本的限制：一是积分区间是有限区间；二是被积函数必须是有界函数. 但是，在很多实际问题中，常常遇到积分区间是无穷区间，或者被积函数为无界函数的特殊积分，这就是我们这节要介绍的广义积分.

5.6.1　无穷限的广义积分

定义 5.6.1　设 $f(x)$ 在 $[a,+\infty)$ 上连续，取任意 $t>a$，若极限

$$\lim_{t\to+\infty}\int_a^t f(x)\mathrm{d}x$$

存在，则称该极限为函数 $f(x)$ 在无穷区间 $[a,+\infty)$ 上的广义积分，记作

$$\int_a^{+\infty} f(x)\mathrm{d}x,$$

即

$$\int_a^{+\infty} f(x)\mathrm{d}x=\lim_{t\to+\infty}\int_a^t f(x)\mathrm{d}x.$$

这时称广义积分 $\int_a^{+\infty} f(x)\mathrm{d}x$ 存在或收敛.

若上述极限不存在，则称 $\int_a^{+\infty} f(x)\mathrm{d}x$ 不存在或发散. 这时记号 $\int_a^{+\infty} f(x)\mathrm{d}x$

不再表示数值.

类似地,可定义函数 $f(x)$ 在无穷区间 $(-\infty,b]$ 上的广义积分.

设 $f(x)$ 在 $(-\infty,b]$ 上连续,取任意 $t<b$,若极限

$$\lim_{t\to-\infty}\int_t^b f(x)\mathrm{d}x$$

存在,则称该极限为函数 $f(x)$ 在无穷区间 $(-\infty,b]$ 上的广义积分,记作

$$\int_{-\infty}^b f(x)\mathrm{d}x,$$

即

$$\int_{-\infty}^b f(x)\mathrm{d}x=\lim_{t\to-\infty}\int_t^b f(x)\mathrm{d}x.$$

这时称广义积分 $\int_{-\infty}^b f(x)\mathrm{d}x$ 存在或收敛;若上述极限不存在,则称广义积分 $\int_{-\infty}^b f(x)\mathrm{d}x$ 不存在或发散.

设 $f(x)$ 在 $(-\infty,+\infty)$ 上连续,若广义积分 $\int_{-\infty}^c f(x)\mathrm{d}x$ 和 $\int_c^{+\infty} f(x)\mathrm{d}x$ 都收敛(其中 c 为任意实数),则称上述两个广义积分之和为函数 $f(x)$ 在无穷区间 $(-\infty,+\infty)$ 上的广义积分,记作

$$\int_{-\infty}^{+\infty} f(x)\mathrm{d}x,$$

且有

$$\begin{aligned}\int_{-\infty}^{+\infty} f(x)\mathrm{d}x&=\int_{-\infty}^c f(x)\mathrm{d}x+\int_c^{+\infty} f(x)\mathrm{d}x\\&=\lim_{s\to-\infty}\int_s^c f(x)\mathrm{d}x+\lim_{t\to+\infty}\int_c^t f(x)\mathrm{d}x.\end{aligned}$$

$\int_{-\infty}^{+\infty} f(x)\mathrm{d}x$ 收敛的充要条件是 $\int_{-\infty}^c f(x)\mathrm{d}x$ 及 $\int_c^{+\infty} f(x)\mathrm{d}x$ 同时收敛,否则就称 $\int_{-\infty}^{+\infty} f(x)\mathrm{d}x$ 发散.

上面3种广义积分**因积分区间为无限区间**,故统称为**无穷限的广义积分**.

与定积分类似,无穷限的广义积分的几何意义:若对一切 $x\in[a,+\infty)$,有 $f(x)\geqslant 0$,且 $\int_a^{+\infty} f(x)\mathrm{d}x$ 收敛,则 $\int_a^{+\infty} f(x)\mathrm{d}x$ 表示的就是由曲线 $y=f(x)$,直线 $x=a$ 和 x 轴围成的无穷区域的面积(图5.6.1),若 $\int_a^{+\infty} f(x)\mathrm{d}x$

发散,则该无穷区域没有有限面积.

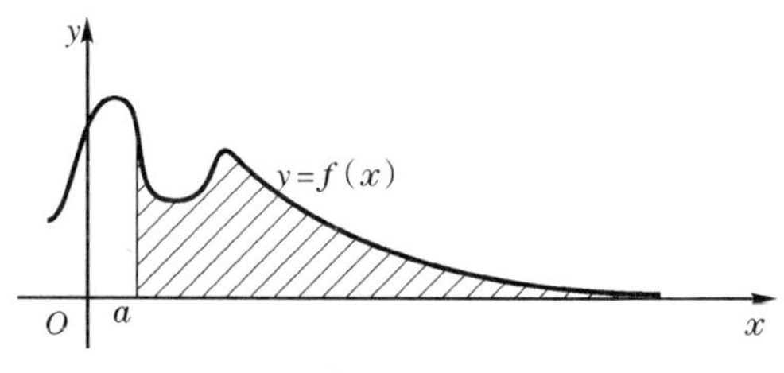

图 5.6.1

例 5.6.1　求 $\int_0^{+\infty} xe^{-x^2}\,\mathrm{d}x$.

解　$\int_0^{+\infty} xe^{-x^2}\,\mathrm{d}x = \lim\limits_{t\to+\infty}\int_0^t xe^{-x^2}\,\mathrm{d}x = \lim\limits_{t\to+\infty}\left[-\frac{1}{2}e^{-x^2}\right]_0^t = \frac{1}{2}$.

例 5.6.2　计算无穷积分 $\int_{-\infty}^{+\infty}\frac{\mathrm{d}x}{1+x^2}$.

解　由定义有

$$\begin{aligned}\int_{-\infty}^{+\infty}\frac{\mathrm{d}x}{1+x^2} &= \int_{-\infty}^{0}\frac{\mathrm{d}x}{1+x^2}+\int_{0}^{+\infty}\frac{\mathrm{d}x}{1+x^2} = \lim_{s\to-\infty}\int_s^0\frac{\mathrm{d}x}{1+x^2}+\lim_{t\to+\infty}\int_0^t\frac{\mathrm{d}x}{1+x^2}\\ &= \lim_{s\to-\infty}[\arctan x]_s^0+\lim_{t\to+\infty}[\arctan x]_0^t\\ &= -\lim_{s\to-\infty}\arctan s+\lim_{t\to+\infty}\arctan t = -\left(-\frac{\pi}{2}\right)+\frac{\pi}{2} = \pi.\end{aligned}$$

为了书写方便,计算无穷限的广义积分时,也可采用定积分的牛顿-莱布尼茨公式的记法,即若 $f(x)$ 在 $[a,+\infty)$ 上连续,$F(x)$ 是 $f(x)$ 的一个原函数,且 $F(+\infty)=\lim\limits_{x\to+\infty}F(x)$ 存在,则

$$\int_a^{+\infty} f(x)\mathrm{d}x = [F(x)]_a^{+\infty} = F(+\infty)-F(a).$$

同理

$$\int_{-\infty}^{b} f(x)\mathrm{d}x = [F(x)]_{-\infty}^{b} = F(b)-F(-\infty),$$

$$\int_{-\infty}^{+\infty} f(x)\mathrm{d}x = [F(x)]_{-\infty}^{+\infty} = F(+\infty)-F(-\infty).$$

例 5.6.3　求 $\int_0^{+\infty} xe^{-x}\,\mathrm{d}x$.

解　
$$\begin{aligned}\int_0^{+\infty} xe^{-x}\mathrm{d}x &= -\int_0^{+\infty} x\mathrm{d}e^{-x} = -[xe^{-x}]_0^{+\infty}+\int_0^{+\infty}e^{-x}\mathrm{d}x\\ &= -\lim_{x\to+\infty}xe^{-x}-[e^{-x}]_0^{+\infty} = -\lim_{x\to+\infty}\frac{x}{e^x}+1 = 1.\end{aligned}$$

例 5.6.4 证明广义积分 $\int_a^{+\infty}\frac{1}{x^p}dx(a>0)$ 当 $p>1$ 时收敛，$p\leqslant 1$ 时发散.

证 当 $p=1$ 时，

$$\int_a^{+\infty}\frac{1}{x^p}dx=\int_a^{+\infty}\frac{1}{x}dx=[\ln|x|]_a^{+\infty}=+\infty,$$

当 $p\neq 1$ 时，

$$\int_a^{+\infty}\frac{1}{x^p}dx=\left[\frac{1}{1-p}x^{1-p}\right]_a^{+\infty}=\begin{cases}+\infty, p<1,\\ \dfrac{a^{1-p}}{p-1}, p>1.\end{cases}$$

综上所述，$\int_a^{+\infty}\frac{1}{x^p}dx(a>0)$ 当 $p>1$ 时收敛，其积分值为 $\frac{a^{1-p}}{p-1}$，当 $p\leqslant 1$ 时发散.

以后将用该例中的结果作为基准，借助于下面的比较判别法来判断某些无穷限的广义积分的敛散性.

> **定理 5.6.1(比较判别法)** 设函数当 $f(x),g(x)$ 在 $[a,+\infty)$ 上连续，且对任意 $x\in[a,+\infty)$，有 $0\leqslant f(x)\leqslant g(x)$，则
>
> (1)当 $\int_a^{+\infty}g(x)dx$ 收敛时，$\int_a^{+\infty}f(x)dx$ 也收敛；
>
> (2)当 $\int_a^{+\infty}f(x)dx$ 发散时，$\int_a^{+\infty}g(x)dx$ 也发散.

这个判别法可直接从收敛性定义推出，对于无穷限的广义积分 $\int_{-\infty}^{b}f(x)dx$ 及 $\int_{-\infty}^{+\infty}f(x)dx$ 也有类似地结论.

例 5.6.5 判断无穷积分 $\int_1^{+\infty}\frac{dx}{x\sqrt{x+4}}$ 的敛散性.

解 因 $x\in[1,+\infty)$ 时，有

$$0<\frac{1}{x\sqrt{x+4}}<\frac{1}{x^{\frac{3}{2}}}.$$

而由例 5.6.4 知 $\int_1^{+\infty}\frac{1}{x^{\frac{3}{2}}}dx$ 收敛（$p=\frac{3}{2}>1$），故由定理 5.6.1 知原积分收敛.

比较判别法常用下面的极限形式.

定理 5.6.2(极限判别法) 设函数 $f(x)$ 在 $[a,+\infty)$ 上连续,且 $f(x)\geqslant 0$,设 $\lim\limits_{x\to+\infty}x^p f(x)=l$($l$ 为常数),则当 $p>1$ 时 $\int_a^{+\infty}f(x)\mathrm{d}x$ 收敛;当 $p\leqslant 1$ 且 $l\neq 0$ 时,$\int_a^{+\infty}f(x)\mathrm{d}x$ 发散.

证明从略.

 **5.6.6** 证明无穷积分 $\int_1^{+\infty}\left(\frac{\ln x}{x}\right)^2\mathrm{d}x$ 收敛.

证 因 $f(x)=\left(\frac{\ln x}{x}\right)^2$ 在 $[1,+\infty)$ 连续,且 $f(x)\geqslant 0$,又

$$\lim_{x\to+\infty}x^{\frac{3}{2}}\left(\frac{\ln x}{x}\right)^2=\lim_{x\to+\infty}\frac{\ln^2 x}{x^{\frac{1}{2}}}=0,$$

由于 $p=\frac{3}{2}>1$,由定理 5.6.2 知该广义积分收敛.

定理 5.6.3 设函数 $f(x)$ 在 $[a,+\infty)$ 上连续,且 $a\geqslant 0$,如果无穷积分 $\int_a^{+\infty}|f(x)|\mathrm{d}x$ 收敛,则无穷积分 $\int_a^{+\infty}f(x)\mathrm{d}x$ 收敛,反之不一定成立.

证明从略.

若 $\int_a^{+\infty}|f(x)|\mathrm{d}x$ 收敛,则称 $\int_a^{+\infty}f(x)\mathrm{d}x$ **绝对收敛**;若 $\int_a^{+\infty}|f(x)|\mathrm{d}x$ 发散,而 $\int_a^{+\infty}f(x)\mathrm{d}x$ 收敛,则称 $\int_a^{+\infty}f(x)\mathrm{d}x$ **条件收敛**.

定理 5.6.3 说明绝对收敛的无穷限的广义积分一定收敛.

例 **5.6.7** 判别无穷限积分 $\int_1^{+\infty}\frac{\arctan x}{1+x^2}\cdot\cos\beta x\mathrm{d}x$ 的敛散性,其中 $\beta>0$.

解 因 $\left|\frac{\arctan x}{1+x^2}\cdot\cos\beta x\right|\leqslant\frac{\arctan x}{1+x^2}$,$x\in[1,+\infty)$,而

$$\lim_{x\to+\infty}x^2\cdot\frac{\arctan x}{1+x^2}=\frac{\pi}{2},$$

由极限判别法知，$\int_1^{+\infty}\frac{\arctan x}{1+x^2}$ 收敛，从而 $\int_1^{+\infty}\frac{\arctan x}{1+x^2}\cdot\cos\beta x\,dx$ 绝对收敛.

5.6.2 无界函数的广义积分

若对任意 $\delta>0$，函数 $f(x)$ 在 $\mathring{U}(x_0,\delta)$ 内**无界**，则称点 x_0 为 $f(x)$ 的一个**瑕点**. 例如 $x=2$ 是 $f(x)=\frac{1}{2-x}$ 的瑕点，$x=0$ 是 $g(x)=\frac{1}{\ln|x-1|}$ 的瑕点. 但要注意 $x=0$ 不是 $f(x)=\frac{\sin x}{x}$ 的瑕点，这是因为 $\lim\limits_{x\to 0}\frac{\sin x}{x}=1$，从而 $f(x)=\frac{\sin x}{x}$ 在 $\mathring{U}(x_0,\delta)$ 内有界. 易知，若 x_0 为 $f(x)$ 的无穷间断点，则它必是瑕点.

定义 5.6.2 设函数 $f(x)$ 在 $(a,b]$ 上连续，而在点 a 的右邻域内无界，取 $\varepsilon>0$，若

$$\lim_{\varepsilon\to 0^+}\int_{a+\varepsilon}^{b}f(x)\,dx$$

存在，则称此极限为函数 $f(x)$ 在 $(a,b]$ 上的广义积分(或瑕积分)，仍记为

$$\int_a^b f(x)\,dx,$$

即

$$\int_a^b f(x)\,dx=\lim_{\varepsilon\to 0^+}\int_{a+\varepsilon}^{b}f(x)\,dx.$$

这时称广义积分 $\int_a^b f(x)\,dx$ 收敛，否则称广义积分 $\int_a^b f(x)\,dx$ 发散. 此时，点 a 为瑕点.

同样，可以定义其他情形的无界函数的广义积分.

设函数 $f(x)$ 在 $[a,b)$ 上连续，而在点 b 的左邻域内无界，取 $\varepsilon>0$，若

$$\lim_{\varepsilon\to 0^+}\int_{a}^{b-\varepsilon}f(x)\,dx$$

存在，则称此极限为函数 $f(x)$ 在 $[a,b)$ 上的广义积分，即

$$\int_a^b f(x)\,dx=\lim_{\varepsilon\to 0^+}\int_{a}^{b-\varepsilon}f(x)\,dx.$$

否则称广义积分 $\int_a^b f(x)\mathrm{d}x$ 发散. 此时,点 b 为瑕点.

设函数 $f(x)$ 在 $[a,b]$ 上除点 $c(a<c<b)$ 外连续,而在点 c 的邻域内无界,若两个广义积分 $\int_a^c f(x)\mathrm{d}x$ 和 $\int_c^b f(x)\mathrm{d}x$ 都收敛,则定义

$$\begin{aligned}\int_a^b f(x)\mathrm{d}x &= \int_a^c f(x)\mathrm{d}x + \int_c^b f(x)\mathrm{d}x \\ &= \lim_{\varepsilon_1\to 0^+}\int_a^{c-\varepsilon_1} f(x)\mathrm{d}x + \lim_{\varepsilon_2\to 0^+}\int_{c+\varepsilon_2}^b f(x)\mathrm{d}x.\end{aligned}$$

此时 $\int_a^b f(x)\mathrm{d}x$ 收敛的充要条件是 $\int_a^c f(x)\mathrm{d}x$ 及 $\int_b^c f(x)\mathrm{d}x$ 同时收敛. 否则称广义积分 $\int_a^b f(x)\mathrm{d}x$ 发散. 此时,点 c 为瑕点.

例 5.6.8 求积分 $\int_0^1 \frac{1}{x^2}\mathrm{d}x$.

解　因 $\lim\limits_{x\to 0^+}\frac{1}{x^2}=\infty$, 所以 $x=0$ 为瑕点,于是

$$\int_0^1 \frac{1}{x^2}\mathrm{d}x = \lim_{\varepsilon\to 0^+}\int_\varepsilon^1 \frac{1}{x^2}\mathrm{d}x = \lim_{\varepsilon\to 0^+}\left[-\frac{1}{x}\right]_\varepsilon^1 = \lim_{\varepsilon\to 0^+}\left(-1+\frac{1}{\varepsilon}\right) = +\infty.$$

类似于无穷限的广义积分,利用牛顿-莱布尼茨公式,有如下结论:

设 $x=a$ 为 $f(x)$ 的瑕点, $F(x)$ 为 $f(x)$ 在 $(a,b]$ 上的原函数,若 $F(a^+)=\lim\limits_{x\to a^+}F(x)$ 存在,则广义积分

$$\int_a^b f(x)\mathrm{d}x = [F(x)]_a^b = F(b)-F(a^+).$$

类似地,设 $x=b$ 为 $f(x)$ 的瑕点, $F(x)$ 为 $f(x)$ 在 $[a,b)$ 上的原函数,若 $F(b^-)=\lim\limits_{x\to b^-}F(x)$ 存在,则

$$\int_a^b f(x)\mathrm{d}x = [F(x)]_a^b = F(b^-)-F(a).$$

设 $x=c(a<c<b)$ 为 $f(x)$ 的瑕点, $F(x)$ 为 $f(x)$ 在 $[a,b]$ 上的原函数,若 $F(c^-)$, $F(c^+)$ 存在,则

$$\begin{aligned}\int_a^b f(x)\mathrm{d}x &= \int_a^c f(x)\mathrm{d}x + \int_c^b f(x)\mathrm{d}x = [F(x)]_a^c + [F(x)]_c^b \\ &= F(b)-F(c^-)-F(a)-F(c^+).\end{aligned}$$

例 5.6.9 求积分$\int_0^2 \frac{1}{(x-1)^2}\mathrm{d}x$.

解 因$\lim\limits_{x\to1}\frac{1}{(x-1)^2}=+\infty$，所以 $x=1$ 是瑕点，于是

$$\begin{aligned}\int_0^2 \frac{1}{(x-1)^2}\mathrm{d}x&=\int_0^1 \frac{1}{(x-1)^2}\mathrm{d}x+\int_1^2 \frac{1}{(x-1)^2}\mathrm{d}x\\&=\left[-\frac{1}{x-1}\right]_0^1+\left[-\frac{1}{x-1}\right]_1^2\\&=\lim_{x\to1^-}\left(-\frac{1}{x-1}\right)-1-1+\lim_{x\to1^+}\left(-\frac{1}{x-1}\right).\end{aligned}$$

因为上式中的两个极限都不存在，所以原广义积分发散.

注意:若疏忽了 $x=1$ 是$\frac{1}{(x-1)^2}$的无穷间断点或将两个极限的和(其中至少有一个不存在)理解为和的极限，均将导致错误的结论.

若疏忽了 $x=1$ 是$\frac{1}{(x-1)^2}$的无穷间断点，得到

$$\int_0^2 \frac{1}{(x-1)^2}\mathrm{d}x=\left[-\frac{1}{x-1}\right]_0^2=-2.$$

若将两个极限的和(其中至少有一个不存在)理解为和的极限，得到

$$\begin{aligned}\int_0^2 \frac{1}{(x-1)^2}\mathrm{d}x&=\lim_{\varepsilon\to0^+}\int_0^{1-\varepsilon} \frac{1}{(x-1)^2}\mathrm{d}x+\lim_{\varepsilon\to0^+}\int_{1+\varepsilon}^2 \frac{1}{(x-1)^2}\mathrm{d}x\\&=\lim_{\varepsilon\to0^+}\left(\frac{1}{\varepsilon}-2-\frac{1}{\varepsilon}\right)=-2.\end{aligned}$$

例 5.6.10 证明广义积分$\int_0^1 \frac{\mathrm{d}x}{x^q}$当 $q<1$ 时收敛；当 $q\geqslant1$ 时发散.

证 当 $q=1$ 时，

$$\int_0^1 \frac{\mathrm{d}x}{x}=\lim_{\varepsilon\to0^+}[\ln x]_\varepsilon^1=+\infty.$$

当 $q\neq1$ 时，

$$\int_0^1 \frac{\mathrm{d}x}{x^q}=\lim_{\varepsilon\to0^+}\int_\varepsilon^1 \frac{\mathrm{d}x}{x^q}=\lim_{\varepsilon\to0^+}\left[\frac{x^{1-q}}{1-q}\right]_\varepsilon^1=\begin{cases}\frac{1}{1-q},q<1,\\+\infty,q>1.\end{cases}$$

故广义积分$\int_0^1 \frac{\mathrm{d}x}{x^q}$当 $q<1$ 时收敛；当 $q\geqslant1$ 时发散.

对于瑕积分同样可引入绝对收敛与条件收敛的概念：设 a 为 $f(x)$ 在 $[a,b]$ 上的唯一瑕点. 若 $\int_a^b |f(x)|\mathrm{d}x$ 收敛，则称瑕积分 $\int_a^b f(x)\mathrm{d}x$ 绝对收敛；若 $\int_a^b f(x)\mathrm{d}x$ 收敛，但 $\int_a^b |f(x)|\mathrm{d}x$ 发散，则称瑕积分 $\int_a^b f(x)\mathrm{d}x$ 条件收敛. 绝对收敛的积分必收敛. 此外，对瑕积分也有比较判别法及其极限形式.

5.6.3　Γ 函数

下面我们介绍一类由反常积分定义的且在理论和应用上都有重要意义的 Γ 函数.

定义 5.6.3　反常积分

$$\Gamma(t)=\int_0^{+\infty} x^{t-1}\mathrm{e}^{-x}\mathrm{d}x\ (t>0)$$

是参变量 t 的函数，称为 Γ 函数.

可以证明这个积分当 $t>0$ 时是收敛的.

下面我们来探讨 Γ 函数的几个重要性质.

性质 5.6.1　Γ 函数具有如下递推公式：$\Gamma(t+1)=t\Gamma(t)(t>0)$. 特别地，当 $t=n$ 为正整数时，有

$$\Gamma(1)=1,\Gamma(n+1)=n!.$$

性质 5.6.2　当 $t\to 0^+$ 时，$\Gamma(t)\to+\infty$.

性质 5.6.3　$\Gamma(t)\Gamma(1-t)=\dfrac{\pi}{\sin \pi t}(0<t<1)$.

这个公式称为余元公式，且有 $\Gamma\left(\frac{1}{2}\right)=\sqrt{\pi}$.

例 5.6.11　计算 $\dfrac{\Gamma\left(\frac{5}{2}\right)}{\Gamma\left(\frac{1}{2}\right)}$.

解　$$\frac{\Gamma\left(\frac{5}{2}\right)}{\Gamma\left(\frac{1}{2}\right)}=\frac{\frac{3}{2}\Gamma\left(\frac{3}{2}\right)}{\Gamma\left(\frac{1}{2}\right)}=\frac{\frac{3}{2}\cdot\frac{1}{2}\Gamma\left(\frac{1}{2}\right)}{\Gamma\left(\frac{1}{2}\right)}=\frac{3}{4}.$$

例 5.6.12 利用Γ函数证明$\int_0^{+\infty} e^{-x^2}dx = \frac{\sqrt{\pi}}{2}$.

解 令$t = x^2$，则$x = \sqrt{t}$，因此

$$\int_0^{+\infty} e^{-x^2}dx = \int_0^{+\infty} \frac{1}{2}t^{-\frac{1}{2}}e^{-t}dt = \frac{1}{2}\int_0^{+\infty} t^{-\frac{1}{2}}e^{-t}dt = \frac{1}{2}\Gamma\left(\frac{1}{2}\right) = \frac{\sqrt{\pi}}{2}.$$

习题 5.6

1. 判断下列反常积分的敛散性，若收敛，则求其值：

(1) $\int_1^{+\infty}\frac{dx}{x^4}$；　(2) $\int_1^{+\infty}\frac{dx}{\sqrt{x}}$；　(3) $\int_0^{+\infty}e^{-x}dx$；

(4) $\int_1^{+\infty}\frac{1}{1+x^2}dx$；　(5) $\int_1^2\frac{xdx}{\sqrt{x-1}}$；　(6) $\int_0^1 \ln x dx$；

(7) $\int_0^2\frac{1}{(1-x)^3}dx$；　(8) $\int_0^1\frac{xdx}{\sqrt{1-x^2}}$.

2. 计算下列各式的值：

(1) $\frac{\Gamma(7)}{\Gamma(5)}$；　(2) $\frac{\Gamma\left(\frac{9}{2}\right)}{\Gamma(4)}$.

3. 用Γ函数表示下列积分：

(1) $\int_0^{+\infty}x^5e^{-x}dx$；　(2) $\int_0^{+\infty}\sqrt{x}e^{-x}dx$；　(3) $\int_0^{+\infty}x^3e^{-x^2}dx$.

相关阅读

黎 曼

黎曼(GeorgFriedrich，BernhardRiemann，1826～1866)于1826年出生在德国的一个农村！19岁到哥廷根大学读书，成为高斯晚年的一名高才生. 哥廷根大学在后来的100多年里一直是世界数学的研究中心. 黎曼毕业后留校任教. 15年后死于肺结核.

黎曼一生是短暂的，不到40个年头. 他没有时间获得像欧拉和柯西那么多的数学成果. 但他的工作的

优异质量和深刻的洞察能力令世人惊叹. 我们之所以要介绍黎曼,是因为尽管牛顿-莱布尼茨发现了微积分,并且给出了定积分的论述,但目前教科书中有关定积分的现代化定义是由黎曼给出的. 为纪念他,人们把积分和称为黎曼和. 把定积分称为黎曼积分.

德国数学家希尔伯特曾指出:“19 世纪最有启发性、最重要的数学成就是非欧几何的发现. ”1826 年俄国数学家罗巴切夫斯基首先在保留欧氏几何前四个公式的同时,提出与欧氏几何第五公式相反的公式:“过平面上直线外一点,至少可以作两条直线与原直线平行. ”从而构造了一个新的逻辑体系. 在这个新的几何体系里,如同欧几里得几何一样,没有任何逻辑矛盾. 在罗巴切夫斯基几何学中. 出现了许多与欧氏几何完全不同的定理和命题. 如“三角形内角和小于 180 度”;“圆周长与直径的比恒大于 π,所在的值随面积的增加而增大”. 这种几何学称为非欧几何学. 德国的高斯、俄国的罗巴切夫斯基和匈牙利的鲍耶几乎同时提出了非欧几何学的思想,各自独立地创立了非欧几何学. 但高斯因“害怕引起某些人的喊声”而未敢公开发表. 也由于高斯未能正确评价和鼓励鲍耶的发现,致使鲍耶放弃了数学研究. 而罗巴切夫斯基不保守、不消沉,坚持公开宣传非欧几何学. 他的精神确实令人敬佩,他的几何创新工作终于得到后人的一致承认和普遍赞美,称他是“几何学中的哥白尼”.

1854 年黎曼提出一种新的几何学. 在这种几何学中,黎曼把欧氏几何的第五公设改为“过平面上直线外一点没有直线与原直线平行”. 由此可推出“三角形内角和大于 π”的命题,更重要的是他把欧几里得三维空间推广到 n 维空间,从而得到一种新的几何学——黎曼非欧几何学. 他的工作远远超过前人,他的著作对 19 世纪下半叶和 20 世纪的数学发展都产生了重大的影响. 他不仅是非欧几何的创始人之一,而且他的研究成果为 50 年后爱因斯坦的广义相对论提供了数学框架. 爱因斯坦在创建广义相对论的过程中,因他缺乏必要的数学工具,长期未能取得根本性的突破,当他的同学、好友,德国数学家格拍斯曼帮他掌握了黎曼几何和张量分析之后,才使爱因斯坦打开了广义相对论的大门,完成了物理学的一场革命,宣告核时代的来临. 爱因斯坦学有体会地说:“理论物理学家越来越不得不服从于纯数学的形式的支配. ”爱因斯坦还认为理论物理的“创造性原则寓于数学之中. ”黎曼的数学思想精辟独特. 对于他的贡献,人们是这样评价的:“黎曼把数学前进推进了几代人的时间”.

非欧几何的建立所产生的一个"最重要的影响是迫使数学家们从根本上改变了数学性质的理解".历史学家通过数学这面镜子,不仅看到了数学的成就与应用,也看到了数学的发展如何教育人们去进行抽象的推理、发扬理性主义的探索精神、激发人们对理想和美的追求.

复习题 5

1. 填空题:

(1) $\dfrac{d}{dx}\left(\int_0^1 \arcsin t dt\right)=$ ________.

(2)设 $f(x)$ 为连续函数,则 $\lim\limits_{x\to a}\dfrac{x^2}{x-a}\int_a^x f(t)dt=$ ________.

(3) 当 $\int_1^{+\infty}\dfrac{1}{x^p}dx$ 收敛时,则 $p=$ ________.

(4) $\int_{-2}^{2}\sqrt{4-x^2}dx=$ ________.

2. 选择题:

(1)下列不等式成立的是( ).

A. $\int_0^{\frac{\pi}{2}}\sin xdx>\int_0^{\frac{\pi}{2}}\cos xdx$;　　B. $\int_0^1 e^{x^2}dx>\int_0^1 e^x dx$;

C. $\int_1^2\ln^2 xdx>\int_1^2\ln^3 xdx$;　　(D) $\int_{-1}^{-2}x^4 dx>\int_{-1}^{-2}x^2 dx$.

(2)设 $I=\int_{-1}^{0}|3x+1|dx$, 则 $I=$( ).

A. $\dfrac{5}{6}$;　　B. $\dfrac{1}{2}$;　　C. $-\dfrac{1}{2}$;　　D. 1.

3. 计算下列定积分:

(1) $\int_0^1\dfrac{x^4}{1+x^2}dx$;　　(2) $\int_{\ln 2}^{\ln 3}\dfrac{1}{e^x-e^{-x}}dx$;

(3) $\int_0^{\pi}\dfrac{\sin x}{1+\cos^2 x}dx$;　　(4) $\int_0^1 xe^{-\frac{x^2}{2}}dx$;

(5) $\int_4^7\dfrac{x}{\sqrt{x-3}}dx$;　　(6) $\int_3^8\dfrac{1}{\sqrt{x+1}-1}dx$;

(7) $\int_0^a x^2\sqrt{a^2-x^2}dx(a>0)$;　　(8) $\int_{-1}^{3}|2-x|dx$;

(9) $\int_1^2 x\ln xdx$;　　(10) $\int_e^{e^2}\dfrac{\ln x}{(x-1)^2}dx$.

4. 设 $f(x)=\begin{cases}2-x^2, & 0\leqslant x\leqslant 1,\\ \dfrac{1}{x}, & 1<x\leqslant \mathrm{e},\end{cases}$ 计算 $\int_0^{\mathrm{e}} f(x)\mathrm{d}x$.

5. 设 $f(x)=\int_0^x \cos^2 t\mathrm{d}t$，求 $\int_0^{\frac{\pi}{2}} f'(x)\cos x\mathrm{d}x$.

6. 求函数 $f(x)=\int_0^x t(t-4)\mathrm{d}t$ 在 $[-1,5]$ 上的最大值和最小值.

7. 求由曲线 $x=y^2$ 以及直线 $y=x-2$ 所围成的平面图形的面积.

8. 求由 $y=x^2$，$y=x$，$y=2x$ 所围成图形的面积.

9. 求由曲线 $y=4-x^2$ 与 x 轴所围平面图形绕 x 轴旋转所成的旋转体的体积.

10. 求由曲线 $y=x^3$，$x=1$ 以及 x 轴在第一象限所围平面图形绕 y 轴旋转所成的旋转体的体积.

11. 设储蓄边际倾向(即储蓄额 S 的变化率)是收入 y 的函数 $S'(y)=0.3-\dfrac{1}{10\sqrt{y}}$，求收入从 4900 元到 6400 元时储蓄的增加额.

12. 某产品上的边际成本为 $C'(x)=0.3x^2-x+15.2$，边际收益为 $R'(x)=158-7x$，其中 x 为产量(单位:百台). 设固定成本为 15 万元，求

(1)总成本函数、总收益函数和总利润函数.

(2)产量为多少时总利润 $\pi(x)$ 最大？最大总利润为多少？

(3)从利润最大的产量再生产 2 百台，总利润将有什么变化？

扫一扫，获取参考答案

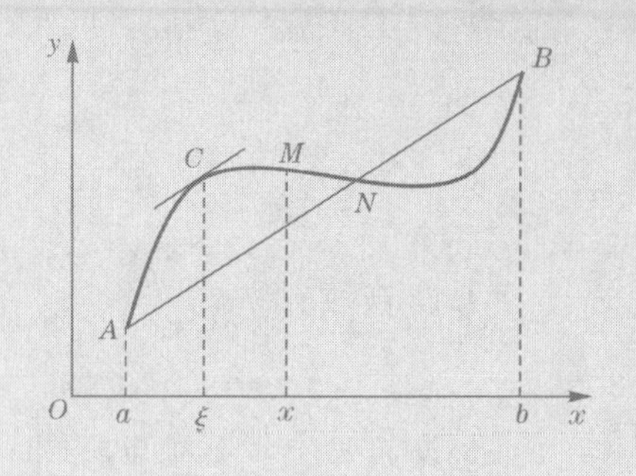

第6章 多元函数的微积分

【学习目标】

↳理解空间直角坐标系,掌握空间两点间距离公式,了解平面、球面、柱面的方程及图形.

↳理解多元函数概念,会求二元函数的定义域,了解二元函数的图像.

↳理解二元函数的极限和连续的概念.

↳理解二元函数偏导数的概念,会求偏导数,理解偏导数的经济意义,掌握多元复合函数的求导法则及隐函数的求导法则,掌握高阶偏导数的求法.

↳理解全微分概念、求法,了解全微分和偏导数之间的关系.

↳理解二元函数极值的概念、条件极值与拉格朗日乘数法,掌握极值的必要条件和充分条件,能计算一些简单的经济最值问题.

↳理解二重积分的概念、性质,掌握在不同坐标系下积分限的表示,掌握二重积分在直角坐标系和极坐标系下的计算.

我们以前讨论的函数都只有一个自变量,只有一个自变量的函数称为一元函数. 但是,实际问题往往很复杂,有很多实际问题常常受到多方面因素的影响,反映到数学上,就是一个变量依赖多个变量,这就需要我们讨论一个变量(因变量)和多个变量(自变量)的相互依赖关系,即多元函数. 本章将讨论多元函数的微积分,它是一元函数微积分的推广和发展. 讨论中主要以二元函数为对象，这是因为一方面能使一元函数的微积分和二元函数的微积分之间的差异显现出来；另一方面与二元函数有关的概念和方法大多能很自然地推广到三元及三元以上的多元函数中去.

§6.1　空间解析几何简介

平面解析几何使一元函数微积分有了直观的几何意义，为了学习多元函数的微积分，必须先了解空间解析几何的知识.

6.1.1　空间直角坐标系

1. 空间直角坐标系

在平面解析几何中，我们利用两条互相垂直且具有公共原点的数轴建立了直角坐标系，将平面上的点用一个二元有序数对来表示，建立了一个一一对应关系. 同样，为了更好的研究空间图形，也需要建立空间中的点与有序数组之间的一一对应关系. 这种关系的建立是通过引入空间直角坐标系来实现的.

过空间中一定点 O 作三条互相垂直的，且以 O 为原点的数轴，它们具有相同的单位长度，这三条轴分别称为 x 轴（横轴）、y 轴（纵轴）、z 轴（竖轴），统称为坐标轴. 它们的命名顺序一般按照右手法则确定：以右手握住 z 轴，当右手的四个手指从 x 轴正向以 $\frac{\pi}{2}$ 角度转向 y 轴正方向时，大拇指的指向就是 z 轴的正方向（图 6.1.1）.

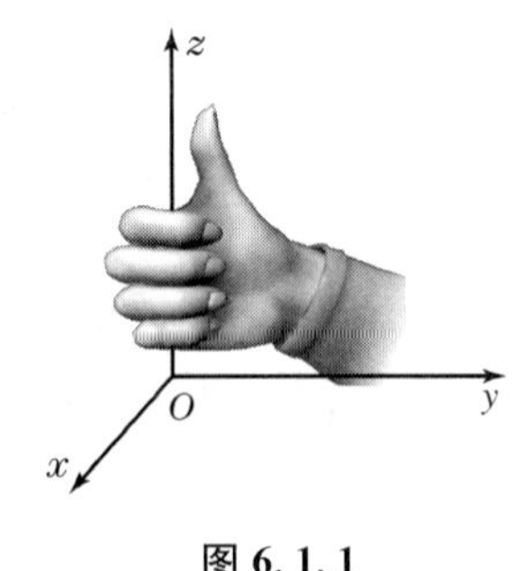

图 6.1.1

三条坐标轴中的任意两条可以确定一个平面，这样确定出来的三个平面统称为坐标面.由 x 轴及 y 轴所确定的坐标面叫作 xOy 面,由 x 轴及 z 轴所确定的坐标面叫作 xOz 面,由 z 轴及 y 轴所确定的坐标面叫作 yOz 面.三个平面将空间分成八个部分,每一个部分叫作一个卦限.含有 x 轴、y 轴及 z 轴正半轴的那个卦限叫作第一卦限,第二卦限含有 x 轴的负半轴,y 轴及 z 轴正半轴,按照逆时针的顺序,在 xOy 面的上方,其他两个卦限依次为第三、第四卦限.第五至第八卦限在 xOy 面的下方,由第一卦限下方的第五卦限开始,按照逆时针方向,依次为第六、第七、第八卦限.这八个卦限分别用字母 I、II、III、IV、V、VI、VII、VIII 表示(图 6.1.2).

设 M 为空间任意一点,过点 M 分别作垂直于三坐标轴的平面,与坐标轴分别交于 P、Q、R 三点(图 6.1.3),设这三点在 x 轴、y 轴和 z 轴上的坐标分别为 x、y 和 z.则点 M 唯一确定了一个三元有序数组 (x,y,z);反之,设给定一组三元有序数组 (x,y,z),在 x 轴、y 轴和 z 轴上分别取点 P、Q、R,使得 $OP=x$,$OQ=y$,$OR=z$,然后过点 P、Q、R 分别作垂直于 x 轴、y 轴和 z 轴的平面,这三个平面相交于点 M,即由一个三元有序数组 (x,y,z) 能唯一地确定一个空间中的点 M.这样,空间中的点 M 和三元有序数组 (x,y,z) 之间建立了一个一一对应关系,我们称这个三元有序数组为点 M 的坐标,记为 $M(x,y,z)$,并依次称 x、y 和 z 为点 M 的横坐标、纵坐标和竖坐标(图 6.1.3).

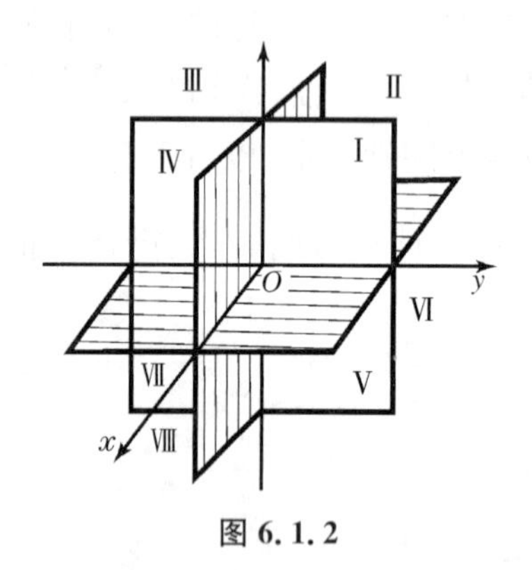

图 6.1.2

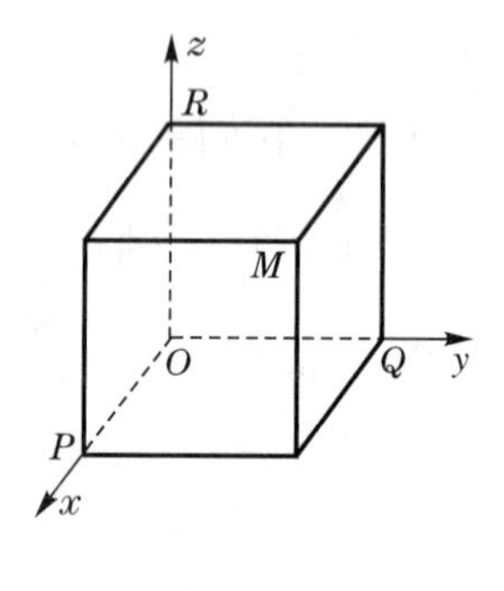

图 6.1.3

显然,原点 O 的坐标为 $(0,0,0)$;x 轴、y 轴和 z 轴上的点的坐标分别为 $(x,0,0)$、$(0,y,0)$ 和 $(0,0,z)$;xOy 面上的点的坐标为 $(x,y,0)$,yOz 面上的点的坐标为 $(0,y,z)$,xOz 面上的点的坐标为 $(x,0,z)$.八个卦限中,不在坐标面上的点的符号如下:I(+,+,+),II(−,+,+),III(−,−,+),IV(+,−,+),V(+,+,−),VI(−,+,−),VII(−,−,−),VIII(+,−,−).

2. 两点间的距离公式

设空间两点 $M_1(x_1, y_1, z_1)$、$M_2(x_2, y_2, z_2)$，求它们之间的距离 $d=|M_1M_2|$.

过点 M_1，M_2 各作三个平面分别垂直于三个坐标轴，形成如图 6.1.4 所示的长方体. 易知

$$\begin{aligned} d^2 &= |M_1M_2|^2 = |M_1Q|^2+|QM_2|^2 (\Delta M_1QM_2 \text{ 是直角三角形}) \\ &= |M_1P|^2+|PQ|^2+|QM_2|^2 (\Delta M_1PQ \text{ 是直角三角形}) \\ &= |M'_1P'|^2+|P'M'_2|^2+|QM_2|^2 \\ &= (x_2-x_1)^2+(y_2-y_1)^2+(z_2-z_1)^2, \end{aligned}$$

所以

$$d=\sqrt{(x_2-x_1)^2+(y_2-y_1)^2+(z_2-z_1)^2}.$$

特别地，点 $M(x,y,z)$ 与原点 $O(0,0,0)$ 的距离为

$$d=|OM|=\sqrt{x^2+y^2+z^2}.$$

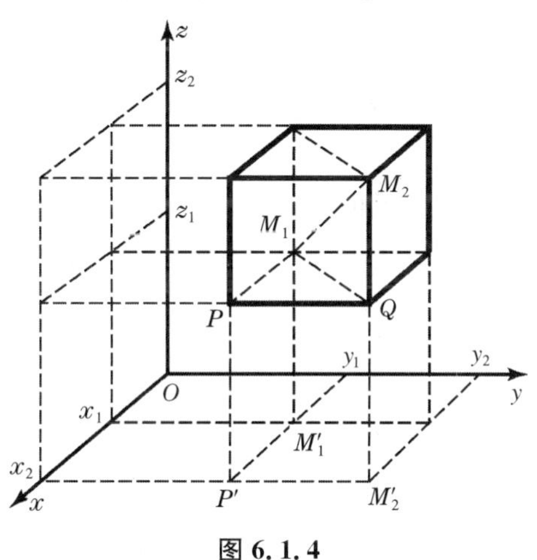

图 6.1.4

6.1.1 求证以 $A(4,1,9)$，$B(10,-1,6)$，$C(2,4,3)$ 为顶点的三角形是一个等腰直角三角形.

证　因为 $|AB|^2=(4-10)^2+(1+1)^2+(9-6)^2=49$，

$$|AC|^2=(4-2)^2+(1-4)^2+(9-3)^2=49,$$

$$|BC|^2=(10-2)^2+(-1-4)^2+(6-3)^2=98,$$

由于 $|AB|=|AC|$，且 $|AB|^2+|AC|^2=|BC|^2$，故以这三点为顶点的三

角形是等腰直角三角形.

例 6.1.2 在 yOz 面上,求与三点以 $A(3,1,2)$,$B(4,-2,-2)$,$C(0,5,1)$ 等距离的点.

解 因为所求点在 yOz 面上,所以设该点为 $M(0,y,z)$,依题意有 $|MA|=|MB|=|MC|$,即$\begin{cases}|MA|=|MB|\\|MA|=|MC|\end{cases}$

$$=\begin{cases}\sqrt{(0-3)^2+(y-1)^2+(z-2)^2}=\sqrt{(0-4)^2+(y+2)^2+(z+2)^2}\\\sqrt{(0-3)^2+(y-1)^2+(z-2)^2}=\sqrt{(0-0)^2+(y-5)^2+(z-1)^2}\end{cases}$$

将上面两式去掉根号,化简得$\begin{cases}5+3y+4z=0,\\z-4y+6=0,\end{cases}$ 解得$\begin{cases}y=1,\\z=-2.\end{cases}$

故与三点等距离的点为 $M(0,1,-2)$.

6.1.2 曲面方程

在日常生活中,我们经常遇到各种曲面,例如反光镜的镜面、管道的外表面以及锥面等.

像在平面解析几何中把平面曲线当作动点的轨迹一样,在空间解析几何中,任何曲面都可以看作点的几何轨迹.在这样的意义下,如果曲面 S 与三元方程

$$F(x,y,z)=0 \tag{6.1.1}$$

有下述关系:

(1)曲面 S 上任一点的坐标都能满足方程(6.1.1);

(2)不在曲面 S 上的点的坐标都不满足方程(6.1.1).

那么,方程(6.1.1)就叫作曲面 S 的方程,而曲面 S 就叫作方程(6.1.1)的图形(6.1.5).

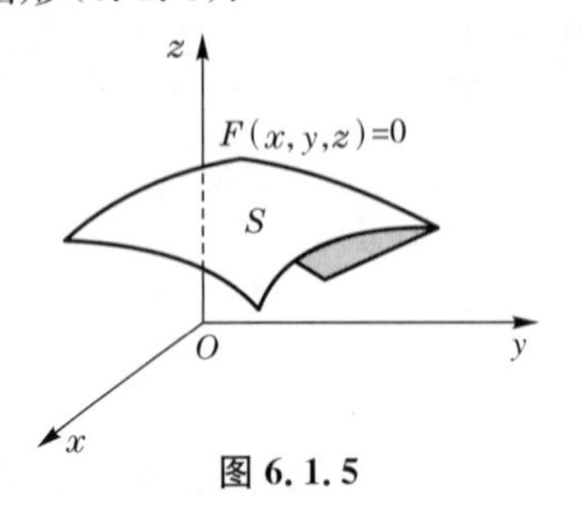

图 6.1.5

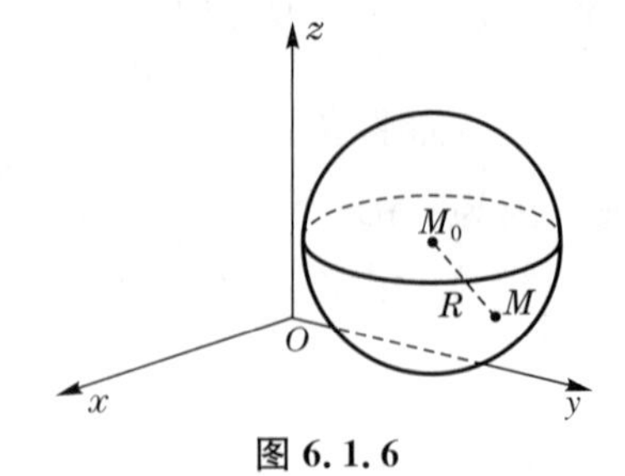

图 6.1.6

下面我们介绍几种常见的曲面及其方程.

1. 球面

 **6.1.3**　建立球心在点 $M_0(x_0,y_0,z_0)$、半径为 R 的球面方程.

解　设 $M(x,y,z)$ 是球面上任意一点(图 6.1.6)，那么 $|MM_0|=R$. 所以

$$|MM_0|=\sqrt{(x-x_0)^2+(y-y_0)^2+(z-z_0)^2},$$

$$\sqrt{(x-x_0)^2+(y-y_0)^2+(z-z_0)^2}=R,$$

$$(x-x_0)^2+(y-y_0)^2+(z-z_0)^2=R^2. \tag{6.1.2}$$

这就是球面上任一点的坐标所满足的方程，而不在球面上的点都不能满足方程(6.1.2)，因此方程(6.1.2)就是以点 $M_0(x_0,y_0,z_0)$ 为球心，R 为半径的球面的方程.

特别地，若球心在坐标原点，则球面方程为 $x^2+y^2+z^2=R^2$.

2. 柱面

例 **6.1.4**　方程 $x^2+y^2=R^2$ 表示怎样的曲面?

解　方程 $x^2+y^2=R^2$ 在 xOy 面上表示圆心在原点、半径为 R 的圆. 在空间直角坐标系中，这个方程不含有竖坐标 z，即不论空间点的竖坐标 z 怎样，只要它的横坐标 x 和纵坐标 y 满足 $x^2+y^2=R^2$，那么这些点就在该曲面上. 这就是说，凡是通过 xOy 面内圆 $x^2+y^2=R^2$ 上一点 $M(x,y,0)$，且平行于 z 轴的直线 l 都在这个曲面上. 因此，这个曲面可以看作由平行于 z 轴的直线 l 沿 xOy 面上的圆 $x^2+y^2=R^2$ 移动而形成的. 这样的曲面叫作圆柱面(图 6.1.7)，xOy 面上的圆 $x^2+y^2=R^2$ 叫作它的准线，而平行于 z 轴的直线 l 叫作它的母线.

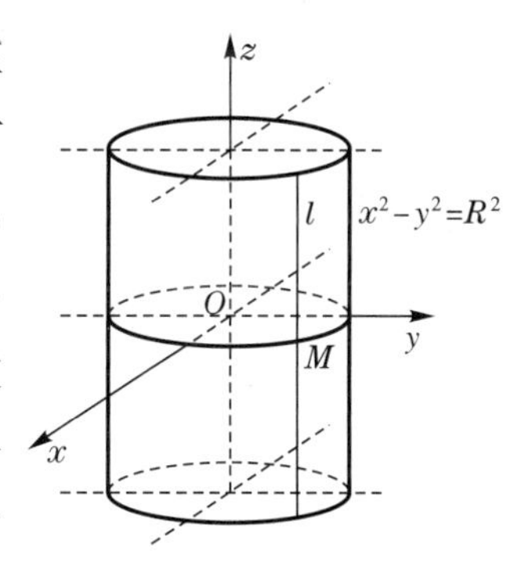

图 6.1.7

一般的，直线 L 沿曲线 C 平行移动形成的轨迹叫作柱面，固定的曲线 C 叫作柱面的准线，动直线 L 叫作它的母线.

上面的例子中,不含 z 的方程 $x^2+y^2=R^2$ 在空间直角坐标系中表示圆柱面,它的母线平行于 z 轴,它的准线是 xOy 面上的圆 $x^2+y^2=R^2$.

类似地方程 $y^2=ax(a>0)$ 表示母线平行于 z 轴的柱面,它的准线是 xOy 面上的抛物线 $y^2=ax(a>0)$,该柱面叫作抛物柱面(图 6.1.8).

又如,方程 $ax-by=0(a\neq 0,b\neq 0)$ 表示母线平行于 z 轴的柱面,它的准线是 xOy 面上的直线 $ax-by=0(a\neq 0,b\neq 0)$,它是过 z 轴的平面(图 6.1.9).

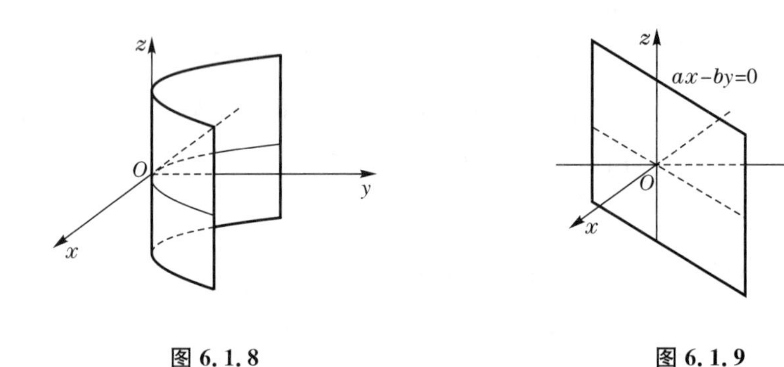

图 6.1.8　　图 6.1.9

一般的,只含有 x 、y 而缺 z 的方程 $F(x,y)=0$ 在空间直角坐标系中表示母线平行于 z 轴的柱面,其准线是 xOy 面上的曲线 $F(x,y)=0$ (图 6.1.10).

类似地,只含有 x 、z 而缺 y 的方程 $G(x,z)=0$ 表示母线平行于 y 轴的柱面;只含有 y 、z 而缺 x 的方程 $H(y,z)=0$ 表示母线平行于 x 轴的柱面.

例如,方程 $y-z=0$ 表示母线平行于 x 轴的柱面,以 yOz 面上的直线 $y-z=0$ 为准线. 它是过 x 轴的平面(图 6.1.11).

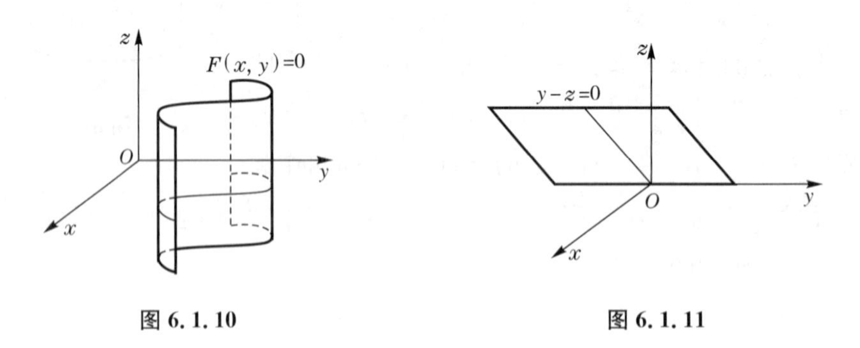

图 6.1.10　　图 6.1.11

习题 6.1

1. 指出下列各点在哪条坐标轴或哪个坐标面上：

   $A(2,1,0)$；$B(0,-1,2)$；$C(0,3,0)$；$D(0,0,-2)$.

2. 求点 $P(x,y,z)$ 关于(1)各坐标轴；(2)各坐标面；(3)坐标原点的对称点的坐标.

3. 一动点与两定点 $(2,3,1)$ 和 $(4,5,6)$ 等距离，求这动点的轨迹方程.

4. 建立以点 $(1,3,-2)$ 为球心，且通过坐标原点的球面方程.

§6.2 多元函数的基本概念

6.2.1 引例

例 6.2.1 在几何学中，一个矩形的面积 s 依赖于边长 x 与 y，并且 $s=xy$.

例 6.2.2 在经济学中，假设某种商品的需求量 Q 与其价格 P_1 和另一种相关产品价格 P_2 及消费者收入 y 之间有如下关系：

$$Q=CP_1^{-\alpha}P_2^{-\beta}y^{\gamma},\alpha>0,\beta>0,\gamma>0.$$

大量实例表明存在两个以上变量间的函数关系. 撇开具体的函数形式，可以建立多元函数的定义.

6.2.2 二元函数的概念

定义 6.2.1 设在同一变化过程中有三个变量 x，y 与 z. 如果 x 与 y 在某一平面区域 D 内各取一确定值，按照某一对应法则就有一确定值 z 与之对应，则称 z 为变量 x 与 y 的二元函数，通常记为

$$z=f(x,y),(x,y)\in D.$$

其中变量 z 又称为因变量，x 与 y 称为自变量，f 称为对应法则，D 称为函数的定义域.

类似地,还可以建立三元及以上函数的定义.

对于二元函数 $z=f(x,y)$ 来说,当给自变量 x,y 以确定的值时,平面上便确定了一点 $P(x,y)$. 如果对定点 $P(x,y)$,函数 $z=f(x,y)$ 有确定的值与之对应,我们就说函数 $z=f(x,y)$ 在点 $P(x,y)$ 是有定义的. 并且 z 叫作对应于点 $P(x,y)$ 的函数值. 平面上使函数有定义的点 $P(x,y)$ 的全体叫作函数 $z=f(x,y)$ 的定义域. 二元函数的定义域一般来说是坐标面上有一条曲线或几条曲线围成的平面区域.

例 6.2.3 求二元函数 $z=\ln xy$ 的定义域.

解 为使函数有意义,要求对数的真数 $xy>0$,于是定义域为

$$D=\{(x,y)\mid x>0,y>0 \text{ 或 } x<0,y<0\}.$$

例 6.2.4 求二元函数 $z=\dfrac{\arcsin(3-x^2-y^2)}{\sqrt{x-y^2}}$ 的定义域.

解 要使函数有意义,要求

$$\begin{cases}|3-x^2-y^2|\leqslant 1,\\ x-y^2>0,\end{cases}$$

即

$$\begin{cases}2\leqslant x^2+y^2\leqslant 4,\\ x>y^2,\end{cases}$$

故所求定义域为

$$D=\{(x,y)\mid 2\leqslant x^2+y^2\leqslant 4,x>y^2\}.$$

我们曾经利用平面直角坐标系表示一元函数 $y=f(x)$ 的图形,一般来说它是平面上的一条曲线. 对于二元函数 $z=f(x,y)$ 我们需要用空间直角坐标系来表示它的图形. 因此,设二元函数 $z=f(x,y)$ 在 xOy 平面上某区域 D 内有定义,于是在 D 内任取一点 $P(x,y)$,函数就有确定的 z 与之对应. 这样就得到空间一个定点 $M(x,y,z)$ 和 D 内一点 P 相对应,当点 $P(x,y)$ 在 D 内变动时,点 M 就在空间内变动,一般来说,点 M 的轨迹就是空间的一个曲面,这个曲面就是二元函数 $z=f(x,y)$ 的图形.

例如,二元函数 $z=\sqrt{1-x^2-y^2}$ 表示以原点为中心,1 为半径的上半球面,它的定义域 D 就是 xOy 平面上以原点为圆心的单位圆.

6.2.3　二元函数的极限

与一元函数的极限概念类似，二元函数的极限也是反映函数值随自变量变化而变化的趋势.

定义 6.2.2　设二元函数 $z=f(x,y)$ 在点 $P_0(x_0,y_0)$ 的某个去心邻域内有定义，如果当点 $P(x,y)$ 无限趋于点 $P_0(x_0,y_0)$ 时，函数 $f(x,y)$ 无限趋于一个常数 A，则称 A 为函数 $z=f(x,y)$ 在 $(x,y)\to(x_0,y_0)$ 时的极限，记为

$$\lim_{(x,y)\to(x_0,y_0)} f(x,y)=A \text{ 或 } \lim_{\substack{x\to x_0\\ y\to y_0}} f(x,y)=A \text{ 或 } \lim_{P\to P_0} f(x,y)=A.$$

二元函数的极限与一元函数的极限具有相同的性质和运算法则，在此不再详述.

值得注意的是，在定义 6.2.2 中，动点 $P(x,y)$ 趋向于 $P_0(x_0,y_0)$ 的方式是任意的，即若 $\lim\limits_{P\to P_0} f(x,y)=A$，则无论点 $P(x,y)$ 以何种方式趋向于 $P_0(x_0,y_0)$，都有 $f(P)\to A$. 这个命题的逆否命题常常用来证明一个二元函数的极限不存在.

例 6.2.5　求极限 $\lim\limits_{(x,y)\to(0,2)} \dfrac{\sin xy}{x}$.

解

$$\lim_{(x,y)\to(0,2)} \frac{\sin xy}{x}=\lim_{(x,y)\to(0,2)} \frac{\sin xy}{xy}\cdot y$$

$$=\lim_{(x,y)\to(0,2)} \frac{\sin xy}{xy}\cdot \lim_{(x,y)\to(0,2)} y=2.$$

例 6.2.6　讨论函数 $f(x,y)=\begin{cases}\dfrac{xy}{x^2+y^2}, & x^2+y^2\neq 0,\\ 0, & x^2+y^2=0,\end{cases}$ 在点 $(0,0)$ 有无极限?

解　当点 $P(x,y)$ 沿 x 轴趋于点 $(0,0)$ 时，

$$\lim_{(x,y)\to(0,0)} f(x,y)=\lim_{(x,y)\to(0,0)} f(x,0)=0;$$

当点 $P(x,y)$ 沿 y 轴趋于点 $(0,0)$)时，

$$\lim_{(x,y)\to(0,0)} f(x,y)=\lim_{(x,y)\to(0,0)} f(0,y)=0.$$

当点 $P(x,y)$ 沿直线趋于点 $(0,0)$ 时 $y=kx$ 有

$$\lim_{(x,y)\to(0,0)} f(x,y)=\lim_{\substack{x\to 0\\ y=kx}}\frac{kx^2}{x^2+k^2x^2}=\frac{k}{1+k^2}.$$

此时极限值随着 k 的变化而变化. 因此,函数 $f(x,y)$ 在 $(0,0)$ 处无极限.

6.2.4 二元函数的连续性

定义 6.2.3 设二元函数 $z=f(x,y)$ 在点 $P_0(x_0,y_0)$ 的某个邻域内有定义,如果

$$\lim_{(x,y)\to(x_0,y_0)} f(x,y)=f(x_0,y_0),$$

则称函数 $z=f(x,y)$ 在点 $P_0(x_0,y_0)$ 连续. 如果函数 $z=f(x,y)$ 在点 $P_0(x_0,y_0)$ 处不连续,则称函数 $z=f(x,y)$ 在点 $P_0(x_0,y_0)$ 处间断.

例如,从例 6.2.6 知道,函数 $f(x,y)=\begin{cases}\dfrac{xy}{x^2+y^2}, & x^2+y^2\neq 0,\\ 0, & x^2+y^2=0\end{cases}$ 在点 $(0,0)$ 极限不存在,所以函数在点 $(0,0)$ 间断.

如果函数 $z=f(x,y)$ 在区域 D 内的每一点都连续,那么就称函数 $z=f(x,y)$ 在区域 D 内连续,或者称 $z=f(x,y)$ 是 D 上的连续函数. 在区域 D 上连续的二元函数的图形是区域 D 上一张连续曲面.

可以证明,二(多)元连续函数的和、差、积仍为连续函数;连续函数的商在分母不为零处仍连续;二(多)元连续函数的复合函数也是连续函数.

与一元初等函数类似,二元初等函数是指可用一个解析式所表示的函数,这个式子是由自变量 x,y 及常数利用基本初等函数经过有限次的四则运算和复合运算而形成的.

一切二元初等函数在其定义区域内是连续的. 所谓定义区域是指包含在定义域内的区域或闭区域.

我们知道,一元连续函数有一些在理论和应用上都十分重要的性质,这些性质也可推广到有界闭区域多元连续函数上来.

性质 6.2.1(有界性与最大值最小值定理)　在有界闭区域 D 上的二元连续函数,必定在 D 上有界,且能取得它的最大值和最小值.

性质 6.2.2(介值定理)　在有界闭区域 D 上的二元连续函数必取得介于最大值和最小值之间的任何值.

习题 6.2

1. 设函数 $f(x,y)=\dfrac{2xy}{x^2+y^2}$,求 $f(1,\dfrac{y}{x})$.

2. 设函数 $f(x,y)=x^2+y^2-xy\tan\dfrac{x}{y}$,求 $f(tx,ty)$.

3. 求下列函数的定义域:

(1) $z=\ln(y^2-2x+1)$;　　(2) $z=\sqrt{\sin\sqrt{x^2+y^2}}$;

(3) $z=\ln(y-x)+\dfrac{\sqrt{x}}{\sqrt{1-x^2-y^2}}$;　　(4) $z=\arcsin\dfrac{y}{x}$.

4. 求下列极限:

(1) $\lim\limits_{(x,y)\to(1,0)}\dfrac{\ln(x+e^y)}{\sqrt{x^2+y^2}}$;　　(2) $\lim\limits_{(x,y)\to(0,0)}\dfrac{\sin xy}{x}$;

(3) $\lim\limits_{(x,y)\to(0,0)}\dfrac{2-\sqrt{xy+4}}{xy}$;　　(4) $\lim\limits_{(x,y)\to(0,0)}\dfrac{xy}{\sqrt{x^2+y^2}}$.

§6.3　偏导数及其在经济分析中应用

6.3.1　偏导数

对于二元函数 $z=f(x,y)$,如果只有自变量 x 变化,而自变量 y 固定,这时它就是 x 的一元函数,此函数对 x 的导数,就称为二元函数 $z=f(x,y)$ 对于 x 的偏导数.

定义 6.3.1 设函数 $z=f(x,y)$ 在点 $P_0(x_0,y_0)$ 的某一邻域内有定义，当 y 固定在 y_0 而 x 在 x_0 处有增量 Δx 时，相应地函数有增量

$$f(x_0+\Delta x,y_0)-f(x_0,y_0),$$

如果

$$\lim_{\Delta x\to 0}\frac{f(x_0+\Delta x,y_0)-f(x_0,y_0)}{\Delta x}$$

存在，则称此极限为函数 $z=f(x,y)$ 在点 $P_0(x_0,y_0)$ 处对 x 的偏导数，记作

$$\frac{\partial z}{\partial x}\Big|_{(x_0,y_0)},\frac{\partial f}{\partial x}\Big|_{(x_0,y_0)},z_x\Big|_{(x_0,y_0)}, \text{或 } f_x(x_0,y_0).$$

即

$$f_x(x_0,y_0)=\lim_{\Delta x\to 0}\frac{f(x_0+\Delta x,y_0)-f(x_0,y_0)}{\Delta x}.$$

类似地，函数 $z=f(x,y)$ 在点 $P_0(x_0,y_0)$ 处对 y 的偏导数定义为

$$\lim_{\Delta y\to 0}\frac{f(x_0,y_0+\Delta y)-f(x_0,y_0)}{\Delta y},$$

记作 $\frac{\partial z}{\partial y}\Big|_{(x_0,y_0)},\frac{\partial f}{\partial y}\Big|_{(x_0,y_0)},z_y\Big|_{(x_0,y_0)}$，或 $f_y(x_0,y_0)$.

如果函数 $z=f(x,y)$ 在区域 D 内每一点 $P(x,y)$ 处对 x 的偏导数都存在，那么显然这个偏导是 x,y 的二元函数，它就称为函数 $z=f(x,y)$ 对自变量 x 的偏导函数，记作

$$\frac{\partial z}{\partial x},\frac{\partial f}{\partial x},z_x, \text{或 } f_x(x,y).$$

即

$$f_x(x,y)=\lim_{\Delta x\to 0}\frac{f(x+\Delta x,y)-f(x,y)}{\Delta x}.$$

类似地，可定义函数 $z=f(x,y)$ 对 y 的偏导函数，记作

$$\frac{\partial z}{\partial y},\frac{\partial f}{\partial y},z_y, \text{或 } f_y(x,y).$$

即

$$f_y(x,y)=\lim_{\Delta x\to 0}\frac{f(x,y+\Delta y)-f(x,y)}{\Delta y}.$$

以上定义表明,求 $\frac{\partial f}{\partial x}$ 时,只要把 y 暂时看作常数而对 x 求导数;求 $\frac{\partial f}{\partial y}$ 时,只要把 x 暂时看作常量而对 y 求导数.

偏导数的概念还可推广到二元以上的函数. 例如三元函数 $u=f(x,y,z)$ 在点 (x,y,z) 处对 x 的偏导数定义为

$$f_x(x,y,z)=\lim_{\Delta x\to 0}\frac{f(x+\Delta x,y,z)-f(x,y,z)}{\Delta x},$$

它的求法也仍旧是利用一元函数的微分法.

例 6.3.1 求 $z=x^2+3xy+y^2$ 在点 $(1,2)$ 处的偏导数.

解 把 y 看作常数,对 x 求导数,得

$$\frac{\partial z}{\partial x}=2x+3y,$$

把 x 看作常数,对 y 求导数,得

$$\frac{\partial z}{\partial y}=3x+2y,$$

故所求偏导数

$$\frac{\partial z}{\partial x}\Big|_{(1,2)}=8,\frac{\partial z}{\partial y}\Big|_{(1,2)}=7.$$

例 6.3.2 求 $z=x^y(x>0,x\neq 1)$ 的偏导数.

解 $\frac{\partial z}{\partial x}=yx^{y-1}$, $\frac{\partial z}{\partial y}=x^y\ln x$.

例 6.3.3 求 $r=\sqrt{x^2+y^2+z^2}$ 的偏导数.

解 把 y 和 z 看作常数,对 x 求导数,得

$$\frac{\partial r}{\partial x}=\frac{x}{\sqrt{x^2+y^2+z^2}}=\frac{x}{r},$$

利用函数关于自变量的对称性,得

$$\frac{\partial r}{\partial y}=\frac{y}{\sqrt{x^2+y^2+z^2}}=\frac{y}{r},\frac{\partial r}{\partial z}=\frac{z}{\sqrt{x^2+y^2+z^2}}=\frac{z}{r}.$$

 **6.3.4** 已知理想气体的状态方程为 $PV = RT$ (R 为常数),求证:

$$\frac{\partial P}{\partial V} \cdot \frac{\partial V}{\partial T} \cdot \frac{\partial T}{\partial P} = -1.$$

证 因为 $P = \frac{RT}{V}, \frac{\partial P}{\partial V} = -\frac{RT}{V^2}$,

$$V = \frac{RT}{P}, \frac{\partial V}{\partial T} = \frac{R}{P},$$

$$T = \frac{PV}{R}, \frac{\partial T}{\partial P} = \frac{V}{R},$$

所以

$$\frac{\partial P}{\partial V} \cdot \frac{\partial V}{\partial T} \cdot \frac{\partial T}{\partial P} = -1.$$

上例说明与一元函数的导数不同,偏导数的记号是一个整体记号,不能看作分子分母之商.

6.3.2 高阶偏导数

设函数 $z = f(x,y)$ 在区域 D 内具有偏导数

$$f_x(x,y),\ f_y(x,y),$$

那么在 D 内 $f_x(x,y)$, $f_y(x,y)$ 都是 x,y 的函数. 如果这两个函数的偏导数也存在,则称它们是函数 $z = f(x,y)$ 的二阶偏导数. 按照对变量求导次序的不同有下列四个二阶偏导数

$$\frac{\partial}{\partial x}\left(\frac{\partial z}{\partial x}\right) = \frac{\partial^2 z}{\partial x^2} = f_{xx}(x,y), \frac{\partial}{\partial y}\left(\frac{\partial z}{\partial x}\right) = \frac{\partial^2 z}{\partial x \partial y} = f_{xy}(x,y),$$

$$\frac{\partial}{\partial x}\left(\frac{\partial z}{\partial y}\right) = \frac{\partial^2 z}{\partial y \partial x} = f_{yx}(x,y), \frac{\partial}{\partial y}\left(\frac{\partial z}{\partial y}\right) = \frac{\partial^2 z}{\partial y^2} = f_{yy}(x,y).$$

其中 $\frac{\partial}{\partial y}\left(\frac{\partial z}{\partial x}\right) = \frac{\partial^2 z}{\partial x \partial y} = f_{xy}(x,y), \frac{\partial}{\partial x}\left(\frac{\partial z}{\partial y}\right) = \frac{\partial^2 z}{\partial y \partial x} = f_{yx}(x,y)$ 称为混合偏导数.

类似地可以定义三阶、四阶以及 n 阶偏导数. 我们把二阶及二阶以上的偏导数统称为高阶偏导数.

例 **6.3.5** 设 $z = 3x^2y - 2x^3y^2 + 4y^2 + 5$, 求 z 的二阶偏导数.

解 $\frac{\partial z}{\partial x} = 6xy - 6x^2y^2, \frac{\partial z}{\partial y} = 3x^2 - 4x^3y + 8y,$

$$\frac{\partial^2 z}{\partial x^2}=6y-12xy^2,\frac{\partial^2 z}{\partial y^2}=-4x^3y+8,$$

$$\frac{\partial^2 z}{\partial x\partial y}=6x-12x^2y,\frac{\partial^2 z}{\partial y\partial x}=6x-12x^2y.$$

由例 6.3.5 观察到两个二阶混合偏导数相等，即

$$\frac{\partial^2 z}{\partial x\partial y}=6x-12x^2y=\frac{\partial^2 z}{\partial y\partial x},$$

这个现象并不是偶然的，事实上，我们可以通过证明得出如下定理：

定理 6.3.1　如果函数 $z=f(x,y)$ 的两个二阶混合偏导数 $\frac{\partial^2 z}{\partial x\partial y}$ 及 $\frac{\partial^2 z}{\partial y\partial x}$ 在区域 D 内连续，那么在该区域内这两个二阶混合偏导数必相等.

定理 6.3.1 表明：二阶混合偏导数在连续的条件下与求偏导数的次序无关，这给混合偏导数的计算带来了方便.

例 6.3.6　求 $z=x^2y$ 的二阶偏导数.

解　$\frac{\partial z}{\partial x}=2xy$，$\frac{\partial z}{\partial y}=x^2$，

$$\frac{\partial^2 z}{\partial x^2}=2y,\frac{\partial^2 z}{\partial y^2}=0,$$

$$\frac{\partial^2 z}{\partial x\partial y}=2x=\frac{\partial^2 z}{\partial y\partial x}.$$

6.3.3　全微分

对于一元函数 $y=f(x)$，我们定义其微分为函数增量 Δy 的线性主要部分. 用函数的微分代替函数的增量，两者之差 $\Delta y-\mathrm{d}y$ 是一个比 Δx 高阶的无穷小. 对于多元函数，我们也可以类似地讨论与其相应的概念.

一般地，对于二元函数 $z=f(x,y)$，在点 $P_0(x_0,y_0)$ 处，给 x_0 以增量 Δx，给 y_0 以增量 Δy，则 z 相应的增量为

$$\Delta z=f(x_0+\Delta x,y_0+\Delta y)-f(x_0,y_0),$$

我们称之为**全增量**.

全增量 Δz 一般是 $\Delta x,\Delta y$ 的较为复杂的函数. 与一元函数的微分一样，我们希望用自变量的全增量 $\Delta x,\Delta y$ 的线性函数来表示 Δz，而且要求其误差很小. 下面看一个例子.

例 6.3.7 已知矩形的边长 x 与 y 分别由 x_0,y_0 变为 $x_0+\Delta x$, $y_0+\Delta y$，研究矩形面积 s 的全增量的表达式.

解 矩形面积 $s=xy$，面积 s 的全增量为

$$\Delta s=(x_0+\Delta x,y_0+\Delta y)-x_0y_0=y_0\Delta x+x_0\Delta y+\Delta x\Delta y,$$

上述全增量 Δs 的表达式是 $y_0\Delta x+x_0\Delta y$ 和 $\Delta x\Delta y$ 两部分的和. 第一部分 $y_0\Delta x+x_0\Delta y$ 是 $\Delta x,\Delta y$ 的线性函数,其中 Δx 的系数 y_0 、Δy 的系数 x_0 是与 Δx 、Δy 无关的常数. 从图可以看出,第二部分 $\Delta x\Delta y$ 比第一部分 $y_0\Delta x+x_0\Delta y$ 小得多. 显然,全增量 Δs 随着 $\Delta x,\Delta y$ 一同成为无穷小量,且当 $\Delta x\to 0$, $\Delta y\to 0$ 时,点 M 到 N 的距离 $\rho=\sqrt{(\Delta x)^2+(\Delta y)^2}\to 0$. 可以证明 $\Delta x\Delta y$ 是比 ρ 高阶的无穷小. 事实上,

$$\lim_{\substack{\Delta x\to 0\\ \Delta y\to 0}}\frac{\Delta x\Delta y}{\rho}=\lim_{\substack{\Delta x\to 0\\ \Delta y\to 0}}\Delta x\sin\theta=0.$$

所以当 $|\Delta x|$ 、$|\Delta y|$ 很小时,可用 Δs 的第一部分 $y_0\Delta x+x_0\Delta y$ 作为它的近似值.

对于一般的二元函数来说,可以证明,只要当 $z=f(x,y)$ 在点 $P(x,y)$ 处具有连续的偏导数 $f_x(x,y)$ 及 $f_y(x,y)$，则函数 $z=f(x,y)$ 在点 $P(x,y)$ 处的全增量 Δz 可以表示为

$$\Delta z=f_x(x,y)\Delta x+f_y(x,y)\Delta y+\bar{\omega},$$

其中第一部分 $f_x(x,y)\Delta x+f_y(x,y)\Delta y$ 为 $\Delta x,\Delta y$ 的线性函数,第二部分 $\bar{\omega}$ 为当 $\Delta x\to 0,\Delta y\to 0$ 时,它是比 $\rho=\sqrt{(\Delta x)^2+(\Delta y)^2}$ 高阶的无穷小. 因此,当 $|\Delta x|$ 、$|\Delta y|$ 很小时，可用 $f_x(x,y)\Delta x+f_y(x,y)\Delta y$ 作为全增量 Δz 的近似值,它俩的误差只不过是比 ρ 高阶的无穷小.

定义 6.3.2　如果函数 $z=f(x,y)$ 在点 $P(x,y)$ 处具有连续的偏导数 $f_x(x,y)$ 及 $f_y(x,y)$，则称 Δz 的表达式的第一部分 $f_x(x,y)\Delta x+f_y(x,y)\Delta y$ 为函数 $z=f(x,y)$ 在点 $P(x,y)$ 处全微分，记作 $\mathrm{d}z$，即

$$\mathrm{d}z=f_x(x,y)\Delta x+f_y(x,y)\Delta y,$$

或写成

$$\mathrm{d}z=\frac{\partial z}{\partial x}\Delta x+\frac{\partial z}{\partial y}\Delta y.$$

又因为 x、y 是自变量，所以 $\Delta x=\mathrm{d}x,\Delta y=\mathrm{d}y$，所以 $\mathrm{d}z$ 可表示为

$$\mathrm{d}z=f_x(x,y)\mathrm{d}x+f_y(x,y)\mathrm{d}y,$$

其中 $f_x(x,y)\mathrm{d}x$ 称为函数 $z=f(x,y)$ 对 x 的偏微分，$f_y(x,y)\mathrm{d}y$ 为函数 $z=f(x,y)$ 对 y 的偏微分.

 **6.3.8**　求函数 $z=4xy^3+5x^2y^2$ 的全微分.

解　因为

$$\frac{\partial z}{\partial x}=4y^3+10xy^2,\frac{\partial z}{\partial y}=12xy^2+10x^2y,$$

所以

$$\mathrm{d}z=(4y^3+10xy^2)\mathrm{d}x+(12xy^2+10x^2y)\mathrm{d}y.$$

 **6.3.9**　计算函数 $z=\mathrm{e}^{xy}$ 在点 $(2,1)$ 处的全微分.

解　因为

$$\frac{\partial z}{\partial x}=y\mathrm{e}^{xy},\frac{\partial z}{\partial y}=x\mathrm{e}^{xy},$$

$$\left.\frac{\partial z}{\partial x}\right|_{(2,1)}=\mathrm{e}^2,\left.\frac{\partial z}{\partial y}\right|_{(3,1)}=2\mathrm{e}^2,$$

所以

$$\mathrm{d}z=\mathrm{e}^2\mathrm{d}x+2\mathrm{e}^2\mathrm{d}y.$$

全微分是多元函数所有的自变量都变化时，所引起的全增量的近似值，因此，在引进了全微分的概念后，就可以用它作为全增量的近似值来进行计算.

例 6.3.10 计算 $1.06^{2.01}$ 的近似值.

解 设函数 $z=f(x,y)=x^y$，令 $x_0=1,\Delta x=0.06$，$y_0=2,\Delta y=0.01$. 由全增量与全微分的关系可知，当 $|\Delta x|$、$|\Delta y|$ 很小时，

$$\Delta z\approx \mathrm{d}z,$$

即

$$f(x_0+\Delta x,y_0+\Delta y)\approx f(x_0,y_0)+f_x(x_0,y_0)\Delta x+f_y(x_0,y_0)\Delta y,$$

所以

$$1.06^{2.01}\approx f(1,2)+f_x(1,2)\times 0.06+f_y(1,2)\times 0.01=1.12.$$

6.3.4 偏导数在经济分析中的应用

1. 边际函数

(1)边际需求.

假设某一商品的市场需求受到商品的价格 P 与企业的广告投入 A 这两个因素的影响，其需求函数为

$$Q=5000-10P+40A+PA-0.8A^2-0.5P^2.$$

企业在决策时要研究商品价格的变化和企业广告投入的变化对商品的需求将产生怎样的影响. 为了解决这一问题，一般的做法是假定其他变量不变，考虑一个变量变化时对函数产生的影响，这需要研究经济函数的偏导数.

价格变化对需求的边际影响为

$$\frac{\partial Q}{\partial P}=-10+A-P;$$

广告投入变化对需求的边际影响为

$$\frac{\partial Q}{\partial A}=40+P-1.6A.$$

$\frac{\partial Q}{\partial P}$ 和 $\frac{\partial Q}{\partial A}$ 分别称为**价格的边际需求**和**广告投入的边际需求**.

(2)边际成本.

设某企业生产甲、乙两种产品，产量分别为 x、y，总成本函数为

$$C=3x^2+7x+1.5xy+6y+2y^2;$$

则甲产品的边际成本为

$$\frac{\partial C}{\partial x}=6x+7+1.5y;$$

乙产品的边际成本为

$$\frac{\partial C}{\partial y}=1.5x+6+4y.$$

2. 偏弹性

与一元经济函数一样，还可以定义多元经济函数的弹性概念，多元经济函数的弹性称为偏弹性.

某商品的需求量 Q 受商品的价格 P_1、消费者的收入 M 以及相关商品的价格 P_2 等因素的影响. 假设需求函数

$$Q=f(P_1,M,P_2).$$

(1)需求对价格的偏弹性.

若消费者收入 M 及相关商品的价格 P_2 不变时，商品需求量 Q 将随价格 P_1 的变化而变化. 当 $\frac{\partial Q}{\partial P_1}$ 存在时，则需求对价格的偏弹性为

$$e_{P_1}=\lim_{\Delta P_1\to 0}\frac{\Delta_1 Q/Q}{\Delta P_1/P_1}=\frac{P_1}{Q}\cdot\frac{\partial Q}{\partial P_1};$$

其中 $\Delta_1 Q=f(P_1+\Delta P_1,M,P_2)-f(P_1,M,P_2)$.

需求对价格的偏弹性表示需求对价格变化反映的强烈程度.

(2)需求对交叉价格的偏弹性.

需求对交叉价格的偏弹性为

$$e_{P_2}=\lim_{\Delta P_2\to 0}\frac{\Delta_2 Q/Q}{\Delta P_2/P_2}=\frac{P_2}{Q}\cdot\frac{\partial Q}{\partial P_2},$$

其中 $\Delta_2 Q=f(P_1,M,P_2+\Delta P_2)-f(P_1,M,P_2)$

需求对交叉价格的偏弹性表示一种商品的需求量对另一种商品的价格变化反应的强烈程度.

(3)需求对收入的偏弹性.

需求对收入的偏弹性为

$$e_M=\lim_{\Delta M\to 0}\frac{\Delta_3 Q/Q}{\Delta M/M}=\frac{M}{Q}\cdot\frac{\partial Q}{\partial M}=\frac{\delta(\ln Q)}{\delta(\ln M)},$$

其中 $\Delta_3 Q=f(P_1,M+\Delta M,P_2)-f(P_1,M,P_2)$.

需求对收入的偏弹性表示需求量的变化对消费者收入变化反应的强烈程度.

 **6.3.11** 设某市场牛肉的需求函数为

$$Q = 4850 - 5P_1 + 0.1M + 1.5P_2,$$

其中消费者收入 $M = 10000$,牛肉价格 $P_1 = 10$,相关商品猪肉的价格 $P_2 = 8$. 求

(1)牛肉需求对价格的偏弹性,

(2)牛肉需求对收入的偏弹性,

(3)牛肉需求对交叉价格的偏弹性,

(4)若猪肉价格增加 10%,求牛肉需求量的变化率.

解 当 $M = 10000, P_1 = 10, P_2 = 8$ 时,

$$Q = 4850 - 5 \times 10 + 0.1 \times 10000 + 1.5 \times 8 = 5812.$$

(1)牛肉需求对价格的偏弹性为

$$\mathrm{e}_{P_1} = \frac{\partial Q}{\partial P_1} \cdot \frac{P_1}{Q} = -5 \times \frac{10}{5812} \approx -0.009.$$

(2)牛肉需求对收入的偏弹性为

$$\mathrm{e}_M = \frac{\partial Q}{\partial M} \cdot \frac{M}{Q} = 0.1 \times \frac{10000}{5812} \approx 0.172.$$

(3)牛肉需求对交叉价格的偏弹性为

$$\mathrm{e}_{P_2} = \frac{\partial Q}{\partial P_2} \cdot \frac{P_2}{Q} = 1.5 \times \frac{8}{5812} \approx 0.002.$$

(4)由需求对交叉价格的偏弹性 $\mathrm{e}_{P_2} = \frac{\partial Q}{\partial P_2} \cdot \frac{P_2}{Q}$ 得

$$\frac{\partial Q}{Q} = \mathrm{e}_{P_2} \cdot \frac{\partial P_2}{P_2} = 0.002 \times 10\% = 0.0002 = 0.02\%.$$

即当相关商品猪肉的价格增加 10%,而牛肉价格不变时,牛肉的市场需求量将增加 0.02%.

习题 6.3

1. 求下列函数的偏导数:

(1) $z = x^2 - 2xy + y^3$; (2) $z = x^{\sin y}$; (3) $z = \frac{x^2 + y^2}{xy}$;

(4) $z = \sqrt{\ln xy}$; (5) $u = \left(\frac{x}{y}\right)^z$; (6) $z = \mathrm{e}^x(\cos y + x\sin y)$.

2. 设 $f(x,y)=x+y-\sqrt{x^2+y^2}$，求 $f_x(3,4)$，$f_y(3,4)$.

3. 证明函数 $z=\ln(\sqrt{x}+\sqrt{y})$ 满足 $x\frac{\partial z}{\partial x}+y\frac{\partial z}{\partial y}=\frac{1}{2}$.

4. 证明函数 $z=\frac{xy}{x+y}$ 满足 $x\frac{\partial z}{\partial x}+y\frac{\partial z}{\partial y}=z$.

5. 求下列各函数的二阶偏导数：

(1) $z=e^x\sin y$；　(2) $z=\arctan\frac{y}{x}$；　(3) $z=\ln(x+y^2)$.

6. 证明函数 $z=\ln(x^2+y^2)$ 满足拉普拉斯方程：

$$\frac{\partial^2 z}{\partial x^2}+\frac{\partial^2 z}{\partial y^2}=0.$$

7. 求下列函数的全微分：

(1) $z=e^{\frac{y}{x}}$；　(2) $z=\sqrt{\frac{x}{y}}$；　(3) $z=\frac{y}{\sqrt{x^2+y^2}}$.

8. 利用全微分计算 $1.97^{1.05}$ 的近似值.

9. 某体育用品公司的某种产品有生产函数 $Q(x,y)=240x^{0.4}y^{0.6}$，其中 Q 是 x 个人力单位和 y 个资本单位生产出的产品数量. 求 32 个人力单位和 1024 个资本单位时的边际生产力.

10. 某种数码相机的销售量 Q 除了与它本身的价格 x（单位：百元）有关外，还跟配套的储存卡的价格 y（单位：百元）有关，具体的关系式为 $Q=100+\frac{25}{x}-100y-y^2$，求当 $x=25$，$y=2$ 时销售量 Q 对 x，销售量 Q 对 y 的偏弹性.

§6.4　多元复合函数的求导法则

在一元函数的微分学中，我们介绍了复合函数的求导法则. 对于多元复合函数，也有类似的结果. 下面分几种情况来讨论.

6.4.1　复合函数的中间变量均为一元函数的情形

定理 6.4.1　如果函数 $u=\varphi(t)$ 及 $v=\psi(t)$ 都在点 t 处可导，函数 $z=f(u,v)$ 在对应点 (u,v) 具有连续偏导数，则复合函数 $z=f[\varphi(t),\psi(t)]$ 在点 t 处可导，且有

$$\frac{dz}{dt}=\frac{\partial z}{\partial u}\cdot\frac{du}{dt}+\frac{\partial z}{\partial v}\cdot\frac{dv}{dt}.$$

证明 当 t 取得增量 Δt 时, u 、v 及 z 相应地也取得增量 Δu 、Δv 及 Δz. 由 $z=f(u,v)$ 、$u=\varphi(t)$ 及 $v=\psi(t)$ 的可微性,有

$$
\begin{aligned}
\Delta z &= \frac{\partial z}{\partial u}\Delta u+\frac{\partial z}{\partial v}\Delta v+o(\rho) \\
&= \frac{\partial z}{\partial u}\left[\frac{\mathrm{d}u}{\mathrm{d}t}\Delta t+o(\Delta t)\right]+\frac{\partial z}{\partial v}\left[\frac{\mathrm{d}v}{\mathrm{d}t}\Delta t+o(\Delta t)\right]+o(\rho) \\
&= \left(\frac{\partial z}{\partial u}\cdot\frac{\mathrm{d}u}{\mathrm{d}t}+\frac{\partial z}{\partial v}\cdot\frac{\mathrm{d}v}{\mathrm{d}t}\right)\Delta t+\left(\frac{\partial z}{\partial u}+\frac{\partial z}{\partial v}\right)o(\Delta t)+o(\rho),
\end{aligned}
$$

$$
\frac{\Delta z}{\Delta t}=\frac{\partial z}{\partial u}\cdot\frac{\mathrm{d}u}{\mathrm{d}t}+\frac{\partial z}{\partial v}\cdot\frac{\mathrm{d}v}{\mathrm{d}t}+\left(\frac{\partial z}{\partial u}+\frac{\partial z}{\partial v}\right)\frac{o(\Delta t)}{\Delta t}+\frac{o(\rho)}{\Delta t},
$$

令 $\Delta t\to 0$, 上式两边取极限,即得

$$
\frac{\mathrm{d}z}{\mathrm{d}t}=\frac{\partial z}{\partial u}\cdot\frac{\mathrm{d}u}{\mathrm{d}t}+\frac{\partial z}{\partial v}\cdot\frac{\mathrm{d}v}{\mathrm{d}t}.
$$

用同样的方法,可以把定理推广到中间变量多于两个的情形,例如设

$$
z=f(u,v,w),\ u=\varphi(t),v=\psi(t),w=\omega(t),
$$

则 $z=f[\varphi(t),\psi(t),\omega(t)]$ 对 t 的导数为

$$
\frac{\mathrm{d}z}{\mathrm{d}t}=\frac{\partial z}{\partial u}\frac{\mathrm{d}u}{\mathrm{d}t}+\frac{\partial z}{\partial v}\frac{\mathrm{d}v}{\mathrm{d}t}+\frac{\partial z}{\partial w}\frac{\mathrm{d}w}{\mathrm{d}t}.
$$

上述 $\frac{\mathrm{d}z}{\mathrm{d}t}$ 称为**全导数**.

6.4.2 复合函数的中间变量均为多元函数的情形

定理 6.4.2 如果函数 $u=\varphi(x,y),v=\psi(x,y)$ 在点 (x,y) 具有对 x 及 y 的偏导数,函数 $z=f(u,v)$ 在对应点 (u,v) 具有连续偏导数,则复合函数 $z=f[\varphi(x,y),\psi(x,y)]$ 在点 (x,y) 的两个偏导数存在,且有

$$
\frac{\partial z}{\partial x}=\frac{\partial z}{\partial u}\cdot\frac{\partial u}{\partial x}+\frac{\partial z}{\partial v}\cdot\frac{\partial v}{\partial x},\frac{\partial z}{\partial y}=\frac{\partial z}{\partial u}\cdot\frac{\partial u}{\partial y}+\frac{\partial z}{\partial v}\cdot\frac{\partial v}{\partial y}.
$$

推广到三个中间变量的情形,设 $z=f(u,v,w),u=\varphi(x,y)$, $v=\psi(x,y),w=\omega(x,y)$, 则

$$
\begin{aligned}
\frac{\partial z}{\partial x}&=\frac{\partial z}{\partial u}\cdot\frac{\partial u}{\partial x}+\frac{\partial z}{\partial v}\cdot\frac{\partial v}{\partial x}+\frac{\partial z}{\partial w}\cdot\frac{\partial w}{\partial x},\frac{\partial z}{\partial y} \\
&=\frac{\partial z}{\partial u}\cdot\frac{\partial u}{\partial y}+\frac{\partial z}{\partial v}\cdot\frac{\partial v}{\partial y}+\frac{\partial z}{\partial w}\cdot\frac{\partial w}{\partial y}.
\end{aligned}
$$

例 6.4.1 设 $z=uv+\sin t$，而 $u=e^t, v=\cos t$. 求 $\frac{dz}{dx}$.

解 $\frac{dz}{dt}=\frac{\partial z}{\partial u}\cdot\frac{du}{dt}+\frac{\partial z}{\partial v}\cdot\frac{dv}{dt}+\frac{\partial z}{\partial t}=ve^t-u\sin t+\cos t$

$$=e^t\cos t-e^t\sin t+\cos t=e^t(\cos t-\sin t)+\cos t.$$

例 6.4.2 设 $z=e^u\sin v$，而 $u=xy, v=x+y$. 求 $\frac{\partial z}{\partial x}$ 和 $\frac{\partial z}{\partial y}$.

解 $\frac{\partial z}{\partial x}=\frac{\partial z}{\partial u}\cdot\frac{\partial u}{\partial x}+\frac{\partial z}{\partial v}\cdot\frac{\partial v}{\partial x}=e^u\sin v\cdot y+e^u\cos v\cdot 1$

$$=e^{xy}[y\sin(x+y)+\cos(x+y)],$$

$$\frac{\partial z}{\partial y}=\frac{\partial z}{\partial u}\cdot\frac{\partial u}{\partial y}+\frac{\partial z}{\partial v}\cdot\frac{\partial v}{\partial y}=e^u\sin v\cdot x+e^u\cos v\cdot 1$$

$$=e^{xy}[x\sin(x+y)+\cos(x+y)].$$

例 6.4.3 设 $z=f(u,v)$，而 $u=x^2+y^2, v=\frac{x}{y}$. 求 $\frac{\partial z}{\partial x}$ 和 $\frac{\partial z}{\partial y}$.

解 $\frac{\partial z}{\partial x}=\frac{\partial z}{\partial u}\cdot\frac{\partial u}{\partial x}+\frac{\partial z}{\partial v}\cdot\frac{\partial v}{\partial x}=\frac{\partial z}{\partial u}\cdot 2x+\frac{\partial z}{\partial v}\cdot\left(-\frac{y}{x^2}\right)$,

$$\frac{\partial z}{\partial y}=\frac{\partial z}{\partial u}\cdot\frac{\partial u}{\partial y}+\frac{\partial z}{\partial v}\cdot\frac{\partial v}{\partial y}=\frac{\partial z}{\partial u}\cdot 2y+\frac{\partial z}{\partial v}\cdot\frac{1}{x}.$$

例 6.4.4 求函数 $t=f(x,xy,xyz)$ 的偏导数.

解 设 $u=x, v=xy, w=xyz$，则有

$$\frac{\partial t}{\partial x}=\frac{\partial t}{\partial u}\cdot\frac{\partial u}{\partial x}+\frac{\partial t}{\partial v}\cdot\frac{\partial v}{\partial x}+\frac{\partial t}{\partial w}\cdot\frac{\partial w}{\partial x}=\frac{\partial t}{\partial u}+\frac{\partial t}{\partial v}\cdot y+\frac{\partial t}{\partial w}\cdot yz,$$

$$\frac{\partial t}{\partial y}=\frac{\partial t}{\partial u}\cdot\frac{\partial u}{\partial y}+\frac{\partial t}{\partial v}\cdot\frac{\partial v}{\partial y}+\frac{\partial t}{\partial w}\cdot\frac{\partial w}{\partial y}=\frac{\partial t}{\partial v}\cdot x+\frac{\partial t}{\partial w}\cdot xz,$$

$$\frac{\partial t}{\partial z}=\frac{\partial t}{\partial u}\cdot\frac{\partial u}{\partial z}+\frac{\partial t}{\partial v}\cdot\frac{\partial v}{\partial z}+\frac{\partial t}{\partial w}\cdot\frac{\partial w}{\partial z}=\frac{\partial t}{\partial w}\cdot xy.$$

注意:有时候,为了表达简便,引入以下记号:

$$\frac{\partial t}{\partial u}=f'_1, \frac{\partial t}{\partial v}=f'_2, \frac{\partial t}{\partial w}=f'_3.$$

全微分形式不变性:

设 $z=f(u,v)$ 具有连续偏导数,则有全微分

$$dz=\frac{\partial z}{\partial u}du+\frac{\partial z}{\partial v}dv.$$

如果 $z=f(u,v)$ 具有连续偏导数，而 $u=\varphi(x,y)$，$v=\psi(x,y)$ 也具有连续偏导数，则

$$\mathrm{d}z=\frac{\partial z}{\partial x}\mathrm{d}x+\frac{\partial z}{\partial y}\mathrm{d}y=\left(\frac{\partial z}{\partial u}\frac{\partial u}{\partial x}+\frac{\partial z}{\partial v}\frac{\partial v}{\partial x}\right)\mathrm{d}x+\left(\frac{\partial z}{\partial u}\frac{\partial u}{\partial y}+\frac{\partial z}{\partial v}\frac{\partial v}{\partial y}\right)\mathrm{d}y$$

$$=\frac{\partial z}{\partial u}\left(\frac{\partial u}{\partial x}\mathrm{d}x+\frac{\partial u}{\partial y}\mathrm{d}y\right)+\frac{\partial z}{\partial v}\left(\frac{\partial v}{\partial x}\mathrm{d}x+\frac{\partial v}{\partial y}\mathrm{d}y\right)=\frac{\partial z}{\partial u}\mathrm{d}u+\frac{\partial z}{\partial v}\mathrm{d}v,$$

由此可见，无论 z 是自变量 u、v 的函数或中间变量 u、v 的函数，它的全微分形式是一样的. 这个性质叫作全微分形式不变性.

例 6.4.5 设 $z=\mathrm{e}^u\sin v$，而 $u=xy$，$v=x+y$，利用全微分形式不变性求全微分.

解 $\mathrm{d}z=\frac{\partial z}{\partial u}\mathrm{d}u+\frac{\partial z}{\partial v}\mathrm{d}v=\mathrm{e}^u\sin v\mathrm{d}u+\mathrm{e}^u\cos v\mathrm{d}v$

$=\mathrm{e}^u\sin v(y\mathrm{d}x+x\mathrm{d}y)+\mathrm{e}^u\cos v(\mathrm{d}x+\mathrm{d}y)$

$=\mathrm{e}^{xy}[y\sin(x+y)+\cos(x+y)]\mathrm{d}x+\mathrm{e}^{xy}[x\sin(x+y)+\cos(x+y)]\mathrm{d}y$

习题 6.4

1. 设 $z=\frac{u+2v}{2u-v}$，而 $u=\mathrm{e}^x$，$v=\mathrm{e}^{-x}$. 求 $\frac{\mathrm{d}z}{\mathrm{d}x}$.

2. 设 $z=\frac{y}{x}$，而 $x=\mathrm{e}^t$，$y=1-\mathrm{e}^{2t}$. 求 $\frac{\mathrm{d}z}{\mathrm{d}t}$.

3. 设 $z=u^2\ln v$，而 $u=\frac{x}{y}$，$v=3x-2y$. 求 $\frac{\partial z}{\partial x}$ 和 $\frac{\partial z}{\partial y}$.

4. 设 $z=\arctan\frac{x}{y}$，而 $x=u+v$，$y=u-v$. 验证 $\frac{\partial z}{\partial u}+\frac{\partial z}{\partial v}=\frac{u-v}{u^2+v^2}$.

5. 设 f 可微，求下列函数的一阶偏导数：

(1) $u=f(x^2-y^2,xy)$；　(2) $u=f\left(\frac{x}{y},\frac{y}{z}\right)$；　(3) $u=f(x-y^2,xy,xyz)$.

6. 设 $z=xy+xF(u)$，其中 $F(u)$ 可导，$u=\frac{y}{x}$. 证明

$$x\frac{\partial z}{\partial x}+y\frac{\partial z}{\partial y}=z+xy.$$

7. 设函数 $z=\frac{y}{f(x^2-y^2)}$，其中 $f(u)$ 为可导函数，验证

$$\frac{1}{x}\frac{\partial z}{\partial x}+\frac{1}{y}\frac{\partial z}{\partial y}=\frac{z}{y^2}.$$

8. 设 $z=(2x+y)^{x-2y}$，求 $\mathrm{d}z$.

§6.5　隐函数微分法

在研究一元函数的微分法时,我们曾经介绍过隐函数的求导法. 现在我们给出一般一元隐函数的求导公式,并由此推出多个自变量的隐函数微分法.

6.5.1　一元函数的隐函数

定理 6.5.1　设函数 $F(x,y)$ 在点 $P_0(x_0,y_0)$ 的某一邻域内具有连续偏导数, $F(x_0,y_0)=0, F_y(x_0,y_0)\neq 0$, 则方程 $F(x,y)=0$ 在点 (x_0,y_0) 的某一邻域内恒能唯一确定一个连续且具有连续导数的函数 $y=f(x)$, 它满足条件 $y_0=f(x_0)$, 并有

$$\frac{\mathrm{d}y}{\mathrm{d}x}=-\frac{F_x}{F_y}.$$

定理的结论我们不做证明,我们仅给出如下推导:

将 $y=f(x)$ 代入 $F(x,y)=0$, 得恒等式

$$F(x,f(x))\equiv 0,$$

等式两边对 x 求导得

$$\frac{\partial F}{\partial x}+\frac{\partial F}{\partial y}\cdot\frac{\mathrm{d}y}{\mathrm{d}x}=0,$$

由于 F_y 连续,且 $F_y(x_0,y_0)\neq 0$, 所以存在 (x_0,y_0) 的一个邻域,在这个邻域中 $F_y\neq 0$, 于是得

$$\frac{\mathrm{d}y}{\mathrm{d}x}=-\frac{F_x}{F_y}.$$

例 6.5.1　求由方程 $\sin y+\mathrm{e}^x=xy^2$ 所确定的 y 对 x 的导数.

解　令 $F(x,y)=\sin y+\mathrm{e}^x-xy^2$, 求出

$$\frac{\partial F}{\partial x}=\mathrm{e}^x-y^2,\frac{\partial F}{\partial y}=\cos y-2xy,$$

所以

$$\frac{\mathrm{d}y}{\mathrm{d}x}=-\frac{\mathrm{e}^x-y^2}{\cos y-2xy}.$$

6.5.2 二元函数的隐函数

隐函数存在定理还可以推广到多元函数. 一个二元方程 $F(x,y)=0$ 可以确定一个一元隐函数，一个三元方程 $F(x,y,z)=0$ 可以确定一个二元隐函数.

定理 6.5.2 设函数 $F(x,y,z)$ 在点 $P_0(x_0,y_0,z_0)$ 的某一邻域内具有连续的偏导数，且 $F(x_0,y_0,z_0)=0$，$F_z(x_0,y_0,z_0)\neq 0$，则方程 $F(x,y,z)=0$ 在点 $P_0(x_0,y_0,z_0)$ 的某一邻域内恒能唯一确定一个连续且具有连续偏导数的函数 $z=f(x,y)$，它满足条件 $z_0=f(x_0,y_0)$，并有

$$\frac{\partial z}{\partial x}=-\frac{F_x}{F_z},\frac{\partial z}{\partial y}=-\frac{F_y}{F_z}.$$

我们有如下推导：

将 $z=f(x,y)$ 代入 $F(x,y,z)=0$，得

$$F(x,y,f(x,y))\equiv 0,$$

将上式两端分别对 x 和 y 求导，得

$$F_x+F_z\cdot\frac{\partial z}{\partial x}=0,F_y+F_z\cdot\frac{\partial z}{\partial y}=0,$$

因为 F_z 连续且 $F_z(x_0,y_0,z_0)\neq 0$，所以存在点 $P_0(x_0,y_0,z_0)$ 的一个邻域，使 $F_z\neq 0$，于是得

$$\frac{\partial z}{\partial x}=-\frac{F_x}{F_z},\frac{\partial z}{\partial y}=-\frac{F_y}{F_z}.$$

例 6.5.2 求由方程 $e^{-xy}+e^z=2z$ 所确定的函数 z 对 x 和 y 的偏导数.

解 设 $F(x,y,z)=e^{-xy}+e^z-2z$，则

$$F_x=-ye^{-xy},F_y=-xe^{-xy},F_z=e^z-2,$$

所以

$$\frac{\partial z}{\partial x}=-\frac{F_x}{F_z}=-\frac{ye^{-xy}}{e^z-2},\frac{\partial z}{\partial y}=-\frac{F_y}{F_z}=-\frac{xe^{-xy}}{e^z-2}.$$

习题 6.5

1. 设 $\sin y+\mathrm{e}^{x}=xy^{2}$，求 $\frac{\mathrm{d}y}{\mathrm{d}x}$.

2. 设 $\ln\sqrt{x^{2}+y^{2}}=\arctan\frac{y}{x}$，求 $\frac{\mathrm{d}y}{\mathrm{d}x}$.

3. 设 $x+2y+z-2\sqrt{xyz}=0$，求 $\frac{\partial z}{\partial x}$ 和 $\frac{\partial z}{\partial y}$.

4. 设 $\frac{x}{z}=\ln\frac{y}{z}$，求 $\frac{\partial z}{\partial x}$ 和 $\frac{\partial z}{\partial y}$.

5. 设 $\mathrm{e}^{z}=xyz$，求 $\frac{\partial z}{\partial x}$ 和 $\frac{\partial z}{\partial y}$.

6. 设 $x^{2}+y^{2}+z^{2}=yf(\frac{z}{y})$，其中 $f(u)$ 可导，求 $\frac{\partial z}{\partial x}$ 和 $\frac{\partial z}{\partial y}$.

7. 设 $2\sin(x+2y-3z)=x+2y-3z$，证明 $\frac{\partial z}{\partial x}+\frac{\partial z}{\partial y}=1$.

§6.6　多元函数的极值

在实际问题中，往往会遇到求多元函数的最大值、最小值的问题. 与一元函数的极值相类似，多元函数的最大值、最小值与极大值、极小值有着紧密的联系. 下面我们以二元函数为例来讨论多元函数的极值问题.

6.6.1　二元函数极值的概念

定义 6.6.1　设函数 $z=f(x,y)$ 在点 $P_0(x_0,y_0)$ 的某邻域内有定义，对于该邻域内的异于点 $P_0(x_0,y_0)$ 的任一点 $P(x,y)$，如果

$$f(x,y)<f(x_0,y_0),$$

则称函数 $z=f(x,y)$ 在点 $P_0(x_0,y_0)$ 有极大值，点 $P_0(x_0,y_0)$ 称为函数 $z=f(x,y)$ 的极大值点；如果 $f(x,y)>f(x_0,y_0)$，则称函数 $z=f(x,y)$ 在点 $P_0(x_0,y_0)$ 有极小值，点 $P_0(x_0,y_0)$ 称为函数 $z=f(x,y)$ 的极小值点. 极大值与极小值统称为极值，使函数取得极值的点称为**极值点**.

显然，二元函数的极值也是一个局部范围内的概念. 二元函数 $z = f(x,y)$ 在点 $P_0(x_0,y_0)$ 取得极大值，就表示二元函数 $z = f(x,y)$ 的曲面上，对于点 $P_0(x_0,y_0)$ 的对应点 $M_0(x_0,y_0,z_0)$ 的坐标 $z_0 = f(x_0,y_0)$，大于 $P_0(x_0,y_0)$ 附近其他个点对应的曲面上的坐标，即曲面出现了如“山峰”的顶点. 类似地具有极小值的函数，它的曲面上出现如“山谷”的底点.

例 6.6.1 $z = \sqrt{1-x^2-y^2}$ 在点 $(0,0)$ 处有极大值. 从几何上看，$z = \sqrt{1-x^2-y^2}$

表示以原点为球心，半径为 1 的上半球面，点 $(0,0,1)$ 是它的顶点.

例 6.6.2 函数 $z = 2x^2 + 3y^2$ 在点 $(0,0)$ 处有极小值，从几何上看，$z = 2x^2 + 3y^2$ 表示一个开口朝上的椭圆抛物面，点 $(0,0,0)$ 是它的顶点.

与导数在一元函数极值研究中的作用一样，偏导数也是研究多元函数极值的主要手段. 如果二元函数 $z = f(x,y)$ 在点 $P_0(x_0,y_0)$ 处取得极值，那么固定 $y = y_0$，一元函数 $z = f(x,y_0)$ 在 $x = x_0$ 点处必取得相同的极值；同理，固定 $x = x_0$，$z = f(x_0,y)$ 在 $y = y_0$ 处必取得相同的极值.

定理 6.6.1(函数有极值的必要条件) 如果函数 $z = f(x,y)$ 在点 $P_0(x_0,y_0)$ 有极值，并且 $z = f(x,y)$ 在点 $P_0(x_0,y_0)$ 可偏导，则它在该点处的偏导数必然为零，即

$$f_x(x_0,y_0) = 0, f_y(x_0,y_0) = 0.$$

与一元函数类似，对于多元函数，凡是能使一阶偏导数同时为零的点称为函数的驻点.

定理 6.6.2(函数有极值的充分条件) 设函数 $z = f(x,y)$ 在点 $P_0(x_0,y_0)$ 的某邻域内有直到二阶的连续偏导数，又 $f_x(x_0,y_0) = 0$，$f_y(x_0,y_0) = 0$. 令

$$f_{xx}(x_0,y_0) = A, f_{xy}(x_0,y_0) = B, f_{yy}(x_0,y_0) = C.$$

(1)当 $AC - B^2 > 0$ 时，$f(x_0,y_0)$ 是极值，且当 $A > 0$ 时有极小值，当 $A < 0$ 时有极大值；

(2)当 $AC - B^2 < 0$ 时，$f(x_0,y_0)$ 不是极值；

(3)当 $AC - B^2 = 0$ 时，$f(x_0,y_0)$ 是否为极值需另作讨论.

根据定理 6.6.1 和定理 6.6.2，求函数 $z=f(x,y)$ 极值的一般步骤为：

第一步：解方程组 $f_x(x_0,y_0)=0, f_y(x_0,y_0)=0$，求出所有驻点；

第二步：对于每一个驻点 $P_0(x_0,y_0)$，求出二阶偏导数的值 A、B、C；

第三步：定出 $AC-B^2$ 的符号，再判定是否是极值.

例 6.6.3 求函数 $f(x,y)=-x^4-y^4+4xy-1$ 的极值.

解 解方程组

$$\begin{cases} f_x(x,y)=-4x^3+4y=0, \\ f_y(x,y)=-4y^3+4x=0, \end{cases}$$

得驻点 $(0,0),(1,1),(-1,-1)$，又

$$f_{xx}(x,y)=-12x^2,\ f_{xy}(x,y)=4,\ f_{yy}(x,y)=-12y^2,$$

在点 $(0,0)$：$AC-B^2=-16$，所以 $f(0,0)$ 不是极值；

在点 $(1,1)$：$AC-B^2=128$，所以 $f(1,1)=1$ 是极大值；

在点 $(-1,-1)$：$AC-B^2=128$，所以 $f(-1,-1)=1$ 是极大值.

与一元函数相类似，我们可以利用函数的极值来求函数的最大值和最小值.

求最值的一般方法是，将函数在 D 内的所有驻点处的函数值及在 D 的边界上的最大值和最小值相互比较，其中最大者即为最大值，最小者即为最小值.

例 6.6.4 求二元函数 $z=f(x,y)=x^2y(4-x-y)$，在直线 $x+y=6$，x 轴和 y 轴所围成的闭区域 D 上的最大值与最小值.

解 先求函数在 D 内的驻点，解方程组

$$\begin{cases} f_x(x,y)=2xy(4-x-y)-x^2y=0, \\ f_y(x,y)=x^2(4-x-y)-x^2y=0, \end{cases}$$

得区域 D 内唯一驻点 $(2,1)$，且 $f(2,1)=4$；再求 $f(x,y)$ 在 D 边界上的最值，在边界 $x=0$ 和 $y=0$ 上 $f(x,y)=0$；在边界 $x+y=6$ 上，$f(x,y)=x^2(6-x)(-2)$，由

$$f_x=4x(x-6)+2x^2=0,$$

得 $x_1=0,\ x_2=4 \Rightarrow y=6-x\,|_{x=4}=2, f(4,2)=-64.$

比较后可知 $f(2,1)=4$ 为最大值，$f(4,2)=-64$ 为最小值.

例 6.6.5 某厂要用铁板做一个体积为 2 m^3 的有盖长方体水箱. 问当长、宽、高各取怎样的尺寸时才能使用料最省?

解 设水箱的长为 x m,宽为 y m,则其高应为 $\frac{2}{xy}$ m. 此水箱所用材料的面积

$$A=2\left(xy+y\cdot\frac{2}{xy}+x\cdot\frac{2}{xy}\right),$$

即

$$A=2\left(xy+\frac{2}{x}+x\cdot\frac{2}{y}\right),\ (x>0,y>0),$$

令

$$\begin{cases}A_x=2\left(y-\dfrac{2}{x^2}\right)=0,\\ A_y=2\left(x-\dfrac{2}{y^2}\right)=0.\end{cases}$$

解方程组,得

$$x=\sqrt[3]{2},y=\sqrt[3]{2}.$$

因此,当 $x=\sqrt[3]{2}$,$y=\sqrt[3]{2}$,$z=\sqrt[3]{2}$ 时,A 取最小值. 也就是说,当水箱的长、宽、高都为 $\sqrt[3]{2}$ m 时,水箱所用材料最省.

6.6.6 某工厂生产两种产品 A 与 B,出售单价分别是 10 元和 9 元,生产 x 单位产品 A 和 y 单位产品 B 的总费用是

$$c=400+2x+3y+0.01(3x^2+xy+3y^2),$$

求取得最大利润时两种产品的产量.

解 设生产 x 单位产品 A 和 y 单位产品 B 时的利润函数为 $L(x,y)$,则有

$$L(x,y)=8x+6y-400-0.01(3x^2+xy+3y^2),$$

令

$$\begin{cases}L_x=8-0.01(6x+y)=0,\\ L_y=6-0.01(x+6y)=0,\end{cases}$$

解得 $x=120$,$y=80$. 即当生产 120 单位产品 A 和 80 单位产品 B 时产生的利润最大.

6.6.2　条件极值、拉格朗日乘数法

前面所讨论的极值，对于函数的自变量一般只要求其在定义域内，并无其他限制条件，这类极值我们称为无条件极值. 但在实际问题中，常会遇到对函数的自变量还有附加条件的极值问题.

例如，小王有 200 元钱，他决定用来购买两种急需物品：计算机磁盘和录音磁带. 设他购买 x 张磁盘，y 盒录音磁带，效果函数为 $u(x,y)=\ln x+\ln y$. 又已知每张磁盘 8 元，每盒磁带 10 元，问他如何分配这 200 元以达到最佳效果？

问题的实质是求 $u(x,y)=\ln x+\ln y$ 在条件 $8x+10y=200$ 下的极值. 像这种对自变量有附加条件的极值称为条件极值.

对于有些条件极值问题，我们可以把条件极值转化为无条件极值来求解. 例如上述问题，从条件 $8x+10y=200$ 中解出

$$y=\frac{1}{10}(200-8x),$$

则问题就转化为

$$u=\ln\frac{x}{10}(200-8x),$$

的无条件极值.

但是在大多数情况下，将条件极值转化为无条件极值并不简单. 此时，我们一般会用到下面介绍的拉格朗日乘数法.

设函数 $f(x,y)$ 与 $\varphi(x,y)$ 在所考察的区域内具有一阶连续的偏导数，则求目标函数 $f(x,y)$ 在条件 $\varphi(x,y)=0$ 下的条件极值问题，可以转化为求拉格朗日函数

$$L(x,y,\lambda)=f(x,y)+\lambda\varphi(x,y)$$

（其中 λ 是参数）的无条件极值问题.

求解这个问题的拉格朗日乘数法具体步骤为：

(1)构造拉格朗日函数

$$L(x,y,\lambda)=f(x,y)+\lambda\varphi(x,y),$$

(2)由方程组

$$\begin{cases}L_x=f_x(x,y)+\lambda\varphi_x(x,y)=0,\\ L_y=f_y(x,y)+\lambda\varphi_y(x,y)=0,\\ L_\lambda=\varphi(x,y)=0.\end{cases}$$

求出 x,y 以及 λ，那么点 (x,y) 是目标函数 $f(x,y)$ 在约束条件 $\varphi(x,y)=0$ 下的可疑极值点.

例 6.6.7 求从原点到曲面 $(x-y)^2-z^2=1$ 的最短距离.

解 设目标函数为 $f(x,y,z)=x^2+y^2+z^2$，作拉格朗日函数

$$L(x,y,\lambda)=x^2+y^2+z^2+\lambda((x-y)^2-z^2-1),$$

求解方程组

$$\begin{cases}L_x=2x+2\lambda(x-y)=0,\\ L_y=2y-2\lambda(x-y)=0,\\ L_z=2z-2\lambda z=0,\\ (x-y)^2-z^2=1.\end{cases}$$

得 $z=0$ 或 $\lambda=1$.

当 $\lambda=1$ 时，$x=y=0$，z 无实数解；当 $z=0$ 时，$x=\pm\frac{1}{2}$，$y=\mp\frac{1}{2}$，于是得两个可疑极值点 $M_1\left(\frac{1}{2},-\frac{1}{2},0\right)$，$M_2\left(-\frac{1}{2},\frac{1}{2},0\right)$. 由于最短距离必然存在，必在 M_1,M_2 处取得，所以 $|OM_1|=|OM_2|=\sqrt{\left(\pm\frac{1}{2}\right)^2+\left(\mp\frac{1}{2}\right)^2+0^2}=\frac{1}{\sqrt{2}}$，即为所求的最短距离.

例 6.6.8 设柯布-道格拉斯生产函数为 $f(L,K)=6L^{\frac{1}{3}}K^{\frac{1}{2}}$，其产品价格 $p=2$，劳动 L 投入价格 $\bar{\omega}=4$，资本 K 投入价格为 $r=3$. 在劳动与资本投入价格严格大于零的条件下，求最大利润和此时的投入水平.

解 设利润函数为 Φ，则

$$\Phi=pf(L,K)-\bar{\omega}L-rK=12L^{\frac{1}{3}}K^{\frac{1}{2}}-4L-3K,$$

由利润最大化的一阶必要条件，有

$$\begin{cases}\Phi_L=4L^{-\frac{2}{3}}K^{\frac{1}{2}}-4=0,\\ \Phi_K=6L^{\frac{1}{3}}K^{-\frac{1}{2}}-3=0,\end{cases}$$

解方程组得到唯一驻点 $(L,K)=(8,16)$.

由实际问题的意义知 $(L,K)=(8,16)$ 就是利润函数的最大值点，从而当 $L=8$，$K=16$ 时利润最大，最大利润为 $\Phi|_{(8,16)}=16$.

习题 6.6

1. 求下面函数的极值：

(1) $f(x,y)=x^3+y^3-3xy$；　　(2) $f(x,y)=x^4+y^4-x^2-2xy-y^2$；

(3) $f(x,y)=e^{2x}(x+2y^2+2y)$；　　(4) $f(x,y)=4(x-y)-x^2-y^2$.

2. 求函数 $z=xy$ 在条件 $x+y=1$ 下的极值.

3. 求表面积为 a^2 而体积最大的长方体的体积.

4. 在平面 xOy 上求一点，使它到 $x=0$，$y=0$ 及 $x+2y-16=0$ 三直线的距离平方之和最小.

5. 设某工厂生产某产品的数量 S 与所用的两种原料 A，B 的数量 x，y 间有关系式 $S(x,y)=0.005x^2y$，现用 150 万元购置原料，已知 A，B 原料每吨单价分别为 1 万元和 2 万元，问购进两种原料各多少，才能使生产的数量最多？

6. 某厂生产甲、乙两种产品，其销售单位价分别为 10 万元和 9 万元，若生产 x 件甲产品和 y 件乙产品的总成本为：

$$C=400+2x+3y+0.01(2x^2+xy+3y^2)\ (\text{万元})$$

又已知两种产品的总产量为 100 件，求企业获得最大利润时两种产品的产量.

§ 6.7　二重积分的概念及性质

在一元积分学中，我们知道定积分是从实践中抽象出来的概念，它是某种确定形式的和的极限. 与定积分类似，二重积分也是一种“和式的极限”. 所不同的是：定积分的被积函数是一元函数，积分范围是一个区间；二重积分的被积函数是一个二元函数，积分范围是平面上的一个区域. 他们之间具有密切联系，二重积分可以通过定积分来计算.

6.7.1　二重积分的概念

 **6.7.1**　曲顶柱体的体积.

设有一立体，它的底是 xOy 面上的闭区域 D，它的侧面是以 D 的边界曲线为准线而母线平行于 z 轴的柱面，它的顶是曲面 $z=f(x,y)$，这里 $f(x,y)\geqslant 0$ 且在 D 上连续. 这种立体叫作曲顶柱体(见图 6.7.1(a)). 现在我

们来讨论如何计算曲顶柱体的体积.

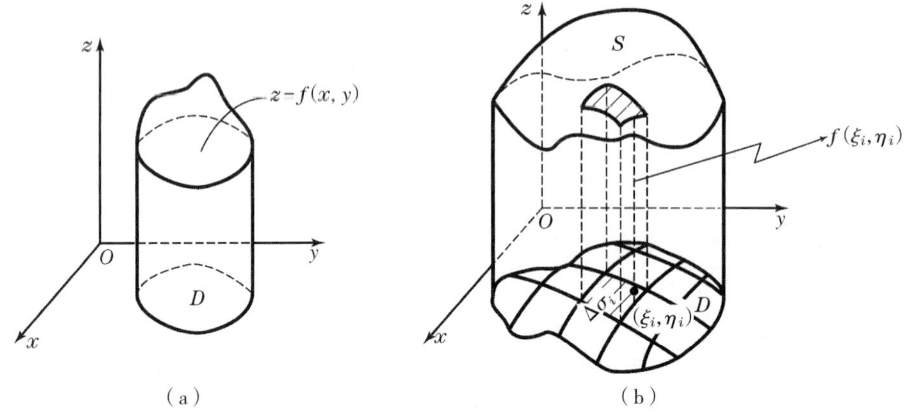

图 6.7.1

我们知道平顶柱体的高不变，它的体积可用公式：

$$体积=底面积\times高$$

来计算. 但曲顶柱体的高是变化的，不能按上述公式来计算体积. 我们回忆一下在求曲边梯形面积时，也曾遇到过这类问题，当时我们是这样解决问题的：先在局部上“以直代曲”求得曲边梯形面积的近似值；然后通过取极限，由近似值得到精确值. 下面我们仍用这种思考问题的方法来求曲顶柱体的体积.

首先，用一组曲线网把 D 分成 n 个小区域：

$$\Delta\sigma_1, \cdots, \Delta\sigma_n.$$

分别以这些小闭区域的边界曲线为准线，作母线平行于 z 轴的柱面，这些柱面把原来的曲顶柱体分为 n 个细曲顶柱体. 在每个 $\Delta\sigma_i$ 中任取一点 (ξ_i, η_i)，以 $f(\xi_i, \eta_i)$ 为高而底为 $\Delta\sigma_i$ 的平顶柱体(见图 6.7.1(b))的体积为

$$f(\xi_i, \eta_i)\Delta\sigma_i.$$

所以，这个平顶柱体体积之和

$$\sum_{i=1}^{n} f(\xi_i, \eta_i)\Delta\sigma_i.$$

可以认为是整个曲顶柱体体积的近似值. 为求得曲顶柱体体积的精确值，将分割加密，只需取极限，即

$$V=\lim_{\lambda\to 0}\sum_{i=1}^{n} f(\xi_i, \eta_i)\Delta\sigma_i.$$

其中 λ 是个小区域的直径中的最大值.

 **6.7.2** 平面薄片的质量.

设有一平面薄片占有 xOy 面上的闭区域 D，它在点 (x,y) 处的面密度为 $\rho(x,y)$，这里 $\rho(x,y)>0$ 且在 D 上连续. 现在要计算该薄片的质量 M.

用一组曲线网把 D 分成 n 个小区域

$$\Delta\sigma_1,\cdots,\Delta\sigma_n.$$

把各小块的质量近似地看作均匀薄片的质量

$$\rho(\xi_i,\eta_i)\Delta\sigma_i.$$

各小块质量的和作为平面薄片的质量的近似值

$$M\approx\sum_{i=1}^{n}\rho(\xi_i,\eta_i)\Delta\sigma_i.$$

将分割加细,取极限,得到平面薄片的质量

$$M=\lim_{\lambda\to 0}\sum_{i-1}^{n}\rho(\xi_i,\eta_i)\Delta\sigma_i.$$

其中 λ 是个小区域的直径中的最大值.

上面两个问题的实际意义虽然不同,但是所求量都归结为同一形式的和的极限. 在物理、力学、几何和工程技术中,有许多物理量或几何量都可归结为这一形式和的极限.

定义 6.7.1　设 $f(x,y)$ 是有界闭区域 D 上的有界函数. 将闭区域 D 任意分成 n 个小闭区域

$$\Delta\sigma_1,\cdots,\Delta\sigma_n,$$

其中 $\Delta\sigma_i$ 表示第 i 个小区域,也表示它的面积. 在每个 $\Delta\sigma_i$ 上任取一点 (ξ_i,η_i)，作和

$$\sum_{i=1}^{n}f(\xi_i,\eta_i)\Delta\sigma_i.$$

如果当各小闭区域的直径中的最大值 λ 趋于零时,这和的极限总存在,则称此极限为函数 $f(x,y)$ 在闭区域 D 上的二重积分,记作 $\iint\limits_{D}f(x,y)\mathrm{d}\sigma$，即

$$\iint\limits_{D}f(x,y)\mathrm{d}\sigma=\lim_{\lambda\to 0}\sum_{i=1}^{n}f(\xi_i,\eta_i)\Delta\sigma_i.$$

称 $f(x,y)$ 为被积函数,称 $f(x,y)\mathrm{d}\sigma$ 为被积表达式,称 $\mathrm{d}\sigma$ 为面积元素,称 x,y 为积分变量,称 D 为积分区域,称 $\sum\limits_{i=1}^{n}f(\xi_i,\eta_i)\Delta\sigma_i$ 为积分和.

如果在直角坐标系中用平行于坐标轴的直线网来划分 D, 那么除了包含边界点的一些小闭区域外,其余的小闭区域都是矩形闭区域. 设矩形闭区域 $\Delta\sigma_i$ 的边长为 Δx_i 和 Δy_i, 则 $\Delta\sigma_i = \Delta x_i \Delta y_i$,因此在直角坐标系中,有时也把面积元素 $\mathrm{d}\sigma$ 记作 $\mathrm{d}x\mathrm{d}y$, 而把二重积分记作

$$\iint_D f(x,y)\mathrm{d}x\mathrm{d}y,$$

其中 $\mathrm{d}x\mathrm{d}y$ 叫作直角坐标系中的面积元素.

二重积分的存在性: 当 $f(x,y)$ 在闭区域 D 上连续时,积分和的极限是存在的,也就是说函数 $f(x,y)$ 在 D 上的二重积分必定存在. 我们总假定函数 $f(x,y)$ 在闭区域 D 上连续,所以 $f(x,y)$ 在 D 上的二重积分都是存在的.

二重积分的几何意义: 如果 $f(x,y) \geqslant 0$, 被积函数 $f(x,y)$ 可解释为曲顶柱体在点 (x,y) 处的竖坐标,所以二重积分的几何意义就是曲顶柱体的体积. 如果 $f(x,y)$ 是负的,柱体就在 xOy 面的下方,二重积分的绝对值仍等于曲顶柱体的体积,但二重积分的值是负的.

6.7.2 二重积分的性质

二重积分也与一元函数的定积分有相类似的性质,而且证明也与定积分的性质证明类似.

性质 6.7.1 设 c_1 、c_2 为常数,则

$$\iint_D [c_1 f(x,y) + c_2 g(x,y)]\mathrm{d}\sigma = c_1\iint_D f(x,y)\mathrm{d}\sigma + c_2\iint_D g(x,y)\mathrm{d}\sigma.$$

此性质表明二重积分满足线性运算.

性质 6.7.2 如果闭区域 D 被有限条曲线分为有限个部分闭区域,则在 D 上的二重积分等于在各部分闭区域上的二重积分的和. 例如 D 分为两个闭区域 D_1 与 D_2, 则

$$\iint_D f(x,y)\mathrm{d}\sigma = \iint_{D_1} f(x,y)\mathrm{d}\sigma + \iint_{D_2} f(x,y)\mathrm{d}\sigma.$$

此性质表明二重积分对于积分区域具有可加性.

性质 6.7.3 $\iint_D 1 \cdot \mathrm{d}\sigma = \iint_D \mathrm{d}\sigma = \sigma$ (σ 为 D 的面积).

性质 6.7.4　如果在 D 上，$f(x,y)\leqslant g(x,y)$，则有不等式

$$\iint_D f(x,y)\mathrm{d}\sigma\leqslant\iint_D g(x,y)\mathrm{d}\sigma.$$

特殊地

$$\left|\iint_D f(x,y)\mathrm{d}\sigma\right|\leqslant\iint_D |f(x,y)|\mathrm{d}\sigma.$$

性质 6.7.5　设 M、m 分别是 $f(x,y)$ 在闭区域 D 上的最大值和最小值，σ 为 D 的面积，则有

$$m\sigma\leqslant\iint_D f(x,y)\mathrm{d}\sigma\leqslant M\sigma.$$

此性质称为二重积分的估值定理.

性质 6.7.6　设函数 $f(x,y)$ 在闭区域 D 上连续，σ 为 D 的面积，则在 D 上至少存在一点 (ξ,η) 使得

$$\iint_D f(x,y)\mathrm{d}\sigma=f(\xi,\eta)\sigma.$$

此性质称为二重积分的中值定理.

§6.8　二重积分的计算

二重积分按定义来计算相当复杂，本节将介绍一种计算二重积分的方法，其基本思想就是将二重积分转化为两次定积分来计算.

6.8.1　利用直角坐标计算二重积分

前面我们提到，在直角坐标系中如果用平行于坐标轴的直线网来划分 D，面积元素 $\mathrm{d}\sigma$ 就表示为 $\mathrm{d}x\mathrm{d}y$，此时二重积分可以写成 $\iint_D f(x,y)\mathrm{d}x\mathrm{d}y$ 的形式. 下面我们来讨论如何把二重积分 $\iint_D f(x,y)\mathrm{d}x\mathrm{d}y$ 转化为二次积分，在具体讨论二重积分的计算之前，我们先来介绍 X 型区域和 Y 型区域的概念.

X 型区域：$\{(x,y)\mid a\leqslant x\leqslant b,\varphi_1(x)\leqslant y\leqslant\varphi_2(x)\}$. 其中函数 $\varphi_1(x)$、$\varphi_2(x)$ 在区间 $[a,b]$ 上连续. 这种区域的特点是：穿过区域且平行于 y 轴的直

线与区域的边界相交不多于两点(图 6.8.1).

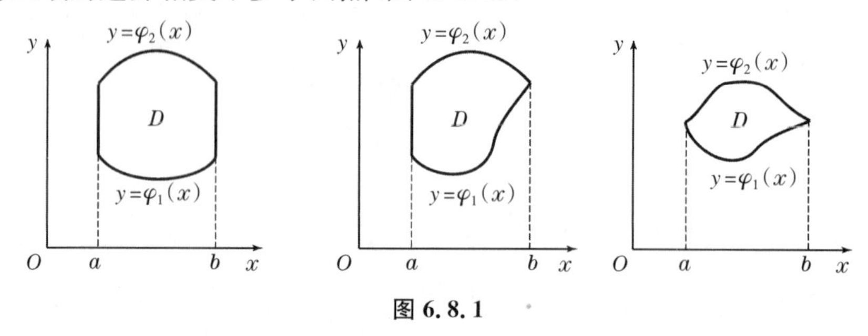

图 6.8.1

Y 型区域:$\{(x,y)\mid c\leqslant y\leqslant d,\psi_1(y)\leqslant x\leqslant \psi_2(y)\}$. 其中函数 $\psi_1(y)$、$\psi_2(y)$ 在区间$[c,d]$上连续. 这种区域的特点是:穿过区域且平行于 x 轴的直线与区域的边界相交不多于两点(图 6.8.2).

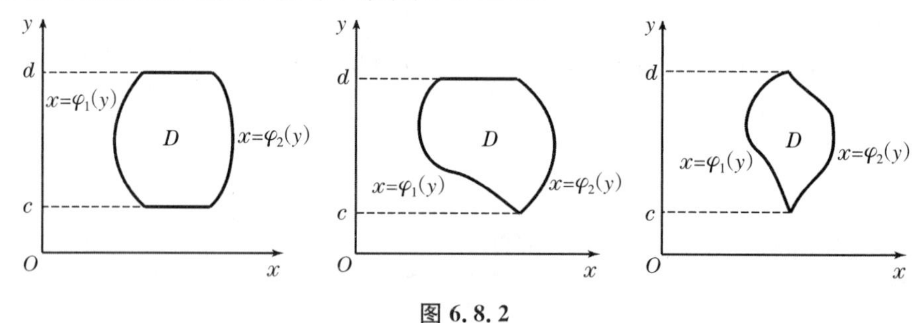

图 6.8.2

设 $f(x,y)\geqslant 0, D=\{(x,y)\mid a\leqslant x\leqslant b,\varphi_1(x)\leqslant y\leqslant \varphi_2(x)\}$. 此时二重积分 $\iint\limits_D f(x,y)\mathrm{d}x\mathrm{d}y$ 在几何上表示以曲面 $z=f(x,y)$ 为顶,以区域 D 为底的曲顶柱体的体积(图 6.8.3).

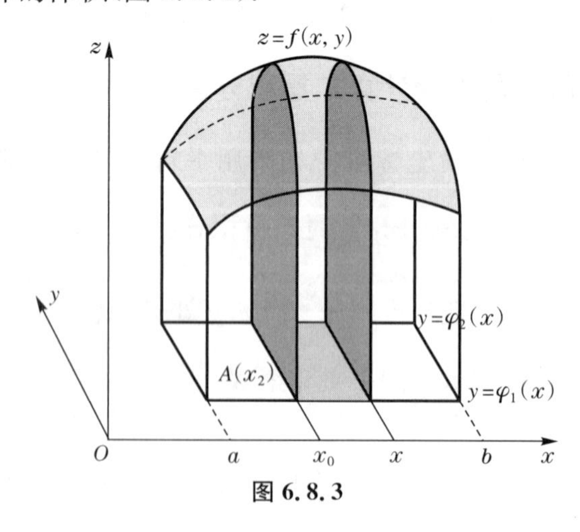

图 6.8.3

对于 $x_0 \in [a,b]$，曲顶柱体在 $x=x_0$ 截面面积以区间 $[\varphi_1(x_0),\varphi_2(x_0)]$ 为底、以曲线 $z=f(x_0,y)$ 为曲边的曲边梯形，所以此截面的面积为

$$A(x_0)=\int_{\varphi_1(x_0)}^{\varphi_2(x_0)} f(x_0,y)\mathrm{d}y.$$

根据平行截面面积为已知的立体体积的方法，得曲顶柱体体积为

$$V=\int_a^b A(x)\mathrm{d}x=\int_a^b\left[\int_{\varphi_1(x)}^{\varphi_2(x)} f(x,y)\mathrm{d}y\right]\mathrm{d}x.$$

即

$$V=\iint_D f(x,y)\mathrm{d}\sigma=\int_a^b\left[\int_{\varphi_1(x)}^{\varphi_2(x)} f(x,y)\mathrm{d}y\right]\mathrm{d}x.$$

可记为

$$\iint_D f(x,y)\mathrm{d}\sigma=\int_a^b \mathrm{d}x\int_{\varphi_1(x)}^{\varphi_2(x)} f(x,y)\mathrm{d}y. \tag{6.8.1}$$

上式就是把二重积分化为先对变量 y 后对变量 x 的二次积分的计算公式. 即先把 $f(x,y)$ 中的 x 看作常数，$f(x,y)$ 看作只是 y 的函数，并对 y 计算从 $\varphi_1(x)$ 到 $\varphi_2(x)$ 的定积分，然后把结果（是 x 的函数）再对 x 计算从 a 到 b 的定积分.

注意：虽然在讨论中，我们假定了 $f(x,y)\geqslant 0$，这只是为了几何上说明方便而引入的条件，实际上，上述公式的成立不受此条件限制.

类似地，如果区域 D 为 Y 型区域：

$$c\leqslant y\leqslant d,\psi_1(y)\leqslant x\leqslant \psi_2(y).$$

则有

$$\iint_D f(x,y)\mathrm{d}\sigma=\int_c^d \mathrm{d}y\int_{\psi_1(y)}^{\psi_2(y)} f(x,y)\mathrm{d}x. \tag{6.8.2}$$

如果积分区域 D 既不是 X 型区域，又不是 Y 型区域，我们可以把它分割成若干个 X 型区域或 Y 型区域，然后在每块小区域上分别用上述公式进行计算.

如果积分区域 D 既是 X 型区域，又是 Y 型区域，即积分区域既可用不等式

$$a\leqslant x\leqslant b,\varphi_1(x)\leqslant y\leqslant \varphi_2(x),$$

表示，又可以用不等式

$$c\leqslant y\leqslant d,\psi_1(y)\leqslant x\leqslant \psi_2(y),$$

表示,则有

$$\int_a^b \mathrm{d}x \int_{\varphi_1(x)}^{\varphi_2(x)} f(x,y)\mathrm{d}y = \int_c^d \mathrm{d}y \int_{\psi_1(y)}^{\psi_2(y)} f(x,y)\mathrm{d}x.$$

上式表明,这两个不同积分次序的二次积分相等,这个结果使我们在计算二重积分时,可以有选择地化为其中一种二次积分,以使计算更简单.

将二重积分化为二次积分时,确定积分限是一个关键.积分限是根据积分区域 D 来确定的,先画出积分区域 D 的图形.假如积分区域 D 是 X 型的,如图 6.8.1 所示,在区间 $[a,b]$ 上任意取定一个值 x,积分区域上以这个 x 值为横坐标的点在一直线段上,这段直线平行于 y 轴,该线段上点的纵坐标从 $\varphi_1(x)$ 到 $\varphi_2(x)$,这就是 X 型中先把 x 看作常量而对 y 积分时的下限和上限.因为上面的 x 的值是 $[a,b]$ 上任意取定的,所以再把 x 看做变量而对 x 积分时,积分区间就是 $[a,b]$.

6.8.1 计算 $\iint\limits_D xy\,\mathrm{d}\sigma$,其中 D 是由直线 $y=1$、$x=2$ 及 $y=x$ 所围成的闭区域.

解法 1 可把 D 看成是 X 型区域:$1 \leqslant x \leqslant 2\ 1 \leqslant y \leqslant x$. 于是

$$\iint\limits_D xy\,\mathrm{d}\sigma = \int_1^2 [\int_1^x xy\,\mathrm{d}y]\mathrm{d}x = \int_1^2 [x \cdot \frac{y^2}{2}]_1^x \mathrm{d}x$$

$$= \frac{1}{2}\int_1^2 (x^3 - x)\mathrm{d}x = \frac{1}{2}[\frac{x^4}{4} - \frac{x^2}{2}]_1^2 = \frac{9}{8}.$$

解法 2 也可把 D 看成是 Y 型区域:$1 \leqslant y \leqslant 2\ y \leqslant x \leqslant 2$. 于是

$$\iint\limits_D xy\,\mathrm{d}\sigma = \int_1^2 [\int_y^2 xy\,\mathrm{d}x]\mathrm{d}y = \int_1^2 [y \cdot \frac{x^2}{2}]_y^2 \mathrm{d}y$$

$$= \int_1^2 (2y - \frac{y^3}{2})\mathrm{d}y = [y^2 - \frac{y^4}{8}]_1^2 = \frac{9}{8}.$$

例 6.8.2 计算 $\iint\limits_D xy\,\mathrm{d}\sigma$,其中 D 是由曲线 $y=x^2$ 及直线 $y=x$ 所围成的闭区域.

解 可把 D 看成是 X 型区域:$0 \leqslant x \leqslant 1, x^2 \leqslant y \leqslant x$. 于是

$$\iint\limits_D xy\,\mathrm{d}\sigma = \int_0^1 \mathrm{d}x \int_{x^2}^x xy\,\mathrm{d}y = \int_0^1 x \cdot \left[\frac{y^2}{2}\right]_{x^2}^x \mathrm{d}x$$

$$= \frac{1}{2}\int_0^1 (x^3 - x^5)\mathrm{d}x = \frac{1}{24}.$$

例 6.8.3 计算$\iint\limits_D y\sqrt{1+x^2-y^2}\,\mathrm{d}\sigma$，其中 D 是由直线 $y=1$、$x=-1$ 及 $y=x$ 所围成的闭区域.

解　可把 D 看成是 X 型区域：$-1\leqslant x\leqslant 1, x\leqslant y\leqslant 1$. 于是

$$\begin{aligned}\iint\limits_D y\sqrt{1+x^2-y^2}\,\mathrm{d}\sigma &= \int_{-1}^{1}\mathrm{d}x\int_x^1 y\sqrt{1+x^2-y^2}\,\mathrm{d}y\\ &=-\frac{1}{3}\int_{-1}^{1}\left[(1+x^2-y^2)^{\frac{3}{2}}\right]_x^1\mathrm{d}x\\ &=-\frac{1}{3}\int_{-1}^{1}(|x|^3-1)\,\mathrm{d}x\\ &=-\frac{2}{3}\int_0^1(x^3-1)\,\mathrm{d}x=\frac{1}{2}.\end{aligned}$$

例 6.8.4 计算$\iint\limits_D (x-y)\,\mathrm{d}\sigma$，其中 D 是由直线 $y=x-2$ 及抛物线 $y^2=x$ 所围成的闭区域.

解法 1　积分区域可以表示为 D：$-1\leqslant y\leqslant 2, y^2\leqslant x\leqslant y+2$，于是

$$\begin{aligned}\iint\limits_D xy\,\mathrm{d}\sigma &= \int_{-1}^{2}\mathrm{d}y\int_{y^2}^{y+2}(x-y)\,\mathrm{d}x=\int_{-1}^{2}\left[\frac{x^2}{2}-yx\right]_{y^2}^{y+2}\mathrm{d}y\\ &=\int_{-1}^{2}\left[2-\frac{1}{2}y^2+y^3-\frac{1}{2}y^4\right]\mathrm{d}y=\frac{99}{20}.\end{aligned}$$

解法 2　积分区域也可以表示为 $D=D_1+D_2$，其中

D_1：$0\leqslant x\leqslant 1, -\sqrt{x}\leqslant y\leqslant\sqrt{x}$；$D_2$：$1\leqslant x\leqslant 4, 2\leqslant y\leqslant\sqrt{x}$.

于是

$$\begin{aligned}\iint\limits_D (x-y)\,\mathrm{d}\sigma &= \int_0^1\mathrm{d}x\int_{-\sqrt{x}}^{\sqrt{x}}(x-y)\,\mathrm{d}y+\int_1^4\mathrm{d}x\int_{x-2}^{\sqrt{x}}(x-y)\,\mathrm{d}y\\ &=\frac{99}{20}.\end{aligned}$$

很明显，解法 2 比解法 1 计算量大.

例 6.8.5 转换二次积分$\int_0^1\mathrm{d}x\int_{1-x}^{\sqrt{1-x^2}}f(x,y)\,\mathrm{d}y$的积分顺序.

解　这是要把先对 y 后对 x 积分的二次积分转换为先对 x 后对 y 的二次积分. 由题知积分区域 D 的 X 型区域表示为：$0\leqslant x\leqslant 1, 1-x\leqslant y\leqslant\sqrt{1-x^2}$，据此画出 D 的图形.

为了转换积分次序,将 D 表示成 Y 型区域: $0\leqslant y\leqslant 1,1-y\leqslant x\leqslant\sqrt{1-y^2}$, 所以

$$\int_0^1 \mathrm{d}x\int_{1-x}^{\sqrt{1-x^2}} f(x,y)\mathrm{d}y=\int_0^1 \mathrm{d}y\int_{1-y}^{\sqrt{1-y^2}} f(x,y)\mathrm{d}x.$$

6.8.2 利用极坐标计算二重积分

有些二重积分,积分区域 D 的边界曲线用极坐标方程来表示比较方便,且被积函数用极坐标变量 ρ 、θ 表达比较简单. 例如当积分区域是圆域、圆域的部分,或者当被积函数为 $f(x^2+y^2)$ 时,一般我们就考虑利用极坐标来计算二重积分 $\iint\limits_D f(x,y)\mathrm{d}\sigma$.

如果 $f(x,y)$ 在闭区域 D 上连续,那么 $f(x,y)$ 在 D 上的二重积分一定存在. 在直角坐标系中,我们用平行于 x 轴和 y 轴的两族直线分割区域 D, 得到直角坐标系中的面积元素 $\mathrm{d}\sigma=\mathrm{d}x\mathrm{d}y$. 而在极坐标系中,我们用 $r=$ 常数的一族以极点为圆心的同心圆,以及 $\theta=$ 常数的一族以极点为起点的射线来分割区域 D, 设 $\mathrm{d}\sigma$ 是在 r 到 $r+\mathrm{d}r$ 两个圆周及 θ 到 $\theta+\mathrm{d}\theta$ 两条射线之间的区域面积(图 6.8.4). 当分割很细, $\mathrm{d}r$ 和 $\mathrm{d}\theta$ 都很小时,可以把这个小区域看作是边长分别为 $\mathrm{d}r$ 和 $r\mathrm{d}\sigma$ 的矩形,所以

$$\mathrm{d}\sigma=r\mathrm{d}r\mathrm{d}\theta,$$

再分别用 $x=r\cos\theta,y=r\sin\theta$ 代替被积函数 $f(x,y)$ 中的 x 和 y, 于是得到二重积分 $\iint\limits_D f(x,y)\mathrm{d}\sigma$ 的极坐标形式

$$\iint\limits_D f(x,y)\mathrm{d}\sigma=\iint\limits_D f(r\cos\theta,r\sin\theta)r\mathrm{d}r\mathrm{d}\theta.$$

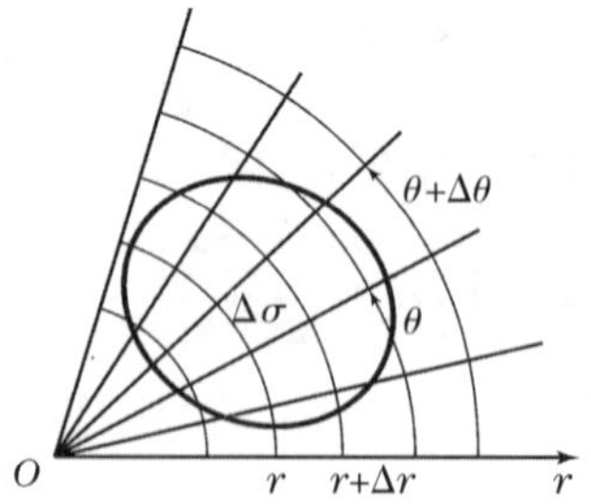

图 6.8.4

与直角坐标系中的二重积分一样，在实际计算时，极坐标系中的二重积分也应化为二次积分来计算. 至于如何确定二次积分的上、下限，要根据积分区域 D 的边界经极坐标变换后的具体情况而定.

(1)如果极点 O 不在区域 D 内(图 6.8.5(a))，D 由射线 $\theta=\alpha,\theta=\beta$ 与两条连续曲线 $r=\varphi_1(\theta),r=\varphi_2(\theta)$ 所围成，此时 D 内的任意一点 (r,θ) 满足

$$\alpha\leqslant\theta\leqslant\beta,\varphi_1(\theta)\leqslant r\leqslant\varphi_2(\theta).$$

于是二重积分可化为二次积分

$$\iint_D f(r\cos\theta,r\sin\theta)r\mathrm{d}r\mathrm{d}\theta=\int_\alpha^\beta\mathrm{d}\theta\int_{\varphi_1(\theta)}^{\varphi_2(\theta)}f(r\cos\theta,r\sin\theta)r\mathrm{d}r.$$

特别地，如果 $\varphi_1(\theta)\equiv0$，即 D 为射线 $\theta=\alpha,\theta=\beta$ 与连续曲线 $r=\varphi(\theta)$ 所围成的曲边扇形(图 6.8.5(b))，此时 D 内的任意一点 (r,θ) 满足

$$\alpha\leqslant\theta\leqslant\beta,0\leqslant r\leqslant\varphi(\theta).$$

此时二重积分可化为二次积分

$$\iint_D f(r\cos\theta,r\sin\theta)r\mathrm{d}r\mathrm{d}\theta=\int_\alpha^\beta\mathrm{d}\theta\int_0^{\varphi(\theta)}f(r\cos\theta,r\sin\theta)r\mathrm{d}r.$$

(2)如果极点 O 在区域 D 内(图 6.8.5(c))，闭区域 D 的边界由射线和连续曲线 $r=\varphi(\theta)$ 给出，此时 D 内的任意一点 (r,θ) 满足

$$0\leqslant\theta\leqslant2\pi,0\leqslant r\leqslant\varphi(\theta),$$

于是二重积分可化为二次积分

$$\iint_D f(r\cos\theta,r\sin\theta)r\mathrm{d}r\mathrm{d}\theta=\int_0^{2\pi}\mathrm{d}\theta\int_0^{\varphi(\theta)}f(r\cos\theta,r\sin\theta)r\mathrm{d}r.$$

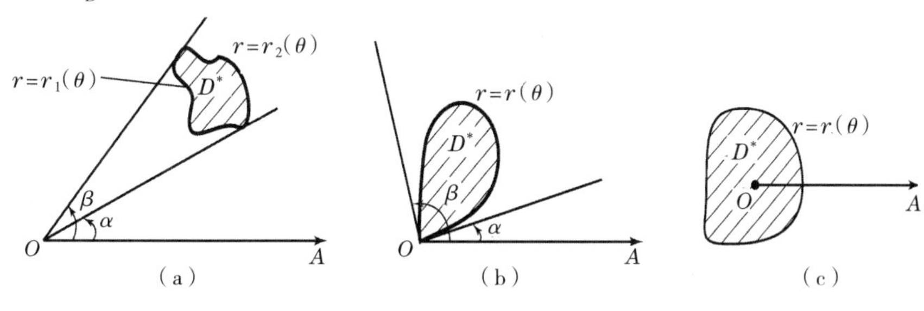

图 6.8.5

例 6.8.6 计算 $\iint_D e^{-x^2-y^2}\mathrm{d}x\mathrm{d}y$，其中 D 是由中心在原点、半径为 a 的圆周所围成的闭区域.

解 在极坐标系中,闭区域 D 可表示为 $0\leqslant\theta\leqslant 2\pi, 0\leqslant r\leqslant a$, 于是

$$\begin{aligned}\iint_D e^{-x^2-y^2}\,dxdy &= \iint_D e^{-r^2}\,r dr d\theta \\ &= \int_0^{2\pi}\left[\int_0^a e^{-r^2}\,r dr\right]d\theta = \int_0^{2\pi}\left[-\frac{1}{2}e^{-r^2}\right]_0^a d\theta \\ &= \frac{1}{2}(1-e^{-a^2})\int_0^{2\pi}d\theta = \pi(1-e^{-a^2}).\end{aligned}$$

例 6.8.7 计算 $\iint_D \frac{1}{1+x^2+y^2}dxdy$, 其中 D 是由 $x^2+y^2\leqslant 1$ 所确定的圆域.

解 在极坐标下, D 可以表示为 $0\leqslant\theta\leqslant 2\pi, 0\leqslant r\leqslant 1$, 于是

$$\begin{aligned}\iint_D \frac{1}{1+x^2+y^2}dxdy &= \int_0^{2\pi}d\theta\int_0^1\frac{rdr}{1+r^2} \\ &= \int_0^{2\pi}\frac{1}{2}\ln 2 d\theta = \pi\ln 2.\end{aligned}$$

例 6.8.8 计算 $\iint_D \frac{y^2}{x^2}dxdy$, 其中 D 是由 $x^2+y^2\leqslant 2x$ 所确定的圆域.

解 在极坐标下, D 可以表示为 $-\frac{\pi}{2}\leqslant\theta\leqslant\frac{\pi}{2}$, $0\leqslant r\leqslant 2\cos\theta$, 于是

$$\begin{aligned}\iint_D \frac{y^2}{x^2}dxdy &= \int_{-\frac{\pi}{2}}^{\frac{\pi}{2}}d\theta\int_0^{2\cos\theta}\frac{\sin^2\theta}{\cos^2\theta}r\,dr \\ &= \int_{-\frac{\pi}{2}}^{\frac{\pi}{2}}2\sin^2\theta d\theta = \pi.\end{aligned}$$

习题 6.8

1. 计算下列二重积分:

(1) $\iint_D x^2y^2dxdy$, 其中 D 是矩形区域: $0\leqslant x\leqslant 1, -1\leqslant y\leqslant 1$;

(2) $\iint_D xydxdy$, 其中 D 是由直线 $y=x, y=1$ 与 $x=2$ 所围成的三角形闭区域;

(3) $\iint_D \frac{y^2}{x^2}dxdy$, 其中 D 是由曲线 $xy=1$ 与直线 $y=x, y=2$ 所围成的闭区域;

(4) $\iint_D \frac{x-1}{(y+1)^2}dxdy$, 其中 D 是由曲线 $y^2=x$ 与直线 $y=x-2$ 所围成的闭区域.

2. 将二重积分 $\iint\limits_D f(x,y)\mathrm{d}x\mathrm{d}y$ 化为二次积分（两种次序都要），其中积分区域 D 是：

(1) $|x|\leqslant 1,\ |y|\leqslant 4$；

(2) 由直线 $y=x$ 及抛物线 $y^2=4x$ 所围成；

(3) 由 x 轴及半圆周 $x^2+y^2=4$ 所围成.

3. 交换下列两次积分的次序：

(1) $\int_0^1\mathrm{d}y\int_y^{\sqrt{y}}f(x,y)\mathrm{d}x$；　　(2) $\int_1^2\mathrm{d}y\int_{\frac{1}{y}}^{y}f(x,y)\mathrm{d}x$；

(3) $\int_0^1\mathrm{d}x\int_{1-x}^{\sqrt{1-x^2}}f(x,y)\mathrm{d}y$；　　(4) $\int_0^1\mathrm{d}x\int_0^x f(x,y)\mathrm{d}y+\int_1^2\mathrm{d}x\int_0^{2-x}f(x,y)\mathrm{d}y$.

4. 证明：

$$\int_0^1\mathrm{d}y\int_0^{\sqrt{y}}\mathrm{e}^y f(x)\mathrm{d}x=\int_0^1(\mathrm{e}-\mathrm{e}^{x^2})f(x)\mathrm{d}x.$$

5. 如果二重积分 $\iint\limits_D f(x,y)\mathrm{d}x\mathrm{d}y$ 的被积函数 $f(x,y)$ 是两个函数 $f_1(x)$ 及 $f_2(y)$ 的乘积，即 $f(x,y)=f_1(x)f_2(y)$，积分区域 $D=\{(x,y)\mid a\leqslant x\leqslant b,c\leqslant y\leqslant \mathrm{d}\}$，证明：

$$\iint\limits_D f_1(x)f_2(y)\mathrm{d}x\mathrm{d}y=\left[\int_a^b f_1(x)\mathrm{d}x\right]\left[\int_a^b f_2(y)\mathrm{d}y\right].$$

6. 用极坐标计算下列二重积分：

(1) $\iint\limits_D(4-x-y)\mathrm{d}\sigma$，$D$ 是圆域 $x^2+y^2\leqslant a^2$；

(2) $\iint\limits_D\arctan\dfrac{y}{x}\mathrm{d}\sigma$，$D$ 是由圆 $x^2+y^2=4$，$x^2+y^2=1$ 以及直线 $y=0$，$y=x$ 所围成的第一象限的闭区域；

(3) $\iint\limits_D\sqrt{x^2+y^2}\mathrm{d}\sigma$，$D$ 是圆环形区域 $a^2\leqslant x^2+y^2\leqslant b^2$.

7. 求由曲面 $z=x^2+2y^2$ 和 $z=6-2x^2-y^2$ 所围成的立体体积.

8. 计算由四个平面 $x=0,y=0,x=1,y=1$ 所围成的柱体被平面 $z=0$ 及 $2x+3y+z=6$ 截得的立体体积.

相关阅读

拉格朗日

拉格朗日(Joseph-Louis Lagrange，1736～1813)据拉格朗日本人回忆，幼年家境富裕，可能不会作数学研究，但到青年时代，在数学家 F. A. 雷维里(R-evelli)指导下学几何学后，萌发了他的数学天赋. 17 岁开始专攻当时迅速发展的数学分析. 他的学术生涯可分为三个时期：都灵时期（1766 年以前）、柏林时期(1766—1786)、巴黎时期(1787—1813).

拉格朗日在数学、力学和天文学三个学科中都有重大历史性的贡献,但他主要是数学家,研究力学和天文学的目的是表明数学分析的威力.全部著作、论文、学术报告记录、学术通讯超过500篇.

拉格朗日的学术生涯主要在18世纪后半期.当时数学、物理学和天文学是自然科学主体.数学的主流是由微积分发展起来的数学分析,以欧洲大陆为中心;物理学的主流是力学;天文学的主流是天体力学.数学分析的发展使力学和天体力学深化,而力学和天体力学的课题又成为数学分析发展的动力.当时的自然科学代表人物都在此三个学科做出了历史性重大贡献.下面就拉格朗日的主要贡献介绍如下:

【数学分析的开拓者】

1.变分法　这是拉格朗日最早研究的领域,以欧拉的思路和结果为依据,但从纯分析方法出发,得到更完善的结果.他的第一篇论文"极大和极小的方法研究"是他研究变分法的序幕;1760年发表的"关于确定不定积分式的极大极小的一种新方法"是用分析方法建立变分法制代表作.发表前写信给欧拉,称此文中的方法为"变分方法".欧拉肯定了,并在他自己的论文中正式将此方法命名为"变分法".变分法这个分支才真正建立起来.

2.微分方程　早在都灵时期,拉格朗日就对变系数微分方程研究做出了重大成果.他在降阶过程中提出了以后所称的伴随方程,并证明了非齐次线性变系数方程的伴随方程,就是原方程的齐次方程.在柏林时期,他对常微分方程的奇解和特解做出历史性贡献,在1774年完成的"关于微分方程特解的研究"中系统地研究了奇解和通解的关系,明确提出由通解及其对积分常数的偏导数消去常数求出奇解的方法;还指出奇解为原方程积分曲线族的包络线.当然,他的奇解理论还不完善,现代奇解理论的形式是由G.达布等人完成的.除此之外,他还是一阶偏微分方程理论的建立者.

3.方程论　拉格朗日在柏林的前十年,大量时间花在代数方程和超越方程的解法上.

他把前人解三、四次代数方程的各种解法,总结为一套标准方法,而且还分析出一般三、四次方程能用代数方法解出的原因.拉格朗日的想法已蕴含了置换群的概念,他的思想为后来的N. H.阿贝尔和E.伽罗瓦采用并发展,终于解决了高于四次的一般方程为何不能用代数方法求解的问题.此外,他还提出了一种拉格朗日极数.

4. 数论著　拉格朗日在1772年把欧拉40多年没有解决的费马另一猜想“一个正整数能表示为最多四个平方数的和”证明出来. 后来还证明了著名的定理：n是质数的充要条件为$(n-1)!+1$能被n整除.

5. 函数和无穷级数　同18世纪的其他数学家一样，拉格朗日也认为函数可以展开为无穷级数，而无穷级数同是多项式的推广. 泰勒级数中的拉格朗日余项就是他在这方面的代表作之一.

【分析力学的创立者】

拉格朗日在这方面的最大贡献是把变分原理和最小作用原理具体化，而且用纯分析方法进行推理，成为拉格朗日方法.

【天体力学的奠基者】

首先在建立天体运动方程上，他用他在分析力学中的原理，建立起各类天体的运动方程. 其中特别是根据他在微分方程解法的任意常数变异法，建立了以天体椭圆轨道根数为基本变量的运动方程，现在仍称作拉格朗日行星运动方程，并在广泛作用. 在天体运动方程解法中，拉格朗日的重大历史性贡献是发现三体问题运动方程的五个特解，即拉格朗日平动解.

总之，拉格朗日是18世纪的伟大科学家，在数学、力学和天文学三个学科中都有历史性的重大贡献. 但主要是数学家，他最突出的贡献是在把数学分析的基础脱离几何与力学方面起了决定性的作用. 使数学的独立性更为清楚，而不仅是其他学科的工具. 同时在使天文学力学化、力学分析上也起了历史性的作用，促使力学和天文学（天体力学）更深入发展. 由于历史的局限，严密性不够妨碍着他取得更多成果.

复习题 6

1. 在“充分”、“必要”和“充分必要”三者之间选择一个正确的填入下列空格内：

(1) $f(x,y)$在点(x,y)可微分是$f(x,y)$在该点连续的________条件. $f(x,y)$在点(x,y)连续是$f(x,y)$在该点可微分________条件；

(2) $z=f(x,y)$在点(x,y)的偏导数$\frac{\partial z}{\partial x}$和$\frac{\partial z}{\partial y}$存在是$f(x,y)$在该点可微分________条件. $z=f(x,y)$在点(x,y)可微分是函数在该点的偏导数$\frac{\partial z}{\partial x}$和$\frac{\partial z}{\partial y}$存在________条件；

(3)函数 $z=f(x,y)$ 的两个二阶混合偏导数 $\frac{\partial^2 z}{\partial x\partial y}$ 和 $\frac{\partial^2 z}{\partial y\partial x}$ 在区域D内连续是这两个混合偏导数在D内相等的________条件.

2.求下列函数的定义域,并用平面图形表示出来:

(1) $z=\arcsin\frac{x}{y}$；　　(2) $z=\sqrt{y^2-4x+8}$；　　(3) $z=\ln\left(2-\frac{y}{x}\right)$.

3.求下列函数的偏导数:

(1) $z=\arctan\frac{y^2}{x}$；　　(2) $z=\sin xy+\cos^2 xy$；　　(3) $z=\sqrt{\ln xy}$

(4) $z=(1+xy)^y$；　　(5) $u=x^{\frac{y}{z}}$.

4.求下列函数所有的二阶偏导数:

(1) $z=x\ln xy$；　　(2) $z=y^x$；　　(3) $z=\frac{y}{x}\sin\frac{x}{y}$.

5.求下列函数的全微分:

(1) $z=xy+\frac{y}{x}$；　　(2) $z=\frac{y}{\sqrt{x^2+y^2}}$；　　(3) $u=x^{yz}$.

6.求平面 $\frac{x}{3}+\frac{y}{4}+\frac{z}{5}=1$ 和柱面 $x^2+y^2=1$ 的交线上与 xOy 平面距离最短的点.

7.某厂家生产的一种产品同时在两个市场销售,售价分别为 p_1 和 p_2,销售量分别为 q_1 和 q_2,需求函数分别为

$$q_1=24-0.2p_1,\ q_2=10-0.05p_2,$$

总成本函数为

$$C=35+40(q_1+q_2).$$

试问:厂家如何确定两个市场售价,能使其获得最大利润?最大利润为多少?

8.计算下列二重积分:

(1) $\iint\limits_D(1+x)\sin y\,\mathrm{d}x\mathrm{d}y$,其中$D$是顶点分别为$(0,0)$,$(1,0)$,$(1,2)$和$(0,1)$的梯形区域;

(2) $\iint\limits_D(x^2-y^2)\mathrm{d}x\mathrm{d}y$,其中 $D=\{(x,y)\mid 0\leqslant x\leqslant\pi,0\leqslant y\leqslant\sin x\}$;

(3) $\iint\limits_D\sqrt{R^2-x^2-y^2}\mathrm{d}x\mathrm{d}y$,其中$D$是圆周 $x^2+y^2=Rx$ 所围成的闭区域.

9.改变下列二次积分的次序:

(1) $\int_0^{2\pi}\mathrm{d}x\int_0^{\sin x}f(x,y)\mathrm{d}y$；　　(2) $\int_0^{2a}\mathrm{d}x\int_{\sqrt{2ax-x^2}}^{\sqrt{2ax}}f(x,y)\mathrm{d}y\ (a>0)$.

10.证明:

$$\int_0^a\mathrm{d}y\int_0^y \mathrm{e}^{m(a-x)}f(x)\mathrm{d}x=\int_0^a(a-x)\mathrm{e}^{m(a-x)}f(x)\mathrm{d}x.$$

11. 设 $f(x)$ 在区间 $[a,b]$ 上连续，证明：

$$\left[\int_a^b f(x)\mathrm{d}x\right]^2 \leqslant (b-a)\int_a^b f^2(x)\mathrm{d}x.$$

12. 设 $f(x)$ 在区间 $[0,1]$ 上连续，并设 $\int_0^1 f(x)\mathrm{d}x = A$，求 $\int_0^1 \mathrm{d}x \int_x^1 f(x)f(y)\mathrm{d}y$.

13. 计算下列曲线围成的面积：

(1) $y = \sin x, y = \cos x, x = 0$；　(2) $y = x^2, y = 4x - x^2$.

扫一扫，获取参考答案

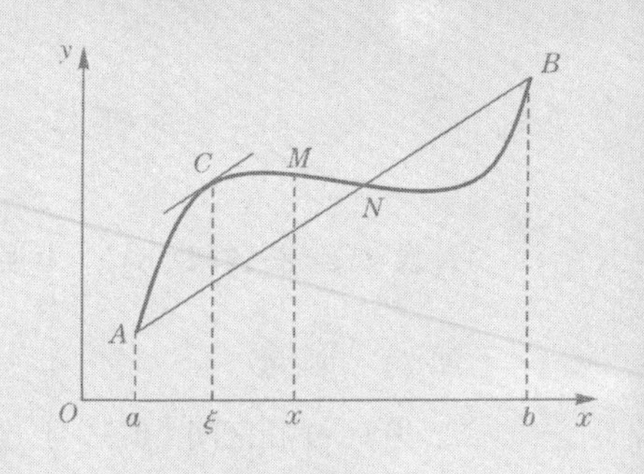

第7章 微分方程与差分方程初步

【学习目标】

↪了解微分方程及其阶、解、通解、定解条件、特解的概念，会判断微分方程的阶数，会验证函数是否是微分方程的解.

↪掌握可分离变量的微分方程、齐次微分方程及一阶线性微分方程通解和特解的解法.

↪掌握二阶常系数线性齐次微分方程的特征根法.

↪了解二阶常系数线性非齐次微分方程待定系数法求特解.

↪了解差分方程及其阶、解、通解、定解条件、特解的概念，会求函数的一阶与二阶差分，会验证函数为差分方程的解.

↪掌握一阶、二阶常系数线性差分方程的解法.

↪了解微分方程与差分方程的应用实例.

在科学技术和实际应用中，往往不能直接得到所研究的变量之间的函数关系，但根据问题的实际意义和所提供的条件，却比较容易列出要找的函数及其导数或微分的关系式，这样的关系式就是微分方程. 对它进行研究，就可以得到所需函数. 因此，微分方程是描述客观事物数量关系的一种重要模型.

微分方程研究的变量基本上是连续变化的，但在经济与管理的许多实际问题中，经济数据大多是以一定时间间隔进行统计的，通常对应这类数据的变量为离散型变量，描述各离散变量之间关系的数学模型称为离散模型，差分方程模型是最常见的一类离散型经济数学模型.

本章主要介绍微分方程及差分方程的概念，几种微分方程和差分方程的解法及它们在经济管理中的一些应用.

§7.1　微分方程的基本概念

微分方程是数学联系实际问题的重要渠道之一，在自然科学和技术科学的其他领域中，都提出了大量的微分方程问题. 以下我们举出几个微分方程的实例.

例 7.1.1 一条曲线通过点 $(0,2)$，且在该曲线上任一点 $M(x,y)$ 处的切线的斜率为 $2x$，求这条曲线的方程.

解 设曲线方程为 $y=y(x)$. 由导数的几何意义可知函数 $y=y(x)$ 满足

$$\frac{\mathrm{d}y}{\mathrm{d}x}=2x, \tag{7.1.1}$$

同时还满足以下条件：

$$x=0\text{ 时},y=2, \tag{7.1.2}$$

把式(7.1.1)两端积分，得

$$y=\int 2x\mathrm{d}x\text{ 即 }y=x^2+C, \tag{7.1.3}$$

其中 C 是任意常数.

把条件(7.1.2)代入式(7.1.3)，得

$$C=2,$$

由此解出 C 并代入式(7.1.3)，得到所求曲线方程：

$$y=x^2+2, \tag{7.1.4}$$

例 7.1.2 设 t 时刻的人口为 $x(t)$，经过一段短的时间 Δt 后，人口数量变化为 $x(t+\Delta t)$. 基本假设，在时间 Δt 内，人口数量的增加应与当时的人口数 $x(t)$ 成比例，比例系数为 r_0. 假设初始时刻人口数量为 x_0，则

$$\begin{cases}\dfrac{\mathrm{d}x}{\mathrm{d}t}=r_0x(t),\\ x(0)=x_0.\end{cases} \tag{7.1.5}$$

这就是 Malthus 模型(也称指数增长模型).

 **7.1.3** 如果某商品在 t 时刻的售价为 P，社会对该商品的需求量和供给量分别是 P 的函数 $Q(P)$，$S(P)$，则在 t 时刻的价格 $P(t)$ 对于时间 t 的变化率可认为与该商品在同一时刻的超额需求量 $Q(P)-S(P)$ 成正比，即有微分方程

$$\frac{\mathrm{d}P}{\mathrm{d}t}=k[Q(P)-S(P)]\ (k>0), \tag{7.1.6}$$

在 $Q(P)$，$S(P)$ 确定的情况下，可解出价格 $P(t)$ 与时间 t 的函数关系. 这就是**商品的价格调整模型**.

上述三个例子中的关系式(7.1.1)、(7.1.5)、(7.1.6)都含有未知函数的导数，它们都是微分方程.

定义 7.1.1 一般地，含有未知函数及未知函数的导数(或微分)的方程称为**微分方程**.

如：

$$\frac{\mathrm{d}y}{\mathrm{d}x}-2xy=1, \tag{7.1.7}$$

$$y''-3y'-4y=\sin x, \tag{7.1.8}$$

$$\left(\frac{\mathrm{d}y}{\mathrm{d}t}\right)^2+t\frac{\mathrm{d}y}{\mathrm{d}t}+y=0, \tag{7.1.9}$$

$$\frac{\partial^2 T}{\partial x^2}+\frac{\partial^2 T}{\partial y^2}=0, \tag{7.1.10}$$

都是微分方程.

其中未知函数是一元函数的方程叫作**常微分方程**. 如方程(7.1.1)、(7.1.5)—(7.1.9)；未知函数是多元函数的方程，叫作**偏微分方程**. 如方程(7.1.10). 本章只讨论常微分方程的一些知识，为了叙述的方便，本章均将常微分方程简称为微分方程.

定义 7.1.2 微分方程中所出现的求知函数的最高阶导数的阶数，叫作**微分方程的阶**.

例如，方程(7.1.1)、(7.1.5)—(7.1.7)是一阶微分方程；方程(7.1.8)、(7.1.9)是二阶微分方程方程.

一般地，n阶微分方程的形式是

$$F(x,y,y',\cdots,y^{(n)})=0, \tag{7.1.11}$$

其中$y^{(n)}$是必须出现的，而$x,y,y',\cdots,y^{(n-1)}$等变量可以不出现.

例如n阶微分方程$y^{(n)}-1=0$中，除$y^{(n)}$外，其他变量都没有出现.

如果能从方程(7.1.11)中解出最高阶导数，得微分方程

$$y^{(n)}=f(x,y,y',\cdots,y^{(n-1)}), \tag{7.1.12}$$

其中函数f在所讨论的范围内连续.

一般地，(7.1.11)称为隐式方程，(7.1.12)称为显式方程.

定义 7.1.3　将某个已知函数代入微分方程中，能使该方程成为恒等式，则称此函数为该**微分方程的解**.

例如，函数(7.1.3)和(7.1.4)都是微分方程(7.1.1)的解.

定义 7.1.4　如果微分方程的解中含有相互独立的任意常数，且任意常数的个数与微分方程的阶数相同，这样的解叫作**微分方程的通解**. 当通解中的任意常数确定了以后，得到的解称为**微分方程的特解**.

如，函数(7.1.3)是方程(7.1.1)的解，它含有一个任意常数，而方程(7.1.1)是一阶的，所以函数(7.1.3)是方程(7.1.1)的通解，(7.1.4)是方程(7.1.1)的解，但不含有任意常数，则是方程(7.1.1)的特解.

一般为了确定微分方程的某个特解，先要求出通解再代入确定任意常数的条件(称为**定解条件**)，求出满足条件的特解. 例如，例7.1.1中的条件(7.1.2)，例7.1.2中的条件$x(0)=x_0$.

设微分方程中的未知函数为$y=y(x)$，如果微分方程是一阶的，通常用来确定任意常数的条件是$x=x_0$时，$y=y_0$，或写成$y|_{x=x_0}=y_0$，其中x_0，y_0都是给定的值；如果微分方程是二阶的，通常用来确定任意常数的条件是：

$$x=x_0\text{时}, y=y_0, y'=y'_0,$$

或写成

$$y\,|_{x=x_0}=y_0,y'\,|_{x=x_0}=y'_0,$$

其中 x_0,y_0 和 y'_0 都是给定的值.上述定解条件也叫作**初始条件**.

求微分方程 $y'=f(x,y)$ 满足初始条件 $y\,|_{x=x_0}=y_0$ 的特解这样一个问题,叫作一阶微分方程的初值问题,记作

$$\begin{cases} y'=f(x,y), \\ y\,|_{x=x_0}=y_0. \end{cases} \tag{7.1.13}$$

微分方程解的图形是一条曲线,叫作**微分方程的积分曲线.**

例 7.1.4 验证:函数

$$y=C_1\mathrm{e}^x+C_2\mathrm{e}^{-x}, \tag{7.1.14}$$

是微分方程

$$y''-y=0, \tag{7.1.15}$$

的通解.

解 求出所给函数(7.1.14)的导数

$$y'=C_1\mathrm{e}^x-C_2\mathrm{e}^{-x},\ y''=C_1\mathrm{e}^x+C_2\mathrm{e}^{-x},$$

把 y'' 及 y' 的表达式代入方程(7.1.15)得

$$C_1\mathrm{e}^x+C_2\mathrm{e}^{-x}-(C_1\mathrm{e}^x+C_2\mathrm{e}^{-x})\equiv 0.$$

函数(7.1.14)及其导数代入方程(7.1.15)后成为一个恒等式,且(7.1.14)有两个相互独立的任意常数,因此函数(7.1.14)是微分方程(7.1.15)的解.

例 7.1.5 已知函数(7.1.14)是微分方程(7.1.15)的通解,求满足初始条件

$$y\,|_{x=0}=1,\ y'\,|_{x=0}=0$$

的特解.

解 将条件"$x=0$ 时,$y=1$"代入式(7.1.14)得

$$C_1+C_2=1, \tag{7.1.16}$$

将条件"$x=0$ 时,$y'=0$"代入 $y'=C_1\mathrm{e}^x-C_2\mathrm{e}^{-x}$,得

$$C_1-C_2=0, \tag{7.1.17}$$

联立式(7.1.16)(7.1.17),解得 $C_1=C_2=\frac{1}{2}$.故所求特解为 $y=\frac{1}{2}\mathrm{e}^x+\frac{1}{2}\mathrm{e}^{-x}$.

习题 7.1

1. 指出下列微分方程的阶：

(1) $(x^2 - y)\mathrm{d}y + x\mathrm{d}x = 0$；　　(2) $y'' + 2x\,(y')^3 = 2$；

(3) $x^3\,(y')^2 - x^2y' + 2x$；　　(4) $t\dfrac{\mathrm{d}^3x}{\mathrm{d}t^3} + 2\dfrac{\mathrm{d}x}{\mathrm{d}t} + \dfrac{x}{t} = 0$.

2. 指出下列函数是否是微分方程的解：

(1) $xy' = 2y,\ y = 5x^2$；　　(2) $x'' - 2x' + x = 0,\ x = te^t$；

(3) $y' = \dfrac{2y}{x},\ y = Cx^2$；　　(4) $y'' - \dfrac{2}{x}y' + \dfrac{2}{x^2}y = 0,\ y = C_1x + C_2x^2$.

3. 根据下列提出的问题列微分方程，若存在初始条件并写出相应的初始条件.

(1)曲线在点 (x,y) 处的切线的斜率等于该点横坐标的平方；

(2)若生产某产品 x 单位时的边际成本为 3，且固定成本为 50，求总成本函数.

4. 验证：$y = C_1e^{2x} + C_2e^{-5x}$ 是 $y'' + 3y' - 10y = 0$ 的通解，其中 C_1, C_2 为任意常数，并求满足初值条件 $\left.\dfrac{\mathrm{d}y}{\mathrm{d}x}\right|_{x=0} = 4, y|_{x=0} = 6$ 的特解.

§ 7.2 一阶微分方程的解法

一阶微分方程的一般形式为 $F(x,y,y') = 0$，即

$$y' = f(x,y). \tag{7.2.1}$$

一阶微分方程有时也写成如下的对称形式：

$$P(x,y)\mathrm{d}x + Q(x,y)\mathrm{d}y = 0, \tag{7.2.2}$$

在方程(7.2.2)中，变量 x 与 y 对称，它既可以看作是以 x 为自变量、y 为未知函数的方程

$$\frac{\mathrm{d}y}{\mathrm{d}x} = -\frac{P(x,y)}{Q(x,y)}(Q(x,y) \neq 0),$$

也可看作是以 y 为自变量、x 为未知函数的方程

$$\frac{\mathrm{d}x}{\mathrm{d}y} = -\frac{Q(x,y)}{P(x,y)},(P(x,y) \neq 0).$$

下面我们讨论几种常见的一阶微分方程. 它们通过积分就可以找到未知函数与自变量的函数关系，故称这种求解微分方程的解法为**初等积分法**.

7.2.1 可分离变量的微分方程

在 7.1 节中的例 7.1.1 中,我们遇到一阶微分方程

$$\frac{\mathrm{d}y}{\mathrm{d}x}=2x,$$

或

$$\mathrm{d}y=2x\mathrm{d}x.$$

把上式两端积分就得到这个方程的通解:

$$y=x^2+C.$$

但是并不是所有的一阶微分方程都能这样求解. 例如,对于一阶微分方程

$$\frac{\mathrm{d}y}{\mathrm{d}x}=2xy^2, \tag{7.2.3}$$

就不能像上面那样用直接两端积分的方法求出它的通解. 原因是方程(7.2.3)的右端含有未知函数 y 积分

$$\int 2xy^2\mathrm{d}x,$$

求不出来. 为了解决这个困难,在方程(7.2.3)的两端同时乘以 $\frac{\mathrm{d}x}{y^2}$, 使方程(7.2.3)变为

$$\frac{\mathrm{d}y}{y^2}=2x\mathrm{d}x,$$

这样,变量 x 与 y 已分离在等式的两端,然后两端积分得

$$-\frac{1}{y}=x^2+C,\text{其中 C 是任意常数.}$$

或

$$y=-\frac{1}{x^2+C}, \tag{7.2.4}$$

可以验证,函数(7.2.4)确实满足一阶微分方程(7.2.3),且含有一个任意常数,所以它是方程(7.2.3)的通解.

定义 7.2.1 一般地,形如

$$\frac{\mathrm{d}y}{\mathrm{d}x}=f(x)g(y)(\text{或 } g(y)\mathrm{d}y=f(x)\mathrm{d}x) \tag{7.2.5}$$

的方程称为**可分离变量的微分方程**. 其中函数 $f(x)$ 和 $g(y)$ 分别是 x,y 的连续函数.

 **7.2.1** 下列方程中哪些是可分离变量的微分方程？

(1) $y' = 2y\cos x$；　　(2) $3x^2 + 5x - y' = 0$；

(3) $(x^2 + y^2)\mathrm{d}x - xy\mathrm{d}y = 0$；　　(4) $y' = 1 + x + y^2 + xy^2$；

(5) $y' = 10^{x+y}$；　　(6) $y' = \dfrac{x}{y} + \dfrac{y}{x}$.

解　(1)是. $\Rightarrow y^{-1}\mathrm{d}y = 2\cos x\mathrm{d}x$；　(2)是. $\Rightarrow \mathrm{d}y = (3x^2 + 5x)\mathrm{d}x$；

(3)不是；　(4) 是. $\Rightarrow y' = (1 + x)(1 + y^2)$；

(5)是. $\Rightarrow 10^{-y}\mathrm{d}y = 10^x\mathrm{d}x$；(6) 不是.

可分离变量的微分方程(7.2.5)的求解步骤如下：

第一步:分离变量　如 $g(y) \neq 0$，方程(7.2.5)可化为 $\dfrac{\mathrm{d}y}{g(y)} = f(x)\mathrm{d}x$，

第二步:两边积分　$\displaystyle\int \frac{\mathrm{d}y}{g(y)} = \int f(x)\mathrm{d}x + C$，

把 $\displaystyle\int \frac{\mathrm{d}y}{g(y)}$，$\displaystyle\int f(x)\mathrm{d}x$ 分别理解为 $\dfrac{1}{g(y)}$，$f(x)$ 的某一个原函数，C 为任意常数，才能保证通解中所含任意常数只有一个.

容易验证由第二步所确定的隐函数 $\varphi(x, y, c) = 0$ 满足方程(7.2.5)，是(7.2.5)的通解.

第三步:求特解(也称定常解)　如果存在 y_0 使 $g(y_0) = 0$，可知 $y = y_0$ 也是(7.2.5)的解. 它可能不包含在方程(7.2.5)的通解中，必须予以补上.

例 **7.2.2** 求微分方程 $\dfrac{\mathrm{d}y}{\mathrm{d}x} = 2xy$ 的通解.

解　方程是可分离变量的，分离变量后得

$$\frac{\mathrm{d}y}{y} = 2x\mathrm{d}x,$$

两端积分

$$\int \frac{\mathrm{d}y}{y} = \int 2x\mathrm{d}x,$$

得

$$\ln|y| = x^2 + C_1,$$

从而

$$y = \pm e^{x^2 + C_1} = \pm e^{C_1} e^{x^2},$$

当 C_1 为任意常数时，$\pm e^{C_1}$ 仍是任意常数，所以把它记作 C，又因 $y = 0$ 也是方程的解，$C = 0$ 时可以包含在通解中，便得到方程的通解

$$y = Ce^{x^2}.$$

在用分离变量的方法解可分离变量的微分方程的过程中,在假定 $g(y)\neq 0$ 的前提下,得到的通解不包含 $g(y)=0$ 的特解. 但是,有时如果扩大常数 C 的取值范围至任意常数,则其失去的解仍包含在通解中. 一般如不特别说明的话,都认为方程通解中的 C 为任意常数.

例 7.2.3 求微分方程 $x(y^2-1)\mathrm{d}x-y(x^2-1)\mathrm{d}y=0$ 的通解.

解 分离变量得 $$\frac{y}{y^2-1}\mathrm{d}y=\frac{x}{x^2-1}\mathrm{d}x,$$

两边积分得 $$\frac{1}{2}\ln|y^2-1|=\frac{1}{2}\ln|x^2-1|+C_1,$$

于是 $$\sqrt{y^2-1}=\pm \mathrm{e}^{C_1}\sqrt{x^2-1},\text{记 } C=\pm \mathrm{e}^{C_1},$$

则方程的通解为 $\sqrt{y^2-1}=C\sqrt{x^2-1}$ 或 $y^2-1=C(x^2-1)$ (其中 C 为任意常数).

说明:(1)我们得到的通解中应该有 $C\neq 0$,但这样就失去特解 $y=\pm 1$,而如果允许 $C=0$,则 $y=\pm 1$ 仍包含在通解中.

(2)为方便通解的化简,方程在积分后也可以直接写成 $\frac{1}{2}\ln|y^2-1|=\frac{1}{2}\ln|x^2-1|+\ln|C|$,然后直接化简得通解.

例 7.2.4 已知某商品的需求量 x 对价格 P 的弹性 $e=-2P^2$,而市场对该商品的最大需求量为 4(万件),求该商品的需求与价格的关系.

解 需求量 x 对价格 P 的弹性 $e=\frac{P}{x}\frac{\mathrm{d}x}{\mathrm{d}p}$. 依题意,得 $\frac{P}{x}\frac{\mathrm{d}x}{\mathrm{d}p}=-2P^2$,

于是 $\frac{\mathrm{d}x}{x}=-2P\mathrm{d}P$,积分得 $\ln x=-P^2+C_1$,即 $x=Ce^{-P^2}$ $(C=e^{-C_1})$.

由题设知 $P=0$ 时,$x=4$,从而 $C=4$. 因此所求的需求函数为 $x=4e^{-P^2}$.

例 7.2.5 再一次谋杀发生后,尸体的温度从原来的 37 度按照牛顿冷却定律开始下降. 假设两个小时以后尸体的温度为 35 度,并假定周围空气的温度保持 20 度不变,试求出尸体温度 T 随时间 t 的变化规律. 如果尸体被发现时的温度是 30 度,时间是下午 4 点整,那么谋杀发生在何时?

解　根据物体冷却数学模型,有

$$\begin{cases}\dfrac{\mathrm{d}T}{\mathrm{d}t}=-k(T-20),\\ T(0)=37,\end{cases}$$

其中 $k>0$ 是常数.分离变量求解得

$$T=20+C\mathrm{e}^{-kt},$$

代入初始条件 $T(0)=37$, 可求得 $C=17$. 于是得到该初值问题的解为

$$T=20+17\mathrm{e}^{-kt}.$$

为求出 k 值,根据两个小时后尸体的温度为 35 度这一条件,有

$$35=20+17\mathrm{e}^{-2k},$$

求得 $k\approx 0.063$, 于是温度函数为

$$T=20+17\mathrm{e}^{-0.063t},$$

将 $T=30$ 代入上式求解得到

$$t\approx 8.4(\text{小时}).$$

于是,可以判断谋杀是发生在尸体被发现约 8.4 小时前,所以谋杀大概发生在上午 7 点 36 分.

7.2.2　齐次微分方程

在实际问题中,常见如下微分方程:

(1) $\dfrac{\mathrm{d}y}{\mathrm{d}x}=\sqrt{1-\left(\dfrac{y}{x}\right)^2}$;　　(2) $xy'=\sqrt{xy}+y$;

(3) $xy'=y(1+\ln y-\ln x)$;　　(4) $xy'-y-\sqrt{x^2+y^2}=0$.

这些方程都具有 $y'=f\left(\dfrac{y}{x}\right)$ 的特点.

定义 7.2.2　形如 $\dfrac{\mathrm{d}y}{\mathrm{d}x}=f\left(\dfrac{y}{x}\right)$ 的一阶微分方程,称为**齐次微分方程**,简称齐次方程.

齐次方程 $\dfrac{\mathrm{d}y}{\mathrm{d}x}=f\left(\dfrac{y}{x}\right)$ 通过变量替换,可以转化为可分离变量的方程来求解.

具体求解步骤如下:

第一步:作代换 $u=\frac{y}{x}$,则 $y=ux$,于是

$$\frac{\mathrm{d}y}{\mathrm{d}x}=x\frac{\mathrm{d}u}{\mathrm{d}x}+u,$$

从而

$$x\frac{\mathrm{d}u}{\mathrm{d}x}+u=f(u),$$

齐次方程变为可分离变量的方程

$$\frac{\mathrm{d}u}{\mathrm{d}x}=\frac{f(u)-u}{x}.$$

第二步:分离变量得

$$\frac{\mathrm{d}u}{f(u)-u}=\frac{\mathrm{d}x}{x},$$

两端积分得

$$\int\frac{\mathrm{d}u}{f(u)-u}=\int\frac{\mathrm{d}x}{x}.$$

第三步:求出积分后,再用 $\frac{y}{x}$ 代替 u,便得齐次方程的通解.

例 7.2.6 解方程

$$xy'=y(1+\ln y-\ln x).$$

解 原式可化为

$$\frac{\mathrm{d}y}{\mathrm{d}x}=\frac{y}{x}\left(1+\ln\frac{y}{x}\right),$$

令 $u=\frac{y}{x}$,则

$$\frac{\mathrm{d}y}{\mathrm{d}x}=x\frac{\mathrm{d}u}{\mathrm{d}x}+u,$$

于是

$$x\frac{\mathrm{d}u}{\mathrm{d}x}+u=u(1+\ln u),$$

分离变量

$$\frac{\mathrm{d}u}{u\ln u}=\frac{\mathrm{d}x}{x},$$

两端积分得

$$\ln\ln|u|=\ln|x|+\ln|C|,$$
$$\ln|u|=Cx,$$

即
$$u = e^{Cx},$$
故方程通解为
$$y = xe^{Cx}.$$

 **7.2.7** 求解微分方程 $y^2 + x^2 \frac{dy}{dx} = xy \frac{dy}{dx}$,其中 $x = 1$ 时,$y = 1$.

解　原方程可变形为

$$\frac{dy}{dx} = \frac{y^2}{xy - x^2} = \frac{\left(\frac{y}{x}\right)^2}{\frac{y}{x} - 1},$$

因此是齐次方程,令 $u = \frac{y}{x}$,则方程变为

$$x\frac{du}{dx} = \frac{u}{u-1},$$

分离变量得

$$\left(1 - \frac{1}{u}\right)du = \frac{dx}{x},$$

两端积分得

$$\ln|xu| = u + C,$$

以 $u = \frac{y}{x}$ 代入上式,便得到原方程的通解

$$\ln|y| = \frac{y}{x} + C.$$

把 $x = 1, y = 1$ 代入通解,得 $C = -1$.

故所求方程的解为

$$\ln|y| = \frac{y}{x} - 1.$$

7.2.3　一阶线性微分方程

定义 7.2.3　形如方程

$$\frac{dy}{dx} + P(x)y = Q(x), \tag{7.2.6}$$

称为**一阶线性微分方程**. 若 $Q(x) \equiv 0$, 称(7.2.6)为**一阶齐次线性微分方程**;若 $Q(x) \neq 0$, 称(7.2.6)为**一阶非齐次线性微分方程**.

如 $y' = 2xy + 3x$，$(x + y)\mathrm{d}x + x^2\mathrm{d}y = 0$ 都是一阶线性微分方程.

当 $Q(x) \equiv 0$ 时，方程(7.2.6)变为 $\dfrac{\mathrm{d}y}{\mathrm{d}x} + P(x)y = 0$，　　(7.2.7)

称为对应于(7.2.6)的**齐次微分方程**，为可分离变量的微分方程.

当 $Q(x) \neq 0$ 时，求解一阶非齐次线性微分方程的方法为“常数变易法”，下面我们来具体讨论它的求解步骤：

第一步　先求对应齐次方程 $\dfrac{\mathrm{d}y}{\mathrm{d}x} + P(x)y = 0$ 的通解.

显然 $y=0$ 是它的一个解，当 $y\neq 0$ 时分离变量得 $\dfrac{\mathrm{d}y}{y} = -P(x)\mathrm{d}x$，

两边积分得 $\ln|y| = -\int P(x)\mathrm{d}x + C_1$，整理得 $y = C\mathrm{e}^{-\int P(x)\mathrm{d}x}$，$(C = \pm \mathrm{e}^{C_1})$.

$y = 0$ 也是方程(7.2.7)的解，这时在上式中取 $C = 0$ 即可.

于是得到方程(7.2.7)的通解为

$$y = C\mathrm{e}^{-\int P(x)\mathrm{d}x}\ (C\text{ 为任意常数}). \tag{7.2.8}$$

由于齐次方程(7.2.7)是非齐次方程(7.2.6)的特例，两方程左端形式相同，因此有理由认为非齐次方程(7.2.6)的通解仍具有(7.2.8)的形式，只是其中的 C 不可能是常数而应是 x 的函数 $C(x)$.

第二步　为求(7.2.6)的解，用 $C(x)$ 代替 C，设

$$y = C(x)\mathrm{e}^{-\int P(x)\mathrm{d}x}, \tag{7.2.9}$$

为非齐次方程(7.2.6)的解，求解 $C(x)$.

于是有

$$\frac{\mathrm{d}y}{\mathrm{d}x} = C'(x)\mathrm{e}^{-\int P(x)\mathrm{d}x} + C(x)\mathrm{e}^{-\int P(x)\mathrm{d}x}[-P(x)],$$

将上式代入非齐次方程(7.2.6)，得

$$C(x) = \int Q(x)\mathrm{e}^{\int P(x)\mathrm{d}x}\mathrm{d}x + C. \tag{7.2.10}$$

第三步　将式(7.2.10)代入(7.2.9)可得到非齐次微分方程(7.2.6)的**通解公式**为

$$y = \mathrm{e}^{-\int P(x)\mathrm{d}x}\left(\int Q(x)\mathrm{e}^{\int P(x)\mathrm{d}x}\mathrm{d}x + C\right),(C\text{ 为任意常数}). \tag{*}$$

这种将任意常数 C 变成待定函数 $C(x)$ 求解的方法，称为**常数变易法**.

因此，一阶线性微分方程的解法有两种：

(1)常数变易法；

(2)直接利用通解公式(*)式.

 **7.2.8** 求方程 $xy' + y = e^x (x > 0)$ 的通解.

解 所给方程可化为

$$\frac{dy}{dx} + \frac{y}{x} = \frac{e^x}{x}.$$

先求得方程对应的齐次线性方程的通解为

$$y = \frac{C}{x},$$

再利用常数变易法，设原方程的解为

$$y = \frac{C(x)}{x},$$

代入原方程得

$$\frac{xC'(x) - C(x)}{x^2} + \frac{C(x)}{x^2} = \frac{e^x}{x},$$

化简，得

$$C'(x) = e^x,\ 积分得\ C(x) = e^x + C,$$

故得方程的通解为

$$y = \frac{1}{x}(e^x + C)\ (C\ 为任意常数).$$

以上是按“常数变易法”的思路求解，本题也可直接利用通解公式(*)求解. 但是，必须先将方程化为形如方程(7.2.6)的一般形式.

这里，$P(x) = \frac{1}{x}, Q(x) = \frac{e^x}{x}$，代入公式(*)，得方程的通解为

$$y = e^{-\int \frac{1}{x} dx}\left[\int \frac{e^x}{x} e^{\int \frac{1}{x} dx} dx + C\right] = \frac{1}{x}(e^x + C).$$

例 **7.2.9** 求方程 $\frac{dy}{dx} - \frac{ny}{x} = e^x x^n$ 的通解.

解 先求对应的齐次方程的通解

$$\frac{dy}{dx} - \frac{ny}{x} = 0,\ \frac{dy}{y} = \frac{n}{x} dx,$$

两边积分后得到通解

$$y=Cx^n$$

用常数变易法把 C 换成 $u(x)$，即令

$$y=u(x)x^n,$$

代入原方程得

$$u'(x)=e^x,$$

两端积分，得

$$u'(x)=e^x+C,$$

故得到原方程的通解为

$$y=(e^x+C)x^n.$$

又或者用通解公式：$P(x)=-\dfrac{n}{x}$，$Q(x)=x^n e^x$，代入公式(∗)，得方程的通解为

$$y=e^{\int\frac{n}{x}dx}\left[\int x^n e^x e^{\int-\frac{n}{x}dx}dx+C\right]=x^n(e^x+C).$$

例 7.2.10 求方程 $y'+\dfrac{y}{x-y^3}=0$ 满足初始条件 $y(0)=1$ 的解.

解 先求出所给方程的通解. 这个方程乍一看不像一阶线性方程，但把它改写成

$$\frac{dx}{dy}+\frac{x-y^3}{y}=0,$$

即

$$\frac{dx}{dy}+\frac{1}{y}x=y^2,$$

把 x 看作未知函数，y 看作自变量，这样，对于 x 及 $\dfrac{dx}{dy}$ 来说，上述方程就是一个以 y 为自变量，x 为未知函数的一阶线性微分方程.

其中 $P(y)=\dfrac{1}{y}$，$Q(y)=y^2$，利用通解公式(∗)得

$$x=e^{-\int\frac{1}{y}dy}\left[\int y^2e^{\int\frac{1}{y}dy}dy+C\right]=e^{-\ln y}\left[\int y^2e^{\ln y}dy+C\right]$$

$$=\frac{1}{y}\left[\int y^3dy+C\right]=\frac{1}{4}y^3+\frac{C}{y},$$

将初始条件 $y(0)=1$ 代入上述通解中，得 $C=-\dfrac{1}{4}$，

故所求方程的特解为

$$x=\frac{1}{4}y^3-\frac{1}{4y}.$$

 **7.2.11** 已知商品的成本 $C=C(x)$ 随产量 x 的增加而增加，其增长率为

$$C'(x)=\frac{1+x+C}{1+x},$$

且产量为零时，固定成本 $C(0)=C_0>0$，求商品的生产成本函数 $C(x)$.

解　$C'(x)=\frac{1+x+C}{1+x}=\frac{C}{1+x}+1$ 是一阶线性微分方程，

$P(x)=-\frac{1}{1+x}, Q(x)=1$，可得

$$C(x)=e^{\int\frac{1}{1+x}dx}\left(\int 1\cdot e^{\int-\frac{1}{1+x}dx}dx+C_1\right)=(1+x)\left(\int\frac{1}{1+x}dx+C_1\right)$$

$$=(1+x)(\ln|1+x|+C_1),$$

把 $C(0)=C_0$ 代入上式，可得 $C_1=C_0$.

即 $C(x)=(1+x)(\ln|1+x|+C_0)$ 为所求商品的生产函数.

习题 7.2

1. 求下列微分方程的通解或在给定的初始条件下的特解：

(1) $y'=\frac{1+y}{1-x}$；　(2) $xy\,dx+\sqrt{1+x^2}\,dy=0$；

(3) $y'=x\sqrt{1-y^2}$；　(4) $y'=e^{2x-y}, y|_{x=0}=0$；

(5) $\frac{dy}{dx}=-\frac{x}{y}, y|_{x=1}=1$；　(6) $\frac{x}{1+y}dx-\frac{y}{1+x}dy=0, y|_{x=0}=1$.

2. 一个煮熟了的鸡蛋有 98 度，把它放在 18 度的水池里，5 分钟后，鸡蛋的温度是 38 度，假定没有感觉到水变热，求鸡蛋达到 20 度需要多少时间？

3. 求下列微分方程的通解或在给定条件下的特解：

(1) $xy'-y-\sqrt{x^2+y^2}=0$；　(2) $y'=\frac{x}{y}+\frac{y}{x}, y|_{x=1}=1$；

(3) $3xy^2dy=(2y^3-x^3)dx$；　(4) $y'=\frac{y}{x}+e^{\frac{y}{x}}, y|_{x=1}=0$.

4. 求下列微分方程的通解或在给定条件下的特解：

(1) $\frac{\mathrm{d}y}{\mathrm{d}x}-\frac{y}{x}=2x^2$； (2) $y'-\frac{y}{x+1}=(x+1)\mathrm{e}^x, y(0)=1$；

(3) $\frac{\mathrm{d}y}{\mathrm{d}x}+2xy=4x$； (4) $\frac{\mathrm{d}y}{\mathrm{d}x}+y=\mathrm{e}^{-x}, y|_{x=0}=5$；

(5) $(x-2y)\mathrm{d}y+\mathrm{d}x=0$； (6) $(1-x^2)\frac{\mathrm{d}y}{\mathrm{d}x}+xy=1, y|_{x=0}=1$.

5. 某商品需求量 Q 对价格 P 的弹性 $-P\ln 3$，若该商品的最大需求量为 1200(即 $P=0$，$Q=1200$)(P 的价格为元，Q 的单位为 kg)：

(1)试求需求量 Q 对价格 P 的函数关系；

(2)求当价格为 1 元时，市场对该商品的需求量.

6. 求一曲线方程，该曲线通过原点，并且在点 (x,y) 处的切线斜率等于 $2x+y$.

7. 经验知道，某产品的净利润 y 与广告支出 x 之间有如下关系：

$$\frac{\mathrm{d}y}{\mathrm{d}x}=k(N-y),$$

其中 k,N 都是大于零的常数，且广告支出为零时，净利润为 y_0，$0<y_0<N$，求净利润函数 $y=y(x)$.

§7.3 二阶常系数线性微分方程

7.3.1 二阶常系数齐次线性微分方程

定义 7.3.1 形如方程

$$y''+py'+qy=0 \tag{7.3.1}$$

称为**二阶常系数齐次线性微分方程**，其中 p,q 均为常数.

为求解方程(7.3.1)，先来研究方程解的性质.

性质 7.3.1 若 $y_1(x),y_2(x)$ 是(7.3.1)的解，则 $y=C_1y_1(x)+C_2y_2(x)$ 也是(7.3.1)的解，其中 C_1,C_2 为任意常数.

函数 $y=C_1y_1(x)+C_2y_2(x)$ 是方程(7.3.1)的解，但此解未必是通解.

例如，设 $y_1(x)=3y_2(x)$，则 $y=(C_2+3C_1)y_2(x)=Cy_2(x)$，这显然不是方程(7.3.1)的通解. 那么 $C_1y_1(x)+C_2y_2(x)$ 何时成为通解？只有当

$y_1(x)$ 与 $y_2(x)$ 线性无关时.

定义 7.3.2　设 $y_1, y_2, \cdots, y_n$ 是定义在区间 I 内的函数，若存在不全为零的数 $k_1, k_2, \cdots, k_n$ 使得 $k_1y_1 + k_2y_2 + \cdots + k_ny_n = 0$ 恒成立，则称 $y_1, y_2, \cdots, y_n$ **线性相关**. 否则称**线性无关**.

例如：$1, \cos^2 x, \sin^2 x$ 线性相关，$1, x, x^2$ 线性无关.

对两个函数，当它们的比值为常数时，此两函数线性相关. 若它们的比值是函数时线性无关.

性质 7.3.2　若 $y_1(x), y_2(x)$ 是方程(7.3.1)的两个线性无关的解，那么

$$y - C_1y_1(x) + C_2y_2(x),$$

(C_1, C_2 为任意常数)是方程(7.3.1)的通解.

此性质称为二阶齐次线性微分方程(7.3.1)的**通解结构**.

根据二阶常系数齐次线性微分方程(7.3.1)的特点，可以猜想 $y = e^{rx}$ 是满足方程(7.3.1)的一个解，为此将 $y = e^{rx}$ 代入方程(7.3.1)得

$$(r^2 + pr + q)e^{rx} = 0.$$

由此可见，只要 r 满足代数方程

$$r^2 + pr + q = 0, \tag{7.3.2}$$

函数 $y = e^{rx}$ 就是微分方程的解.

我们把方程(7.3.2)叫作微分方程(7.3.1)的**特征方程**. 特征方程的两个根 r_1、r_2 可用公式

$$r_{1,2} = \frac{-p \pm \sqrt{p^2 - 4q}}{2},$$

求出. 下面我们根据特征方程根的不同情况，分别来讨论方程(7.3.1)的通解.

(1)特征方程有两个不相等的实根 $r_1 \neq r_2$ 时，函数 $y_1 = e^{r_1x}$、$y_2 = e^{r_2x}$ 是方程(7.3.1)的两个线性无关的解.

这是因为，函数 $y_1 = e^{r_1x}$、$y_2 = e^{r_2x}$ 是方程的解，又 $\dfrac{y_1}{y_2} = \dfrac{e^{r_1x}}{e^{r_2x}} = e^{(r_1 - r_2)x}$ 不是常数.

因此方程的通解为

$$y=C_1e^{r_1x}+C_2e^{r_2x}.$$

(2)特征方程有两个相等的实根 $r_1=r_2=r$ 时,函数 $y_1=e^{rx}$ 、$y_2=xe^{rx}$ 是方程(7.3.1)的两个线性无关的解.

这是因为, $y_1=e^{rx}$ 是方程的解,又

$$(xe^{rx})''+p(xe^{rx})'+q(xe^{rx})=(2r+xr^2)e^{rx}+p(1+xr)e^{rx}+qxe^{rx}$$

$$=e^{rx}(2r+p)+xe^{r_1x}(r^2+pr+q)=0,$$

所以 $y_2=xe^{rx}$ 也是方程的解,且 $\frac{y_2}{y_1}=\frac{xe^{rx}}{e^{rx}}=x$ 不是常数.

因此方程的通解为

$$y=C_1e^{rx}+C_2xe^{rx}.$$

(3)特征方程有一对共轭复根 $r=\alpha\pm i\beta$ 时,函数 $y=e^{(\alpha\pm i\beta)x}$ 是微分方程(7.3.1)的两个线性无关的复数形式的解.由欧拉公式 $e^{i\theta}=\cos\theta+i\sin\theta$,得

$$y_1=e^{(\alpha+i\beta)x}=e^{\alpha x}(\cos\beta x+i\sin\beta x),$$

$$y_1=e^{(\alpha-i\beta)x}=e^{\alpha x}(\cos\beta x-i\sin\beta x),$$

取

$$\bar{y}_1=\frac{y_1+y_2}{2}=e^{\alpha x}\cos\beta x,$$

$$\bar{y}_2=\frac{y_1-y_2}{2i}=e^{\alpha x}\sin\beta x,$$

故 $\bar{y}_1,\bar{y}_2$ 也是方程解.且可以验证, $\bar{y}_1,\bar{y}_2$ 是方程(7.3.1)的两个线性无关解.因此此时方程的通解为

$$y=e^{ax}(C_1\cos\beta x+C_2\sin\beta x).$$

综上所述,求二阶常系数齐次线性方程 $y''+py'+qy=0$ 的通解步骤为:

(1)写出微分方程的特征方程 $r^2+pr+q=0$;

(2)求出特征方程的特征根 r_1 与 r_2;

(3)根据特征根的不同情形,按照下表写出齐次方程的通解.

为了便于记忆,我们将二阶常系数齐次线性微分方程(7.3.1)的通解形式列表如下:

两个不相等的实根 r_1,r_2	$y=C_1\mathrm{e}^{r_1x}+C_2\mathrm{e}^{r_2x}$
两个相等的实根 $r_1=r_2=r$	$y=(C_1+C_2x)\mathrm{e}^{rx}$
一对共轭复根 $r_{1,2}=\alpha\pm\mathrm{i}\beta$	$y=\mathrm{e}^{\alpha x}(C_1\cos\beta x+C_2\sin\beta x)$

 **7.3.1**　求微分方程 $y''-3y-4y=0$ 的通解.

解　所给微分方程的特征方程为

$$r^2-3r-4=0,$$

其根 $r_1=-1,r_2=4$ 是两个不相等的实根,因此所求通解为

$$y=C_1\mathrm{e}^{-x}+C_2\mathrm{e}^{4x}.$$

例 **7.3.2**　求方程 $y''+2y+1=0$ 满足初始条件 $y\big|_{x=0}=4$, $y'\big|_{x=0}=-2$ 的特解.

解　所给方程的特征方程为

$$r^2+2r+1=0,$$

其根 $r_1=r_2=-1$ 是两个相等的实根,因此所求微分方程的通解为

$$y=(C_1+C_2x)\mathrm{e}^{-x}.$$

将条件 $y\big|_{x=0}=4$ 代入通解,得 $C_1=4$, 从而

$$y=(4+C_2x)\mathrm{e}^{-x},$$

将上式对 x 求导,得

$$y'=(C_2-4-C_2x)\mathrm{e}^{-x},$$

再把条件 $y'\big|_{x=0}=-2$ 代入上式,得 $C_2=2$. 于是所求特解为

$$s-(4+2x)\mathrm{e}^{-x}.$$

 **7.3.3**　求微分方程 $y''+2y'+2y=0$ 的通解.

解　所给微分方程的特征方程为

$$r^2+2r+2=0,$$

采用配完全平方的方法, $(r+1)^2=-1$, 加上 $\mathrm{i}^2=-1$, 得到其根 $r_{1,2}=-1\pm\mathrm{i}$ 为一对共轭复根,因此所求通解为 $y=\mathrm{e}^{-x}(C_1\cos x+C_2\sin x)$.

7.3.2 二阶常系数非齐次线性微分方程

定义 7.3.3 形如方程

$$y''+Py'+y=f(x), \tag{7.3.3}$$

称为**二阶常系数非齐次线性微分方程**,其中 p、q 是常数.

性质 7.3.3 设 $y^*(x)$ 是(7.3.3)的特解,$Y(x)$ 是(7.3.1)的通解,则 $y=Y(x)+y^*(x)$ 是(7.3.3)的通解.

下面我们将对方程中 $f(x)=P_m(x)\mathrm{e}^{\lambda x}$ 型的特殊形式用**待定系数法**给出求解方程(7.3.3)的特解的方法.

当 $f(x)=P_m(x)\mathrm{e}^{\lambda x}$ 时,其中 $P_m(x)$ 为 x 的一个 m 次多项式

$$P_m(x)=a_0x^m+a_1x^{m-1}+\cdots+a_{m-1}x+a_m.$$

由于多项式与指数函数的乘积的导数仍是多项式与指数函数的乘积,可以猜想方程(7.3.3)的特解也应具有这种形式.因此,设特解形式为 $y^*(x)=Q(x)\mathrm{e}^{\lambda x}$,将其代入方程(7.3.3),得等式

$$Q''(x)+(2\lambda+p)Q't(x)+(\lambda^2+p\lambda+q)Q(x)=P_m(x), \tag{7.3.4}$$

如何求 $Q(x)$?分以下三种情况讨论:

(1) 如果 λ 不是特征方程 $r^2+pr+q=0$ 的根,则 $\lambda^2+p\lambda+q\neq0$,要使式(7.3.4)成立,$Q(x)$ 应设为 m 次多项式

$$Q_m(x)=b_0x^m+b_1x^{m-1}+\cdots+b_{m-1}x+b_m,$$

通过比较等式两边同次项系数,可确定 $b_0,b_1,\cdots,b_m$,并得所求特解

$$y^*(x)=Q_m(x)\mathrm{e}^{\lambda x}.$$

(2) 如果 λ 是特征方程 $r^2+pr+q=0$ 的单根,则 $\lambda^2+p\lambda+q=0$,但 $2\lambda+P\neq0$,要使等式(7.3.4)成立,$Q(x)$ 应设为 $m+1$ 次多项式

$$Q(x)=xQ_m(x),$$

通过比较等式两边同次项系数,可确定 $b_0,b_1,\cdots,b_m$,并得所求特解

$$y^*(x)=xQ_m(x)\mathrm{e}^{\lambda x}.$$

(3) 如果 λ 是特征方程 $r^2+pr+q=0$ 的二重根,则 $\lambda^2+p\lambda+q=0$,$2\lambda+P=0$,要使等式(7.3.4)成立,$Q(x)$ 应设为 $m+2$ 次多项式

$$Q(x)=x^2Q_m(x),$$

通过比较等式两边同次项系数,可确定 $b_0,b_1,\cdots,b_m$,并得所求特解

$$y^*(x)=x^2Q_m(x)e^{\lambda x}.$$

综上所述,我们有如下结论:

如果 $f(x)=P_m(x)e^{\lambda x}$,则二阶常系数非齐次线性微分方程(7.3.3)有形如

$$y^*(x)=x^kQ_m(x)e^{\lambda x}$$

的特解,其中 $Q_m(x)$ 是与 $P_m(x)$ 同次的多项式,而 k 按 λ 不是特征方程的根、是特征方程的单根或是特征方程的重根依次取为 0、1 或 2.

例 7.3.4 求微分方程 $y''-6y'+9y=e^{3x}$ 的通解.

解 首先,求对应齐次方程 $y''-6y'+9y=0$ 的通解 $Y(x)$. 因特征方程为

$$r^2-6r+9=0,$$

所以特征根为 $r_1=r_2=3$(重根),故对应齐次方程的通解为

$$Y(x)=(C_1+C_2x)e^{3x},$$

其次,求原方程的一个特解 $y^*(x)$. 因 $f(x)=e^{3x}$ 中的 $\lambda=3$ 恰是特征方程的重根,故设

$$y^*(x)=Ax^2e^{3x},$$

其中 A 为待定系数,则

$$(y^*)'=(2Ax+3Ax^2)e^{3x},(y^*)''=(2A+12Ax+9Ax^2)e^{3x},$$

代入原方程,比较等式两边,得

$$A=\frac{1}{2},$$

故原方程的一个特解为

$$y^*=\frac{1}{2}x^2e^{3x},$$

所以原方程的通解为

$$y=(C_1+C_2x)e^{3x}+\frac{1}{2}x^2e^{3x}.$$

例 7.3.5 求微分方程 $y''-3y'-4y=4x-1$ 的一个特解.

解 这是一个 $f(x)=P_m(x)e^{\lambda x}$ 型二阶常系数非齐次线性微分方程,

$$P_m(x)=4x-1,\lambda=0.$$

与所给方程对应的齐次方程为

$$y''-3y'-4y=0,$$

它的特征方程为

$$r^2-3r-4=0.$$

由于这里$\lambda=0$不是特征方程的根,所以应设特解为

$$y^*(x)=b_0x+b_1,$$

把它代入所给方程,得

$$-3b_0-4b_0x-4b_1=4x-1,$$

比较两端x同次幂的系数,得

$$\begin{cases}-4b_0=4,\\-3b_0-4b_1=-1,\end{cases}$$

由此求得$b_0=-1,b_1=1$. 于是求得所给方程的一个特解为

$$y^*(x)=-x+1.$$

 **7.3.6** (市场均衡价格模型)设市场上某商品的需求函数和供给函数分别满足

$$D(P)=10-P-2P'+P'',S(P)=-2+P+P'+2P'',$$

及初始条件$P|_{t=0}=10,P'|_{t=0}=-1$. 试求在市场均衡条件$D(P)=S(P)$下,该商品的价格函数$P=P(t)$.

解 由$D(P)=S(P)$,得$P''+3P'+2P=12$,

这是二阶常系数非齐次线性微分方程. 对应的齐次方程的特征方程为

$$r^2+3r+2=0,$$

解得

$$r_1=-1,r_2=-2,$$

对应齐次方程的通解为$\overline{P}(t)=C_1\mathrm{e}^{-t}+C_2\mathrm{e}^{-2t}$. 设非齐次方程的特解为$P^*=A$,代入非齐次方程,得$A=6$,所求非齐次方程的通解为

$$P(t)=C_1\mathrm{e}^{-t}+C_2\mathrm{e}^{-2t}+6,$$

由条件$P|_{t=0}=10,P'|_{t=0}=-1$,得$C_1=7,C_2=-3$,

所求价格函数为

$$P(t)=7\mathrm{e}^{-t}-3\mathrm{e}^{-2t}+6.$$

习题 7.3

1. 求下列微分方程的通解：

(1) $y''+5y'+6y=0$；　　(2) $y''+2y'-8y=0$；

(3) $y''-2y'+3y=0$；　　(4) $y''-4y'+4y=0$；

(6) $y''-y=0$；　　(6) $y''-4y'+5y=0$.

2. 求下列微分方程满足初始条件的特解：

(1) $4y''+4y'+y=0, y|_{x=0}=2, y'|_{x=0}=0$；

(2) $y''-y'-6y=0, y(0)=1, y'(0)=2$；

(3) $y''+y'+2y=0, y|_{x=0}=3, y'|_{x=0}=0$.

3. 求下列微分方程的通解：

(1) $y''+y'-2y=2e^{x}$；　　(2) $y''-4y=e^{x}$；

(3) $y''+4y'+3y=x-2$；　　(4) $y''-3y'-10y=5$.

4. 求下列微分方程在满足初始条件下的特解：

(1) $y''-10y'+9y=e^{2x},\ y|_{x=0}=\dfrac{6}{7},\ y'|_{x=0}=\dfrac{33}{7}$；

(2) $y''-8y'+16y=e^{4x}, y(0)=0, y'(0)=1$；

(3) $y''-4y=4, y(0)=1, y'(0)=0$.

5. 设市场上某商品的需求函数和供给函数分别满足：

$D(P)=6-2P-3P'+P'', S(P)=6+P+P'+2P'', P|_{t=0}=15, P'|_{t=0}=-2$.

试求在市场均衡条件 $D(P)=S(P)$ 下，该商品的价格函数 $P=P(t)$.

§7.4　差分方程的概念

7.4.1　差分的概念

一般地，在连续变化的时间范围内，变量 y 关于时间 t 的变化率用 $\dfrac{\mathrm{d}y}{\mathrm{d}t}$ 来刻画；对离散型变量 y，我们常取在规定的时间区间上的差商 $\dfrac{\Delta y}{\Delta t}$ 来刻画变量 y 的变化率，则 $\Delta y=y(t+1)-y(t)$ 可以近似表示变量 y 的变化率. 由此给出差分的定义.

给定函数 $y_t=f(t)$，其自变量 t(通常表示时间)的取值为离散等间隔的整数值:$t=\cdots,-2,-1,0,1,2,\cdots$.因 t 是离散地取等间隔值,那么函数 y_t 只能在相应的点有定义.

定义 7.4.1 设函数 $y_t=f(t)$ 在 $t=\cdots,-2,-1,0,1,2,\cdots$ 处有定义,对应的函数值为 $\cdots,y_{-2},y_{-1},y_0,y_1,y_2,\cdots$,则函数 $y_t=f(t)$ 在时间 t 的一阶差分定义为

$$\Delta y_t=y_{t+1}-y_t=f(t+1)-f(t).$$

依此定义类推,有

$$\Delta y_{t+1}=y_{t+2}-y_{t+1}=f(t+2)-f(t+1),$$
$$\Delta y_{t+2}=y_{t+3}-y_{t+2}=f(t+3)-f(t+2),$$
$$\cdots\cdots$$

显然,由定义 7.4.1 我们很容易验证一阶差分具有如下性质:

(1)若 $y_t=C$(C 为常数),则 $\Delta y_t=0$;

(2)对于任意常数 k,$\Delta(ky_t)=k\Delta y_t$;

(3) $\Delta(y_t\pm z_t)=\Delta y_t\pm\Delta z_t$;

(4) $\Delta(y_t\cdot z_t)=z_t\Delta y_t+y_{t+1}\Delta z_t$;

(5) $\Delta\left(\dfrac{y_t}{z_t}\right)=\dfrac{z_t\Delta y_t-y_t\Delta z_t}{z_{t+1}\cdot z_t}(z_t\neq 0)$.

注意:差分具有类似导数的运算性质.

因为函数 y_t 的一阶差分 Δy_t 通常还是 t 的函数,故可以考虑求 Δy_t 的差分,进而还可继续考虑 Δy_t 的差分的差分,如此等等,二阶以上的差分统称为**高阶差分**.

定义 7.4.2 函数 $y_t=f(t)$ 在时刻 t 的二阶差分定义为一阶差分的差分,即

$$\begin{aligned}\Delta^2 y_t&=\Delta(\Delta y_t)=\Delta y_{t+1}-\Delta y_t=(y_{t+2}-y_{t+1})-(y_{t+1}-y_t)\\&=y_{t+2}-2y_{t+1}+y_t.\end{aligned}$$

依此定义类推,有

$$\Delta^2 y_{t+1}=\Delta y_{t+2}-\Delta y_{t+1}=y_{t+3}-2y_{t+2}+y_{t+1},$$
$$\Delta^2 y_{t+2}=\Delta y_{t+3}-\Delta y_{t+2}=y_{t+4}-2y_{t+3}+y_{t+2},$$
$$\cdots\cdots$$

依上类推，计算两个相继的二阶差分之差，便得到三阶差分

$\Delta^3 y_t = \Delta(\Delta^2 y_t) = \Delta^2 y_{t+1} - \Delta^2 y_t = y_{t+3} - 3y_{t+2} + 3y_{t+1} - y_t$，

$\Delta^3 y_{t+1} = \Delta^2 y_{t+2} - \Delta^2 y_{t+1} = y_{t+4} - 3y_{t+3} + 3y_{t+2} - y_{t+1}$，

……………………

一般地，k 阶差分（k 为正整数）定义为

$$\begin{aligned}\Delta^k y_t &= \Delta(\Delta^{k-1} y_t) = \Delta^{k-1} y_{t+1} - \Delta^{k-1} y_t \\ &= \sum_{i=1}^{k} (-1)^i C_k^i \cdot y_{t+k-i}, (k = 1,2,3,\cdots),\end{aligned}$$

这里

$$C_k^i = \frac{k!}{i!(k-i)!}.$$

例 7.4.1　设 $y_t = t^2 - 2$，求 $\Delta(y_t)$，$\Delta^2(y_t)$，$\Delta^3(y_t)$.

解　$\Delta y_t = \Delta(t^2 - 2) = (t+1)^2 - 2 - t^2 + 2 = 2t + 1$.

$\Delta^2 y_t = \Delta^2(t^2 - 2) = \Delta(2t+1) = [2(t+1)+1] - (2t+1) = 2$.

$\Delta^3 y_t = \Delta(\Delta^2 y_t) = 2 - 2 = 0$.

7.4.2　差分方程

定义 7.4.3　含有未知函数 $y_t = f(t)$ 以及 y_t 的差分 Δy_t，$\Delta^2 y_t$，$\cdots$ 的函数方程，称为**差分方程**；差分方程中差分的最高阶数，称为**差分方程的阶**.

n 阶差分方程的一般形式为

$$F(t, y_t, \Delta y_t, \cdots, \Delta^n y_t) = 0, \tag{7.4.1}$$

其中 F 是 $t, y_t, \Delta y_t, \cdots, \Delta^n y_t$ 的已知函数，且 $\Delta^n y_t$ 一定要在方程中出现.

又由差分的定义可知，任意阶差分都可以表示为函数在不同时刻函数值的代数和. 因此，差分方程也可定义为：

定义 7.4.4　含有两个或两个以上函数值 $y_t, y_{t+1}, \cdots$ 的函数方程称为**差分方程**，方程中未知函数最大下标与最小下标的差，称为**差分方程的阶**.

按此定义,n 阶差分方程的一般形式为

$$F(t,y_t,y_{t+1},\cdots,y_{t+n})=0, \tag{7.4.2}$$

其中 F 为 $t,y_t,y_{t+1},\cdots,y_{t+n}$ 的已知函数,且 y_t 和 y_{t+n} 一定要在差分方程中出现.

如差分方程 $y_{t+4}-2y_{t+1}=1$ 的阶数为 3;而方程 $-3\Delta y_t=3y_t+a^t$ 可变形为 $-3y_{t+1}=a^t$,其只含有自变量 t 的一个函数值,所以不是差分方程.

注意:关于差分方程及其阶数的上述两个定义不是完全等价的. 例如,差分方程

$$\Delta^2 y_t+\Delta y_t=0$$

按定义 7.4.3 是二阶差分方程,将它改写为

$$\Delta^2 y_t+\Delta y_t=(y_{t+2}-2y_{t+1}+y_t)+(y_{t+1}-y_t)=y_{t+2}-y_{t+1}=0,$$

此时,按定义 7.4.4 则应为一阶差分方程.

由于在经济模型中,通常遇到的是定义 7.4.4 的差分方程. 因此,今后我们将只讨论形如(7.4.2)的差分方程.

7.4.3 差分方程的解

定义 7.4.5 如果将已知函数 $y_t=\varphi(t)$ 代入方程(7.4.2),使其对 $t=\cdots,-2,-1,0,1,2,\cdots$ 成为恒等式,则称 $y_t=\varphi(t)$ 为方程(7.4.2)的解. 含有 n 个相互独立的任意常数 $C_1,C_2,\cdots,C_n$ 的解

$$y_t=\varphi(t,C_1,C_2,\cdots,C_n)$$

称为 n 阶差分方程(7.4.2)的**通解**. 在通解中给任意常数 $C_1,C_2,\cdots,C_n$ 以确定的值所得的解,称为 n 阶差分方程(7.4.2)的**特解**.

与常微分方程相类似,由差分方程的通解来确定它的特解,需要给出确定特解的**定解条件**.

n 阶差分方程(7.4.2)常见的定解条件为初始条件,$y_0=a_0,y_1=a_1,\cdots,y_{n-1}=a_{n-1}$,这里 $a_0,a_1,a_2,\cdots,a_{n-1}$ 均为已知常数.

特别的,只要保持差分方程中的时间滞后结构不变,无论对 t 提前或推后一个相同的等间隔值,所得新方程与原方程是等价的,即二者有相同的解.

如,方程 $ay_{t+1}-by_t=0$ 与方程 $ay_{t+2}-by_{t+1}=0$ 是相互等价的. 这是因

为，对任意的 $t=\cdots,-2,-1,0,1,2,\cdots$，其中任意一个方程的解，也一定是另外方程的解，反之亦然.

基于差分方程的这一特征，在研究差分方程中，为了方便和需要，可以随意地移动差分方程中的时间下标，只要保证方程中所有时间下标均移动一个相同的整数值即可(去掉这个条件将改变方程). 由此可见，在差分以及差分方程的解的定义中，对 $t=0,1,2,\cdots$ 恒成立时，对 $t=-1,-2,\cdots$ 也是成立的. 为此，今后也就只需讨论 $t=0,1,2,\cdots$ 的情形.

7.4.4　线性差分方程及其基本定理

定义 7.4.6　方程 $y_{t+n}+a_1(t)y_{t+n-1}+\cdots+a_n(t)y_t=f(t)$，$a_1(t)$，$a_2(t)$，$\cdots$，$a_{n-1}(t)$，$a_n(t)$ 和 $f(t)$ 都是 t 的已知函数，且 $a_n(t)\neq 0$，$f(t)\neq 0$ 称为 n **阶线性差分方程**. 其中未知函数及其未知函数的差分都是一次的，否则，就称为 n **阶非线性差分方程**.

如果 $f(t)\equiv 0$，称为 n **阶齐次线性差分方程**. 有时也称为非齐次差分方程对应的齐次差分方程.

特别地，若 $a_i(t)$ ($i=1,2,\cdots,n$)为常数，即方程变为

$$y_{t+n}+a_1y_{t+n-1}+\cdots+a_ny_t=f(t)\ (\ a_i\ 为常数,\ i=1,2,\cdots,n\ ),$$

$$y_{t+n}+a_1y_{t+n-1}+\cdots+a_ny_t=0\ (\ a_i\ 为常数,\ i=1,2,\cdots,n\ ),$$

则分别称为 n **阶常系数非齐次线性差分方程**，n **阶常系数齐次线性差分方程**.

定理 7.4.1(齐次线性差分方程解的叠加原理)　如果 $y_1(t)$，$y_2(t)$，$\cdots$，$y_n(t)$ 都是 n 阶齐次差分方程的解，则对任意常数 C_1，C_2，$\cdots$，C_n，$Y_t=C_1y_1(t)+\cdots+C_ny_n(t)$ 也是 n 阶齐次差分方程的解.

定理 7.4.2　如果 $y_1(t)$，$y_2(t)$，$\cdots$，$y_n(t)$ 是 n 阶齐次差分方程的线性无关解，则 $Y_t=C_1y_1(t)+\cdots+C_ny_n(t)$ 是 n 阶齐次差分方程的通解.

定理 7.4.3 (非齐次线性差分方程通解结构定理)　如果 $Y_t=C_1y_1(t)+\cdots+C_ny_n(t)$ 是 n 阶齐次差分方程的通解，y_t^* 是 n 阶非齐次差分方程的一个特解，则 n 阶非齐次差分方程的通解为 $y_t=Y_t+y_t^*$.

由定理 7.4.2 知，为了求得 n 阶齐次线性差分方程的通解，只需求出其 n

个线性无关的特解,然后写出它们的线性组合即可.

定理 7.4.3 告诉我们,求 n 阶非齐次线性差分方程的通解,可归结为:

(1)求对应的齐次差分方程的通解 Y_t;

(2)求非齐次差分方程的一个特解 y_t^*;

(3)再将所求得的通解 Y_t 与特解 y_t^* 相加,即得非齐次差分方程的通解: $y_t = Y_t + y_t^*$.

习题 7.4

1. 试确定下列等式中哪些是差分方程,并确定其中差分方程的阶数:

(1) $y_{t+6} + 2y_{t+4} + y_{t+2} + 1 = 0$; (2) $\Delta y_t + 2y_t + 2 = 3t$;

(3) $\Delta^2 y_{t+1} = y_{t+3} - 2y_{t+2} + y_{t+1}$; (4) $2\Delta^2 y_t - 6(\Delta y_t)^2 - y_t = 3$;

(5) $5y_{t+4} - 7y_{t-1} = 2t^3$; (6) $2y_{t+2} - y_{t-4} = y_{t-2}$.

2. 求下列各差分:

(1) $y_t = t^2 + 2t$, 求 $\Delta^2 y_t$;

(2) 已知 $y_t = a^t$ ($a > 0$ 且 $a \neq 1$),求 Δy_t,$\Delta^2 y_t$;

(3) $y_t = t^3$, 求 $\Delta^2 y_t$,$\Delta^3 y_t$;

(4) $y_t = \ln(t+1)$,求 $\Delta^2 y_t$.

3. 验证下列函数是否为所给差分方程的解(其中 C_1,C_2 均为任意常数).

(1) $y_t = \dfrac{C_1}{1+C_1 t}$,$(1-y_t)y_{t+1} = y_t$;

(2) $y_t = C_1 + C_2 \cdot 2^t$,$y_{t+1} - 3y_{t+2} + y_{t-1} = 0$.

§7.5 常系数线性差分方程的解法

一阶常系数非齐次线性差分方程的一般形式为

$$y_{t+1} + ay_t = f(t), \tag{7.5.1}$$

若 $f(t) \equiv 0$, 称为一阶常系数齐次线性差分方程.

7.5.1 一阶常系数齐次线性差分方程的解法

一阶常系数齐次线性差分方程的一般形式为 $y_{t+1} + ay_t = 0$.

通常用**迭代法**求它的通解：

设 $y_0 = C$，由 $y_{t+1} = -ay_t$，

得 $y_1 = -ay_0$，$y_2 = (-a)^2 y_0$，…，$y_t = (-a)^t y_0$，又 $y_0 = C$，

所以原方程的通解为

$$y_t = C(-a)^t \text{（}C\text{ 为任意常数）}.$$

此式可以作为一阶常系数齐次线性差分方程的**通解公式**.

一阶齐次线性差分方程的通解也可以用特征根法(待定系数法)求得：

方程 $y_{t+1} + ay_t = 0$ 通过配项得到

$$(y_{t+1} - y_t) + y_t + ay_t = 0, \Delta y_t = -(1+a)y_t,$$

据一阶线性微分方程结果可知，指数函数可能为方程的解，故设 $y_t = \lambda^t$（λ 为待定常数），代入方程，得 $\lambda^{t+1} + a\lambda^t = 0$，$\lambda + a = 0$. 因此 $y_t = (-a)^t$ 是一阶齐次线性差分方程的解，再据通解定理可知一阶齐次线性差分方程的通解为：$y_t = C(-a)^t$.

例 7.5.1 求差分方程 $y_{t+1} + 3y_t = 0$ 的通解.

解 根据方程一般形式可知，$a = 3$，由通解公式得原方程的通解为

$$y_t = C(-3)^t \text{（}C\text{ 为任意常数）}.$$

例 7.5.2 求差分方程 $2y_{t+1} - y_t = 0$ 的通解.

解 将方程化为一般形式

$$y_{t+1} - \frac{1}{2}y_t = 0, a = -\frac{1}{2},$$

由通解公式得原方程的通解为

$$y_t = C \cdot \left(\frac{1}{2}\right)^t \text{（}C\text{ 为任意常数）}.$$

例 7.5.3 求差分方程 $y_t - y_{t-1} = 0$ 满足 $y_0 = 2$ 的特解.

解 由 $a = -1$ 得原方程的通解为 $y_t = C \cdot 1^t = C$（C 为任意常数），由 $y_0 = 2$，得 $C = 2$，所求特解为 $y_t = 2$.

7.5.2　一阶常系数非齐次线性差分方程的通解与特解

求一阶常系数非齐次线性差分方程通解的常用方法有迭代法，求特解的

常用方法为待定系数法.

1. 迭代法求通解

将一阶常系数非齐次线性差分方程改写为

$$y_{t+1}=-ay_t+f(t),t=0,1,2,\cdots,$$

逐步迭代,则有

$$y_1=-ay_0+f(0),$$
$$y_2=(-a)^2y_0+(-a)f(0)+f(1),$$
$$y_3=(-a)^3y_0+(-a)^2f(0)+(-a)f(1)+f(2),$$
$$\cdots\cdots$$

由数学归纳法,可得

$$\begin{aligned}y_t&=(-a)^ty_0+(-a)^{t-1}f(0)+(-a)^{t-2}f(1)+\cdots+f(t-1)\\&=(-a)^ty_0+\overline{y_t},t=0,1,2,\cdots\end{aligned}$$

其中

$$\begin{aligned}\overline{y_t}&=(-a)^{t-1}f(0)+(-a)^{t-2}f(1)+\cdots+f(t-1)\\&=\sum_{i=0}^{t-1}(-a)^if(t-i-1)\end{aligned}$$

为一阶常系数非齐次线性差分方程的通解,其中往往令 $y_0=C$.

例 7.5.4 求差分方程 $y_{t+1}-\frac{1}{3}y_t=3^t$ 的通解.

解 方程为一阶非齐次线性差分方程,其中 $a=-\frac{1}{3}$,$f(t)=3^t$. 于是由上述迭代法推出的非齐次方程的特解公式有

$$\begin{aligned}\bar{y}_t&=\sum_{i=0}^{t-1}\left(\frac{1}{3}\right)^i\cdot3^{t-i-1}=3^{t-1}\cdot\sum_{i=0}^{t-1}\left(\frac{1}{3}\right)^i\cdot3^{-i}=3^{t-1}\sum_{i=0}^{t-1}\left(\frac{1}{9}\right)^i\\&=3^{t-1}\cdot\frac{1-(\frac{1}{9})^t}{1-\frac{1}{9}}=\frac{3}{8}(3^t-3^{-t}).\end{aligned}$$

所给方程的通解 $y_t=C\cdot\left(\frac{1}{3}\right)^t+\frac{3}{8}\cdot(3^t-3^{-t})$,这里 C 为任意常数.

2. 待定系数法求特解

迭代法虽然可直接推导出一阶非齐次线性差分方程的通解公式,但是在实际应用中用迭代法公式直接去求特解很不方便;因此与常微分方程相类

似，对于一些特殊类型的 $f(t)$，常采用待定系数法去求非齐次线性差分方程的特解，而不是直接利用迭代法公式求特解.

下面介绍常见的几类特殊 $f(t)$ 的形式及求其特解的待定系数法.

类型Ⅰ　$f(t)$ 为常数.

这时，方程 (7.5.1)变为 $y_{t+1}+ay_t=b$，这里 a,b 均为非零常数. (7.5.2)

由于等式右端为常数，故以 $y_t^*=k$ (k 为待定常数)形式的特解代入上述方程(7.5.2)，得

$$k+ak=(1+a)k=b.$$

当 $a\neq -1$ 时，可求得特解

$$y_t^*=\frac{b}{1+a}(a\neq -1).$$

当 $a=-1$ 时，这时改设特解 $\overline{y}_t=kt$ (k 为待定系数)，将其代入原方程(7.5.2)，得

$$k(t+1)+akt=(1+a)kt+k=b.$$

因 $a=-1$，故求得 $k=b$，此时特解为：

$$y_t^*=bt(a=-1).$$

综上所述，方程(7.5.2)的通解为

$$y_t=Y_t+y_t^*=\begin{cases}C(-a)^t+\dfrac{b}{1+a}, & a\neq -1,\\ C+bt, & a=-1,\end{cases} \text{其中 } C \text{ 为任意常数.} \tag{7.5.3}$$

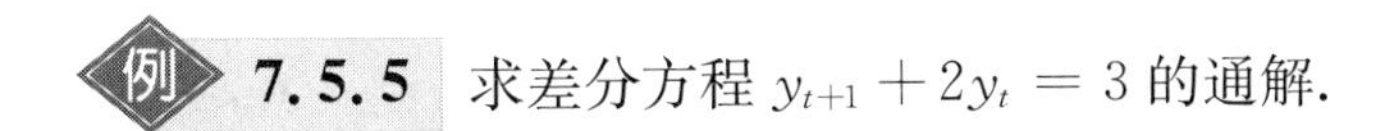

例 7.5.5　求差分方程 $y_{t+1}+2y_t=3$ 的通解.

解　因 $a=2\neq -1, b=3$，故由通解公式(7.5.3)，得原方程的通解为

$$y_t=C\cdot(-2)^t+1, C \text{ 为任意常数.}$$

例 7.5.6　求差分方程 $y_{t+1}-y_t=2$ 满足初始条件 $y_0=1$ 的通解.

解　因 $a=-1, b=2$，则由通解公式(7.5.3)，得原方程的通解为

$$y_t=C+2t,$$

以 $t=0, y_0=1$ 代入通解之中，求得 $C=1$. 于是，所求方程的特解为

$$y_t=1+2t.$$

类型Ⅱ $f(t)$ 为 t 的多项式.

为讨论简便起见,不妨设 $f(t)=b_0+b_1t$(t 的一次多项式),即考虑差分方程

$$y_{t+1}+ay_t=b_0+b_1t,t=1,2,\cdots \tag{7.5.4}$$

其中 a,b_0,b_1 均为常数,且 $a\neq 0,b_1\neq 0$.

根据多项式的特征,我们以特解 $y_t^*=\alpha+\beta t$,(α,β 为待定系数) 代入方程(7.5.4),得

$$\alpha+\beta(t+1)+a(\alpha+\beta t)=b_0+b_1t,$$

上式对一切 t 值均成立,其充分必要条件是:

$$\begin{cases}(1+a)\alpha+\beta=b_0,\\(1+a)\beta=b_1.\end{cases}$$

当 $1+a\neq 0$ 时,即 $a\neq -1$ 时,

$$\alpha=\frac{b_0}{1+a}-\frac{b_1}{(1+a)^2},\beta=\frac{b_1}{1+a},$$

于是,方程(7.5.4)的特解为

$$y_t^*=\frac{b_0}{1+a}-\frac{b_1}{(1+a)^2}+\frac{b_1}{1+a}t,(a\neq -1);$$

当 $a=-1$ 时,可改设特解 $y_t^*=(\alpha+\beta t)t=\alpha t+\beta t^2$,
将其代入方程(7.5.4),可求得特解

$$y_t^*=(b_0-\frac{1}{2}b_1)t+\frac{1}{2}b_1t^2,(a=-1).$$

综上所述,方程(7.5.4)的通解为

$$y_t=\begin{cases}C(-a)^t+\dfrac{b_0}{1+a}-\dfrac{b_1}{(1+a)^2}+\dfrac{b_1}{1+a}t, & a\neq -1,\\ C+(b_0-\dfrac{1}{2}b_1)t+\dfrac{1}{2}b_1t^2, & a=-1.\end{cases} \tag{7.5.5}$$

例 7.5.7 求差分方程 $y_{t+1}-3y_t=-2t$ 满足 $y_0=1$ 的特解.

解 因 $a=-3\neq -1,b_0=0,b_1=-2$,故由通解公式(7.5.5)得所给方程的通解为:

$$y_t=C\cdot 3^t+\frac{0}{-2}-\frac{-2}{(1-3)^2}+\frac{-2}{1-3}t=C\cdot 3^t+t+\frac{1}{2},$$

其中 C 为任意常数.

以 $t=0, y_0=1$ 代入上式,求得 $C=\frac{1}{2}$,于是所求方程的特解为

$$y_t=\frac{1}{2}\cdot 3^t+t+\frac{1}{2}.$$

例 7.5.8 求差分方程 $y_{t+1}-y_t=3+2t$ 的通解.

解 因 $a=-1, b_0=3, b_1=2$,故由通解公式(7.5.5)得所给方程的通解为

$$y_t=C+2t+t^2, C \text{ 为任意常数}.$$

若 $f(t)$ 为二次以上的多项式,特解的设法与一次多项式是相同的.要设特解与 $f(t)$ 形式相同的多项式,再根据 a 与 -1 是否相等,决定是否多乘 t.

类型Ⅲ　$f(t)$ 为指数函数.

不妨设 $f(t)=b\cdot d^t$,这里 b,d 均为非零常数,于是方程(7.5.1)变为

$$y_{t+1}+ay_t=b\cdot d^t, t=0,1,2,\cdots. \tag{7.5.6}$$

根据指数函数的特性,只有 y_t 本身也含有 d^t,$y_{t+1}+ay_t$ 结果才可能含有 d^t,故可设方程(7.5.6)有特解 $y_t^*=\mu d^t$,这里 μ 为待定系数.将其代入方程(7.5.6),得

$$\mu d^{t+1}+a\mu d^t=b\cdot d^t,$$

当 $a+d\neq 0$ 时,解得 $\mu=\frac{b}{a+d}$,求得特解 $y_t^*=\frac{b}{a+d}\cdot d^t$,$(a+d\neq 0)$.

当 $a+d=0$ 时,根据方程的特点,可改设(7.5.6)的特解 $y_t^*=\mu td^t$,μ 为待定系数,将其代入方程(7.5.6),由 $a+d=0$,可求得特解 $y_t^*=btd^t$,$(a+d=0)$.

综上所述,方程(7.5.6)的通解为

$$y_t=Y_t+y_t^*=\begin{cases} C\cdot(-a)^t+\frac{b}{a+d}\cdot d^t & a+d\neq 0, \\ C\cdot(-a)^t+btd^t & a+d=0. \end{cases} \tag{7.5.7}$$

例 7.5.9 求差分方程 $y_{t+1}-y_t=2\cdot 3^t$ 的通解.

解 因 $a=-1, b=2, d=3$,故 $a+d=2\neq 0$.由通解公式(7.5.7)得原方程的通解

$$y_t=C+3^t, C \text{ 为任意常数}.$$

例 7.5.10 求差分方程 $2y_{t+1}-y_t=3\cdot\left(\frac{1}{2}\right)^t$ 的通解.

解 因 $a=-\frac{1}{2},b=\frac{3}{2},d=\frac{1}{2}$，故 $a+d=0$. 由通解公式(7.5.7)，得原方程的通解

$$y_t=\left(C+\frac{3}{2}t\right)\cdot\left(\frac{1}{2}\right)^t, C \text{ 为任意常数.}$$

说明:(1) 实际中，若遇到这几种类型的线性组合形式的 $f(t)$，则可设试解函数为同类型特解的线性组合. 例如，对于函数 $f(t)=t\cdot 3^t$ 时，我们可设试解函数为 $y_t^*=(a+bt)\cdot 3^t$，若函数 $f(t)=t+3e^t+2\sin t$ 时，我们可设试解函数为

$$y_t^*=(B_0+B_1t)+B_2e^t+B_3\cos t+B_4\sin t,$$

这里 B_0,B_1,B_2,B_3,B_4 均为待定常数.

(2)另一种判断试解函数的方法是先设与 $f(t)$ 同类型的函数为特解，再检验所得的试解函数中是否有与对应齐次方程通解的某一项是同类项，若有，则将所得的试解函数乘以 t 可得到新的试解函数，然后继续检验并以此类推，直到新的试解函数与非齐次方程对应齐次方程的通解没有同类项为止.

例 7.5.11 求 $y_{t+1}-3y_t=t\cdot 2^t$ 满足 $y_0=1$ 的特解.

解 由原方程可知，$a=-3,d=2$，于是对应的齐次差分方程的通解为

$$Y_t=C\cdot 3^t(C \text{ 为任意常数}).$$

设非齐次方程的特解为 $y_t^*=2^t(At+B)$，(由于 y_t^* 与 Y_t 没有同类项，故此试解函数符合要求)，代入原方程，得

$$A=-1,B=-2,$$

于是非齐次方程的特解为

$$y_t^*=2^t\cdot(-t-2).$$

原方程的通解为

$$y_t=C\cdot 3^t-2^t\cdot(t+2).$$

由 $y_0=1$，代入通解求得 $C=3$，

所求特解为

$$y_t=3\cdot 3^t-2^t\cdot(t+2).$$

例 7.5.12 （存款模型）设 S_t 为 t 期期末的存款总额，r 为存款利率，则 $t+1$ 期期末的存款总额 S_{t+1} 为 t 期期末存款总额 S_t 与 t 到 $t+1$ 期存款总额的利息 rS_t 之和，如果初始存款为 S_0，求 t 年末的本息和.

解 由题意，有

$$S_{t+1}=(1+r)S_t, t=0,1,2\cdots,$$

方程可化为

$$S_{t+1}-(1+r)S_t=0.$$

这是关于 S_t 的一阶常系数齐次线性差分方程，其通解为

$$S_t=(1+r)^t S_0, t=0,1,2\cdots,$$

其中 S_0 为初期存款额，即本金.

存款模型虽然简单，但在经济生活中，却是一个经常遇到的模型. 例如，企业贷款投资，个人贷款购房等贷款行为，也可建立与存款模型类似的模型.

7.5.3 二阶常系数齐次线性差分方程的通解

二阶常系数线性差分方程的一般形式为

$$y_{t+2}+a_1 y_{t+1}+a_2 y_t=f(t), t=0,1,2,\cdots, \tag{7.5.8}$$

其中 $f(t)$ 为 t 的已知函数，a_1, a_2 为已知常数，且 $a_2\neq 0$.

特别地，当 $f(t)\neq 0$ 时，方程(7.5.8)变为

$$y_{t+2}+a_1 y_{t+1}+a_2 y_t=0. \tag{7.5.9}$$

我们称(7.5.8)为二阶常系数非齐次线性差分方程. 而方程(7.5.9)称为方程(7.5.8)对应的二阶常系数齐次差分方程.

在此我们只讨论齐次方程(7.5.9)的通解的求解方法.

根据定理 7.4.2，为求方程(7.5.9)的通解，只需找出它的两个线性无关的特解，然后将它们线性组合，即得方程(7.5.9)的通解. 与二阶常微分方程相类似，我们称

$$\lambda^2+a_1\lambda+a_2=0, \tag{7.5.10}$$

为方程(7.5.8)或(7.5.9)的特征方程. 它的解（或根）称为方程(7.5.8)或(7.5.9)的特征根（值）.

显然(7.5.10)的两个根为

$$\lambda_{1,2}=\frac{1}{2}\left(-a_1\pm\sqrt{a_1{}^2-4a_2}\right).$$

下面,我们来讨论方程(7.5.9)的通解.记 $\Delta = a_1^2 - 4a_2$.

(1)特征根为相异的两实根.

当 $\Delta > 0$ 时,λ_1,λ_2 为两相异的实根,可以验证: $y_{t_1} = \lambda_1^t, y_{t_2} = \lambda_2^t$ 是方程(7.5.9)的两个线性无关的特解,故方程(7.5.9)的通解为

$$y_t = C_1 \cdot \lambda_1^t + C_2 \cdot \lambda_2^t,$$

这里 λ_1,λ_2 由方程(7.5.10)确定,C_1,C_2 为任意(独立)常数.

例 7.5.13 求差分方程 $y_{t+2} - 7y_{t+1} + 12y_t = 0$ 的通解.

解 特征方程为

$$\lambda^2 - 7\lambda + 12 = (\lambda - 3)(\lambda - 4) = 0,$$

故有两相异实特征根 $\lambda_1 = 3, \lambda_2 = 4$. 于是原方程的通解为

$$y_t = C_1 \cdot 3^t + C_2 \cdot 4^t, C_1, C_2 \text{ 为任意常数.}$$

(2)特征根为两相等的实根.

当 $\Delta = 0$ 时,$\lambda = \lambda_1 = \lambda_2 = -\dfrac{a_1}{2}$ 为两相等的实根,这时只能求出方程(7.5.9)的一个特解: $y_t = \lambda^t$. 为求另一个特解,以 $y_t = t\lambda^t$ 试之,代入方程(7.5.9),可以验证 $t\lambda^t$ 也是(7.5.9)的一个特解,且与 λ^t 线性无关,从而可求得方程(7.5.9)的通解为

$$y_t = (C_1 + C_2 t) \cdot \lambda^t, \text{其中 } C_1, C_2 \text{ 为任意常数.}$$

例 7.5.14 求差分方程 $y_{t+2} - 6y_{t+1} + 9y_t = 0$ 的通解.

解 特征方程为 $\lambda^2 - 6\lambda + 9 = (\lambda - 3)^2 = 0$, 故方程有重特征根 $\lambda = \lambda_1 = \lambda_2 = 3$, 于是原方程的通解为

$$y_t = (C_1 + C_2 t) \cdot 3^t, C_1, C_2 \text{ 为任意常数.}$$

*(3) 特征根为一对共轭复根.

当 $\Delta < 0$ 时,λ_1,λ_2 为一对共轭复根

$$\lambda_{1,2} = \frac{1}{2}\left(-a_1 \pm \mathrm{i}\sqrt{|\Delta|}\right), (\mathrm{i}^2 = -1),$$

记为 $\lambda_{1,2} = \alpha \pm \mathrm{i}\beta = r(\cos\omega \pm \mathrm{i}\sin\omega)$, 于是有:

$$\begin{cases} \alpha = r\cos\omega = -\dfrac{a_1}{2}, & \beta = r\sin\omega = \dfrac{1}{2}\sqrt{|\Delta|}, \\ r = \sqrt{\alpha^2 + \beta^2} = \sqrt{a_2}, & \tan\omega = \dfrac{\beta}{\alpha}, 0 < \omega < \dfrac{\pi}{2}, \end{cases} \tag{7.5.11}$$

这里 r 为复特征根的模，ω 为复特征根的辐角.

可以直接验证，$y_{t_1}=r^t\cos\omega t$，$y_{t_2}=r^t\sin\omega t$ 是方程(7.5.9)的两个线性无关特解，故方程(7.5.9)的通解为

$$y_t=r^t(C_1\cos\omega t+C_2\sin\omega t),$$

其中 r,ω 由式(7.5.11)确定，C_1,C_2 为任意常数.

例 7.5.15　求差分方程 $y_{t+2}-2y_{t+1}+2y_t=0$ 的通解.

解　特征方程

$$\lambda^2-2\lambda+2=(\lambda-1)^2+1=0,$$

故特征根为一对共轭复根

$$\lambda_{1,2}=1\pm\mathrm{i}.$$

由式(7.5.11)得

$$r=\sqrt{2},\tan\omega=1\text{，于是 }\omega=\frac{\pi}{4},$$

从而，所给方程的通解为

$$y_t=2^{\frac{t}{2}}\left(C_1\cos\frac{\pi}{4}t+C_2\sin\frac{\pi}{4}t\right)\text{，其中 }C_1,C_2\text{ 为任意常数.}$$

习题 7.5

1. 求下列一阶差分方程的解：

(1) $y_{t+1}-3y_t=0,y_0=2$；　(2) $y_{t+1}+5y_t=2,y_0=1$；

(3) $y_{t+1}-y_t=5$；　(4) $y_{t+1}-y_t=1+t$；

(5) $y_{t+1}+3y_t=5t,y_0=\frac{3}{16}$；　(6) $y_{t+1}+y_t=2^t$；

(7) $y_{t+1}-2y_t=3\cdot 2^t,y_0=1$；　(8) $y_{t+1}-y_t=t\cdot 3^t$.

2. 求下列二阶线性齐次差分方程的解：

(1) $y_{t+2}+y_{t+1}-6y_t=0$　(2) $y_{t+2}+2y_{t+1}+y_t=0$

(3) $y_{t+2}+2y_{t+1}-3y_t=0$　(4) $y_{t+2}-\frac{1}{9}y_t=0$

§7.6 微分方程与差分方程在经济学中的应用

7.6.1 微分方程在经济学中的应用举例

微分方程在物理学、力学、经济学和管理学、医学等实际问题中具有广泛应用,在此我们只给出微分方程在经济学中的一些应用举例.

1. 公司的净资产分析

对应一个公司,它的资产运营,我们可以把它简化地看作发生两个方面的作用:一方面,它的资产可以像银行的存款一样获得利息,另一方面,它的资产还需用于发放职工工资.

显然,当工资总额超过利息的盈取时,公司的经营状况将逐渐变糟,而当利息的盈取超过付给职工的工资总额时,公司将维持良好的经营状况. 为了表达准确起见,假设利息是连续盈取的,并且工资也是连续支付的. 对于一个大公司来讲,这一假设是较为合理的.

设某公司的净资产在营运过程中,像银行的存款一样,本身以每年 5% 的速度连续复利产生利息而使总资产增长,同时公司还须以每年 200(百万元)人民币的数额连续支付职工工资.

(1) 给出描述净资产 $W(t)$的微分方程;

(2) 假设初始净资产为 W_0, 求公司的净资产 $W(t)$;

(3) 讨论在 $W_0 = 3000,4000,5000$ 三种情况下,$W(t)$的变化特点.

先对此问题作一个直观分析.

首先看是否存在一个初值 W_0, 使该公司的净资产不变. 若存在,则始终必有

$$利息盈取的速率=工资支付的速率$$

即 $0.05W_0 = 200, W_0 = 4000$, 所以,如净资产的初值 $W_0 = 4000$ (百万元)时,利息与工资支出达到平衡,且净资产始终不变,即 4000 (百万元)是一个平衡解.

但若 $W_0 > 4000$ (百万元),则利息盈取超过工资支出,净资产将会增大,利息也因此而增长的更快,从而净资产增长得越来越快;若 $W_0 < 4000$ (百万元),则利息的盈取赶不上工资的支付;公司的净资产将减少,利息的盈取会减少,从而净资产减少的速率更快. 这样一来,公司的净资产最终减少到零,以致倒闭.

下面将建立微分方程以精确地分析这一问题.

(1)显然.

净资产的增长速率=利息盈取的速率－工资支付速率.

若 W 以百万元为单位,t 以年为单位,则利息盈取的速率为每年 $0.05W$ 百万元,而工资支付的速率为每年 200 百万元,于是 $\frac{dW}{dt}=0.05W-200$,

即

$$\frac{dW}{dt}=0.05(W-4000). \tag{7.6.1}$$

这就是该公司的净资产 W 所满足的微分方程.

令 $\frac{dW}{dt}=0$,则得平衡解 $W_0=4000$.

(2)利用分离变量法求解微分方程(7.6.1)可得

$$W=4000+Ce^{0.05t},\text{(C 为任意常数)},$$

由 $W|_{t=0}=W_0$ 得 $C=W_0-4000$,故 $W=4000+(W_0-4000)e^{0.05t}$.

(3)若 $W_0=4000$,则 $W=4000$ 即为平衡解.

若 $W_0=5000$,则 $W=4000+1000e^{0.05t}$.

若 $W_0=3000$,则 $W=4000-1000e^{0.05t}$.

在 $W_0=3000$ 的情形,当 $t\approx 27.7$ 时,$W=0$,这意味着该公司在今后的 28 个年头将破产.

2. 折旧问题

企业在进行成本核算时,经常要计算固定资产的折旧. 一般说来,固定资产在任一时刻的折旧额与当时固定资产的价值是成正比的. 试研究固定资产 P 与时间 t 的函数关系. 假定某固定资产五年前购买时的价格为 10000 元,而现在的价值为 6000 元,试估算固定资产再过 10 年后的价值.

设 t 时刻该固定资产的价值为 $P=P(t)$,则该时刻其折旧额就是 $\frac{dP}{dt}$,则

$$\frac{dP}{dt}=-kP,\text{其中 } k>0 \text{ 为比例常数.}$$

由于 $P(t)$ 是单调减函数,所以这里也要有一个负号.

分离变量得 $\frac{dP}{P}=-k\,dt$,两边积分,得 $\ln P=-kt+\ln C$,即 $P=Ce^{-kt}$.

为方便计算,记五年前的时刻为 $t=0$,于是有初始条件 $P(0)=10000$,代入通解,可求得 $C=10000$,故原方程的特解为 $P=10000\mathrm{e}^{-kt}$.

为确定比例常数 k,可将另一个条件 $P(5)=6000$ 代入上式,得

$$6000=10000\mathrm{e}^{-kt},\text{解出 } k=\frac{1}{5}\ln\frac{5}{3}.$$

从而有 $P=10000\mathrm{e}^{-\frac{t}{5}\ln\frac{5}{3}}=10000\left(\frac{5}{3}\right)^{-\frac{t}{5}}$,即为价值 P 与时间 t 之间得函数关系.

于是,再过 10 年(即 $t=15$)该固定资产得价值即为

$$P(15)=10000\left(\frac{5}{3}\right)^{-3}=2160(\text{元}).$$

3. 价格调整模型

在完全竞争的市场条件下,商品的价格由市场的供求关系决定,或者说,某商品的供给量 S 及需求量 D 与该商品的价格有关,为简单起见,假设供给函数与需求函数分别为

$$D=a-bP,S=-c+dP,\text{其中 } a,b,c,d \text{ 均为正常数}.$$

当 $D(P)=S(P)$ 时,$P_e=\dfrac{a+c}{b+d}$ 为均衡价格.

供需均衡的静态模型为

$$\begin{cases}D=a-bP,\\S=-c+dP,\\D(P)=S(P).\end{cases}$$

对产量不能轻易扩大,生产周期相对较长的情况下的商品,瓦尔拉(Walras)假设:超额需求[$D(P)-S(P)$]为正时,未被满足的买方愿出高价,供不应求的卖方将提价,因而价格上涨;反之,价格下跌,因此,t 时刻价格的变化率与超额需求 $D(P)-S(P)$ 成正比,即 $\dfrac{\mathrm{d}P}{\mathrm{d}t}=k(D-S)$,于是瓦尔拉假设下的动态模型为

$$\begin{cases}D=a-bP(t),\\S=-c+dP(t),\\\dfrac{\mathrm{d}P}{\mathrm{d}t}=k[D(P)-S(P)].\end{cases}$$

将 $D(P)=a-bP$ ，$S(P)=-c+dP$ 代入,得

$$\frac{dP}{dt}+k(b+d)P=k(a+c),$$

这是一阶非齐次线性微分方程，求得通解

$$P(t)=Ce^{-k(b+d)t}+\frac{a+c}{b+d},$$

由 $P(0)=P_0$，$P_e=\dfrac{a+c}{b+d}$，得特解

$$P(t)=(P_0-P_e)e^{-k(b+d)t}+P_e,$$

由于 P_0-P_e 是常数，$k(b+d)>0$，故当 $t\to+\infty$ 时，有 $\lim\limits_{t\to+\infty}P(t)=P_e$.

根据 P_0 与 P_e 的大小，可分三种情况讨论(如图 7.6.1)：

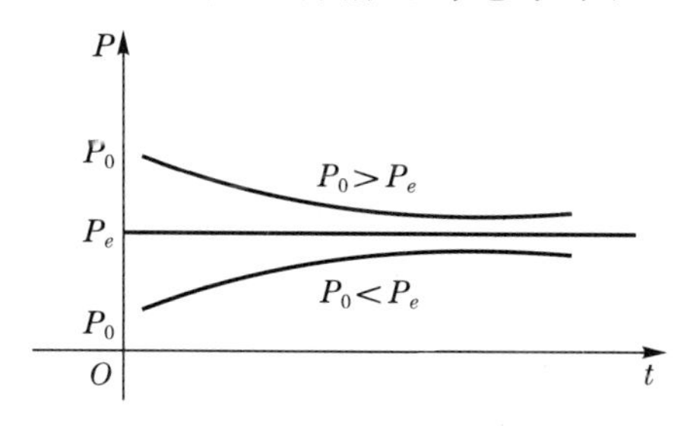

图 7.6.1

当 $P_0=P_e$ 时，有 $P(t)=P_e$，即价格为常数，市场无需调节已达到均衡；

当 $P_0>P_e$ 时，有 $P(t)$ 总大于 P_e，而趋于 P_e；

当 $P_0<P_e$ 时，有 $P(t)$ 总小于 P_e，而趋于 P_e.

这表明,随着时间的不断延续,实际价格 $P(t)$将逐渐趋于均衡价格 P_e.

4. 新产品的推广模型

设有某种新产品要推向市场,t 时刻的销量为 $x(t)$,由于产品良好性能,每个产品都是一个宣传品,因此,t 时刻产品销售的增长率 $\dfrac{dx}{dt}$ 与 $x(t)$成正比,同时,考虑到产品销售存在一定的市场容量 N,统计表明 $\dfrac{dx}{dt}$ 与尚未购买该产品的潜在顾客的数量 $N-x(t)$ 也成正比,于是有

$$\frac{dx}{dt}=kx(N-x), \tag{7.6.2}$$

其中 k 为比例系数,分离变量积分,可以解得

$$x(t)=\frac{N}{1+Ce^{-kNt}}, \tag{7.6.3}$$

方程(7.6.2)也称为逻辑斯谛模型,通解表达式(7.6.3)也称为逻辑斯谛曲线.

由

$$\frac{dx}{dt}=\frac{CN^2ke^{-kNt}}{(1+Ce^{-kNt})^2}$$

以及

$$\frac{d^2x}{dt^2}=\frac{CN^3k^2e^{-kNt}(Ce^{-kNt}-1)}{(1+Ce^{-kNt})^3},$$

当 $x(t^*)<N$ 时,则有 $\frac{dx}{dt}>0$,即销量 $x(t)$ 单调增加. 当 $x(t^*)=\frac{N}{2}$ 时,$\frac{d^2x}{dt^2}=0$;当 $x(t^*)>\frac{N}{2}$ 时,$\frac{d^2x}{dt^2}<0$;当 $x(t^*)<\frac{N}{2}$ 时,$\frac{d^2x}{dt^2}>0$. 即当销量达到最大需求量 N 的一半时,产品最为畅销,当销量不足 N 一半时,销售速度不断增大,当销量超过一半时,销售速度逐渐减小.

国内外许多经济学家调查表明,许多产品的销售曲线与公式(7.6.3)的曲线十分接近,根据对曲线性状的分析,许多分析家认为,在新产品推出的初期,应采用小批量生产并加强广告宣传,而在产品用户达到 20%到 80%期间,产品应大批量生产,在产品用户超过 80%时,应适时转产,可以达到最大的经济效益.

7.6.2 差分方程在经济学中的应用举例

1. 零存整取模型

设某人每年向银行存入 m 元作为某种基金以备不时之需,而银行的年复利率为 r,接下来讨论 t 年后的基金总额 M 应满足的关系.

假设第一笔基金款 m 元存入日为 $t=0$,以后每年都在同一天存款,且结算在存款后进行,则可根据复利公式可知 $t+1$ 年后的基金总额 M_{t+1} 与 M_t 之间的关系为

$$\begin{cases} M_{t+1}=M_t(1+r)+m, \\ M_0=m, \end{cases}$$

这是一个一阶常系数线性非齐次差分方程,其通解为:$M_t=C(1+r)^t-\frac{m}{r}$.

将初始条件 $M_0 = m$ 代入上式，可求得 $C = \frac{m(1+r)}{r}$，故所求特解为

$$M_t = \frac{m}{r}(1+r)^{t+1} - \frac{m}{r} = \frac{m}{r}[(1+r)^{t+1} - 1],$$

这是 t 年后基金总额 M_t 与时间 t 之间的函数关系.

2. 贷款消费中每月还款额的确定

随着社会的发展，市场经济的逐步深入，信贷消费已经越来越多地进入了人民的生活. 如汽车、住房及其他大件消费品等，可以个人支付一部分，其余通过银行贷款来解决. 贷款后一般都要每月按时还给银行款项，那么每月的还款额是如何计算的呢?

假设贷款数额为 A_0 元，月利率(一般贷款利率以复利计)为 r，每月还款 x 元，还款期限为 N 个月. 若以 A_t 表示第 t 个月尚欠银行的款数，则一个月后的本息之和为 $(1+r)A_t$，减去当月的还款 x 元，即可得到第 $t+1$ 月所欠银行的款数

$$A_{t+1} = (1+r)A_t - x, (t = 0,1,2,\cdots)$$

这是以 A_t 为未知函数的一阶常系数线性非齐次差分方程，易知其对应的齐次方程的通解为:

$$\overline{A_t} = C \cdot (1+r)^t.$$

令该方程的特解为 $A_t^* = k$，代入上述非齐次差分方程得 $k = \frac{x}{r}$.

于是上述非齐次差分方程的通解为 $A_t = C \cdot (1+r)^t + \frac{x}{r}$.

利用初始条件 $A(0) = A_0$，可求得 $C = A_0 - \frac{x}{r}$，故有解

$$A_t = \left(A_0 - \frac{x}{r}\right) \cdot (1+r)^t + \frac{x}{r}.$$

这就是第 t 个月尚欠银行的款数 A_t 与贷款总数 A_0、月利率 r 以及每月还款数 x 之间的函数关系，若贷款 N 个月可以还清，即 $A_N = 0$，代入上述解，即可求出每月的还款数 x:

$$x = \frac{A_0 r \cdot (1+r)^N}{(1+r)^N - 1}.$$

3. 蛛网模型

在微分方程的经济学应用中，我们曾讨论过供需平衡价格问题. 现在如果再以动态的观点来研究价格波动的规律，则可以发现 t 时期的价格 P，不但决定本期的需求量，而且影响生产者在下期愿意提供市场的产量 S_{t+1}.

设 P_t, D_t, S_t 分别为某种商品在 t 时刻的价格、需求量和供给量，其中 $t=0,1,2,3,\cdots$，则

$$D_t = a - bP_t, S_t = -c + dP_{t-1} (a,b,c,d \text{ 均为正常数})$$

已知静态均衡价格 $P_e = \dfrac{a+c}{b+d}$，由供需平衡条件 $D_t = S_t$，得

$$a - bP_t = -c + dP_{t-1},$$

即

$$P_t + \frac{d}{b}P_{t-1} = \frac{a+c}{b},$$

这是一阶常系数线性非齐次差分方程.

对应的齐次差分方程的通解为

$$P_t = C\left(-\frac{d}{b}\right)^t (C \text{ 为任意常数}),$$

原方程的一个特解为

$$P_t^* = \frac{a+c}{b+d} = P_e,$$

所以，原方程的通解为

$$P_t = C\left(-\frac{d}{b}\right)^t + P_e,$$

由于初始价格 P_0 一般是已知的，故由 $P_0 = C + P_e$，可得 $C = P_0 - P_e$，从而

$$P_t = (P_0 - P_e)\left(-\frac{d}{b}\right)^t + P_e,$$

如果 $P_0 = P_e$，显然 $P_t \equiv P_e$，表示已经达到平衡，价格不再变化；

如果 $P_0 \neq P_e$，P_t 随时间变化而变化，可以看到价格 P_t 受到 $\dfrac{d}{b}$ 的影响：

当 $b > d$ 时，$t \to +\infty$，$P_t \to P_e$，表示价格越来越接近于均衡价格，即收敛型蛛网(如图 7.6.2(a))；当 $b < d$ 时，$t \to +\infty$，$P_t \to \infty$，表示价格越来越远离均衡价格，即发散型蛛网(如图 7.6.2(b))；当 $b = d$ 时，$t \to +\infty$，P_t 的极

限不存在，表示价格围绕均衡价格上下波动，即循环型蛛网(图 7.6.2(c)).

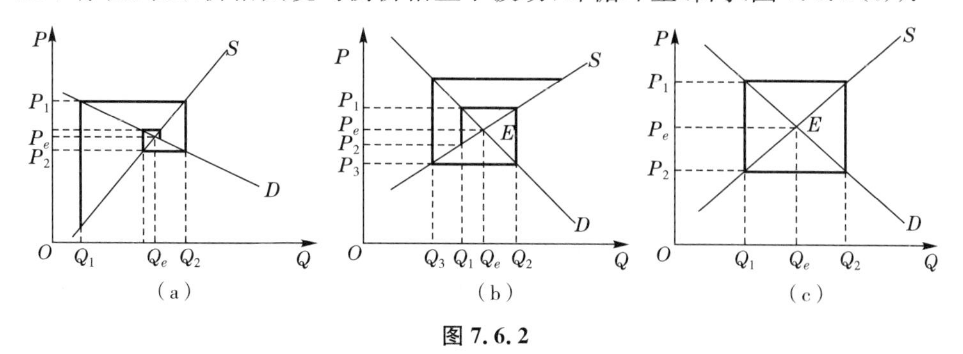

图 7.6.2

习题 7.6

1. 商店销售某种产品，据统计资料，月销售额不会超过 300 元. 若累积销售额 $y=y(t)$ 的增长速度与 $y(300-y)$ 成正比，且前 5 天累积销售额为 100 元，前 10 天累积销售额为 150 元，则按 30 天计算，本月的销售额将达到多少?
2. 某产品的产量 x 与价格 P 的关系经市场分析是价格对产量的变化率等于价格与产量的平方和与价格和产量乘积之比，当产量为 10 时，价格为 20，求价格 P 与产量 x 的关系.
3. 某加工企业加工产品的利润 L 与加工的产品数量 Q 的关系是：利润随加工数量增加的变化率等于利润 L 与加工数量 Q 的和与加工数量 Q 之比，且当 $Q=1$ 时，$L=\frac{1}{2}$. 求利润 L 与加工数量 Q 之间的函数关系 $L(Q)$.
4. 已知某消费品在市场上的销售量 Q 是时间 t 的函数 $Q=Q(t)$，$Q|_{t=0}=Q_0$，且在任一时刻单位时间销售量的增长量与此时刻已经购买该商品的人数、准备购买但尚未购买该商品的人数都成正比，比例系数为 $k\ (>0)$. 如果预测该商品的饱和需求量为 A，而且在相当长的时间里每个购买者只购买一件，试求销售量 Q 与时间 t 的函数关系 $Q(t)$.
5. 某家庭为买房要向银行贷款 60000 元，月利率为 0.01，还款期 25 年即 300 个月. 一般情况下，这个家庭的月收入除去基本的生活开支可有近千元的结余，则这个家庭是否有偿还能力呢?
6. 一对年轻夫妇从他们的孩子出生时开始，每年向银行存入 x 元作为家庭教育基金. 如银行的年复利率为 r，试写出第 n 年后教育基金总额 y_n 的表达式. 如果孩子 18 岁上大学时所需费用为 30000 元，则按年利率 0.05 计算，该夫妇每年应在银行存入多少元?
7. 某企业建立一项奖励基金，计划每年年终发放一次，奖金总额为 2 万元. 如果基金的年收益率为 20%，奖金的发放年限为 10 年，则以复利计算，原始基金应为多少?

相关阅读

欧 拉

欧拉(Euler, 1707～1783),瑞士数学家及自然科学家.在1707年4月15日出生于瑞士的巴塞尔,1783年9月18日于俄国的彼得堡去世.

欧拉出生于牧师家庭,自幼受父亲的教育.13岁时入读巴塞尔大学,15岁大学毕业,16岁获得硕士学位.欧拉的父亲希望他学习神学,但他最感兴趣是数学.在上大学时,他已受到约翰·伯努利的特别指导,专心研究数学,直到18岁,他彻底的放弃当牧师的想法而专攻数学,于19岁时(1726年)开始创作文章,并获得巴黎科学院奖金.1727年,在丹尼尔·伯努利的推荐下,到俄国的彼得堡科学院从事研究工作.并在1731年接替丹尼尔·伯努利,成为物理学教授.在俄国的14年中,他努力不懈地投入研究,在分析学、数论及力学方面均有出色的表现.此外,欧拉还应俄国政府的要求,解决了不少如地图学、造船业等的实际问题.1735年,他因工作过度以致右眼失明.在1741年,他受到普鲁士腓特烈大帝的邀请到德国科学院担任物理数学所所长一职.他在柏林斯间,大大地扩展了研究的内容,如行星运动、刚体运动、热力学、弹道学、人口学等,这些工作与他的数学研究互相推动着.与此同时,他在微分方程、曲面微分几何及其他数学领域均有开创性的发现.

1766年,他在沙皇喀德林二世的诚恳敦聘下重回彼得堡.在1771年,一场重病使他的左眼亦完全失明.但他以惊人地记忆力和心算技巧继续从事科学创作.他通过与助手们的讨论以及直接口授等方式完成了大量的科学著作,直至生命的最后一刻.

欧拉是18世记数学界最杰出的人物之一,他不但为数学界作出贡献,更把数学推至几乎整个物理的领域.此外,他是数学史上最多产的数学家,写了大量的力学、分析学、几何学、变分法的课本,《无穷小分析引论》(1748),《微分学原理》(1755),以及《积分学原理》(1768—1770)都成为数学中的经典著作.

欧拉最大的功绩是扩展了微积分的领域,为微分几何及分析学的一些重要分支(如无穷级数、微分方程等)的产生与发展奠定了基础.欧拉把无穷级数由一般的运算工具转变为一个重要的研究科目.

在 18 世纪中叶，欧拉和其他数学家在解决物理方面的问题过程中，创立了微分方程学. 当中，在常微分方程方面，他完整地解决了 n 阶常系数为线性齐次方程的问题，对于非齐次方程，他提出了一种降低方程阶的解法；而在偏微分方程方面，欧拉将二维物体振动的问题，归结出一、二、三维波动方程的解法. 欧拉所写的《方程的积分法研究》更是偏微分方程在纯数学研究中的第一篇论文.

在微分几何方面（微分几何是研究曲线、曲面逐点变化性质的数学分支），欧拉引入了空间曲线的参数方程，给出了空间曲线曲率半径的解析表达方式. 在 1766 年，他出版了《关于曲面上曲线的研究》，这是欧拉对微分几何最重要的贡献，更是微分几何发展史上一个里程碑. 他将曲面表为 $z=f(x,y)$，并引入一系列标准符号以表示 z 对 x，y 和偏导数，这些符号至今仍通用. 此外，在该著作中，他亦得到了曲面在任意截面上截线的曲率公式. 欧拉在分析学上的贡献不胜牧举，如他引入了 G 函数和 B 函数，这证明了椭圆积分的加法定理，以及最早引入二重积分，等等.

在代数学方面，他发现了每个实系数多项式必分解为一次或二次因子之积，即 $a+bi$ 的形式. 欧拉还给出了费马小定理的三个证明，并引入了数论中重要的欧拉函数 $\varphi(n)$，他研究数论的一系列成果奠定了数论成为数学中的一个独立分支. 欧拉又用解析方法讨论数论问题，发现了 ξ 函数所满足的函数方程，并引入欧拉乘积. 而且还解决了著名的柯尼斯堡七桥问题.

欧拉对数学的研究如此广泛，因此在许多数学的分支中也可经常见到以他的名字命名的重要常数、公式和定理.

复习题 7

1. 选择题：

（1）下列方程中为一阶线性微分方程的是（　　）.

A. $y'=\dfrac{1}{2x+y}$；　B. $y'+xy^2=\sin x$；　C. $y''=y'$；　D. $yy'=x+e^x$.

（2）下列方程的阶数为二阶的是（　　）.

A. $y_{t+2}-y_t=y_{t-2}$；　B. $y_{t+1}-2y_{t-1}=3\cdot 2^t$；

C. $x\dfrac{\partial z}{\partial x}+y\dfrac{\partial z}{\partial y}=x+y$；　D. $x(y')^2-2yy'+x=0$.

(3)如 $x_1(t)$,$x_2(t)$ 是非齐次线性微分方程的解,则对应的齐次线性微分方程的解可表示为(　　).

A. $x_1(t)+x_2(t)$;　　B. $x_1(t)-x_2(t)$;

C. $Cx_1(t)$;　　D. $x_1(t)\cdot x_2(t)$.

(4)微分方程 $yy''+3(y'')^3-7y^4+1=0$ 的阶数为(　　).

A. 2;　　B. 3;　　C. 6;　　D. 4.

(5)设 $y_t=1-2t^2$,则 $\Delta^2 y_t=$(　　).

A. -4;　　B. $-4t-2$;　　C. t^4;　　D. 0.

(6)微分方程 $y'=2xy$ 的通解是(　　).

A. $y=Ce^2$;　　B. $y=Ce^{x^2}$;　　C. $y=Cx^2$;　　D. $y=e^{x^2}$.

(7)差分方程 $y_{t+1}-4y_t=0$,当 $y_0=1$ 时的特解是(　　).

A. $y_t=C\cdot 4^t$;　　B. $y_t=0$;　　C. $y_t=4C$;　　D. $y_t=4^t$.

(8)下列方程中,通解是 $y=C_1e^{2x}+C_2xe^{2x}$ 的方程是(　　).

A. $y''-4y=0$;　　B. $y''+4y'+4=0$;

C. $y''+4y=0$;　　D. $y''-4y'+4=0$.

2. 填空题:

(1)微分方程 $y''+3y'-4y=0$ 的通解为__________.

(2)差分方程 $3y_{t+1}-y_t=0$ 的通解为__________.

(3)齐次微分方程 $y'=f\left(\frac{y}{x}\right)$ 经过变量变换__________可化为分离变量方程.

(4)设 $y=f(x)$ 是一阶线性微分方程 $y'+p(x)y=q(x)$ 的一个特解,则该方程的通解__________.

*(5) $y''=x$ 的一个特解为__________其通解为__________.

(6)二阶常系数齐次线性差分方程 $y_{t+2}-3y_{t+1}-4y_t=0$ 的通解为__________.

3. 求下列一阶微分方程的解:

(1) $xy'-y\ln y=0$;　　(2) $x(y^2-1)dx+y(x^2-1)dy=0$;

(3) $y'=x\sqrt{1-y^2}, y|_{x=0}=1$;　　(4) $(x^2+2y^2)dx-xydy=0$;

(5) $\frac{dy}{dx}=\frac{y}{x}+\tan\frac{y}{x}$;　　(6) $x^2y'+xy=y^2, y(1)=1$;

(7) $y'+\frac{1}{x}y=\frac{\sin x}{x}$;　　(8) $xy'+2x^2y=e^{-x^2}$;

(9) $\frac{dy}{dx}+3y=8, y|_{x=0}=2$;　　(10) $\frac{dy}{dx}=\frac{y}{y^2-x}$.

4. 求下列二阶微分方程的解:

(1) $y''+y'-2y=0$;　　(2) $9y''-6y'+y=0, y(0)=0, y'(0)=1$;

(3) $y''+2y'+5y=0$;　　(4) $y''+5y'+6y=0, y|_{x=0}=1, y'|_{x=0}=6$;

(5) $y''+2y'-3y=x$；　　(6) $y''-4y'+4y=3e^{2x}$；

(7) $y''+6y'+9y=xe^{x}$；　　(8) $y''+y=x^{2}$；

(9) $y''+2y'-3y=e^{2x}, y(0)=1, y'(0)=3$.

5. 求下列差分方程的解：

(1) $y_{t+1}-5y_{t}=0$；　　(2) $5y_{t+1}+y_{t}=0$；

(3) $y_{t+1}+3y_{t}=1$；　　(4) $y_{t+1}-y_{t}=4, y_{0}=1$；

(5) $y_{t+1}-y_{t}=2+3t$　　(6) $2y_{t+1}-y_{t}=2+t, y_{0}=4$；

(7) $y_{t+1}-3y_{t}=2\cdot 3^{t}$；　　(8) $y_{t+1}+2y_{t}=3^{t}, y_{0}=4$；

(9) $\Delta y_{t}=(t+2)\cdot 3^{t}$；　　(10) $y_{t+1}-2y_{t}=t\cdot 3^{t}$；

(11) $y_{t+2}-y_{t+1}-2y_{t}=0$；　　(12) $y_{t+2}-y_{t+1}+\frac{1}{4}y_{t}=0$.

6. 设连续曲线 $y(x)$ 满足方程 $y(x)=\int_{0}^{x}y(t)\mathrm{d}t+e^{2x}$，求 $y(x)$.

7. 某企业初建时的固定资产为 100 万元，5 年后达到 200 万元. 如该企业固定资产的增产速度与 $500-C(t)$ 成正比(其中 $C(t)$ 表示该企业在 t 时刻的固定资产值)，则 10 年后该企业的固定资产是多少？

8. 设某商品的收益函数为 $R(P)$，收益弹性为 $P^{3}+1$，其中 P 为价格，且 $R(1)=1$，试表示收益 R 与价格 P 的关系.

9. 某货币基金月平均收益率为 0.4%，每月分红再投资，张某购买的 20000 元货币基金本月 1 日开始计算收益，本月末开始定投 500 元，定投均按每月 1 日计算收益，问 t 月末此人基金账户将有多少元？试列出差分方程计算，并计算 10 年后年末此人基金账户的价值. ($1.004^{120}\approx 1.615$)

10. 某人购买一套商品房，房款总价 100 万元，购房时首付 30%，剩余部分以年利率 6%按揭商业贷款，采用等额本息还款方式 10 年还清，问每月需还多少元？试列出差分方程计算.

扫一扫，获取参考答案

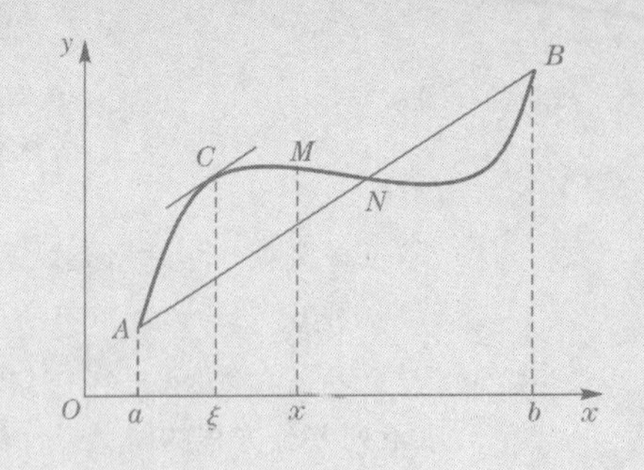

第8章 无穷级数

【学习目标】

↳掌握数项级数的基本概念、性质定理及其推论.

↳理解正项级数的定义,掌握比较判别法、比值判别法、根值判别法等判定正项级数收敛性的方法.

↳掌握判别交错级数及一般常数项级数收敛的方法,理解一般常数项级数的绝对收敛和条件收敛的定义.

↳理解幂级数的收敛半径、收敛区间及其代数性质和解析性质,会求简单的幂级数在其收敛区间内的和函数.

↳了解泰勒级数、马克劳林级数.

↳掌握函数展为幂级数的直接法和间接法,掌握马克劳林展开式.

↳了解幂级数作近似计算.

无穷级数概念的起源是很早的,我国魏晋时期的刘徽就已经利用级数的概念进行面积的计算. 在高等数学中,无穷级数是一个十分重要的组成部分,它是用来表示函数、研究函数性质,以及进行数值计算的一种工具,对微积分的进一步发展及其在各种实际问题上的应用起着非常重要的作用. 本章先讨论常数项级数,介绍无穷级数的一些基本内容,然后讨论函数项级数,最后着重介绍幂级数.

§ 8.1　数项级数的概念和性质

8.1.1　数项级数及其敛散性

在初等数学中遇到的和式都是有限多项的和式，但在某些实际问题中，会出现无穷多项相加的情形.

例 8.1.1　分数 $\frac{1}{3}$ 写成循环小数形式为 $0.333\cdots$，在近似计算中，可以根据不同的精确度要求，取小数点后的 n 位数作为 $\frac{1}{3}$ 的近似值. 因为 $0.3=\frac{3}{10}$, $0.03=\frac{3}{10^2}$, $0.003=\frac{3}{10^3}$, $\cdots$, $\underbrace{0.00\cdots0}_{n}3=\frac{3}{10^n}$，所以有

$$\frac{1}{3}\approx\frac{3}{10}+\frac{3}{10^2}+\cdots+\frac{3}{10^n}.$$

显见，n 越大这个近似值就越接近 $\frac{1}{3}$，根据极限的概念可知

$$\frac{1}{3}=\lim_{n\to+\infty}\left(\frac{3}{10}+\frac{3}{10^2}+\cdots+\frac{3}{10^n}\right),$$

从形式上看，上式也可写成

$$\frac{3}{10}+\frac{3}{10^2}+\cdots+\frac{3}{10^n}+\cdots=\frac{1}{3}.$$

我们称上式左端为一个级数.

定义 8.1.1　给定数列 $\{u_n\}$，则表达式

$$\sum_{n=1}^{\infty}u_n=u_1+\cdots+u_n+\cdots, \tag{8.1.1}$$

称为一个无穷级数，简称为级数. 其中 u_n 称为该级数的通项或一般项. 若级数(8.1.1)的每一项 u_n 都为常数，则称该级数为常数项级数(或数项级数).

我们首先讨论常数项级数(8.1.1). 应该注意，无穷多个数相加可能是一个数，也可能不是一个数. 比如，$0+\cdots+0+\cdots0$，而 $1+\cdots+1+\cdots$ 则不是

一个数.因此,我们首先应明确级数(8.1.1)何时表示一个数,何时不表示数.为此,必须引进级数的收敛和发散的概念.

记

$$s_1=u_1,s_2=u_1+u_2,\cdots,\ s_n=u_1+\cdots+u_n=\sum_{k=1}^{n}u_k,\cdots,$$

称 s_n 为级数(8.1.1)的前 n 项部分和,称数列 $\{s_n\}$ 为级数(8.1.1)的部分和数列,显然

$$u_n=s_n-s_{n-1},$$

从形式上看,级数 $u_1+\cdots+u_n+\cdots$ 相当于和式 $u_1+\cdots+u_n$ 中项数无限增多的情形,即相当于 $\lim\limits_{n\to\infty}(u_1+u_2+\cdots+u_n)=\lim\limits_{n\to\infty}s_n$,因此我们可以用数列 $\{s_n\}$ 的敛散性来定义级数(8.1.1)的敛散性.

定义 8.1.2 若级数 $\sum\limits_{n=1}^{\infty}u_n$ 的部分和数列 $\{s_n\}$ 的极限存在,且等于 s,即

$$\lim_{n\to\infty}s_n=s,$$

则称级数 $\sum\limits_{n=1}^{\infty}u_n$ 收敛,s 称为级数的和.并记为 $\sum\limits_{n=1}^{\infty}u_n=s$,这时也称该级数收敛于 s.若部分和数列的极限不存在,就称级数 $\sum\limits_{n=1}^{\infty}u_n$ 发散.

8.1.2 试讨论等比级数(或几何级数)

$$\sum_{n=1}^{\infty}aq^n=a+aq+\cdots+aq^n+\cdots,(a\neq 0)$$

的敛散性,其中 q 为该级数的公比.

解 根据等比数列的求和公式可知,当 $q\neq 1$ 时,所给级数的部分和

$$s_n=a\frac{1-q^n}{1-q}.$$

于是,当 $|q|<1$ 时,

$$\lim_{n\to\infty}s_n=\lim_{n\to\infty}a\cdot\frac{1-q^n}{1-q}=\frac{a}{1-q}.$$

由定义 8.1.2 知，该等比级数收敛，其和 $s=\frac{a}{1-q}$. 即

$$\sum_{n=0}^{\infty} aq^n=\frac{a}{1-q}, |q|<1.$$

当 $|q|>1$，

$$\lim_{n\to\infty} s_n=\lim_{n\to\infty} a\cdot\frac{1-q^n}{1-q}=\infty.$$

所以该等比级数发散.

当 $q=1$ 时，

$$\lim_{n\to+\infty} s_n=na=\infty,$$

因此该等比级数发散.

当 $q=-1$ 时，s_n 为 0 或 a，部分和数列的极限不存在，故该等比级数发散.

综上所述可知：等比级数 $\sum_{n=1}^{\infty} aq^n$，当公比 $|q|<1$ 时收敛；当公比 $|q|\geqslant 1$ 时发散.

例 8.1.3 证明级数 $1+2+\cdots+n+\cdots$ 是发散.

证　这个级数的部分和

$$s_n=1+2+\cdots+n=\frac{n(n+1)}{2},$$

显然 $\lim_{n\to+\infty} s_n=\infty$，从而所给级数是发散.

例 8.1.4 求级数 $\sum_{n=1}^{\infty}\frac{1}{(n+2)(n+3)}$ 的和.

解　注意到

$$\frac{1}{(n+2)(n+3)}=\frac{1}{n+2}-\frac{1}{n+3},$$

因此

$$s_n=\sum_{k=1}^{n}\frac{1}{(k+2)(k+3)}=\sum_{k=1}^{n}\left(\frac{1}{k+2}-\frac{1}{k+3}\right)=\frac{1}{3}-\frac{1}{n+3}.$$

所以该级数的和为

$$s=\lim_{n\to\infty} s_n=\lim_{n\to\infty}\left(\frac{1}{3}-\frac{1}{n+3}\right)=\frac{1}{3},$$

即

$$\sum_{n=1}^{\infty}\frac{1}{(n+2)(n+3)}=\frac{1}{3}.$$

例 8.1.5 证明调和级数 $\sum_{n=1}^{\infty} \frac{1}{n} = 1 + \frac{1}{2} + \cdots$ 发散.

证 用反证法. 若级数 $\sum_{n=1}^{\infty} \frac{1}{n}$ 收敛,设它的部分和数列 $\{s_n\}$ 收敛于 s,则

$$\lim_{n\to\infty} s_n = \lim_{n\to\infty} s_{2n} = s,$$

故

$$\lim_{n\to\infty}(s_{2n} - s_n) = 0, \tag{8.1.2}$$

但是

$$s_{2n} - s_n = \frac{1}{n+1} + \frac{1}{n+2} + \cdots + \frac{1}{2n} > n \cdot \frac{1}{2n} = \frac{1}{2},$$

故

$$\lim_{n\to\infty}(s_{2n} - s_n) \neq 0,$$

这与式(8.1.2)矛盾,故调和级数 $\sum_{n=1}^{\infty} \frac{1}{n}$ 发散.

8.1.2 数项级数的基本性质

根据数项级数收敛和发散的定义,可以得出无穷级数如下的基本性质:

性质 8.1.1 若级数 $\sum_{n=1}^{\infty} u_n$ 收敛,c 是任一常数,则级数 $\sum_{n=1}^{\infty} c u_n$ 也收敛,且 $\sum_{n=1}^{\infty} c u_n = c \sum_{n=1}^{\infty} u_n$.

证 设 $\sum_{n=1}^{\infty} u_n$ 的部分和为 s_n,且 $\lim_{n\to\infty} s_n = s$. 又设级数 $\sum_{n=1}^{\infty} c u_n$ 的部分和为 σ_n,显然有 $\sigma_n = c s_n$,于是

$$\sum_{n=1}^{\infty} c u_n = cs = c \cdot \sum_{n=1}^{\infty} u_n.$$

性质 8.1.2 若级数 $\sum_{n=1}^{\infty} u_n$ 与 $\sum_{n=1}^{\infty} v_n$ 都收敛,则 $\sum_{n=1}^{\infty} (u_n \pm v_n)$ 也收敛,且 $\sum_{n=1}^{\infty} (u_n \pm v_n) = \sum_{n=1}^{\infty} u_n \pm \sum_{n=1}^{\infty} v_n$.

证　设 $\sum\limits_{n=1}^{\infty} u_n$ 与 $\sum\limits_{n=1}^{\infty} v_n$ 的部分和分别为 A_n 和 B_n，且设 $\lim\limits_{n\to\infty} A_n = s_1$，$\lim\limits_{n\to\infty} B_n = s_2$，则 $\sum\limits_{n=1}^{\infty}(u_n \pm v_n)$ 的部分和为

$$s_n = \sum_{k=1}^{n}(u_k \pm v_k) = A_n \pm B_n.$$

于是

$$\lim_{n\to\infty} s_n = \lim_{n\to\infty}(A_n \pm B_n) = s_1 \pm s_2,$$

即

$$\sum_{n=1}^{\infty}(u_n \pm v_n) = \sum_{n=1}^{\infty} u_n \pm \sum_{n=1}^{\infty} v_n.$$

性质 8.1.2 的结论可推广到有限个收敛级数的情形.

性质 8.1.3　在一个级数中增加、去掉或改变有限个项不会改变级数的敛散性，但一般会改变收敛级数的和.

证　我们不妨只考虑在级数中删去一项的情形.

设在 $\sum\limits_{n=1}^{\infty} u_n$ 中删去第 k 项 u_k，得到新的级数 $u_1 + \cdots + u_{k-1} + u_{k-2} + \cdots$，则新级数的部分和 σ_n 与原级数的部分和 s_n 之间有如下关系式：

$$\sigma_n = \begin{cases} s_n, & n \leqslant k-1 \\ s_{n+1} - u_k, & n \geqslant k. \end{cases}$$

从而数列 $\{\sigma_n\}$ 与 $\{s_n\}$ 具有相同的敛散性.

性质 8.1.4　收敛级数加括号后所成的级数仍收敛，且其和不变.

该性质的证明从略.

注意：加括号后的级数收敛时，不能断言原来未加括号的级数也收敛. 例如级数 $(1-1)+\cdots+(1-1)+\cdots$ 收敛于零，但级数

$$\sum_{n=0}^{\infty}(-1)^n = 1-1+1-1+\cdots$$

是发散的.

由性质 8.1.4 可得到下面的结论：**如果加括号后的级数发散，则原级数一定发散.**

性质 8.1.5(级数收敛的必要条件) 若级数 $\sum_{n=1}^{\infty} u_n$ 收敛,则 $\lim_{n\to\infty} u_n = 0$.

证 若数项级数 $\sum_{n=1}^{\infty} u_n$ 收敛于 s,那么由其部分和的概念,就有

$$u_n = s_n - s_{n-1}.$$

于是

$$\lim_{n\to\infty} u_n = \lim_{n\to\infty}(s_n - s_{n-1}).$$

依据收敛级数的定义可知,$\lim_{n\to\infty} s_n = \lim_{n\to\infty} s_{n-1} = s$.

因此这时必有

$$\lim_{n\to\infty} u_n = 0.$$

需要特别指出的是,$\lim_{n\to\infty} u_n = 0$ 仅是级数收敛的必要条件,绝不能由 $\lim_{n\to\infty} u_n = 0$ 就得出级数 $\sum_{n=1}^{\infty} u_n$ 收敛的结论. 例如,调和级数中 $\lim_{n\to\infty} \frac{1}{n} = 0$,但调和级数 $\sum_{n=1}^{\infty} \frac{1}{n}$ 是发散的.

从级数收敛的必要条件可以得出如下判定级数发散的方法:

若 $\lim_{n\to\infty} u_n \neq 0$,则级数 $\sum_{n=1}^{\infty} u_n$ 发散. 事实上,如果 $\sum_{n=1}^{\infty} u_n$ 收敛,必有 $\lim_{n\to\infty} u_n = 0$,这与假设 $\lim_{n\to\infty} u_n \neq 0$ 相矛盾.

例 8.1.6 试判别级数 $\sum_{n=1}^{\infty} (1-\frac{1}{n})^n$ 的敛散性.

解 因为

$$\lim_{n\to\infty} u_n = \lim_{n\to\infty} (1-\frac{1}{n})^n = \frac{1}{e} \neq 0.$$

所以由性质 8.1.5 知,级数 $\sum_{n=1}^{\infty} (1-\frac{1}{n})^n$ 发散.

注意:在判定级数是否收敛时,我们往往先观察一下当 $n \to \infty$ 时,通项 u_n 的极限是否为零. 仅当 $\lim_{n\to\infty} u_n = 0$ 时,再用其他方法来确定级数收敛或发散.

习题 8.1

1. 判定下列级数的收敛性：

(1) $\sum\limits_{n=1}^{\infty}(-1)^n\frac{8^n}{9^n}$；　　(2) $\sum\limits_{n=1}^{\infty}(\sqrt{n+1}-\sqrt{n})$；

(3) $\sum\limits_{n=1}^{\infty}\frac{1}{(2n-1)(2n+1)}$；　　(4) $\sum\limits_{n=1}^{\infty}\frac{2+(-1)^n}{2^n}$；

(5) $\sum\limits_{n=1}^{\infty}\frac{1}{3n}$；　　(6) $\sum\limits_{n=1}^{\infty}(-1)^n 2$.

2. 判别下列级数的收敛性：

(1) $\sum\limits_{n=1}^{\infty}(\frac{1}{2^n}+\frac{1}{3^n})$；　　(2) $\sum\limits_{n=1}^{\infty}\frac{2n-2}{2n+1}$；

(3) $\sum\limits_{n=1}^{\infty}(\frac{1}{2^n}+\frac{1}{10n})$；　　(4) $\sum\limits_{n=0}^{\infty}\cos\frac{n\pi}{2}$.

3. 求级数 $\sum\limits_{n=1}^{\infty}\frac{n}{3^n}$ 的和.

§8.2　正项级数及其敛散性判别法

如何判别级数的敛散性是讨论级数的基本问题，由级数敛散性的定义知：可以先求前 n 项部分和 s_n，然后在判断其部分和数列 $\{s_n\}$ 是否有极限来确定级数的敛散性. 然而，对大多数级数来说，其部分和往往很难甚至无法求出，所以直接利用部分和数列 $\{s_n\}$ 的极限来判断级数的敛散性是很有局限的. 为此我们将介绍一些有关级数敛散性的判别法. 正项级数是数项级数中比较简单，但又很重要的一种类型. 我们首先来讨论正项级数的情形.

8.2.1　正项级数的概念

定义 8.2.1　若级数 $\sum\limits_{n=1}^{\infty}u_n$ 中各项均为非负，即 $u_n\geqslant 0$，则称该级数为正项级数.

这时,由于

$$u_n = s_n - s_{n-1},$$

因此有

$$s_n = s_{n-1} + u_n \geqslant s_{n-1},$$

即正项级数的部分和数列 $\{s_n\}$ 是一个单调增加数列.

我们知道,单调有界数列必有极限,根据这一准则知,数列 $\{s_n\}$ 必有极限,所以级数 $\sum_{n=1}^{\infty} u_n$ 必收敛;反过来,如果级数 $\sum_{n=1}^{\infty} u_n$ 收敛,数列 $\{s_n\}$ 必有极限,由数列的有界定理知,$\{s_n\}$ 必有上界.从而,我们可以得到判定正项级数收敛性的一个充分必要条件.

定理 8.2.1 正项级数 $\sum_{n=1}^{\infty} u_n$ 收敛的充要条件是正项级数 $\sum_{n=1}^{\infty} u_n$ 的部分和数列 $\{s_n\}$ 有界.

直接应用定理 8.2.1 来判定正项级数是否收敛,往往不太方便,但由定理 8.2.1 可以得到常用的正项级数的比较判别法.

8.2.2 正项级数的判别法

1. 比较判别法

定理 8.2.2(比较判别法) 设有两个正项级数 $\sum_{n=1}^{\infty} u_n$ 和 $\sum_{n=1}^{\infty} v_n$,如果存在正整数 N,使当 $n > N$ 时,$u_n \leqslant v_n$ 成立,那么

(1)若级数 $\sum_{n=1}^{\infty} v_n$ 收敛,则级数 $\sum_{n=1}^{\infty} u_n$ 也收敛;

(2)若级数 $\sum_{n=1}^{\infty} u_n$ 发散,则级数 $\sum_{n=1}^{\infty} v_n$ 也发散.

证 我们不妨只对定理 8.2.2 结论(1)的情形加以证明.

设 $\sum_{n=1}^{\infty} u_n$ 的前 n 项和为 A_n,$\sum_{n=1}^{\infty} v_n$ 的前 n 项和为 B_n,于是 $A_n \leqslant B_n$.

因为 $\sum_{n=1}^{\infty} v_n$ 收敛,由定理 8.2.1 知,有常数 M 存在,使得 $B_n \leqslant M$ 成立.于

是 $A_n \leqslant M$，即级数 $\sum_{n=1}^{\infty} u_n$ 的部分和数列有界，所以级数 $\sum_{n=1}^{\infty} u_n$ 收敛.

证明结论(2)的方法与上面相同，读者不难自行完成.

推论 8.2.1(比较判别法的极限形式) 若正项级数 $\sum_{n=1}^{\infty} u_n$ 与 $\sum_{n=1}^{\infty} v_n$ 满足 $\lim_{n\to\infty}\frac{u_n}{v_n}=\rho$，则

(1)当 $0<\rho<+\infty$ 时，$\sum_{n=1}^{\infty} u_n$ 与 $\sum_{n=1}^{\infty} v_n$ 具有相同的收敛性；

(2)当 $\rho=0$ 时，若 $\sum_{n=1}^{\infty} v_n$ 收敛，则 $\sum_{n=1}^{\infty} u_n$ 亦收敛；

(3)当 $\rho=+\infty$ 时，若 $\sum_{n=1}^{\infty} v_n$ 发散，则 $\sum_{n=1}^{\infty} u_n$ 亦发散.

证 (1) 由于 $\lim_{n\to\infty}\frac{u_n}{v_n}=\rho>0$，取 $\varepsilon=\frac{\rho}{2}>0$，则存在 $N>0$，当 $n>N$ 时，有

$$\left|\frac{u_n}{v_n}-\rho\right|<\frac{\rho}{2} \text{ 即 } \left(\rho-\frac{\rho}{2}\right)v_n<u_n<\left(\rho+\frac{\rho}{2}\right)v_n.$$

由比较判别法，知结论成立.

结论(2)、结论(3)的证明类似，请读者自己完成.

例 8.2.1 判断级数 $\sum_{n=1}^{\infty} 2^n\sin\frac{1}{3^n}$ 的收敛性.

解 由于 $0\leqslant 2^n\sin\frac{1}{3^n}<2^n\cdot\frac{1}{3^n}=\left(\frac{2}{3}\right)^n$，而级数 $\sum_{n=1}^{\infty}\left(\frac{2}{3}\right)^n$ 收敛，由比较判别法知 $\sum_{n=1}^{\infty} 2^n\sin\frac{1}{3^n}$ 收敛.

例 8.2.2 讨论 ***p*-级数** $\sum_{n=1}^{\infty}\frac{1}{n^p}$ 的敛散性.

解 当 $p=1$ 时，p- 级数即为调和级数 $\sum_{n=1}^{\infty}\frac{1}{n}$，它是发散的.

当 $p<1$ 时，$\frac{1}{n^p}\geqslant\frac{1}{n}>0$，由 $\sum_{n=1}^{\infty}\frac{1}{n}$ 发散及比较判别法知，$\sum_{n=1}^{\infty}\frac{1}{n^p}$ 发散.

当 $p>1$ 时，利用积分证明 p- 级数的部分和数列 $\{s_n\}$ 有上界.

$$\frac{1}{n^p}=\int_{n-1}^{n}\frac{1}{n^p}\mathrm{d}x,(n=2,3,\cdots)$$

当 $n-1\leqslant x\leqslant n$ 时,由于 $\frac{1}{n^p}\leqslant\frac{1}{x^p}$,所以

$$\int_{n-1}^{n}\frac{1}{n^p}\mathrm{d}x\leqslant\int_{n-1}^{n}\frac{1}{x^p}\mathrm{d}x,(n=2,3,\cdots)$$

于是

$$\begin{aligned}s_n&=1+\frac{1}{2^p}+\frac{1}{3^p}+\cdots+\frac{1}{n^p}=1+\int_1^2\frac{1}{2^p}\mathrm{d}x+\int_2^3\frac{1}{3^p}\mathrm{d}x+\cdots+\int_{n-1}^{n}\frac{1}{n^p}\mathrm{d}x\\&\leqslant1+\int_1^2\frac{1}{x^p}\mathrm{d}x+\int_2^3\frac{1}{x^p}\mathrm{d}x+\cdots+\int_{n-1}^{n}\frac{1}{x^p}\mathrm{d}x\\&=1+\int_1^n\frac{1}{x^p}\mathrm{d}x=1+\frac{1}{p-1}(1-\frac{1}{n^{p-1}})<1+\frac{1}{p-1}\end{aligned}$$

有上界,故由定理 8.2.1 知,当 $p>1$ 时,级数 $\sum\limits_{n=1}^{\infty}\frac{1}{n^p}$ 收敛.

综上所述,当 $p>1$ 时,$\sum\limits_{n=1}^{\infty}\frac{1}{n^p}$ 收敛;当 $p\leqslant1$ 时,$\sum\limits_{n=1}^{\infty}\frac{1}{n^p}$ 发散.

例 8.2.3 判断级数 $\sum\limits_{n=1}^{\infty}\frac{1}{\sqrt{n(n+1)}}$ 的敛散性.

解 因为

$$\lim_{n\to\infty}\frac{\frac{1}{\sqrt{n(n+1)}}}{\frac{1}{n}}=\lim_{n\to\infty}\frac{n}{\sqrt{n^2+n}}=\lim_{n\to\infty}\frac{1}{\sqrt{1+\frac{1}{n}}}=1,$$

而调和级数 $\sum\limits_{n=1}^{\infty}\frac{1}{n}$ 发散,故由推论 8.2.1 知 $\sum\limits_{n=1}^{\infty}\frac{1}{\sqrt{n(n+1)}}$ 发散.

例 8.2.4 判断正项级数 $\sum\limits_{n=1}^{\infty}\left(\frac{n}{3n+1}\right)^n$ 的敛散性.

证 因为

$$\left(\frac{n}{3n+1}\right)^n<\left(\frac{n}{3n}\right)^n<\left(\frac{1}{3}\right)^n,$$

而几何级数 $\sum\limits_{n=1}^{\infty}(\frac{1}{3})^n$ 是收敛的,由比较判别法知,$\sum\limits_{n=1}^{\infty}(\frac{n}{3n+1})^n$ 收敛.

2. 比值判别法

定理 8.2.3[达朗贝尔(d'Alembert)比值判别法]　设有正项级数 $\sum_{n=1}^{\infty} u_n$，如果极限

$$\lim_{n \to \infty} \frac{u_{n+1}}{u_n} = \rho,$$

那么(1)当 $\rho < 1$ 时，级数收敛；

(2)当 $\rho > 1$ 时，级数发散；

(3)当 $\rho = 1$ 时，级数可能收敛也可能发散.

证　(1) 由于 $\lim_{n \to \infty} \frac{u_{n+1}}{u_n} = \rho < 1$，因此总可找到一个小正数 $\varepsilon_0 > 0$，使得 $\rho + \varepsilon_0 = q < 1$. 而对此给定的 ε_0，必有正整数 N 存在，当 $n \geqslant N$ 时，有不等式

$$\left| \frac{u_{n+1}}{u_n} - \rho \right| < \varepsilon_0,$$

恒成立. 得

$$\frac{u_{n+1}}{u_n} < \rho + \varepsilon_0 = q < 1.$$

这就是说，对于正项级数 $\sum_{n=1}^{\infty} u_n$，从第 N 项开始有

$$u_{N+1} < q u_N, u_N < q u_{N+1} < q^2 u_N, \cdots$$

因此正项级数

$$\sum_{n=N}^{\infty} u_n = u_N + u_{N+1} + \cdots$$

的各项(除第一项外)都小于正项级数

$$\sum_{n=1}^{\infty} u_N q^{n-1} = u_N + q u_N + \cdots$$

的各对应项，而级数 $\sum_{n=1}^{\infty} u_N q^{n-1}$ 是公比的绝对值 $|q| < 1$ 的等比级数，它是收敛的，于是由比较判别法可知，级数 $\sum_{n=N}^{\infty} u_n$ 收敛，由上节性质 8.1.3，知 $\sum_{n=1}^{\infty} u_n$ 也收敛.

(2)由于 $\lim_{n \to \infty} \frac{u_{n+1}}{u_n} = \rho > 1$，可取 $\varepsilon_0 > 0$，使得 $\rho - \varepsilon_0 = q > 1$. 对此 ε_0，存在正整数 N，当 $n \geqslant N$ 时，有

$$\left| \frac{u_{n+1}}{u_n} - \rho \right| < \varepsilon_0$$

恒成立. 得

$$\frac{u_{n+1}}{u_n} > \rho - \varepsilon_0 = q > 1,$$

这就是说正项级数 $\sum_{n=1}^{\infty} u_n$ 从第 N 项开始,后项总比前项大. 这表明 $\lim_{n\to\infty} u_n \neq 0$,因此,由级数收敛的必要条件可知,正项级数 $\sum_{n=1}^{\infty} u_n$ 发散.

(3)当 $\rho = 1$ 时,正项级数 $\sum_{n=1}^{\infty} u_n$ 可能收敛,也可能发散. 这个结论从 p-级数就可以看出. 事实上,若 $\sum_{n=1}^{\infty} u_n$ 为 p-级数,则对于任意实数 p,有

$$\lim_{n\to\infty} \frac{u_{n+1}}{u_n} = \lim_{n\to\infty} \frac{\frac{1}{(n+1)^p}}{\frac{1}{n^p}} = 1,$$

但当 $p \leqslant 1$ 时,p-级数发散;$p > 1$ 时,p-级数收敛.

例 8.2.5 试证明正项级数 $\sum_{n=1}^{\infty} 2^n \tan \frac{\pi}{3^n}$ 收敛.

证 因为 $\lim_{n\to\infty} \frac{u_{n+1}}{u_n} = \lim_{n\to\infty} \frac{2^{n+1} \cdot \tan \frac{\pi}{3^{n+1}}}{2^n \cdot \tan \frac{\pi}{3^n}} = \frac{2}{3} < 1$,所以由比值判别法知,级数收敛.

例 8.2.6 判别级数 $\sum_{n=1}^{\infty} \frac{(n+1)!}{n^{n+1}}$ 收敛的收敛性.

解 因为

$$\lim_{n\to\infty} \frac{u_{n+1}}{u_n} = \lim_{n\to\infty} \frac{(n+2)!}{(n+1)^{n+2}} \cdot \frac{n^{n+1}}{(n+1)!}$$

$$= \lim_{n\to\infty} \frac{n+2}{n+1} \cdot \left(\frac{n}{1+n}\right)^{n+1} = \frac{1}{\mathrm{e}} < 1.$$

所以由比值判别法知,级数收敛.

8.2.7 判别级数 $\sum_{n=1}^{\infty} \frac{n!}{10^n}$ 收敛的收敛性.

解 因为

$$\lim_{n\to\infty} \frac{u_{n+1}}{u_n} = \lim_{n\to\infty} \frac{(n+1)!}{10^{n+1}} \cdot \frac{10^n}{n!} = \lim_{n\to\infty} \frac{n+1}{10} = \infty,$$

所以由比值判别法知,级数发散.

 **8.2.8** 讨论级数 $\sum_{n=1}^{\infty} n!\left(\frac{x}{n}\right)^{n}(x>0)$ 的敛散性.

解　因为

$$\lim_{n\to\infty}\frac{u_{n+1}}{u_n}=\lim_{n\to\infty}\frac{(n+1)!\left(\frac{x}{n+1}\right)^{n+1}}{n!\left(\frac{x}{n}\right)^{n}}=\lim_{n\to\infty}\frac{x}{\left(1+\frac{1}{n}\right)^{n}}=\frac{x}{\mathrm{e}},$$

所以当 $x<\mathrm{e}$, 即 $\frac{x}{\mathrm{e}}<1$ 时,级数收敛;当 $x>\mathrm{e}$, 即 $\frac{x}{\mathrm{e}}>1$ 时,级数发散.

当 $x=\mathrm{e}$ 时,虽然不能由比值判别法直接得出级数收敛或发散的结论,但是,由于数列 $\left\{\left(1+\frac{1}{n}\right)^{n}\right\}$ 是一个单调增加而有上界的数列,即 $\left(1+\frac{1}{n}\right)^{n}\leqslant\mathrm{e}(n=1,2,3,\cdots)$, 因此对于任意有限的 n, 有

$$\frac{u_{n+1}}{u_n}=\frac{x}{\left(1+\frac{1}{n}\right)^{n}}=\frac{\mathrm{e}}{\left(1+\frac{1}{n}\right)^{n}}>1.$$

于是可知,级数的后项总是大于前项,故 $\lim_{n\to\infty}u_n\neq 0$,所以级数发散.

例 8.2.8 说明,虽然定理 3 对于 $\rho=1$ 的情形,不能判定级数的敛散性,但若能确定在 $\lim_{n\to\infty}\frac{u_{n+1}}{u_n}=1$ 的过程中, $\frac{u_{n+1}}{u_n}$ 是从大于 1 的方向趋向于 1,则也可判定级数是发散的.

3. 根值判别法

> **定理 8.2.4[柯西(Cauchy)根值判别法]**　设正项级数 $\sum_{n=1}^{\infty}u_n$ 满足
>
> $$\lim_{n\to\infty}\sqrt[n]{u_n}=\rho,$$
>
> 那么(1)当 $\rho<1$ 时, $\sum_{n=1}^{\infty}u_n$ 收敛;
>
> (2)当 $\rho>1$ 时, $\sum_{n=1}^{\infty}u_n$ 发散;
>
> (3)当 $\rho=1$ 时, $\sum_{n=1}^{\infty}u_n$ 可能收敛,也可能发散.

它的证明与定理 8.2.3 的证明完全相仿,这里不重复了. 但同样要注意

的是,若 $\rho=1$, 则级数的敛散性仍需另找其他方法判定.

例 8.2.9 判别级数 $\sum\limits_{n=1}^{\infty}\left(\frac{n}{2n+1}\right)^n$ 的敛散性.

解 因为

$$\lim_{n\to\infty}\sqrt[n]{\left(\frac{n}{2n+1}\right)^n}=\lim_{n\to\infty}\frac{n}{2n+1}=\frac{1}{2}<1,$$

故级数 $\sum\limits_{n=1}^{\infty}\left(\frac{n}{2n+1}\right)^n$ 收敛.

习题 8.2

1. 用比较判别法或其极限形式判定下列正项级数的收敛性:

(1) $\sum\limits_{n=1}^{\infty}\frac{1}{(n+1)(n+4)}$;　(2) $\sum\limits_{n=1}^{\infty}\sqrt{\frac{n}{n+1}}$;

(3) $\sum\limits_{n=1}^{\infty}\frac{n+2}{n(n+2)}$;　(4) $\sum\limits_{n=1}^{\infty}\frac{1}{\sqrt{n(n^2+5)}}$;

(5) $\sum\limits_{n=1}^{\infty}\frac{1}{(1+a^n)}\ (a>0)$;　(6) $\sum\limits_{n=1}^{\infty}\frac{1}{a+b^n}\ (a,\ b>0)$;

(7) $\sum\limits_{n=1}^{\infty}\frac{1}{n\sqrt[n]{n}}$;　(8) $\sum\limits_{n=1}^{\infty}\frac{n+1}{2n^4-1}$.

2. 用比值判别法判断下列级数的收敛性:

(1) $\sum\limits_{n=1}^{\infty}\frac{3^n}{n\cdot 2^n}$;　(2) $\sum\limits_{n=1}^{\infty}\frac{n^n}{n!}$;

(3) $\sum\limits_{n=1}^{\infty}\frac{2^n\cdot n!}{n^n}$;　(4) $\sum\limits_{n=1}^{\infty}\frac{n}{3^n}$;

(5) $\sum\limits_{n=1}^{\infty}\frac{a^n}{n^k}\quad(a>0)$;　(6) $\sum\limits_{n=1}^{\infty}\frac{4^n}{5^n-3^n}$.

3. 用根值判别法判断下列级数的收敛性:

(1) $\sum\limits_{n=1}^{\infty}\left(\frac{n}{2n+1}\right)^n$;　(2) $\sum\limits_{n=1}^{\infty}\left(\frac{n}{3n-1}\right)^{2n-1}$.

4. 若 $\sum\limits_{n=1}^{\infty}a_n^{\ 2}$ 及 $\sum\limits_{n=1}^{\infty}b_n^{\ 2}$ 收敛,证明下列级数也收敛:

(1) $\sum\limits_{n=1}^{\infty}|a_nb_n|$;　(2) $\sum\limits_{n=1}^{\infty}(a_n^{\ 2}+b_n^{\ 2})$.

§8.3　任意项级数

任意项级数是较为复杂的数项级数，它是指在级数 $\sum_{n=1}^{\infty} u_n$ 中，总含有无穷多个正项和负项. 例如，数项级数 $\sum_{n=1}^{\infty} (-1)^{\frac{n(n-1)}{2}} \frac{n^2}{2^n}$ 是任意项级数. 在任意项级数中，比较重要的是交错级数.

8.3.1　交错级数及其敛散性判别

定义 8.3.1　如果在任意项级数 $\sum_{n=1}^{\infty} u_n$ 中，正负号相间出现，这样的任意项级数就叫作交错级数.

交错级数的一般形式为

$$\sum_{n=1}^{\infty}(-1)^{n-1}u_n = u_1 - u_2 + u_3 - u_4 + \cdots + (-1)^{n-1}u_n + \cdots,$$

其中 $u_n > 0(n = 1,2,3,\cdots)$. 对于交错级数我们有专门的判定收敛性的方法.

定理 8.3.1［莱布尼茨(Leibniz)判别法］　设交错级数 $\sum_{n=1}^{\infty} (-1)^{n-1} u_n$ 满足

(1) $u_n > u_{n+1}(n = 1,2,3,\cdots)$;

(2) $\lim\limits_{n\to\infty} u_n = 0$,

则级数 $\sum_{n=1}^{\infty} (-1)^{n-1} u_n$ 收敛，且其和 $s \leqslant u_1$.

证　我们根据项数 n 是奇数或偶数分别考察 s_n.

设 n 为偶数，于是

$$s_n = s_{2m} = u_1 - u_2 + u_3 - \cdots + u_{2m-1} - u_{2m},$$

将其每两项括在一起

$$s_{2m}=(u_1-u_2)+(u_3-u_4)+\cdots+(u_{2m-1}-u_{2m}).$$

由条件(1)可知,每个括号内的值都是非负的.如果把每个括号看成是一项,这就是一个正项级数的前 m 项部分和.显然,它是随着 m 的增加而单调增加的.

另外,如果把部分和 s_{2m} 改写为

$$s_{2m}=u_1-(u_2-u_3)-(u_4-u_5)-\cdots-u_{2m},$$

由条件(1)可知, $s_{2m}\leqslant u_1$, 即部分和数列有界.

于是

$$\lim_{m\to\infty}s_{2m}=s.$$

当 n 为奇数时,可把部分和写为

$$s_n=s_{2m+1}=s_{2m}+u_{2m+1},$$

再由条件(2)可得

$$\lim_{n\to\infty}s_n=\lim_{m\to\infty}s_{2m+1}=\lim_{m\to\infty}(s_{2m}+u_{2m+1})=s.$$

这就说明,不管 n 为奇数还是偶数,都有

$$\lim_{n\to\infty}s_n=s.$$

故交错级数 $\sum\limits_{n=1}^{\infty}(-1)^{n-1}u_n$ 收敛.

由于 $s_{2m}\leqslant u_1$, 而 $\lim\limits_{m\to\infty}s_{2m}=s$, 因此根据极限的保号性可知,有 $s\leqslant u_1$.

我们把满足定理 8.3.1 的条件(1)和(2)的交错级数称为**莱布尼茨型级数**.

例 8.3.1 判定级数 $\sum\limits_{n=1}^{\infty}(-1)^{n-1}\frac{1}{n}$ 的敛散性.

解 这是一个交错级数,

$$u_n=\frac{1}{n}\text{ 且 }u_n=\frac{1}{n}>u_{n+1}=\frac{1}{n+1},\lim_{n\to\infty}u_n=\lim_{n\to\infty}\frac{1}{n}=0.$$

由莱布尼茨判别法知 $\sum\limits_{n=1}^{\infty}(-1)^{n-1}\frac{1}{n}$ 收敛.

例 8.3.2 试判定交错级数 $\sum\limits_{n=1}^{\infty}(-1)^{n-1}\frac{n}{2^n}$ 的敛散性.

解 因为 $u_n=\frac{n}{2^n}$, $u_{n+1}=\frac{n+1}{2^{n+1}}$, 而

$$u_n - u_{n+1} = \frac{n}{2^n} - \frac{n+1}{2^{n+1}} = \frac{n-1}{2^{n+1}} \geqslant 0\ (n = 1,2,3,\cdots),$$

即

$$u_n \geqslant u_{n+1}(n = 1,2,3,\cdots),$$

又

$$\lim_{n\to\infty} u_n = \lim_{n\to\infty} \frac{n}{2^n} = 0,$$

所以由交错级数审敛法可知，$\sum_{n=1}^{\infty}(-1)^{n-1}\frac{n}{2^n}$ 收敛.

例 8.3.3 试判断交错级数 $\sum_{n=1}^{\infty}(-1)^{n-1}\frac{\ln n}{n}$ 的敛散性.

解　令 $f(x) = \frac{\ln x}{x}\ (x > 3)$，因为 $f'(x) = \frac{1-\ln x}{x^2} < 0(x > 3)$，所以当 $x > 3$ 时，函数 $f(x) = \frac{\ln x}{x}$ 单调减小，也有当 $n > 3$ 时，数列 $\left\{\frac{\ln n}{n}\right\}$ 是递减数列，又由洛比达法则有

$$\lim_{n\to\infty}\frac{\ln n}{n} = \lim_{x\to\infty}\frac{\ln x}{x} = \lim_{x\to\infty}\frac{1}{x} = 0$$

故由莱布尼茨定理知级数 $\sum_{n=1}^{\infty}(-1)^{n-1}\frac{\ln n}{n}$ 收敛.

8.3.2　任意项级数及其敛散性判别法

现在我们讨论任意项的数项级数

$$\sum_{n=1}^{\infty} u_n = u_1 + u_2 + \cdots + u_n + \cdots,$$

其中 u_n 可以是正数、负数或零. 对于任意项级数. 首先我们引入绝对收敛和条件收敛的概念.

定义 8.3.2　对于级数 $\sum_{n=1}^{\infty} u_n$，若 $\sum_{n=1}^{\infty} |u_n|$ 收敛，则称级数 $\sum_{n=1}^{\infty} u_n$ **绝对收敛**；如果 $\sum_{n=1}^{\infty} |u_n|$ 发散，但 $\sum_{n=1}^{\infty} u_n$ 本身收敛，则称级数 $\sum_{n=1}^{\infty} u_n$ **条件收敛**.

条件收敛的级数是存在的，例如级数 $\sum_{n=1}^{\infty}(-1)^{n-1}\frac{1}{n}$ 就是条件收敛的.

绝对收敛与收敛之间有着下面的重要关系：

定理 8.3.2 若 $\sum_{n=1}^{\infty}|u_n|$ 收敛，则 $\sum_{n=1}^{\infty}u_n$ 收敛.

证 因为

$$u_n \leqslant |u_n|,$$

所以

$$0 \leqslant |u_n| + u_n \leqslant 2|u_n|.$$

已知 $\sum_{n=1}^{\infty}|u_n|$ 收敛，由正项级数的比较判别法知，$\sum_{n=1}^{\infty}(|u_n|+u_n)$ 收敛，从而 $\sum_{n=1}^{\infty}u_n=\sum_{n=1}^{\infty}((|u_n|+u_n)-|u_n|)$ 收敛.

由定义可见，判别一个级数 $\sum_{n=1}^{\infty}u_n$ 是否绝对收敛，实际上就是判别一个正项级数 $\sum_{n=1}^{\infty}|u_n|$ 的收敛性. 但要注意，当 $\sum_{n=1}^{\infty}|u_n|$ 发散时，我们只能判定 $\sum_{n=1}^{\infty}u_n$ 非绝对收敛，而不能判定 $\sum_{n=1}^{\infty}u_n$ 本身也是发散的. 例如 $\sum_{n=1}^{\infty}\left|(-1)^{n-1}\frac{1}{n}\right|=\sum_{n=1}^{\infty}\frac{1}{n}$ 虽然发散，但 $\sum_{n=1}^{\infty}(-1)^{n-1}\frac{1}{n}$ 却是收敛的.

特别值得注意的是，当我们运用达朗贝尔比值判别法或柯西根值判别法来判别正项级数 $\sum_{n=1}^{\infty}|u_n|$ 是发散时，可以断言，$\sum_{n=1}^{\infty}u_n$ 也一定发散. 这是因为此时有 $\lim_{n\to\infty}|u_n|\neq 0$，从而有 $\lim_{n\to\infty}u_n\neq 0$.

例 8.3.4 判别级数 $\sum_{n=1}^{\infty}\frac{(-1)^{n-1}}{n^p}$ 的收敛性.

解 由 $\sum_{n=1}^{\infty}\left|\frac{(-1)^{n-1}}{n^p}\right|=\sum_{n=1}^{\infty}\frac{1}{n^p}$，易见当 $p>1$，题设级数绝对收敛；当 $0<p\leqslant 1$ 时，由莱布尼茨定理知，级数 $\sum_{n=1}^{\infty}\frac{(-1)^{n-1}}{n^p}$ 收敛，但级数 $\sum_{n=1}^{\infty}\frac{1}{n^p}$ 发散，故此时题设级数条件收敛.

例 8.3.5 判别级数 $\sum_{n=1}^{\infty}\frac{\sin n}{n^2}$ 的敛散性.

解 因为 $\left|\frac{\sin n}{n^2}\right|\leqslant\frac{1}{n^2}$，而级数 $\sum_{n=1}^{\infty}\frac{1}{n^2}$ 收敛，所以级数 $\sum_{n=1}^{\infty}\left|\frac{\sin n}{n^2}\right|$ 收敛，

从而级数 $\sum_{n=1}^{\infty}\frac{\sin n}{n^2}$ 绝对收敛.

例 8.3.6 判别级数 $\sum_{n=1}^{\infty}(-1)^n\frac{3^n n!}{n^n}$ 的敛散性.

解 因为

$$\lim_{n\to 0}\left|\frac{u_{n+1}}{u_n}\right|=\lim_{n\to 0}\frac{3^{n+1}(n+1)!}{(n+1)^{n+1}}\cdot\frac{n^n}{3^n n!}$$

$$=3\lim_{n\to 0}\left(\frac{n}{n+1}\right)^n=3\lim_{n\to 0}\frac{1}{\left(1+\frac{1}{n}\right)^n}=\frac{1}{e}>1,$$

由比值判别法知，$\sum_{n=1}^{\infty}\left|(-1)^n\frac{3^n n!}{n^n}\right|$ 发散，所以级数 $\sum_{n=1}^{\infty}(-1)^n\frac{3^n n!}{n^n}$ 发散.

习题 8.3

判定下列级数是否收敛，如果是收敛级数，指出其是绝对收敛还是条件收敛：

(1) $\sum_{n=1}^{\infty}(-1)^{n-1}\frac{1}{\sqrt{n}}$；　(2) $\sum_{n=1}^{\infty}\frac{(-1)^n n}{3^{n-1}}$；

(3) $\sum_{n=1}^{\infty}\frac{\sin na}{(n+1)^2}$；　(4) $\sum_{n=1}^{\infty}(-1)^n\frac{1}{\ln n}$；

(5) $\sum_{n=1}^{\infty}\left(\frac{1}{2^n}-\frac{1}{10^{2n-1}}\right)$；　(6) $\sum_{n=1}^{\infty}\frac{(-1)^n}{n+x}$；

(7) $\sum_{n=1}^{\infty}(-1)^{\frac{n(n+1)}{2}}\sin\frac{\pi}{n^2+n}$；　(8) $\sum_{n=1}^{\infty}\frac{\sin nx}{n^2}(0<x<\pi)$.

§8.4　幂级数

8.4.1　函数项级数的概念

在本章 8.1 节，我们曾讨论过等比级数 $\sum_{n=1}^{\infty}aq^{n-1}(a\neq 0)$ 的敛散性，并且得出当 $|q|<1$ 时该级数收敛的结论. 这里实际上是将 q 看成是可以在区间

(−1,1)内取值的变量.若令 $a=1$,且用自变量 x 记公比,即可得到级数

$$\sum_{n=0}^{\infty} x^n = 1 + x + \cdots,$$

它的每一项都是以 x 为自变量的函数.

一般地,由定义在同一区间内的函数序列构成的无穷级数

$$\sum_{n=1}^{\infty} u_n(x) = u_1(x) + \cdots + u_n(x) + \cdots, \tag{8.4.1}$$

就称为**函数项级数**.

在函数项级数(8.4.1)中,若令 x 取定义区间中某一确定值 x_0,则得到一个数项级数

$$\sum_{n=1}^{\infty} u_n(x_0) = u_1(x_0) + \cdots + u_n(x_0) + \cdots. \tag{8.4.2}$$

若数项级数(8.4.2)收敛,则称点 x_0 为函数项级数(8.4.2)的一个**收敛点**.反之,若数项级数(8.4.2)发散,则称点 x_0 为函数项级数(8.4.1)的发散点.收敛点的全体构成的集合,称为函数项级数的**收敛域**.

若 x_0 是收敛域内的一个值,则必有一个和 $s(x_0)$ 与之对应,即

$$s(x_0) = \sum_{n=1}^{\infty} u_n(x_0) = u_1(x_0) + \cdots + u_n(x_0) + \cdots$$

当 x_0 在收敛域内变动时,由对应关系,就得到一个定义在收敛域上的函数 $s(x)$,使得

$$s(x) = \sum_{n=1}^{\infty} u_n(x) = u_1(x) + \cdots + u_n(x) + \cdots.$$

这个函数 $s(x)$ 就称为函数项级数的和函数.

如果我们仿照数项级数的情形,将函数项级数(8.4.1)的前 n 项和记为 $s_n(x)$,且称之为**部分和函数**,即

$$s_n(x) = \sum_{k=1}^{n} u_k(x) = u_1(x) + \cdots + u_n(x),$$

那么,在函数项级数的收敛域内有

$$\lim_{n\to\infty} s_n(x) = s(x).$$

若以 $r_n(x)$ 记余项,

$$r_n(x) = s(x) - s_n(x),$$

则在收敛域内,有

$$\lim_{n\to\infty} r_n(x) = 0.$$

 **8.4.1** 试求函数项级数 $\sum_{n=0}^{\infty} x^n$ 的收敛域.

解　因为

$$s_n(x) = 1 + \cdots + x^{n-1} = \frac{1-x^n}{1-x},$$

所以,当 $|x| < 1$ 时,

$$\lim_{n\to\infty} s_n(x) = \lim_{n\to\infty} \frac{1-x^n}{1-x} = \frac{1}{1-x}.$$

级数在区间$(-1,1)$内收敛.易知,当 $|x| \geqslant 1$ 时,级数发散.故级数的收敛域为$(-1,1)$.

在函数项级数中,比较常用的是幂级数与三角级数.这里,我们只讨论幂级数.

8.4.2　幂级数及其收敛性

定义 8.4.1　具有下列形式的函数项级数

$$\sum_{n=0}^{\infty} a_n (x-x_0)^n = a_0 + a_1(x-x_0) + \cdots + a_n (x-x_0)^n + \cdots$$

称为在 $x=x_0$ 处的幂级数或 $x-x_0$ 的幂级数,其中 $a_0, a_1, \cdots, a_n, \cdots$ 称为幂级数的系数.

特别地,若 $x_0 = 0$,则称

$$\sum_{n=0}^{\infty} a_n x^n = a_0 + a_1 x + \cdots + a_n x^n + \cdots$$

为 $x=0$ 处的幂级数或 x 的幂级数.我们主要讨论这种形式的幂级数,因为令 $t = x - x_0$,则

$$\sum_{n=0}^{\infty} a_n (x-x_0)^n = \sum_{n=0}^{\infty} a_n t^n.$$

显然,幂级数是一种简单的函数项级数,且 $x=0$ 时,级数 $\sum_{n=0}^{\infty} a_n x^n$ 收敛于 a_0.这说明幂级数的收敛域总是非空的.几何级数 $\sum_{n=0}^{\infty} x^n$ 的收敛域为

$(-1,1)$. 这个例子表明，几何级数的收敛域是一个空间. 事实上，这个结论对于一般的幂级数也是成立的. 为了求幂级数的收敛域，我们给出如下定理：

定理 8.4.1[阿贝尔(Abel)定理]

(1)若幂级数 $\sum_{n=0}^{\infty} a_n x^n$ 在点 $x = x_0 (x_0 \neq 0)$ 处收敛，则对于满足 $|x| < |x_0|$ 的一切 x，$\sum_{n=0}^{\infty} a_n x^n$ 均绝对收敛.

(2)若幂级数 $\sum_{n=0}^{\infty} a_n x^n$ 在点 $x = x_0 (x_0 \neq 0)$ 处发散，则对于满足 $|x| > |x_0|$ 的一切 x，$\sum_{n=0}^{\infty} a_n x^n$ 均发散.

证 (1) 设 $\sum_{n=0}^{\infty} a_n x_0{}^n$ 收敛，由级数收敛的必要条件知，$\lim_{n\to\infty} a_n x_0{}^n = 0$，故存在常数 $M > 0$，使得

$$|a_n x_0{}^n| \leqslant M, n = 1,2,\cdots,$$

于是

$$|a_n x^n| = \left| a_n x_0{}^n \cdot \frac{x^n}{x_0{}^n} \right| \leqslant M \left| \frac{x}{x_0} \right|^n,$$

当 $|x| < |x_0|$ 时，$\left|\frac{x}{x_0}\right| < 1$，故级数 $\sum_{n=1}^{\infty} M \left|\frac{x}{x_0}\right|^n$ 收敛. 由正项级数的比较判别法知，幂级数 $\sum_{n=0}^{\infty} a_n x^n$ 绝对收敛.

(2)设 $\sum_{n=0}^{\infty} a_n x_0{}^n$ 发散，运用反证法可以证明，对所有满足 $|x| > |x_0|$ 的 x，$\sum_{n=0}^{\infty} a_n x^n$ 均发散. 事实上，若存在 y，满足 $|y| > |x_0|$，但 $\sum_{n=0}^{\infty} a_n y^n$ 收敛，则由(1)的证明可知，$\sum_{n=0}^{\infty} a_n x_0{}^n$ 绝对收敛，这与已知矛盾. 于是定理得证.

阿贝尔定理告诉我们：若 $x_0 \neq 0$ 是 $\sum_{n=0}^{\infty} a_n x^n$ 的收敛点，则该幂级数在 $(-|x_0|, |x_0|)$ 内收敛；若 x_0 是 $\sum_{n=0}^{\infty} a_n x^n$ 的发散点，则该幂级数在 $(-\infty, -|x_0|)$

$\cup(|x_0|,+\infty)$ 内发散. 由此可知，对幂级数 $\sum_{n=0}^{\infty}a_nx^n$ 而言，存在关于原点对称的两个点 $x=\pm R(R>0)$，它们将幂级数的收敛点与发散点分隔开来，在 $(-R,R)$ 内的点都是收敛点，而在 $(-R,R)$ 以外的点均为发散点，在分界点 $x=\pm R$ 处，幂级数可能收敛，也可能发散，我们称具有这种性质的正数 R 为幂级数 $\sum_{n=0}^{\infty}a_nx^n$ 的**收敛半径**，由幂级数在 $x=\pm R$ 处的收敛性就可以确定它在区间 $(-R,R)$，$[-R,R)$，$(-R,R]$，$[-R,R]$ 之一上收敛，该区间为幂级数 $\sum_{n=0}^{\infty}a_nx^n$ 的**收敛区间.**

特别地，当幂级数 $\sum_{n=0}^{\infty}a_nx^n$ 仅在 $x=0$ 处收敛时，规定其收敛半径为 $R=0$；当 $\sum_{n=0}^{\infty}a_nx^n$ 在整个数轴上都收敛时，规定其收敛半径为 $R=+\infty$，此时的收敛区间为 $(-\infty,+\infty)$.

定理 8.4.2　设 R 是幂级数 $\sum_{n=0}^{\infty}a_nx^n$ 的收敛半径，而 $\sum_{n=0}^{\infty}a_nx^n$ 的系数满足

$$\lim_{n\to\infty}\left|\frac{a_{n+1}}{a_n}\right|=\rho,$$

则 (1)当 $0<\rho<+\infty$ 时，$R=\frac{1}{\rho}$；

(2) 当 $\rho=0$ 时，$R=+\infty$；

(3)当 $\rho=+\infty$ 时，$R=0$.

证　因为对于正项级数 $\sum_{n=0}^{\infty}|a_nx^n|$ 有

$$\lim_{n\to\infty}\left|\frac{a_{n+1}x^{n+1}}{a_nx^n}\right|=\lim_{n\to\infty}\left|\frac{a_{n+1}}{a_n}\right|\cdot|x|=\rho|x|,$$

所以

(1)若 $0<\rho<+\infty$，由达朗贝尔比值判别法知，当 $\rho|x|<1$，即 $|x|<\frac{1}{\rho}$ 时，$\sum_{n=0}^{\infty}|a_nx^n|$ 收敛，即 $\sum_{n=0}^{\infty}a_nx^n$ 绝对收敛，当 $|x|>\frac{1}{\rho}$ 时，$\sum_{n=0}^{\infty}a_nx^n$ 发散，

故幂级数 $\sum\limits_{n=0}^{\infty}a_nx^n$ 的收敛半径为 $R=\dfrac{1}{\rho}$.

(2)若 $\rho=0$，则 $\rho|x|<1$，则对任意 $x\in(-\infty,+\infty)$，$\sum\limits_{n=0}^{\infty}a_nx^n$ 收敛，从而绝对收敛，即 $\sum\limits_{n=0}^{\infty}|a_nx^n|$ 收敛，亦即幂级数 $\sum\limits_{n=0}^{\infty}a_nx^n$ 的收敛半径 $R=+\infty$.

(3)若 $\rho=+\infty$，则对任意 $x\neq0$，当 n 充分大时，必有 $\left|\dfrac{a_{n+1}x^{n+1}}{a_nx^n}\right|>1$，从而由达朗贝尔判别法知，$\sum\limits_{n=0}^{\infty}a_nx^n$ 发散，故幂级数仅在 $x=0$ 处收敛，其收敛半径为 $R=0$.

例 8.4.2 求幂级数 $\sum\limits_{n=1}^{\infty}\dfrac{(-x)^n}{3^{n-1}\sqrt{n}}$ 的收敛半径和收敛域.

解 因为

$$\rho=\lim_{n\to\infty}\left|\frac{a_{n+1}}{a_n}\right|=\lim_{n\to\infty}\frac{3^{n-1}\sqrt{n}}{3^n\sqrt{n+1}}=\frac{1}{3},$$

故收敛半径 $R=3$.

当 $x=-3$ 时，原级数为 $\sum\limits_{n=1}^{\infty}\dfrac{3}{\sqrt{n}}$，由 p- 级数的收敛性知，此时原级数发散.

当 $x=3$ 时，原级数为 $\sum\limits_{n=1}^{\infty}\dfrac{(-1)^n\cdot3}{\sqrt{n}}$，这是一个莱布尼茨型级数，故此时原级数收敛.

综上所述，原级数的收敛半径为 $R=3$，收敛域为 $(-3,3]$.

例 8.4.3 求幂级数 $\sum\limits_{n=0}^{\infty}\dfrac{x^n}{n!}$ 的收敛半径和收敛域.

解 因为

$$\rho=\lim_{n\to\infty}\left|\frac{a_{n+1}}{a_n}\right|=\lim_{n\to\infty}\frac{\frac{1}{(n+1)!}}{\frac{1}{n!}}=\lim_{n\to\infty}\frac{1}{n+1}=0,$$

所以收敛半径为 $R=+\infty$，收敛域为 $(-\infty,+\infty)$.

例 8.4.4 求幂级数 $\sum\limits_{n=0}^{\infty}\dfrac{1}{4^n}(x-1)^{2n}$ 的收敛半径及收敛区间.

解 此级数为 $(x-1)$ 的幂级数，且缺少 $(x-1)$ 的奇次幂的项，不能直接运用定理 8.4.2 来求它的收敛半径，但可以运用达朗贝尔比值判别法来求它的收敛半径.

令 $u_n=\frac{1}{4^n}(x-1)^{2n}$，则

$$\lim_{n\to\infty}\left|\frac{u_{n+1}}{u_n}\right|=\lim_{n\to\infty}\left|\frac{4^n(x-1)^{2n+2}}{4^{n+1}(x-1)^{2n}}\right|=\frac{1}{4}(x-1)^2.$$

于是，当 $\frac{1}{4}(x-1)^2<1$，即 $|x-1|<2$ 时，原级数绝对收敛；

当 $\frac{1}{4}(x-1)^2>1$，即 $|x-1|>2$ 时，原级数发散. 故原级数收敛半径为 $R=2$.

当 $|x-1|=2$ 时，即 $x=-1$ 或 $x=3$ 时，原级数为 $\sum_{n=0}^{\infty}1$，它是发散的.

综上所述，原级数的收敛半径为 $R=2$，收敛区间为 $(-1,3)$.

定理 8.4.3 设 R 是幂级数 $\sum_{n=0}^{\infty}a_nx^n$ 的收敛半径，若 $\sum_{n=0}^{\infty}a_nx^n$ 的系数满足

$$\lim_{n\to\infty}\sqrt[n]{|a_n|}=\rho=\rho,$$

则 (1)当 $0<\rho<+\infty$ 时，$R=\frac{1}{\rho}$；

(2)当 $\rho=0$ 时，$R=+\infty$；

(3)当 $\rho=+\infty$ 时，$R=0$.

利用正项级数的柯西根值判别法，仿照定理 8.4.2 的证明过程可证明定理 8.4.3. 具体证明过程请读者自己完成.

8.4.3 幂级数的运算

设幂级数 $\sum_{n=0}^{\infty}a_nx^n$ 与 $\sum_{n=0}^{\infty}b_nx^n$ 的收敛半径分别为 R_1 与 R_2，它们的和函数分别为 $s_1(x)$ 与 $s_2(x)$，在两个幂级数收敛的公共区间内可进行如下运算：

(1)加法运算.

$$\sum_{n=0}^{\infty}a_nx^n\pm\sum_{n=0}^{\infty}b_nx^n=\sum_{n=0}^{\infty}(a_n\pm b_n)x^n=s_1(x)+s_2(x),$$

$x \in (-R,R)$，其中 $R=\min\{R_1,R_2\}$.

(2)乘法运算.

$$\sum_{n=0}^{\infty} a_n x^n \sum_{n=0}^{\infty} b_n x^n = \sum_{n=0}^{\infty} c_n x^n = s_1(x) s_2(x),$$

$x \in (-R,R)$，其中 $R=\min\{R_1,R_2\}$，

$$c_n = c_n = \sum_{k=0}^{\infty} a_k b_{n-k}.$$

例 8.4.5 求幂级数 $\sum_{n=1}^{\infty}\left[\frac{(-1)^n}{n}+\frac{1}{4^n}\right]x^n$ 的收敛域.

解 先求幂级数 $\sum_{n=1}^{\infty}\frac{(-1)^n x^n}{n}$ 的收敛域. 因为

$$\rho=\lim_{n\to\infty}\left|\frac{a_{n+1}}{a_n}\right|=\lim_{n\to\infty}\frac{\frac{1}{n+1}}{\frac{1}{n}}=1,$$

所以级数的收敛半径为 $R=1$，又因为

当 $x=-1$ 时，原级数为 $\sum_{n=1}^{\infty}\frac{1}{n}$，此时原级数发散.

当 $x=1$ 时，原级数为 $\sum_{n=1}^{\infty}(-1)^n\frac{1}{n}$，根据莱布尼茨定理知，此时原级数收敛.

所以幂级数 $\sum_{n=1}^{\infty}\frac{(-1)^n x^n}{n}$ 的收敛域为 $(-1,1]$.

再求幂级数 $\sum_{n=1}^{\infty}\frac{x^n}{4^n}$ 的收敛域. 因为

$$\rho=\lim_{n\to\infty}\left|\frac{a_{n+1}}{a_n}\right|=\lim_{n\to\infty}\frac{\frac{1}{4^{n+1}}}{\frac{1}{4^n}}=\frac{1}{4},$$

所以级数的收敛半径为 $R=4$，又易知当 $x=\pm 4$ 时，级数 $\sum_{n=1}^{\infty}\frac{x^n}{4^n}$ 发散. 故幂级数 $\sum_{n=1}^{\infty}\frac{x^n}{4^n}$ 的收敛域为 $(-4,4)$.

根据幂级数的加法运算知，题设幂级数的收敛域为 $(-1,1]$.

我们知道,幂级数的和函数是在其收敛域内定义的一个函数,关于这类函数的连续性、可积性及可导性,我们有下面的定理.

定理 8.4.4　设幂级数 $\sum\limits_{n=0}^{\infty} a_n x^n$ 的收敛半径为 R,则

(1) 幂级数的和函数 $s(x)$ 在其收敛域上连续;

(2) 幂级数的和函数为 $s(x)$ 在其收敛域上可积,且逐项可积

$$\int_0^x s(x)\mathrm{d}x = \int_0^x \sum_{n=0}^{\infty} a_n x^n \mathrm{d}x = \sum_{n=1}^{\infty} \int_0^x a_n x^n \mathrm{d}x,$$

所得幂级数的收敛半径仍为 R,但在收敛区间端点处的收敛性可能改变.

(3)幂级数的和函数 $s(x)$ 在其收敛区间 $(-R,R)$ 内可导,且逐项可导

$$s'(x) = (\sum_{n=0}^{\infty} a_n x^n)' = \sum_{n=0}^{\infty} (a_n x^n)' = \sum_{n=0}^{\infty} n a_n x^{n-1},$$

所得幂级数的收敛半径仍为 R,但在收敛区间端点处的收敛性可能改变.

此定理的证明从略.

 **8.4.6**　求幂级数 $\sum\limits_{n=0}^{\infty} (-1)^{n-1} \dfrac{x^n}{n}$ 的和函数.

解　易求得所给幂级数的收敛域为 $(-1,1]$. 设其和函数为 $s(x)$,则有

$$s(x) = x - \frac{x^2}{2} + \frac{x^3}{3} - \frac{x^4}{4} + \cdots + (-1)^{n-1}\frac{x^n}{n} + \cdots$$

显然,$s(0) = 0$,且

$$s'(x) = 1 - x + x^2 - x^3 + \cdots + (-1)^{n-1}x^{n-1} + \cdots = \frac{1}{1+x}, x \in (-1,1),$$

由积分公式 $\int_0^x s'(x)\mathrm{d}x = s(x) - s(0)$,得

$$s(x) = s(0) + \int_0^x s'(x)\mathrm{d}x = \int_0^x \frac{1}{1+x}\mathrm{d}x = \ln(1+x),$$

因题设级数在 $x = 1$ 时收敛,所以

$$\sum_{n=0}^{\infty} (-1)^{n-1} \frac{x^n}{n} = \ln(1+x), x \in (-1,1],$$

例 8.4.7 求幂级数 $\sum_{n=0}^{\infty}(n+1)x^n$ 的和函数.

解 易求得所给幂级数的收敛域为 $(-1,1)$. 设其和函数为 $s(x)$，则有

$$s(x)=1+2x+3x^2+\cdots+nx^{n-1}+\cdots,$$

显然

$$\int_0^x s(x)\mathrm{d}x=x+x^2+\cdots+x^n+\cdots=\frac{x}{1-x},x\in(-1,1),$$

所以

$$s(x)=(\int_0^x s(x)\mathrm{d}x)'=\left(\frac{x}{1-x}\right)'=\frac{1}{(1-x)^2},x\in(-1,1),$$

习题 8.4

1. 求下列幂级数的收敛域：

(1) $\sum_{n=0}^{\infty}(-1)^{n-1}\frac{x^n}{n^2}$；　(2) $\sum_{n=0}^{\infty}\frac{x^n}{n\cdot 3^n}$；　(3) $\sum_{n=0}^{\infty}\frac{x^n}{2^n\cdot n^2}$；

(4) $\sum_{n=0}^{\infty}(-1)^n\frac{x^{2n+1}}{2n+1}$.　(5) $\sum_{n=0}^{\infty}\frac{(x+2)^n}{2^n\cdot n}$；　(6) $\sum_{n=0}^{\infty}\frac{2^n}{n}(x-1)^n$.

2. 求下列幂级数的和函数：

(1) $\sum_{n=0}^{\infty}nx^{n-1}$；　(2) $\sum_{n=1}^{\infty}\frac{1}{n(n+1)}x^n$；　(3) $\sum_{n=0}^{\infty}\frac{x^{2n-1}}{2n-1}$.

3. 求幂级数 $\sum_{n=0}^{\infty}\frac{x^{2n+1}}{n!}$ 的和函数，并求数项级数 $\sum_{n=0}^{\infty}\frac{2n+1}{n!}$ 的和.

§8.5 函数的幂级数展开

在上一节中，我们讨论了幂级数的收敛性，在其收敛域内，幂级数总是收敛于一个和函数. 对于一些简单的幂级数，还可以借助逐项求导或求积分的方法，求出这个和函数. 本节将要讨论另外一个问题，对于任意一个函数 $f(x)$，能否将其展开成一个幂级数，以及展开成的幂级数是否以 $f(x)$ 为和函数？下面将解决这一问题.

8.5.1　马克劳林(Maclaurin)公式

幂级数实际上可以视为多项式的延伸,因此在考虑函数 $f(x)$ 能否展开成幂级数时,可以从函数 $f(x)$ 与多项式的关系入手来解决这个问题. 为此,这里不加证明地给出如下的公式.

泰勒 Taylor 公式　如果函数 $f(x)$ 在 $x=x_0$ 的某一邻域内,有直到 $n+1$ 阶的导数,则在这个邻域内有如下泰勒公式:

$$f(x)=f(x_0)+f'(x_0)(x-x_0)+\frac{f''(x_0)}{2!}(x-x_0)^2+\cdots+\frac{f^{(n)}(x_0)}{n!}(x-x_0)^n+r_n(x),$$

其中

$$r_n(x)=\frac{f^{(n+1)}(\xi)}{(n+1)!}(x-x_0)^{n+1},\xi 在 x_0 与 x 之间.$$

称 $r_n(x)$ 为**拉格朗日型余项**.

如果令 $x_0=0$,就得到

$$f(x)=f(0)+f'(0)x+\frac{f''(0)}{2!}x^2+\cdots+\frac{f^{(n)}(0)}{n!}x^n+r_n(x),\tag{8.5.1}$$

此时,

$$r_n(x)=\frac{f^{(n+1)}(\xi)}{(n+1)!}x^{n+1}=\frac{f^{(n+1)}(\theta x)}{(n+1)!}x^{n+1},0<\theta<1.$$

称式(8.5.1)为**马克劳林公式**.

公式说明,任一函数 $f(x)$ 只要有直到 $n+1$ 阶导数,就可等于某个 n 次多项式与一个余项的和.

我们称下列幂级数

$$f(0)+f'(0)x+\frac{f''(0)}{2!}x^2+\cdots+\frac{f^{(n)}(0)}{n!}x^n+\cdots\tag{8.5.2}$$

为**马克劳林级数**. 那么,它是否以 $f(x)$ 为和函数呢? 若令马克劳林级数的前 $n+1$ 项和为 $s_{n+1}(x)$,即

$$s_{n+1}(x)=f(0)+f'(0)x+\frac{f''(0)}{2!}x^2+\cdots+\frac{f^{(n)}(0)}{n!}x^n,$$

那么,级数(8.5.2)收敛于函数 $f(x)$ 的条件为

$$\lim_{n\to\infty} s_{n+1}(x) = f(x).$$

注意到马克劳林公式(8.5.1)与马克劳林级数(8.5.2)的关系,可知

$$f(x) = s_{n+1}(x) + r_n(x).$$

于是,当

$$\lim_{n\to\infty} r_n(x) = 0$$

时,有

$$\lim_{n\to\infty} s_{n+1}(x) = f(x).$$

反之亦然. 即若

$$\lim_{n\to\infty} s_{n+1}(x) = f(x),$$

则必有

$$\lim_{n\to\infty} r_n(x) = 0.$$

这表明,马克劳林级数(8.5.2)以 $f(x)$ 为和函数$\Leftrightarrow$马克劳林公式(8.5.1)中的余项 $r_n(x)\to 0$(当 $n\to\infty$ 时).

这样,我们就得到了函数 $f(x)$ 的幂级数展开式:

$$f(x) = \sum_{n=0}^{\infty} \frac{f^{(n)}(0)}{n!}x^n = f(0) + f'(0)x + \frac{f''(0)}{2!}x^2 + \cdots + \frac{f^{(n)}(0)}{n!}x^n + \cdots \tag{8.5.3}$$

它就是函数 $f(x)$ 的幂级数表达式,也就是说,函数的幂级数展开式是唯一的. 事实上,假设函数 $f(x)$ 可以表示为幂级数

$$f(x) = \sum_{n=0}^{\infty} a_n x^n = a_0 + a_1 x + \cdots + a_n x^n + \cdots, \tag{8.5.4}$$

那么,根据幂级数在收敛域内可逐项求导的性质,再令 $x=0$(幂级数显然在 $x=0$点收敛),就容易得到

$$a_0 = f(0), a_1 = f'(0), a_2 = \frac{f''(0)}{2!}, \cdots, a_n = \frac{f^{(n)}(0)}{n!}, \cdots.$$

将它们代入式(8.5.4),所得与 $f(x)$ 的马克劳林展开式(8.5.3)完全相同.

综上所述,如果函数 $f(x)$ 在包含零的某区间内有任意阶导数,且在此区间内的马克劳林公式中的余项以零为极限(当 $n\to\infty$ 时),那么,函数 $f(x)$ 就可展开成形如式(8.5.3)的幂级数.

幂级数：

$$f(x)=f(x_0)+f'(x_0)(x-x_0)+\frac{f''(x_0)}{2!}(x-x_0)^2+\cdots$$
$$+\frac{f^{(n)}(x_0)}{n!}(x-x_0)^n+\cdots$$

称为**泰勒级数**.

8.5.2　初等函数的幂级数展开式

利用马克劳林公式将函数 $f(x)$ 展开成幂级数的方法，称为**直接展开法**.

8.5.1　试将函数 $f(x)=e^x$ 展开成 x 的幂级数.

解　因为

$$f^{(n)}(x)=e^x, n=1,2,\cdots$$

所以

$$f(0)=f'(0)=\cdots=f^{(n)}(0)=\cdots=1,$$

于是我们得到幂级数

$$1+x+\frac{x^2}{2!}+\cdots+\frac{x^n}{n!}+\cdots, \tag{8.5.5}$$

显然，式(8.5.5)的收敛区间为 $(-\infty,+\infty)$，至于式(8.5.5)是否以 $f(x)=e^x$ 为和函数，即它是否收敛于 $f(x)=e^x$，还要考察余项 $r_n(x)$. 因为

$$r_n(x)=\frac{e^{\theta x}}{(n+1)!}x^{n+1}(0<\theta<1),$$

所以

$$|r_n(x)|=\frac{e^{\theta x}}{(n+1)!}|x|^{n+1}<\frac{e^{|x|}}{(n+1)!}|x|^{n+1}.$$

注意到对任一确定的 x 值，$e^{|x|}$ 是一个确定的常数，而级数(8.5.5)是绝对收敛的，因此其一般项当 $n\to\infty$ 时，$\frac{|x|^{n+1}}{(n+1)!}\to 0$，所以当 $n\to\infty$ 时，有

$$\frac{e^{|x|}}{(n+1)!}|x|^{n+1}\to 0,$$

由此可知

$$\lim_{n\to\infty}r_n(x)=0.$$

这表明级数(8.5.5)确实收敛于 $f(x)=\mathrm{e}^x$，因此有

$$\mathrm{e}^x=1+x+\frac{x^2}{2!}+\cdots+\frac{x^n}{n!}+\cdots, x\in(-\infty,+\infty).$$

这种运用马克劳林公式将函数展开成幂级数的方法，虽然程序明确，但是运算往往过于繁琐，因此人们普遍采用下面的比较简便的幂级数展开法.

在此之前，我们已经得到了函数 $\frac{1}{1-x}$，e^x 及 $\sin x$ 的幂级数展开式，运用这几个已知的展开式，通过幂级数的运算，可以求得许多函数的幂级数展开式. 这种求函数的幂级数展开式的方法称为**间接展开法**.

例 8.5.2 将函数 $f(x)=\ln(1+x)$ 展开成 x 的幂级数.

解 注意到

$$\ln(1+x)=\int_0^x\frac{1}{1+x}\mathrm{d}x,$$

而

$$\frac{1}{1+x}=\frac{1}{1-(-x)}=1-x+x^2-x^3+\cdots, -1<x<1,$$

将上式两边同时积分，得

$$\ln(1+x)=x-\frac{x^2}{2}-\frac{x^3}{3}+\cdots=\sum_{n=0}^{\infty}(-1)^n\frac{1}{n+1}x^{n+1}$$

$$=\sum_{n=1}^{\infty}(-1)^{n-1}\frac{1}{n}x^n, -1<x<1.$$

因为幂级数逐项积分后收敛半径 R 不变，所以上式右边级数的收敛半径仍为 $R=1$；而当 $x=-1$ 时，该级数发散；当 $x=1$ 时，该级数收敛. 故收敛域为 $(-1,1]$.

例 8.5.3 试把函数 $f(x)=\arctan x$ 展开成 x 幂级数.

解 因为

$$\arctan x=\int_0^x\frac{1}{1+x^2}\mathrm{d}x,$$

而

$$\frac{1}{1+x^2}=\frac{1}{1+(-x)^2}=1-x^2+x^4+\cdots, -1<x<1.$$

将上式两边同时积分可得

$$\arctan x = x - \frac{x^3}{3} + \frac{x^5}{5} + \cdots = \sum_{n=0}^{\infty} (-1)^n \frac{x^{2n+1}}{(2n+1)} + \cdots, -1 < x < 1.$$

例 8.5.4 试将函数 $f(x) = \dfrac{1}{x^2 - 3x + 2}$ 展开成 x 的幂级数.

解　因为

$$\frac{1}{x^2 - 3x + 2} = \frac{1}{(1-x)(2-x)} = \frac{1}{1-x} - \frac{1}{2-x},$$

而

$$\frac{1}{2-x} = \frac{1}{2} \cdot \frac{1}{1 - \frac{x}{2}} = \frac{1}{2}\left[1 + \frac{x}{2} + \left(\frac{x}{2}\right)^2 + \cdots + \left(\frac{x}{2}\right)^n + \cdots\right], -2 < x < 2.$$

所以

$$\begin{aligned} \frac{1}{1-x} - \frac{1}{2-x} &= (1 + x + x^2 + \cdots) - \left(\frac{1}{2}\left[1 + \frac{x}{2} + \left(\frac{x}{2}\right)^2 + \cdots + \left(\frac{x}{2}\right)^n + \cdots\right]\right) \\ &= \sum_{n=0}^{\infty} x^n - \frac{1}{2}\sum_{n=0}^{\infty} \frac{1}{2^n}x^n = \sum_{n=0}^{\infty}\left(1 - \frac{1}{2^{n+1}}\right)x^n = \sum_{n=0}^{\infty} \frac{2^{n+1}-1}{2^{n+1}}x^n. \end{aligned}$$

根据幂级数和的运算法则,其收敛半径应取较小的一个,故 $R = 1$,因此所得级数的收敛区间为 $(-1,1)$.

最后,我们将几个常用的函数的幂级数展开式列在下面,以便于读者查用.

$$e^x = 1 + x + \frac{x^2}{2!} + \cdots + \frac{x^n}{n!} + \cdots, x \in (-\infty, +\infty);$$

$$\begin{aligned} \ln(1+x) &= x - \frac{x^2}{2} - \frac{x^3}{3} + \cdots = \sum_{n=0}^{\infty} (-1)^n \frac{1}{n+1}x^{n+1} \\ &= \sum_{n=1}^{\infty} (-1)^{n-1} \frac{1}{n}x^n, -1 < x \leqslant 1; \end{aligned}$$

$$\sin x = x - \frac{x^3}{3!} + \frac{x^5}{5!} + \cdots + (-1)^n \frac{x^{2n+1}}{(2n+1)!} + \cdots, x \in (-\infty, +\infty);$$

$$\cos x = 1 - \frac{x^2}{2!} + \frac{x^4}{4!} + \cdots + (-1)^n \frac{x^{2n}}{(2n)!} + \cdots, x \in (-\infty, +\infty);$$

$$\arctan x = x - \frac{x^3}{3} + \frac{x^5}{5} + \cdots = \sum_{n=0}^{\infty} (-1)^n \frac{x^{2n+1}}{(2n+1)} + \cdots, -1 < x < 1;$$

$$(1+x)^\alpha = 1 + \alpha x + \frac{\alpha(\alpha-1)}{2!}x^2 + \cdots + \frac{\alpha(\alpha-1)\cdots(\alpha-n+1)}{n!}x^n + \cdots,$$

$$-1 < x < 1.$$

最后一个式子称为二项展开式,其端点的收敛性与 α 有关,例如当 $\alpha>0$ 时,收敛区间为 $[-1,1]$;当 $-1<\alpha<0$ 时,收敛区间为 $(-1,1]$.

习题 8.5

1. 将下列函数展开成 x 的幂级数:

(1) $f(x)=\cos^2 x$; (2) $f(x)=a^x$; (3) $f(x)=e^{-x^2}$;

(4) $f(x)=\dfrac{x}{\sqrt{1+x^2}}$; (5) $f(x)=\cos\left(x-\dfrac{\pi}{4}\right)$.

2. 将函数 $f(x)=\dfrac{1}{1+x}$ 展开成 $x-3$ 的幂级数.

3. 将函数 $f(x)=\ln(3x-x^2)$ 在 $x=1$ 处展开成 x 的幂级数.

相关阅读

达朗贝尔

达朗贝尔(D'Alember Jean Le Rond, 1717~1783)是法国物理学家、数学家. 1717 年 11 月 17 日生于法国巴黎;1783 年 10 月 29 日卒于巴黎.

达朗贝尔是私生子,出生不久便被母亲遗弃在巴黎的圣. 让勒龙教堂的石阶上. 后被一宪兵发现,临时用该教堂的名字作为婴儿的教名. 姓氏达朗贝尔是他长大后自己取的.

达朗贝尔少年时被父亲送入一个教会学校,主要学习古典文学、修辞学和数学. 他对数学特别有兴趣,为后来成为著名数理科学家打下了基础. 达朗贝尔没有受过正规的大学教育,靠自学掌握了牛顿和当代著名数理科学家们的著作. 1739 年 7 月,他完成第一篇学术论文,以后两年内又向巴黎科学院提交了 5 篇学术报告,这些报告由 A. C. 克莱洛院士回复. 经过几次联系后,达朗贝尔于 1746 年提升为数学副院士;1754 年提升为终身院士.

达朗贝尔的研究工作和论文写作都快速闻名.

他进入科学院后,就以克莱洛作为竞争对手,克莱洛研究的每一个课题,达朗贝尔几乎都要研究,而且尽快发表. 多数情况下,达朗贝尔胜过克莱洛. 这种竞争一直到克莱洛去世(1765)为止.

达朗贝尔终生未婚，但长期与沙龙女主人J. *de*勒皮纳斯在一起. 他的生活与当时哲学家们一样，上午到下午工作，晚上去沙龙活动. 1765年，达朗贝尔因病离开养父母的家，住到勒皮纳斯小姐处. 在她精心照料下恢复了健康，以后就继续住在那里. 1776年，勒皮纳斯小姐去世，达朗贝尔非常悲痛；再加上工作的不顺利，他的晚年是在失望中度过的，达朗贝尔去世后被安葬在巴黎市郊墓地，由于他的反宗教表现，巴黎市政府拒绝为他举行葬礼.

达朗贝尔是多产科学家，他对力学、数学和天文学的大量课题进行了研究；论文和专著很多，还有大量学术通信. 仅1805年和1821年在巴黎出版的达朗贝尔《文集》就有23卷.

达朗贝尔作为数学家，同18世纪其他数学家一样认为求解物理问题是数学的目标. 正如他在《百科全书》序言中所说：科学处于从17世纪的数学时代到18世纪的力学时代的转变，力学应该是数学家的主要兴趣. 他对力学的发展作出了重大贡献，也是数学分析中一些重要分支的开拓者.

复习题8

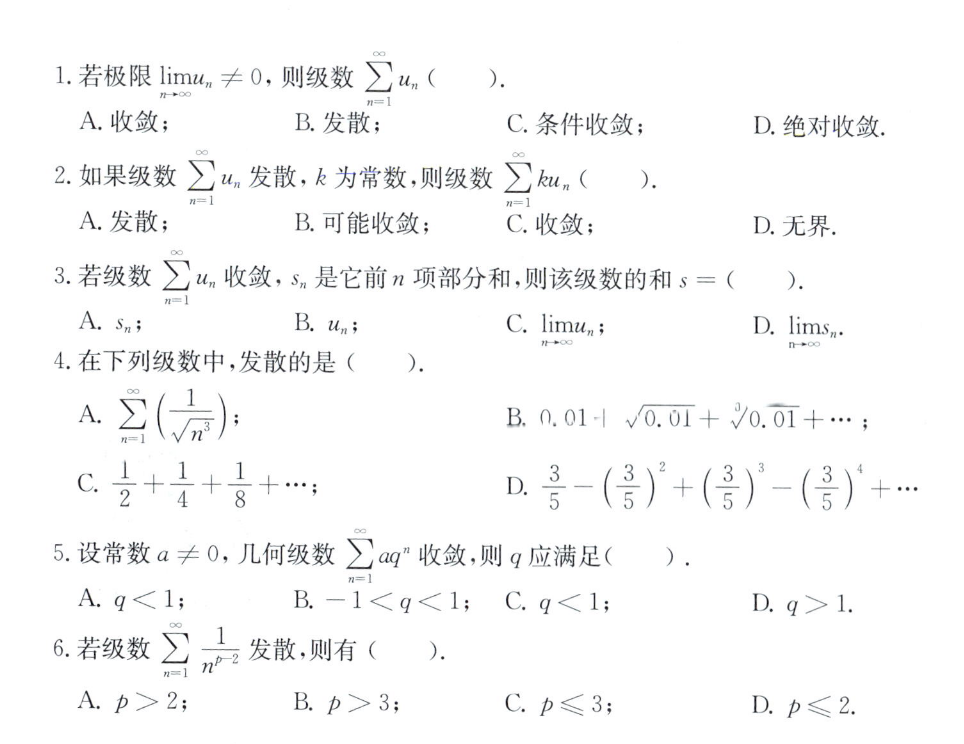

1. 若极限 $\lim\limits_{n\to\infty}u_n\neq 0$，则级数 $\sum\limits_{n=1}^{\infty}u_n$（　　）.

A. 收敛；　　B. 发散；　　C. 条件收敛；　　D. 绝对收敛.

2. 如果级数 $\sum\limits_{n=1}^{\infty}u_n$ 发散，k 为常数，则级数 $\sum\limits_{n=1}^{\infty}ku_n$（　　）.

A. 发散；　　B. 可能收敛；　　C. 收敛；　　D. 无界.

3. 若级数 $\sum\limits_{n=1}^{\infty}u_n$ 收敛，s_n 是它前 n 项部分和，则该级数的和 $s=$（　　）.

A. s_n；　　B. u_n；　　C. $\lim\limits_{n\to\infty}u_n$；　　D. $\lim\limits_{n\to\infty}s_n$.

4. 在下列级数中，发散的是（　　）.

A. $\sum\limits_{n=1}^{\infty}\left(\dfrac{1}{\sqrt{n^3}}\right)$；　　B. $0.01+\sqrt{0.01}+\sqrt[3]{0.01}+\cdots$；

C. $\dfrac{1}{2}+\dfrac{1}{4}+\dfrac{1}{8}+\cdots$；　　D. $\dfrac{3}{5}-\left(\dfrac{3}{5}\right)^2+\left(\dfrac{3}{5}\right)^3-\left(\dfrac{3}{5}\right)^4+\cdots$

5. 设常数 $a\neq 0$，几何级数 $\sum\limits_{n=1}^{\infty}aq^n$ 收敛，则 q 应满足（　　）.

A. $q<1$；　　B. $-1<q<1$；　　C. $q<1$；　　D. $q>1$.

6. 若级数 $\sum\limits_{n=1}^{\infty}\dfrac{1}{n^{p-2}}$ 发散，则有（　　）.

A. $p>2$；　　B. $p>3$；　　C. $p\leqslant 3$；　　D. $p\leqslant 2$.

7. 下列级数绝对收敛的是(　　).

A. $\sum\limits_{n=2}^{\infty}\frac{(-1)^n}{n\sqrt{n}}$;　　B. $\sum\limits_{n=2}^{\infty}(-1)^{n-1}\frac{1}{n}$;

C. $\sum\limits_{n=1}^{\infty}\frac{(-1)^n}{\ln n}$;　　D. $\sum\limits_{n=2}^{\infty}\frac{(-1)^{n-1}}{\sqrt[3]{n^2}}$.

8. 下列级数中条件收敛的是(　　).

A. $\sum\limits_{n=1}^{\infty}(-1)^n\left(\frac{2}{3}\right)^n$;　　B. $\sum\limits_{n=1}^{\infty}\frac{(-1)^{n-1}}{\sqrt{n}}$;

C. $\sum\limits_{n=1}^{\infty}(-1)^{n-1}\frac{n}{2n+1}$;　　D. $\sum\limits_{n=1}^{\infty}(-1)^{n-1}\frac{1}{\sqrt{5n^3}}$.

9. 设 $q>0$,且正项级数 $\sum\limits_{n=0}^{\infty}(n+1)(2q)^n$ 收敛,则(　　).

A. $q<\frac{1}{2}$;　　B. $q\leqslant\frac{1}{2}$;　　C. $q<2$;　　D. $q\leqslant 2$.

10. 设幂级数 $\sum\limits_{n=1}^{\infty}a_nx^n$ 的收敛半径为 $R(0<R<+\infty)$,则幂级数 $\sum\limits_{n=1}^{\infty}a_n\left(\frac{x}{2}\right)^n$ 的收敛半径为(　　).

A. $\frac{R}{2}$;　　B. $2R$;　　C. R;　　D. $\frac{2}{R}$.

11. 幂级数 $1-\frac{x^2}{2!}+\frac{x^4}{4!}-\frac{x^6}{6!}+\cdots$ 在 $(-\infty,+\infty)$ 上的和函数是(　)

A. $\sin x$;　　B. $\cos x$;　　C. $\ln(1+x^2)$;　　D. e^x.

12. 当 $x\neq 0$,幂级数 $\sum\limits_{n=0}^{\infty}\frac{x^n}{n+1}$ 的和函数 $s(x)=$(　　)

A. $\ln(1-x)$;　　B. $-\ln(1-x)$;　　C. $\frac{1}{x}\ln(1-x)$;　　D. $-\frac{1}{x}\ln(1-x)$.

13. 级数 $\sum\limits_{n=1}^{\infty}\frac{1}{(n+4)(n+5)}$ 的和是(　　).

A. 1　　B. $\frac{1}{4}$;　　C. $\frac{1}{5}$;　　D. $\frac{1}{9}$.

14. 已知 $\frac{1}{1-x}=1+x+x^2+\cdots$,则 $\frac{-1}{1+x^4}$ 的幂级数展开式是(　　).

A. $1+x^4+x^8+x^{12}+\cdots$;　　B. $1-x^4+x^8-x^{12}+\cdots$;

C. $-1-x^4-x^8-x^{12}-\cdots$;　　D. $-1+x^4-x^8+x^{12}-\cdots$.

扫一扫,获取参考答案

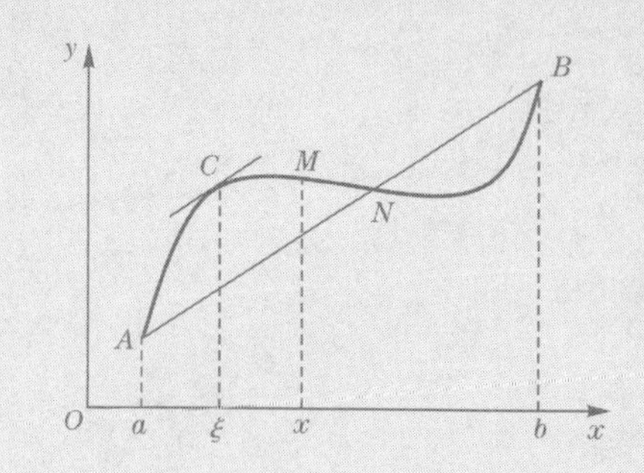

参考文献

[1] 刘贵基,刘太琳. 微积分(第二版)[M]. 北京:经济科学出版社,2013.

[2]《微积分》编写组. 微积分[M]. 北京:中国财政经济出版社,2017.

[3] 赵利彬. 微积分[M]. 上海:上海财经大学出版社,2016.

[4] 舒斯会,易云辉. 应用微积分[M]. 北京:北京理工大学出版社,2016.

[5] 蔡光兴,李德宜. 微积分(经管类)(第三版)[M]. 北京:科学出版社,2016.

[6] 黄永彪,杨社平. 微积分基础[M]. 北京:北京理工大学出版社,2012.

[7] 同济大学数学系. 高等数学(上、下册)(第七版)[M],北京:高等教育出版社,2014.

[8] 同济大学数学系. 高等数学(上、下册)[M],北京:人民邮电出版社,2016.

[9] 张卓奎,王金金. 高等数学(第 3 版)上册[M],北京:北京邮电大学出版社,2017.